高等学校人工智能教育丛书

人工智能原理及应用

周彦　王冬丽　周高典　编著

西安电子科技大学出版社

内 容 简 介

近年来,人工智能的框架、理论、方法和产业发展极为迅速,是当前科学研究的前沿和创新创业的热点。本书系统介绍了人工智能的原理和应用情况,共分为 11 章,包括人工智能概述、知识表示与知识图谱、确定性推理方法、不确定性推理方法、搜索策略、智能计算及其应用、机器视觉、机器学习、神经网络与深度学习、智能体与多智能体系统及自然语言处理及其应用。书中展示了新一代人工智能的几个前沿研究方向(领域),包括具身智能、知识图谱、深度强化学习、分布式人工智能和生成式人工智能等。

本书可作为高等院校人工智能、智能科学与技术、计算机、自动化、电子信息等专业本科生和研究生的教材,也可供人工智能相关领域从事设计、开发、应用的工程技术人员学习参考。

图书在版编目(CIP)数据

人工智能原理及应用 / 周彦,王冬丽,周高典编著. -- 西安：西安电子科技大学出版社,2025.6. --ISBN 978-7-5606-7638-8

Ⅰ. TP18

中国国家版本馆 CIP 数据核字第 2025QQ5034 号

RENGONG ZHINENG YUANLI JI YINGYONG

策　　划　吴祯娥
责任编辑　吴祯娥
出版发行　西安电子科技大学出版社(西安市太白南路 2 号)
电　　话　(029) 88202421　88201467　　邮　　编　710071
网　　址　www.xduph.com　　　　　　　　电子邮箱　xdupfxb001@163.com
经　　销　新华书店
印刷单位　陕西精工印务有限公司
版　　次　2025 年 6 月第 1 版　　　　2025 年 6 月第 1 次印刷
开　　本　787 毫米×1092 毫米　1/16　　印张　20.5
字　　数　487 千字
定　　价　53.00 元
ISBN 978-7-5606-7638-8
XDUP 7939001-1
＊＊＊如有印装问题可调换＊＊＊

前 言
PREFACE

人工智能的诞生与发展是 20 世纪最伟大的科学成就之一，也是新世纪引领未来发展的主导学科之一。人工智能作为一门新理论、新方法、新技术、新思想不断涌现的前沿交叉学科，其相关研究成果已经广泛应用到国防建设、工业生产、国民生活中的各个领域。历经多年沉寂后，2016 年，随着谷歌公司基于深度学习开发的 AlphaGo 以 4∶1 的比分战胜了国际顶尖围棋高手李世石，人工智能的热度再次攀升。在我国，2017 年 3 月，"人工智能"首次被写入政府工作报告；2017 年 7 月，国务院发布《新一代人工智能发展规划》；接下来的几年里，"人工智能＋"均被写入政府工作报告；2018 年 1 月，"2018 人工智能标准化论坛"发布了《人工智能标准化白皮书(2018 版)》。近年，随着云计算、大数据、物联网等技术的快速发展，人工智能又在算力支撑、数据驱动、算法引领、需求牵引下强势兴起，并正在成为新一轮科技革命和产业变革的核心动力，以及全球科技实力竞争的重要标志。2019年，人工智能在自然语言处理方面取得了巨大进步，OpenAI 发布了基于 Transformer 的大型 GPT-2 模型；2024 年，生成式人工智能模型 ChatGPT 和 Sora 分别在跨媒体问答和文本转视频方面取得巨大成功。

纵观当今人工智能领域，其技术发展之迅猛、政府热情之高涨、企业竞争之激烈、社会需求之巨大，均是前所未有的。正因为有这些坚实基础的强力支撑和社会需求的大力牵引，相信本轮人工智能热潮将持续较长时间，并将为人类科技进步和文明发展做出巨大贡献。

为了使读者系统、全面地了解人工智能的发展历程、工作原理以及应用情况，编者从2017 年就开始思考撰写一本相关书籍。

本书撰写的基本思路是：在保证内容系统性、完整性的前提下，尽量反映人工智能原理与应用的最新进展，以适应人工智能技术发展的时代需求。全书共分为 11 章。第 1 章介绍人工智能的定义、发展简史、三大学派以及人工智能研究的基本内容，最后介绍人工智能的应用领域尤其是作为其最佳载体的机器人的应用情况。第 2 章介绍知识的特性、分类与表示，知识的一阶谓词逻辑表示法、产生式表示法和框架表示法，最后描述近几年比较热门的知识图谱表示法。第 3 章和第 4 章分别介绍确定性推理方法和不确定性推理方法以及它们的应用。前者包括自然演绎推理、谓词公式推理和鲁滨逊归结原理；后者包括可信度方法、证据理论方法和模糊推理方法。第 5 章介绍搜索策略，包括宽度优先搜索和深度优先搜索等盲目搜索方法，以及 A 算法、与/或树、博弈树等启发式搜索方法。第 6 章重点介绍智能计算及其应用，包括进化算法、遗传算法、粒子群优化算法、蚁群算法等。第 7 章介绍机器视觉的诞生与发展、数字图像处理与理解等内容。第 8 章介绍机器学习，包括归纳学习、决策树学习、基于实例的学习、强化学习和支持向量机方法。第 9 章描述神经网络与深度学习，对于浅层神经网络，分别介绍了 BP 学习算法、Hopfield 神经网络等；对于深度学习，分别介绍了卷积神经网络、生成对抗网络，最后介绍近两年比较热门的大模型与生成式人工智能。第 10 章介绍分布式人工智能，重点在于多智能体系统的协作，包括通信、协调、协作和协商。第 11 章介绍自然语言处理及应用，包括词法分析、句法分析、语义分析、语料库、机器翻译和语音识别等内容。

本书的主要特色如下：

（1）注重教学内容的"两性一度"。人工智能内容广泛且理论性较强，本书在注重内容的高阶性和创新性的同时，适当加大了学习的挑战度。

（2）注重课程内容与思政教育的融通。本书各章节在知识点讲解的同时，注重思政元素的引入与融合，实现"三全育人"。

（3）理论原理与代码实践相结合。除第 1 章以外，其他各章为了加深读者对理论原理的理解，均包含 2～5 个典型实践。

（4）与时俱进，关注发展前沿。本书除了传统人工智能原理体系外，尽量跟踪人工智能最新发展成果，如 ChatGPT、Sora、三维点云分割、生成对抗网络等。

本书由周彦教授、王冬丽副教授和周高典博士共同编著。周彦教授撰写了第 1、6、8～11 章，王冬丽副教授撰写了第 2～5 章，周高典博士撰写了第 7 章。另外，这里要感谢湘潭大学智能信息处理与系统实验室的研究生对部分素材收集、整理所做的贡献。

如前所述，人工智能方法和技术发展非常迅速，许多新的思想、方法和新技术不断涌现，尽管本书包含了许多新的内容，但难免挂一漏万。由于编者水平有限，书中不足之处在所难免，敬请读者批评指正。

编著者
2024 年 6 月

目 录

CONTENTS

第1章
人工智能概述

本章主要介绍人工智能的定义和人工智能的发展过程，重点阐述人工智能发展中的三大学派及三者之间的关系，进一步给出人工智能研究的基本内容和应用领域。

1.1 人工智能的定义

使用一种人造的机器来模仿人类甚至超越人类不仅仅是现代人类的想法，早在 2000多年前，《列子·汤问》中就记载了一段人们对智能机器人的幻想。

思想家列子在书中描述了西周时期的能工巧匠制造的一种会跳舞的"机器人"，这个跳舞机器人不仅会在人的指挥下跳舞，还具有人类的感知和情感特征，他居然对周穆王美丽的妃子"一见钟情"，差点给其制造者带来杀身之祸。原文中是这样描述"机器人"的外貌特征的："王谛料之，内则肝、胆、心、肺、脾、肾、肠、胃，外则筋骨、支节、皮毛、齿发，皆假物也，而无不毕具者。"意思就是，周穆王仔细观察机器人后惊讶地发现，机器人的内部五脏六腑和外部筋骨毛发皆为假物，且一应俱全。如果细读原文还可发现，文中将人的五脏六腑与感官功能相结合，这在一定程度上体现了中国传统中医的理论，也反映了古人对人工智能的最早设想。

1.1.1 人工智能的概念

从《列子·汤问》到 Siri，从电影《她》到《超能陆战队》，都体现了人类对人工智能的探索欲。那到底什么是人工智能呢？"人工智能"英文为 Artificial Intelligence，缩写为 AI。Artificial 的意思是"人造的"，Intelligence 的意思是"理解力""智力能力"，两者结合在一起就是 AI，即"智能模仿""人造的智力能力"。那模仿的对象是谁呢？模仿人的智能，当然也包括其他生物的智能。

通常情况下，我们给人工智能的定义是：人工智能是研究、开发用于模拟、延伸和扩展人或其他生物的智能的理论、方法、技术和应用系统的一门新的技术科学。人工智能的主要载体为机器人，涉及的领域有语音识别、融合感知、专家系统、智能决策和图像识别等。

自 1956 年达特茅斯会议上提出人工智能的概念以来，人工智能的理论、方法、框架已经发展了半个多世纪，出现了许多人工智能产品，如智能音箱、智能扫地机器人、医疗机器人、智能义肢等。

1.1.2　人工智能与人的智能

人工智能是用计算机模拟人类的智能,所以我们需要先了解人类的智能及其特点。

首先,智能是知识与智力的总和。知识是结构化的信息,它是一切智能行为的基础;而智力是人类获取知识并应用知识求解问题的能力。具体来说,人类的智能具有四种能力:感知能力、记忆与思维能力、学习能力和行为能力。

第一种能力是感知能力,它是人类智能最基本的能力,人类可以通过五官感知外部世界,其中大约 80% 的信息通过视觉得到,10% 的信息通过听觉得到。

第二种能力是记忆与思维能力,可分为记忆与思维两个方面。记忆负责存储由感知器官感知到的外部信息以及通过信息加工所产生的新知识;思维是对记忆的信息进行处理的过程,可分为逻辑思维、直感思维和顿悟思维三类。

第三种能力是学习能力。学习可能是自觉的、有意识的,也可能是不自觉的、无意识的;既可以是在教师指导下进行的,也可以是自己实践获得的。

第四种能力是行为能力,又称为表达能力,如说、写、跑、跳、抓取等。概括起来,前面提到的感知能力是信息的输入,而这里的行为能力是信息的输出。

如果要让计算机模仿人类的智能,需要让计算机系统也具备人类智能对应的四个方面,即感知能力、记忆与思维能力、学习能力、行为能力。机器感知类似于人的感知能力,以机器视觉和机器听觉为主。机器思维对通过感知得来的外部信息和机器内部各种工作信息进行有目的的处理。机器学习类似于人的学习能力,使它能自动地获取知识。机器行为是计算机的表达能力,即“说”“写”“画”等能力。

机器感知通过各种先进的传感器实现,传感器精度越高,获取的信息越全面,但需要处理的数据也越多。以视觉为例,随着手机拍摄的照片像素越来越高,照片占用的存储空间越来越大,计算机处理这些图片时,耗费的资源和时间也就越来越多,所以为了提高计算效率,往往不一定要追求精度。机器学习是提高计算机智能的最重要的手段,也是思维和决策的基础,因此,计算机的计算、信息存储和信息检索的能力就显得尤为重要。

1.2　人工智能发展简史

1.2.1　发展概述

人工智能经历了六七十年的发展,已经慢慢走进我们的生活。到现在,人工智能的发展一共经历了五个阶段:孕育期、形成期、暗淡期、知识应用期和集成发展期。

促进人工智能发展的科学家很多,这里列举三位如下:

英国数学家图灵(如图 1.1(a)所示)。他于 1936 年创立了自动机理论,亦称图灵机,1950 年在其著作《计算机器与智能》中首次提出“机器也能思维”。

美国数学家、电子数字计算机的先驱莫克利(如图 1.1(b)所示)。他于 1946 年研制成功了世界上第一台通用电子数字计算机 ENIAC。

(a) 图灵　　　　　　　　(b) 莫克利　　　　　　　　(c) 维纳

图 1.1　促进人工智能发展的重要人物

　　美国著名数学家维纳(如图 1.1(c)所示)。他于 1948 年创立了控制论。控制论对人工智能的影响，促成了行为主义学派的形成。

　　AI 一词诞生于一次历史性的会议——达特茅斯会议。1956 年夏天，这场会议由年轻的美国学者麦卡锡、明斯基、罗彻斯特和香农共同发起，并邀请了莫尔、塞缪尔、纽厄尔和西蒙等人(见图 1.2)参加。他们在美国达特茅斯大学举办了一场为期 2 个多月的研讨会，讨论了用机器模拟人类智能的问题。会上首次使用了人工智能这一术语。这标志着人工智能学科的诞生，具有十分重要的历史意义。

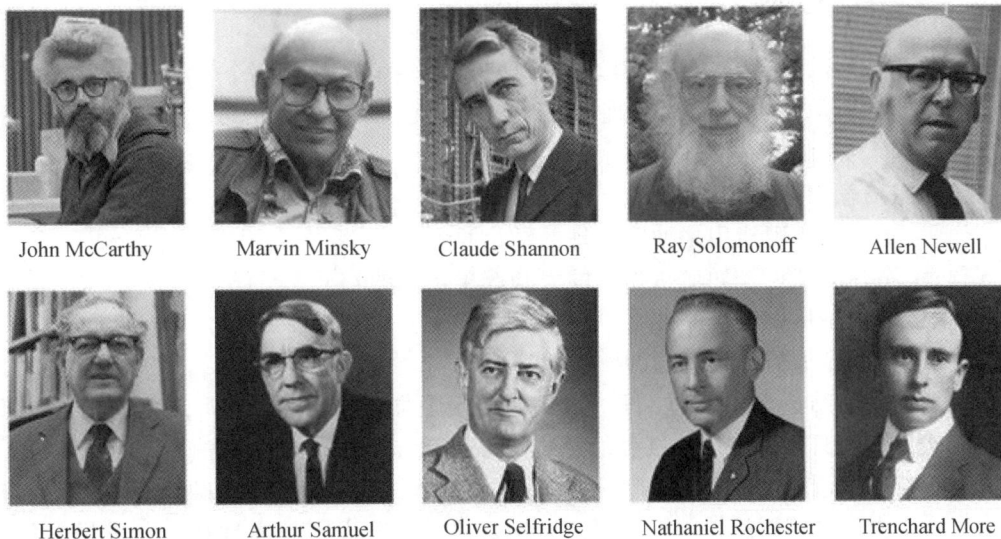

John McCarthy　　Marvin Minsky　　Claude Shannon　　Ray Solomonoff　　Allen Newell

Herbert Simon　　Arthur Samuel　　Oliver Selfridge　　Nathaniel Rochester　　Trenchard More

图 1.2　达特茅斯会议的主要参与者

　　人工智能的迅速发展曾让人们过于乐观。1956 年，塞缪尔在 IBM 计算机上成功研制了具有自学习、自组织和自适应能力的西洋跳棋程序。1957 年，纽厄尔等人开发了一个名为逻辑理论机的数学定理证明程序。1958 年，麦卡锡建立了行动规划咨询系统。1960 年纽厄尔等人研制了通用问题求解程序。同年，麦卡锡研制了人工智能编程语言 LISP。1961 年，明斯基发表了题为《走向人工智能的步骤》的论文，推动了人工智能的发展。1965 年，鲁滨逊提出了归结原理。西蒙曾说，"20 年内，机器将代替人做所能做的一切。"但是理想很丰满，现实很骨感，过高的期望未能实现，AI 的声誉遭到了重大损害。塞缪尔的下棋程序在与世界冠军对弈时，以 1 比 4 告负。归结法能力有限，当用归结原理证明"两连续函数之和仍然是连续函数"时，推了 10 万步也没证明出来。把"心有余而力不足"的英文句子翻译成俄语，再翻译成英语时竟变成了"酒是好的，肉变质了"。英国剑桥大学数学家詹姆斯根据英国政府的委托，发表了一份关于人工智能的综合报告，声称人工智能即使不是骗局也是庸人自扰。

图灵奖获得者费根鲍姆于 1977 年在第五届国际人工智能联合会上首次提出知识工程的概念。随后人工智能成功应用于多个领域，例如专家系统，它标志着人工智能从理论研究走向专业知识应用，是 AI 史上的一次重大突破和转折。计算机视觉、机器人、自然语言理解、机器翻译等 AI 应用研究获得发展，但同时也出现了新的问题，例如专家系统存在应用领域狭窄、缺乏常识性知识、知识获取困难等问题。

21 世纪前后，人工智能进入了集成发展期。机器学习、人工智能网络、智能机器人和行为主义研究趋向热烈和深入。智能计算弥补了人工智能在数学理论和计算能力上的不足，使人工智能进入一个新的发展时期。大数据、云计算、互联网、信息技术的发展，极大地缩短了科学与应用之间的技术差距。诸如图像分类、语音识别、知识问答、人机对弈、无人驾驶等人工智能技术实现了从"不能用、不好用"到"可以用"的技术飞跃，迎来了爆发式增长的新高潮。

1.2.2 各学科的贡献

人工智能是一门包罗万象的学科，它来源于多个学科，又对多个学科产生影响。其中，哲学、数学、经济学、神经科学、心理学、计算机工程、控制论和语言学等学科对人工智能的发展都起到了不可忽略的作用。

哲学贡献的思想可以总结为四个问题：

问题 1：形式化规则能用来抽取合理的结论吗？

问题 2：精神的意识是如何从物质的大脑产生出来的？

问题 3：知识是从哪里来的？

问题 4：知识是如何导致行动的？

第一个问题的结论是肯定的，即可以用一个规则集合描述意识的形式化、理性的部分。物理主义认为：意识是大脑物理过程的产物，自由意志也就简化为在决策过程中可能的选择方式。第二个问题的结论存在两种选择：一元论和二元论。那么知识是从哪里来的呢？洛克指出：无物非先感而后知。休谟提出归纳原理：一般规则是通过观察形成规则的元素之间的重复关联而获得的，知识来自于实践。亚里士多德认为：行动是通过目标与关于行动结果的知识之间的逻辑来判定的。他进一步阐述指出：要深思的不是结果而是手段，手段在分析顺序中是最后一个，在生成顺序中是第一个。第四个问题的结论就是知识用于指导行动去达到目的。

数学可以说是跟 AI 紧密联系的学科，它提供了三种思想：什么是抽取合理结论的形式化规则？什么可以被计算？如何用不确定的知识进行推理？

AI 要成为一门规范科学，就要在三个基础领域完成一定程度的数学形式化：逻辑、计算、概率。1847 年，布尔完成了形式逻辑的数学化，即命题逻辑或称布尔逻辑；1879 年，弗雷格扩展了布尔逻辑，使其包含对象和关系，创建了一阶逻辑。问题 1 结论就是形式化规则＝命题逻辑和一阶谓词逻辑。那什么可以计算呢？简单来说，可以被计算，就意味着要找到一个算法。不仅如此，该算法还需要满足可计算性和算法复杂性理论的要求。数学对 AI 的第三个贡献是概率理论，很多数学家都推动了概率理论的发展，并引入了新的统计方法论。贝叶斯提出了根据证据更新概率的法则，即贝叶斯公式或条件概率公式。于是可以得到结论：使用贝叶斯理论可以进行不确定性推理。

如何决策以获得最大收益？在他人不合作的情况下如何做到这点？在收益遥遥无期的情况下如何做到这点？经济学为人工智能的发展提供了这三个思想。效用理论、决策理论和运筹学解决了这三个问题。在智能体系统中使用决策理论技术越来越重要。

神经科学探讨了大脑如何处理信息。神经科学是研究神经系统特别是大脑的科学，尽管几千年来人类一直赞同大脑以某种方式与思维相联系，但是直到 18 世纪中期人类才广泛地承认大脑是意识的居所。简单细胞的集合能够引发思维、行动和意识，换句话说，大脑产生意识。

那么计算机和我们的大脑有什么区别呢？大脑的活动过程为计算机工作过程提供了启示。表 1－1 是计算机和人脑的对比，我们可以看到尽管计算机在原始的转换速度上比人脑快 100 万倍，但在最终执行任务时，大脑比计算机快 10 万倍。

表 1－1　计算机和人脑的比较

比较内容	计 算 机	人 脑
计算单元数	1 个 CPU/10^8 逻辑门	10^{11} 个神经元
存储单元数	10^{10} bit RAM	10^{11} 个神经元
	10^{11} bit 磁盘	10^{11} 个神经元
运算周期时间	10^{-9} s	10^{-3} s
带宽	10^{10} b/s	10^{14} b/s
记忆更新次数/s	10^9	10^{14}

人工制品怎样才能在自身的控制下运转呢？美国数学家维纳的控制论给了我们答案：所有人类智力的成果都是反馈的结果，通过不断地将结果反馈给机体，从而产生动作，进而产生了智能。

1.3　人工智能的三大学派

不同学科或学科背景的学者对人工智能做出了各自的理解，并提出了不同的观点，由此产生了不同的学术学派。对人工智能研究影响较大的主要是符号主义、连接主义和行为主义三大学派。

1.3.1　符号主义

符号主义是一种基于逻辑推理的智能模拟方法，又称为逻辑主义、心理学派、计算机主义或功能模拟学派。其主要观点是：知识的基础是符号，思维过程是处理符号模式的过程。其代表成果有专家系统、自动机器证明、国际象棋博弈等。长期以来，符号主义学派一直在人工智能中处于主导地位。符号主义致力于用计算机的符号操作来模拟人的认知过程。其实质是模拟人的左脑抽象逻辑思维，通过研究人类认知系统的功能机理，用某种符号来描述人类的认知过程，并把这种符号抽离出来输入到能处理符号的计算机中，从而模拟人类的认知过程。符号主义学派认为：知识表示是人工智能的核心，认知就是处理符号，推理就是采用启发式知识及启发式搜索对问题求解的过程，而推理过程又可以用某种形式化的语言来描述。

(a) 纽厄尔 　　　　(b) 西蒙

纽厄尔和西蒙（见图 1.3）因人工智能方面的基础贡献，在 1975 年被授予图灵奖。费根鲍姆生于 1936 年，师从西蒙

图 1.3　1975 年获图灵奖的两位科学家

教授，他最早倡导"知识工程"，并使得知识工程成为人工智能领域中取得实际成果最丰富的领域之一。

1.3.2　连接主义

连接主义又称为仿生学派、生理学派或结构模拟学派。连接主义是一种基于神经网络及网络间的连接机制与学习算法的智能模拟方法。连接主义学派的主要观点是：人工智能源于仿生学，可以通过模仿人脑结构来实现。该学派的代表人物（见图 1.4）包括罗森布莱特、威德罗、霍夫等；代表成果有人工神经网络、语音识别、图像处理、模式识别等。

连接主义学派从神经生理学和认知科学的研究成果出发，把人的智能归结为人脑的高层活动的结果，强调智能活动是由大量简单的单元通过复杂的相互连接后并行运行的结果。人工神经网络就是其典型代表性技术。基于神经网络的智能模拟方法就是以使用工程技术手段模拟人脑神经系统的结构和功能为特征，通过大量的非线性并行处理器来模

(a) 罗森布莱特 　　　　(b) 威德罗

图 1.4　连接主义学派代表人物

拟人脑中的神经元，用处理器之间的复杂连接关系来模拟神经元之间的突触行为。这种方法在一定程度上模拟了人脑的形象思维功能，即人的右脑形象思维功能。

1.3.3　行为主义

行为主义学派来源于 20 世纪初的一个心理学学派。在人工智能领域，它又被称为进化

主义、控制论学派或行为模拟学派。其主要观点为智能主要取决于感知和行为，感知是系统的输入，行为是系统的输出。其代表成果是罗德尼·布鲁克斯研发的昆虫机器人（见图1.5）和类人机器人。

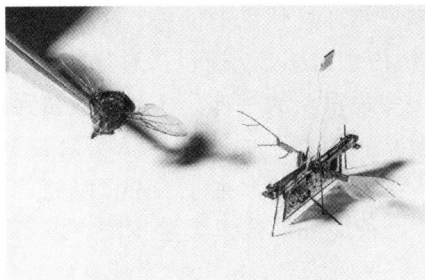

图 1.5　昆虫机器人

行为主义认为行为是有机体用以适应环境变化的各种身体反应的组合，其理论目标在于预见和控制行为。控制论把神经系统的工作原理与信息理论、控制理论、逻辑以及计算机联系起来。早期的研究工作重点是模拟人在控制过程中的智能行为和功能，研究自寻优、自适应、自校正、自镇定、自组织和自学习等控制论系统，并进行"控制动物"的研制。20世纪60、70年代，上述这些控制论系统的研究取得了一定进展，20世纪80年代，智能控制和智能机器人系统诞生了。

1.3.4　三大学派的关系

下面我们从理论方法和技术路线两个方面对三个学派进行比较分析。

在理论方法方面，符号主义侧重于功能模拟，提倡用计算机模拟人类认识系统所具备的功能和机能；连接主义着重于结构模拟，通过模拟人的神经网络来实现智能；行为主义着重于行为模拟，依赖感知和行为来实现智能。

在技术路线方面，符号主义依赖于软件，通过启发性程序设计实现知识工程和各种智能算法；连接主义依赖于硬件设计，如VLSI、脑模型和智能机器人；行为主义利用相对独立的功能单元组成分层异步分布式网络，为机器人研究提供基础。

三大学派均有自己的优势和特点，在人工智能不同阶段独立发展，分别交替占据着主流地位。如连接主义对于感知模拟非常有效，执行视觉语音识别和分类等任务效果显著，但对于推理则效果不尽如人意；相反地，符号主义则特别适合用于推理。

目前AI的研究发展需要把这三个学派统一起来，因为未来要达到强人工智能，每个方面的感知、认知、推理、记忆的功能都必不可少。

1.4　人工智能研究的基本内容

1.4.1　机器感知

机器感知作为机器获取外界信息的主要途径，是人工智能的重要组成部分，其主要研究领域有机器视觉、模式识别和自然语言理解。

1. 机器视觉

机器视觉是一个用计算机模拟或实现人类视觉功能的新兴领域，其主要研究目标是使计算机具有通过二维图像认知三维环境信息的能力。这种能力不仅包括对三维环境中物体形状、位置、姿态、运动等几何信息的感知，还包括对这些信息的描述、存储、识别与理解。

视觉是人类各种感知能力中最重要的一部分，人类感知到的外界信息中，约有 80% 是通过视觉得到的，正如俗话所说："百闻不如一见。"人类对视觉信息获取、处理与理解的大致过程是：人们视野中的物体在可见光的照射下，先在眼睛的视网膜上形成图像，再由感光细胞转换成神经脉冲信号，经神经纤维传入大脑皮层，最后由大脑皮层对其进行处理与理解。可见，视觉不仅指对光信号的感受，还包括了对视觉信息的获取、传输、处理、存储和理解的全过程。

目前，机器视觉已在人类社会的许多领域得到了成功应用。例如，在图像、图形识别方面，有指纹识别、染色体识别、字符识别等应用；在航天与军事方面，有卫星图像处理、飞行器跟踪、成像精确制导、景物识别、目标检测等应用；在医学方面，有 CT 图像的脏器重建、医学图像分析等应用；在工业方面，有各种监测系统和生产过程监控系统等应用。

2. 模式识别

模式识别(Pattern Recognition)是人工智能最早的研究领域之一。"模式"一词原指供模仿用的完美无缺的标本。在日常生活中，可以把那些客观存在的事物形式称为模式，如一幅画、一个景物、一段音乐、一幢建筑等。在模式识别理论中，通常把对某一事物所做的定量或结构性描述的集合称为模式。

模式识别就是让计算机能够对给定的事物进行鉴别，并把它归入与其相同或相似的模式中。其中，被鉴别的事物可以是物理的、化学的、生理的，也可以是文字、图像、声音等。为了能使计算机进行模式识别，通常需要给它配上各种感知装置，使其能够直接感知外界信息。模式识别的一般过程是先采集待识别事物的模式信息，然后对其进行各种变换和预处理，从中提取有意义的特征或基元，得到待识别事物的模式，再与机器中原有的各种标准模式进行比较，完成对待识别事物的分类识别，最后输出识别结果。

根据给出的标准模式的不同，模式识别技术可采用不同的识别方法，经常采用的方法有模板匹配法、统计模式法、模糊模式法、神经网络法等。

模板匹配法是把机器中原有的待识别事物的标准模式看成一个典型模板，并把待识别事物的模式与典型模板进行比较，从而完成识别工作。

统计模式法是根据待识别事物的有关统计特征，构造出一些彼此存在一定差别的样本，并把这些样本作为待识别事物的标准模式，然后利用这些标准模式及相应的决策函数对待识别事物进行分类识别。统计模式法适合那些不易给出典型模板的待识别事物。例如，对手写体数字的识别，可以先请很多人来书写同一个数字，再按照它们的统计特征给出识别该数字的标准模式和决策函数。

模糊模式法是模式识别的一种新方法，是建立在模糊集理论基础上的，用来实现对客观世界中那些带有模糊特征的事物的识别和分类。

神经网络法是把神经网络与模式识别相结合所产生的一种新方法。这种方法在进行识别之前，首先需要用一组训练样例对网络进行训练，将连接权值确定下来，然后才能对待识别事物进行识别。

3. 自然语言处理

自然语言处理（Natural Language Processing，NLP）一直是人工智能的一个重要研究领域，主要研究如何实现人与机器之间运用自然语言有效交流的各种理论和方法，主要包括自然语言理解、机器翻译及自然语言生成等。自然语言是人类进行信息交流的主要媒介，但由于它的多义性和不确定性，使得人类与计算机系统之间的交流主要还是依靠那些受到严格限制的非自然语言。要真正实现人机之间的直接自然语言交流，还有待于自然语言处理研究的突破性进展。

自然语言理解可分为声音语言理解和书面语言理解两大类。其中，声音语言的理解过程包括语音分析、词法分析、句法分析、语义分析和语用分析 5 个阶段；书面语言的理解过程除不需要语音分析外，其他 4 个阶段与声音语言理解相同。自然语言理解的主要困难在语用分析阶段，原因是它涉及上下文知识，需要考虑语境对语意的影响。

机器翻译是指用机器把一种语言翻译成另一种语言，是不同民族和国家之间交流的重要基础，在政治、经济、文化交往中起着非常重要的作用。自然语言生成是指让机器具有像人那样的自然语言表达和写作功能。在自然语言处理方面，尽管目前已取得了很大的进展，如机器翻译、自然语言生成等，但离计算机完全理解人类自然语言的目标还有一定距离。实际上，自然语言处理的研究不仅对智能人机接口有着重要的实际意义，还对不确定性人工智能的研究具有重大的理论价值。

1.4.2　机器思维

机器思维主要模拟人类的思维功能。在人工智能领域中，与机器思维有关的研究主要包括知识表示、推理、搜索、规划等。

1. 知识表示

从西蒙、纽厄尔的通用问题求解系统到专家系统，都说明了利用问题领域知识来求解问题的重要性。但知识的表示和知识的处理有几大难点：

（1）知识非常庞大，正因如此，我们常说我们处在"知识爆炸"的时代。

（2）知识难以精确表示，如下棋大师和医生看病的经验都难以用语言完全表达。

（3）知识经常变化，需要经常进行知识更新。

除此之外，知识还具有不完全性和模糊性等特性。有些问题，虽然在理论上存在可解算法，但实际却无法实现。例如下棋，国际象棋的终局数有 10^{120} 个，围棋的终局数有 10^{176} 个，即使计算机以极快的速度（10^{104} 步/年）来处理，计算出国际象棋所有可能的终局也至少需要 10^{16} 年才能完成。所以，对于知识的处理必须做到：

（1）能抓住一般性，以免浪费大量时间、空间去寻找和存储知识。

（2）要能够被提供和接受知识的人所理解。这样他们才能检验和使用知识。

（3）易于修改。因为经验、知识不断变化，易于修改才能反映人们认识的不断深化。

（4）能够通过搜索技术缩小要考虑的可能性范围，来帮助减轻知识的庞大负担。

此外，知识利用技术可以补偿搜索中的不足。知识工程和专家系统技术的开发证明了知识可以指导搜索，修剪不合理的搜索分支，从而减少问题求解的不确定性，大幅度地减少状态空间的搜索量，甚至完全避免搜索。

2. 推理

推理是人工智能领域的基本问题之一。推理是指按照某种策略，从已知事实出发，利用知识推出所需结论的过程。根据所用知识的确定性，机器推理可分为确定性推理和不确定性推理两大类。确定性推理是指推理所使用的知识和推出的结论都是可以精确表示的，其真值要么为真，要么为假。不确定性推理是指推理所使用的知识和推出的结论可以是不确定的。不确定性是对非精确性、模糊性、非单调性和非完备性等的统称。

确定性推理的理论基础是一阶经典逻辑，包括一阶命题逻辑和一阶谓词逻辑。其主要推理方法包括，直接运用一阶逻辑中的推理规则进行的自然演绎推理，基于鲁滨逊归结原理的归结演绎推理和基于产生式规则的产生式推理。由于现实世界中的大多数问题是不能精确描述的，因此确定性推理能解决的问题很有限，更多的问题应该采用不确定性推理方法。

不确定性推理的理论基础是非经典逻辑和概率理论等。非经典逻辑泛指除一阶经典逻辑外的其他各种逻辑，如多值逻辑、模糊逻辑、模态逻辑、概率逻辑等。最常用的不确定性推理方法包括基于可信度的确定性理论，基于贝叶斯公式的主观贝叶斯方法，基于概率分配函数的证据理论和基于模糊逻辑的模糊推理等。

3. 搜索

搜索也是人工智能研究中的基本问题之一。所谓搜索，是指为了达到某一目标，不断寻找推理路径，以引导和控制推理，使问题得以解决的过程。根据问题的表示方式，搜索可分为状态空间搜索和与/或树搜索两大类。其中，状态空间搜索是一种用状态空间法求解问题的搜索方法，与/或树搜索是一种用问题归约法求解问题的搜索方法。

从求解问题角度看，环境给智能系统（人或机器系统）提供的信息有两种可能：

（1）完全的知识：用现成的方法可以求解，如用消除法求解线性方程组，但这不是人工智能研究的范围。

（2）部分知识或完全无知：无现成的方法可用。

后一种如下棋、法官判案、医生诊病问题，有些问题有一定的规律，但往往需要边试探边求解。这就需要使用所谓的搜索技术。

人工智能技术常常要使用搜索弥补知识的不足。人们在遇到从未经历过的问题时，由于缺乏经验知识，不能快速地解决它，但往往可以采用尝试-检验（try-and-test）的方法，即凭借人们的常识性知识和领域的专门知识对问题进行试探性的求解，逐步解决问题，直到成功。这就是AI问题求解的基本策略中的生成-测试法，用于指导在问题状态空间中的搜索。

4. 规划

规划是一种重要的问题求解技术，是从某个特定问题状态出发，寻找并建立一个操作序列，直到求得目标状态为止的一个行动过程的描述。与一般问题求解技术相比，规划更侧重于问题求解过程，并且要解决的问题一般是真实世界的实际问题，而不是抽象的数学模型问题，如2.2.1节的谓词逻辑表示法中将要讨论的"猴子摘香蕉问题"等。一个比较完整的规划系统是斯坦福研究所问题求解系统(STanford Research Institute Problem Solver，STRIPS)，它是一种基于状态空间和 F 规则的规划系统。F 规则是指用于正向推理的规则。整个 STRIPS 系统由以下 3 部分组成。① 世界模型：用一阶谓词公式表示，包括问题的初始状态和目标状态。② 操作符(即 F 规则)：包括先决条件、删除表和添加表。其中，先决条件是执行 F 规则的前提条件；删除表和添加表是执行一条 F 规则后对问题状态的改变，删除表包含的是要从问题状态中删去的谓词，添加表包含的是要在问题状态中添加的谓词。③ 操作方法：采用状态空间表示和"中间状态—目标状态"分析的方法。其中，状态空间包括初始状态、中间状态和目标状态；"中间状态—目标状态"分析是一个迭代过程，每次都选择能够缩小当前状态与目标状态之间的差距的 F 规则执行，直至达到目标。

1.4.3　机器学习

机器学习(Machine Learning)是机器获取知识的根本途径，也是机器具有智能的重要标志。有人认为，不具备学习功能的计算机系统不能被称为智能系统。机器学习有多种分类方法，如果按照对人类学习的模拟方式分类，机器学习可分为符号主义机器学习和连接主义机器学习两大类。

1. 符号主义机器学习

符号主义机器学习泛指各种从功能上模拟人类学习能力的机器学习方法，是基于符号主义学派的机器学习观点。与符号主义人工智能对应，这种学习观点认为，知识可以用符号来表示，机器学习过程可以通过符号运算实现。根据学习策略、理论基础及学习能力等因素，符号主义机器学习可分为多种类型，如记忆学习、归纳学习、统计学习、集成学习、强化学习、大规模机器学习等。

记忆学习也叫死记硬背学习，是最基本的学习方法，原因是任何学习系统都必须记住它们获取的知识，以便将来使用。归纳学习是指以归纳推理为基础的学习，是机器学习中研究得较多的一种学习类型，其任务是从关于某个概念的一系列已知的具体例子出发，归纳出一般的结论。示例学习、决策树学习和统计学习等都是典型的归纳学习方法。统计学习是一种基于小样本统计理论的机器学习方法，其典型代表是支持向量机。集成学习是一种集众多个体学习器学习结果为一体的机器学习方法。其基本思想是针对同一问题，先训练出多个个体学习器，再将这些个体学习器结合到一起，得到最终的学习结果，如AdaBoost 算法等。强化学习是通过与环境交互，利用环境提供的强化信号对学习过程进行评价和引导的一种机器学习方法。它把学习过程看成一种试探评价过程，通过动态调整参数，使强化信号达到最大，实现学习的目的。大规模机器学习是指可支持大规模数据并行学习的机器学习方法，如支持向量机、最近邻学习等。

2. 连接主义机器学习

连接主义机器学习也称为神经学习，是一种基于人工神经网络的学习方法。现有研究表明，人脑的学习和记忆过程都是通过中枢神经系统来完成的。在中枢神经系统中，神经元既是学习的基本单位，也是记忆的基本单位。随着神经网络的发展，连接主义机器学习目前已形成了多种类型，如比较典型的感知器学习、BP 网络学习和 Hopfield 网络学习等浅层学习方法，以及卷积神经网络学习、深度信念网络学习等深度学习方法。

感知器学习实际上是一种基于纠错学习规则的算法，它采用迭代思想，对连接权值和阈值进行不断调整，直到满足结束条件为止。BP网络学习是一种误差反向传播网络学习算法，由输出模式的正向传播过程和误差的反向传播过程组成。其中，误差的反向传播过程用于修改各层神经元的连接权值，以逐步减少误差信号，直至得到期望的输出模式为止。Hopfield网络学习实际上是要寻求系统的稳定状态，即从网络的初始状态开始，逐渐向其稳定状态过渡，直至达到稳定状态为止。网络的稳定性则是通过一个能量函数来描述的。深度卷积神经网络学习是一种基于深度卷积神经网络，依据生物学界"感受野"的概念和机理，采用逐层抽象、逐次迭代的方式所形成的一种深度学习方法。深度信念网络学习是一种基于深度信念网络的学习方式，深度信念网络则是由多层受限波尔茨曼机再加上一层BP网络所构成的一种网络结构。

3. 知识发现和数据挖掘

知识发现（Knowledge Discover）和数据挖掘（Data Mining）是在庞大的数据库中寻找和提取出人们感兴趣的知识的方法，即通过综合运用统计学、粗糙集、模糊数学、机器学习和专家系统等多种学习手段和方法，从数据库中提炼知识，从而揭示数据背后的客观世界的内在联系和原理，实现知识的自动获取。

传统的数据库技术仅限于对数据库的查询和检索，不能从数据库中提取知识，使得数据库中蕴涵的丰富知识被白白浪费。知识发现和数据挖掘以数据库作为知识源去抽取知识，不仅可以提高数据库中数据的利用价值，也为各种智能系统的知识获取开辟了一条新的途径。目前，随着大规模数据库和互联网的迅速发展，知识发现和数据挖掘已从面向数据库结构化信息的数据挖掘，发展到面向数据仓库和互联网的海量、半结构化或非结构化信息的数据挖掘。

1.4.4　机器行为

机器行为作为计算机作用于外界环境的主要途径，也是机器智能的主要组成部分。下面主要介绍智能控制和智能制造。

1. 智能控制

智能控制（Intelligent Control）是指无须或需要尽可能少的人工干预，就能独立地驱动智能机器，实现其目标的控制过程。智能控制是一种把人工智能技术与传统自动控制技术相结合，研制智能控制系统的方法和技术。

智能控制系统是指能够实现某种控制任务，具有自学习、自适应和自组织功能的智能系统。结构上，它由传感器、感知信息处理模块、认知模块、规划与控制模块、执行器和通信接口模块等主要部件组成。其中，传感器用于获取被控制对象的现场信息；感知信息处理模块用于处理由传感器获得的原始控制信息；认知模块根据感知信息处理模块传递的当前控制信息，利用控制知识和经验进行分析、推理和决策；规划与控制模块根据给定的任务要求和认知模块的决策完成控制动作规划；执行器根据规划与控制模块提供的动作规划去完成相应的动作；通信接口模块实现人机交互和系统中各模块之间的联系。

目前，常用的智能控制方法主要包括模糊控制、神经网络控制、分层递阶智能控制、专家控制和学习控制等。智能控制的主要应用领域包括智能机器人系统、计算机集成制造系统(Computer Integrated Manufacturing System，CIMS)、复杂工业过程的控制系统、航空航天控制系统、社会经济管理系统、交通运输系统、环保及能源系统等。

2. 智能制造

智能制造是指以计算机为核心，集成有关技术，以替代、延伸与强化有关专门人才在制造中的相关智能活动所形成、发展乃至创新了的制造方式。智能制造技术是指在制造系统和制造过程中的各环节，通过计算机来模拟人类专家的制造智能活动，并与制造环境中人的智能进行柔性集成与交互的各种制造技术的总称。智能制造技术主要包括机器智能的实现技术、人工智能与机器智能的融合技术、多智能源的集成技术。

在实际智能制造模式下，智能制造系统一般为分布式协同求解系统，其核心特征表现为智能单元的"自主性"和系统整体的"自组织能力"。近年来，智能代理(Agent)技术被广泛应用于网络环境下的智能制造系统开发。

1.4.5　分布式智能

分布式人工智能(Distributed Artificial Intelligence，DAI)是随着计算机网络、计算机通信和并发程序设计技术的发展而新兴的人工智能研究领域，主要研究在逻辑上或物理上分布的智能系统之间如何相互协调各自的智能行为，实现问题的并行求解。

分布式人工智能的研究目前有两个主要方向：分布式问题求解和多 Agent 系统。分布式问题求解主要研究如何在多个合作者之间进行任务划分和问题求解。多 Agent 系统是由多个自主 Agent 组成的一个分布式系统，主要研究如何在一群自主的 Agent 之间进行智能行为的协调。在这种系统中，每个 Agent 都可以自主运行和自主交互，即当一个 Agent 需要与别的 Agent 合作时，就通过相应的通信机制，去寻找可以合作并愿意合作的 Agent，共同解决问题。

1.4.6　具身智能

具身智能是一种基于物理身体进行感知和行动的智能系统，其通过智能体与环境的交互获取信息、理解问题、做出决策并实现行动，从而产生智能行为和适应性。斯坦福大学的李飞飞教授曾经指出，"具身的含义不是身体本身，而是与环境交互以及在环境中做事的整体需求和功能。"同样，上海交通大学的卢策吾教授通过猫学习走路的比喻，形象地描述道，"自由行动的猫是具身的智能，它能够在环境中自主行动，从而学会行走的能力；而被动观察世界的猫，最终却失去了行走的能力。"

与基于静态数据集训练的传统 AI 不同，具身智能能在真实物理世界中实时学习和交互，从而能更好地模拟人类学习的方式。它们能像人一样，通过与环境的实际互动获取知识和经验，理解人类的实时反馈和行为，进而掌握非语言的沟通方式，如通过表情和触摸来感知和体验人类的情感。这种深度的人机交互和理解，使具身智能成为一种更贴近人类认知和情感的智能形态，有望实现更深层次的人机互动。那么，具身智能如何做到更像人类？

1. 主动性

作为具身智能的核心特征之一，主动性赋予了智能系统超越被动信息处理工具的能力,让它们成为积极的参与者。

Sitti 指出,在具身的物理智能层面上,系统可以对环境刺激做出响应,然后根据身体部位与环境条件的自我定位、自我运动和自我感知(本体感觉)得出自我定位,并据此采取后续行动。这意味着具身智能不仅能感知环境,还能根据感知进行自主的行动。

最新的视觉语言导航(VLN)技术致力于创建一种能够通过自然语言与人类交流,并在真实 3D 环境中自主导航的具身智能。目前,该领域已经利用多个数据集如 REVERIE、R2R、CVDN、GELA、ALFRED、Talk2Nav、Touchdown 等进行研究和开发,同时也产生了一些创新的网络架构,如辅助推理导航框架。这些技术应用于机器导航、辅助技术和虚拟助手等领域,尚处于初级阶段。

2. 实时性

实时性是具身智能另一个核心特性,它使得智能系统能够在真实世界中及时学习并迅速反馈。具备实时性的具身智能能够在接收到新信息或遇到新环境时立即做出响应。与此相比,传统的人工智能依赖于预训练的数据,在面对实时变化的环境时难以快速反应。

最近提出的 LLM-Planner(Large Language Models)方法利用大型语言模型的能力,为具身智能进行少样本规划,并通过物理基础来增强语言模型,从而生成和更新与当前环境相关的计划。其优势在于它能够实时反映和适应环境的变化,为具身智能的决策提供即时的信息和指导。

3. 情境性

就像人类在与周围环境互动中实时调整自己的行为一样,具身智能应该通过实时学习和反馈,深刻地理解所处的情境,并据此调整行为。它能够根据上下文和环境的变化灵活地调整回应方式,融入当前的情境,从而实现更自然和有效的交流。例如,具身智能能够感知用户的情绪变化,并据此提供个性化的体验,增强用户的参与感和满意度。

4. 拟生物

与一般的人工智能相比,具身智能需要应对复杂的环境,并被要求以更接近人类认知的方式来与现实世界互动,这就使得它有更多的模仿生物的特征。

此外,具身智能系统中的自组织性是其拟生物特性的关键部分。智能体能够根据环境变化和相互作用动态地调整自己的行为和结构,形成更高级别的功能和结构,从而增强系统的鲁棒性和适应性。

总之,具身智能领域的技术发展呈现出多样化和综合化的趋势,特别是在观察、操纵和导航等方面的进步尤为显著。这些技术的发展不单单针对具身智能的某个特定特性,而是综合了多方面的功能和能力,以提高适应性和灵活性。

通过将机器人的传感器数据和一般的视觉语言数据结合进行联合训练,特别是利用大语言模型强大的内在知识,可以帮助具身智能在面对复杂和未知的真实世界环境时进行有效的动态学习和泛化。例如,LLM-based Agent(基于大语言模型的智能体)以其独特的语言能力为优势,不仅作为与环境交互的工具,还能将基础技能转移到新任务上,从而使机器人能够根据人类的语言指令适应不同的操作环境。

此外,通过嵌入式行动规划,利用高层策略指导低层策略的子目标,使低层策略生成适当的行动信号,可以使机器人在执行任务时更加高效和可控。这种策略的应用可以使具身智能在处理复杂任务时更接近人类的决策模式。为了更有效地完成导航和其他复杂任务，具身智能还需要内存缓冲区和总结机制，以便参考历史信息并更好地适应未知环境。

1.5　人工智能的应用领域

随着经济和技术的不断发展，AI 与各个专业、领域和行业都有密切联系。当前，AI 已经走进我们的生活。

1.5.1　应用概述

人工智能在个人助理、自动驾驶、电商零售、教育、金融、安防、医疗健康等领域都发挥着巨大的作用。个人助理有四大功能，包括语音输入、语音助理、陪护和家庭管家。语音输入允许操作者通过讲话，让电脑将语音识别成汉字并输入。语音助理通过智能对话与即时问答的智能交互，帮助用户解决问题。陪护机器人具有服务、安全监护、人机交互以及多媒体娱乐四大功能。家庭管家不仅能控制家中播放的音乐，还能识别访客以决定是否打开家门。不知道你是否也需要一个这样聪明的助理呢？

人工智能技术的发展，丰富了汽车设计，同时也使得汽车驾驶体验更符合人们对舒适度的需求，不管是在当前还是未来，此项技术都将会是汽车设计领域的重点之一。智能驾驶汽车能够显著提高安全性，并且减轻交通拥堵，减少能源浪费。

在电商领域，智能客服机器人的主要功能是自动回复顾客问题，消费者可以通过文字、图片和语音与机器人进行交流。人工智能会分析消费者的行为，并且预测哪些产品可能会吸引消费者，从而为他们推荐商品，这有效降低了消费者的选择成本。同时，人工智能能够理解商品的款式、规格、颜色、品牌及其他的特征，最后为消费者提供同类型商品的销售入口。人工智能还可以识别订单周转的关键因素，通过模型计算出这些因素对周转和库存的影响。此外，人工智能可以根据用户浏览的图片，利用深度学习算法从中分析出最近某品类的流行趋势，如颜色、规格、材质、风格等。

在教育领域，人工智能也发挥着重要的作用，包括自动批改作业、拍照搜题、语音识别评估、个性化学习和提供学习诊断报告。这些功能不仅能减轻老师和家长的压力，也能够给学生提供学习的便利。人工智能在教育领域的应用还处于早期探索的阶段，潜力巨大。

利用大数据技术，能搜集多个数据维度来描述，作为风险评估的重要依据。人工智能可以作为我们的私人智能客服，根据历史经验和新的市场信息，更准确地预测金融市场的走向，并创建更符合实际的最佳投资组合。人工智能不会像人类一样受到情绪的影响，可以从根本上杜绝投资决策过程中恐惧、冲动和贪婪等非理性情绪因素的干扰，从而降低人们投资的风险。

在安防领域，人工智能在视频内容的特征提取和内容理解方面有着天然的优势。安防包括公安安防、交通安防、智能楼宇安防、工厂园区安防和民用安防。通过汇总的海量城市级信息，再利用强大的计算能力及智能分析能力，人工智能可对嫌疑人的信息进行实时分析，提供最可能的线索建议。在交通行业，人工智能可实时分析城市交通流量，调整红绿灯间隔，缩短车辆等待时间，提高城市道路的通行效率。人工智能作为建筑的大脑，能够区分办公人员与外来人员，监控大楼的能源消耗，使得大厦的运行效率最优，并延长大厦的使用寿命。智能楼宇的人工智能核心汇总了整个楼宇的监控信息和刷卡记录，室内摄像机能清晰捕捉人员信息，在门禁刷卡时实时比对通行卡信息及刷卡人脸部信息，检测出盗刷卡行为。在园区内使用可移动巡线机器人定期巡逻，读取仪表数值，分析潜在风险，保障全封闭无人工厂的可靠运行。在民用安防领域，当检测到家中没有人员时，家庭安防摄像机可自动切换至布防模式，遇到异常情况，给予闯入人员声音警告，并远程通知家庭主人。

在医疗健康领域，人工智能也发挥着巨大的作用，包括智能诊疗、智能影像识别、智能健康管理和药物研究等。智能诊疗通过模拟医生的思维和诊断推理，提供可靠诊断和治疗方案。智能影像识别技术通过分析影像，提取有意义的信息，并利用大量的影像数据和诊断数据，培养其诊断能力。智能健康管理主要集中于风险识别、虚拟护士、精神健康、在线问诊、健康干预以及基于精准医学的健康管理。药物研究通过大数据分析等技术手段，快速准确地挖掘和筛选出合适的化合物或生物。目前还出现了能够读取人体神经信号的可穿戴型机器人和能够承担手术或医疗保健功能的机器人。

下面重点介绍作为人工智能最佳载体的机器人的发展与应用情况。

1.5.2 机器人应用

机器人是一种机器设备，它结合了人工智能和物理外壳，是自动执行工作的机器装置。它既可以接受人类指挥，又可以运行预先编排的程序，也可以根据人工智能技术制定的规则行动。它的任务是协助或取代人类工作，例如，生产制造业、建筑业等行业中的工作。如果想制造出《机械公敌》中桑尼那样的机器人，则必须具备各种识别和感应器。无论是人工智能还是机器人，它们都是人类智慧的结晶。人工智能赋予机器人思考问题的能力，而机器人是人工智能的外在表现。尽管两者本身并无必然联系，但随着时代的进步，两者相互促进，逐渐形成了不可分割的联系。

近年来，随着科技和人工智能的迅速发展，机器人的种类越来越多，包括工业机器人、军用机器人、服务机器人和探索机器人等。我国的机器人专家根据应用环境将机器人分为两大类，即工业机器人和特种机器人。

1. 工业机器人

工业机器人是广泛应用于工业领域的多关节机械手或多自由度的机器装置，具有一定的自动性，可依靠自身的动力能源和控制能力实现各种工业加工制造功能。工业机器人被广泛应用于电子、物流、化工等各个工业领域。

工业机器人由三大部分以及六个子系统组成。三大部分是机械部分、传感部分和控制部分。六个子系统分别为机械结构系统、驱动系统、感知系统、机器人—环境交互系统、人机交互系统和控制系统，具体介绍如下：

（1）机械结构系统：可分为串联结构系统和并联结构系统。

（2）驱动系统：为机械结构系统提供动力的装置。

（3）感知系统：将机器人内部状态信息和环境信息从信号转变为机器人自身或者机器人之间能够理解和应用的数据和信息。

（4）机器人—环境交互系统：实现机器人与外部环境中的设备相互联系和协调的系统。

机器人与外部设备集成为一个功能单元,如加工制造单元、焊接单元、装配单元等。当然也可以是多台机器人集成为一个执行复杂任务的功能单元。

(5)人机交互系统:人与机器人进行联系和参与机器人控制的装置。例如计算机的标准终端、指令控制台、信息显示板、危险信号报警器等。

(6)控制系统:根据机器人的作业指令以及传感器反馈的信号,控制机器人的执行机构去完成规定的运动和功能。

日趋上升的人工成本、产业结构的优化升级和国家政策的大力扶持这三大因素将催生工业机器人的"春天"。自 2009 年以来,我国机器人市场持续快速增长,年均增长率超过40%,到目前为止,我国工业机器人市场份额已占据全球市场的三分之一,是全球第一大工业机器人应用市场。

2. 特种机器人

上文介绍了工业机器人,接下来介绍另一种机器人——特种机器人。特种机器人是除工作机器人之外,用于非制造业并服务于人类的各种先进机器人。特种机器人应用于专业领域,一般由经过专门培训的人员操作或使用,以辅助或代替人执行任务。机器人是在危险、恶劣环境下代替人类作业的工具,辅助完成人类无法完成的任务,例如空间与深海作业、精密操作、管道内作业等关键技术任务。

特种机器人可分为不同的种类。根据特种机器人所应用的行业,可将特种机器人分为农业机器人、电力机器人、建筑机器人、物流机器人、医用机器人、护理机器人、康复机器人、安防与救援机器人、军用机器人、核工业机器人、矿业机器人、石油化工机器人、市政工程机器人和其他行业机器人。

根据特种机器人使用的空间(陆域、水域、空中、太空),可将特种机器人分为地面机器人、地下机器人、水面机器人、水下机器人、空中机器人、空间机器人和其他机器人。特种机器人是近年来得到快速发展和广泛应用的一类机器人,在我国国民经济各行业均有应用。

本 章 小 结

本章主要介绍人工智能的定义以及人工智能的发展过程,阐述了人工智能发展过程中形成的三大学派,并论述了三大学派之间的关系。在此基础上,本章还介绍了人工智能研究的基本内容,包括机器感知、机器思维、机器学习、机器行为、分布式智能和具身智能等。最后,本章给出了人工智能的应用领域,尤其是机器人的发展与应用情况。

思考题或自测题

1. 什么是智能?智能包含哪几种能力?
2. 人类有哪几种思维方式?各有什么特点?
3. 什么是人工智能?它的研究目标是什么?

4．试搜索人工智能的其他定义。

5．试搜索什么是图灵测试。图灵测试说明了什么？

6．图灵测试有什么不足之处？

7．人工智能的发展经历了哪几个阶段？

8．人工智能研究的基本内容有哪些？

9．人工智能有哪几个主要学派？各自的特点是什么？

10．人工智能有哪些主要研究和应用领域？其中哪些是新的研究热点？

11．人工智能的典型应用有哪些？请谈谈自己的看法。

第 2 章
知识表示与知识图谱

根据符号主义观点，知识构成了一切智能行为的基础。为了赋予机器智能，必须使其能够获取并应用知识。然而，在当前条件下，计算机尚不能直接理解人们用自然语言描述的日常知识。因此，实现计算机的知识化，首要任务是采用特定方法对知识进行表达。知识的应用实际上是一种推理过程。本章将重点讨论知识表示和知识图谱。

2.1　知识的特性、分类和表示

对于大多数人来说，知识是一个常见且熟悉的概念，但要给出其严格的定义并非易事，这需要对其进行进一步的研究和理解。一种被广泛接受的观点是，知识是人们在与客观世界互动的实践中所积累的认知和经验。

还有一种观点认为，知识是通过对信息进行智能性加工而形成的对客观世界规律性的认识。信息的加工过程实际上是一种将相关信息联系起来，形成信息结构的过程。在这种意义上，"信息"和"关联"是构成知识的两个关键要素。实现信息之间关联的形式可以有多种，其中最常见的形式之一是"如果……，那么……"。迄今为止，人们对知识尚无统一的定义，对其解释也各不相同，其中最具代表性的解释有以下三种。

（1）知识是经过消减、塑造、解释、选择和转换的信息。（费根鲍姆（Feigenbaum））

（2）知识是由特定领域的描述、关系和过程组成的。（伯恩斯坦（Bernstein））

（3）知识＝事实＋信念＋启发式。（海叶斯-罗斯（Heyes-Roth））

2.1.1　知识的特性

1. 知识的相对正确性

俗语有云："实践出真知。"知识来源于人们的生活、学习和工作实践，是在信息社会中各种实践经验的汇集、智慧的概括和积累。

知识源自人们对客观世界运动规律的准确认识，是感性认识升华为理性认识的高级思维过程的产物。因此，在特定的客观环境和条件下，知识无疑是正确的。然而，当客观环境和条件发生变化时，知识的正确性就需要接受检验。必要时，需要修正、补充甚至完全更新原有的认知。

举例来说,"1+1=10"在二进制中是正确的知识,但在十进制中却是错误的。因此,在机器中表示和运用知识时,需要根据具体的环境和背景进行分析和验证。另外,以工程计算为例,在一般情况下使用牛顿力学的运动定律足以满足精度要求并且很方便,但是在接近光速的运动检测或进行核加速器中的粒子计算时,则必须依据量子力学和相对论进行计算。

2. 知识的确定与不确定特征

正如之前所讨论的,知识是由多个信息关联的结构所构成的。然而,这些信息中有些是精确的,有些则是不精确的。因此,由这些信息结构形成的知识也具有确定或不确定的特征。

例如,在中国的中南地区,人们相信可以根据彩虹出现的方向和位置预测天气的变化。有一句谚语说:"东边出彩虹,西边就要下雨。"然而,这只是一种常识性的经验,不能被完全肯定或否定。同样地,如果一个人有一头秀发,另一个人的两鬓如霜,不能断定前者一定是青年人,后者一定是老年人。因为存在相反的情况,比如有年轻人拥有白发,也有年过六旬仍拥有一头黑发的情况,因此不能一概而论。

造成知识具有不确定性的因素是多方面的,例如:① 证据不足、地域时区的差异、各种变化因素以及现实世界的复杂性,导致客观结果及相关知识的不确定性。② 在日常生活中,模糊性概念和模糊关系随处可见,从而增加了知识的不确定性。③ 概率事件的发生往往是无法避免的,通常具有随机不确定性。④ 经验性知识和各种不完备的积累过程导致相关知识的不确定性等。

尽管不确定性知识给人们带来了一些困惑,但它反映了客观世界的多样性、丰富性和复杂性。人们可以利用概率论、模糊数学理论、贝叶斯方法、证据理论、粗糙集等逻辑理论,来研究和处理不确定性环境下的情况。这些方法丰富并扩展了人工智能科学应用领域的范围和深度。

3. 知识的可利用性和发展性

为了便于知识的传播和学习,并确保有益的知识得以传承和拓展,人们发明了各种形式来记录、描述、表达和利用知识。这些形式丰富多彩,如语言文字、书籍、艺术创作(文学、戏剧、绘画、摄影),以及影视作品等,都被用来传播、学习和欣赏知识。事实上,人类的历史就是不断积累知识和运用知识创造文明的历程。在人类发展的过程中,知识的可利用性和可发展性显而易见。这种知识的可利用性使得计算机和智能机器应用知识成为可能;知识的可学习性和可表示性则推动着人工智能不断进步和发展。

随着人类社会进入信息时代,人类的知识也经历了蓬勃发展的时期。一方面,过时的、陈旧的、无用的知识被逐渐淘汰;另一方面,新观念、新思想不断涌现,新知识不断被发现和挖掘。当前,知识总量正以前所未有的速度快速增长。积极推动智能科学技术的发展,努力开发人类知识的宝库,培育新一代智能工具,正是新时代智能科学工作者的光荣历史使命。

2.1.2　知识的分类

1. 按作用范围划分

按照作用范围划分,知识可分为常识性知识和领域性知识。

常识性知识是通用性的,为人们普遍所知,适用于各个领域。领域性知识则针对特定领域,是专业性的,只有相关专业人员才能掌握并应用于该领域内的问题求解。举例来说,像"1 个字节由 8 个位组成""1 个扇区含有 512 个字节的数据"等就属于计算机领域的知识。

2. 按作用及表示划分

按作用及表示划分，知识可分为事实性知识、过程性知识和控制性知识。

事实性知识用于描述领域内的有关概念、事实、事物的属性及状态。例如：

（1）盐是咸的。

（2）北京是座古老的城市。

这些都是事实性知识。事实性知识一般采用直接表达的形式来表示，如用谓词公式表示等。

过程性知识主要是指有关系统状态变化和问题求解过程的操作、演算和行动的知识。过程性知识一般是通过对领域内的各种问题进行比较与分析得出的规律性的知识，由领域内的规则、定律、定理及经验构成。

控制性知识又称深层知识或者元知识，它是关于如何运用已有的知识进行问题求解的知识，因此又被称为"关于知识的知识"。例如问题求解中的推理策略（如正向推理及逆向推理）、信息传播策略（如不确定性的传递算法）、搜索策略（如广度优先搜索、深度优先搜索、启发式搜索等）、求解策略（求第一个解、求全部解、求严格解、求最优解等）及限制策略（规定推理的限度）等。

例如，从北京到长沙是乘飞机还是坐火车的问题可以表示如下。

（1）事实性知识：北京、长沙、飞机、火车、时间、费用。

（2）过程性知识：乘飞机、坐火车。

（3）控制性知识：乘飞机较快，较贵，坐火车较慢、较便宜。

3. 按结构及表现形式划分

按结构及表现形式划分，知识可分为逻辑性知识和形象性知识。

逻辑性知识是反映人类逻辑思维过程的知识，包括人类的经验性知识等。这类知识通常具有因果关系并且难以精确描述，它们往往基于专家的经验和对事物的直观感觉。即将讨论的知识表示方法，例如一阶谓词逻辑表示法和产生式表示法，都是用来表达逻辑性知识的。

人类的思维方式除了逻辑思维外，还有一种被称为"形象思维"的思维方式。例如，若问"什么是河"，如果用文字来回答这个问题，那将是十分困难的；但若指着一条河说"这就是河"，就更容易在人们的头脑中建立起"河"的概念。

像这样通过事物的形象建立起来的知识被称为形象性知识。目前人们正在研究用神经网络来表示这种知识。

4. 按确定性划分

按确定性划分，知识可分为确定性知识和不确定性知识。确定性知识指可指出其真值为真或假的知识，它是精确性的知识。不确定性知识指具有不精确、不完全及模糊性等特性的知识。

2.1.3　知识表示

在这里，知识表示指的是针对计算机的知识描述或表达方式和方法。通常，面向人类的知识表示可以采用语言、文字、数字、符号、公式、图表、图形和图像等多种形式。这些表示形式适合人类接受、理解和处理。然而，这些面向人类的知识表示形式目前并不完全适用于计算机，因此需要研究适用于计算机的知识表示形式。具体来说，就是需要采用某种约定的外部形式结构来描述知识，并确保这种形式结构可以转换为计算机可处理的内部形式，从而使计算机能够方便地存储、处理和利用知识。

知识表示并非神秘之事。实际上，大多数学生学习中已经接触过或使用过它。举例来说，网络上常说的算法就是一种知识表示形式，它描述了解决问题的方法和步骤，并可以在计算机上以程序的形式实现。另外，一阶谓词公式也是一种表达力强大的形式语言，同样可以用程序语言实现，因此也可以被视为一种知识表示形式。

知识表示是建立专家系统和各种知识系统的关键步骤，也是知识工程的重要组成部分。经过多年的研究和探索，学术界已经提出了许多知识表示方法，如一阶谓词逻辑、产生式规则、框架、语义网络、对象、脚本、过程等。这些方法都是显式地表达知识，也称为知识的局部表示。另一方面，利用神经网络也可以表示知识，这种方法是隐式地表达知识，也称为知识的分布表示。

在某些文献中，知识表示被分为陈述表示和过程表示。陈述表示是将事物的属性、状态和关系以逻辑方式描述出来；过程表示则是将事物的行为、操作以及解决问题的方法和步骤具体地显式描述出来。一般来说，陈述表示被称为知识的静态表示，过程表示则被称为知识的动态表示。

对于同一条知识，既可陈述表示，也可过程表示。例如，对于求 $N!$ 这个问题，可以有两种求解方式：

① $N! = N \times (N-1)!$

② $N! = N \times (N-1) \times (N-2) \times \cdots \times 3 \times 2 \times 1$

这里 $N > 0$，$0! = 1$。

从上可知，用这两种方式编程，都可求出 $N!$。用①方式，程序要以递归方式实现；用②方式，程序则要以迭代方式实现。这就是说，这两种方式都是求解阶乘问题的知识。然而，这两种方式的表示风格却迥然不同。第一种方式仅描述了 $N!$ 与 $(N-1)!$ 之间的关系，第二种方式则给出了求解的具体步骤。所以，第一种方式就是知识的陈述表示，第二种方式则是知识的过程表示。在程序设计上，基于这两种方式的程序的风格也不一样。基于第一种方式的程序是递归结构的，基于第二种方式的程序则是迭代结构的。

关于知识过程表示的成果已经有许多。一般程序设计中的常用算法，例如数值计算中的各种计算方法以及数据处理中的各种算法（如查找和排序），都是一些成熟的知识过程表示的例子。

随着知识系统复杂性的增加，人们逐渐意识到单一的知识表示方法已无法满足需求。因此，混合知识表示方法被提出以应对这一挑战。此外，还需要解决不确定或不精确知识的表示问题。因此，知识表示仍然是人工智能和知识工程中的一个重要研究领域。

需要强调的是，通常所谓的知识表示已经超越了"知识"的范畴，例如自然语言句子的语义表示也被称为知识表示。

在前面的讨论中，本书仅涉及知识的逻辑结构或形式。然而，将这些外部逻辑形式转化为机器的内部形式需要程序语言的支持。理论上，通用的程序设计语言可以实现上述大部分表示方法。然而，使用专门针对某种知识表示方法的语言更为方便和高效。因此，几乎每一种知识表示方法都有相应的实现语言。例如，PROLOG 和 LISP 支持谓词逻辑表示法，OPS5 支持产生式表示法，FRL 支持框架表示法，而 Smalltalk、C＋＋和 Java 等语言支持面向对象表示法，AXON 则支持神经网络表示法。此外，还有一些专家系统工具或知识工程工具，它们也支持某一种或多种知识表示方法。

2.2　表示方法：一阶谓词逻辑

谓词逻辑表示法是一种基于数理逻辑的知识表示方式。数理逻辑是研究推理的科学，在人工智能发展中扮演着重要的角色。人工智能中所使用的逻辑涵盖了一阶谓词逻辑以及一些非谓词逻辑。本节将重点讨论基于一阶谓词逻辑的知识表示方法。

2.2.1　谓词逻辑表示的逻辑学基础

谓词逻辑知识表示所需要的逻辑学基础主要包括以下的概念：命题、谓词、连词、量词、谓词公式等。

1. 命题与真值

【定义 2.1】　一个陈述句称为一个断言。凡有真假意义的断言称为命题。命题的意义通常称为真值，只有真假两种情况。当命题的意义为真时，称该命题的真值为真，记为 T；反之，称该命题的真值为假，记为 F。在命题逻辑中，命题通常用大写的英文字母来表示。

没有真假意义的感叹句、疑问句等都不是命题。例如，"今天好冷啊!"和"今天的温度有多少度?"都不是命题。

2. 论域和谓词

论域是由所讨论对象之全体构成的非空集合。论域中的元素称为个体，论域常被称为个体域。例如，整数的个体域是由所有整数构成的集合，每个整数都是该个体域中的一个个体。

在谓词逻辑中，命题是用谓词来表示的。谓词可分为谓词名和个体两部分。其中，个体是命题中的主语，用来表示某个独立存在的事物或者某个抽象的概念；谓词名是命题的谓语，用来表示个体的性质、状态或个体之间的关系等。例如，对于命题"王力是一个学生"可用谓词表示为 STUDENT(WangLi)。其中，WangLi 是个体，代表王力；STUDENT 是谓词名，说明王力是学生这一特征。通常，谓词名用大写英文字母表示，个体用小写英文字母表示。

谓词可形式化地定义如下。

【定义 2.2】　设 D 是个体域，$P: D^n \rightarrow \{T, F\}$ 是一个映射，其中，$D^n = \{(x_1, x_2, \cdots, x_n) \mid x_1, x_2, \cdots, x_n \in D\}$ 则称 P 是一个 n 元谓词($n = 1, 2, \cdots$)，记为 $P(x_1, x_2, \cdots, x_n)$。其中，$x_1, x_2, \cdots, x_n$ 为个体变元。

在谓词中，个体可以是常量、变元或函数。例如，"$x > 6$"可用谓词表示为 Greater$(x, 6)$，式中 x 是变元。再如，"王力的父亲是教师"可用谓词表示为 TEACHER(father(Wang Li))，其中 father(WangLi)是一个函数。

函数可形式化地定义如下。

【定义 2.3】　设 D 是个体域，$f: D^n \rightarrow D$ 是一个映射，则称 f 是 D 上的一个 n 元函数，

记为 $f(x_1, x_2, \cdots, x_n)$。式中，$x_1, x_2, \cdots, x_n$ 是个体变元。

谓词和函数从形式上看很相似，容易混淆，但是它们是两个完全不同的概念。谓词的真值是真或假，而函数无真值可言，其值是个体域中的某个个体。谓词实现的是从个体域中的个体到 T 或 F 的映射，而函数实现的是同一个体域中从一个个体到另一个个体的映射。在谓词逻辑中，函数本身不能单独使用，它必须嵌入到谓词之中。

在谓词 $P(x_1, x_2, \cdots, x_n)$ 中，如果 $x_i(i=1, 2, \cdots, n)$ 都是个体常量、变元或函数，称它为一阶谓词。如果某个 x_i 本身又是一个一阶谓词，则称它为二阶谓词。本书仅讨论一阶谓词。

3. 连接词和量词

一阶谓词逻辑有 5 个连接词和 2 个量词。由于命题逻辑可看成谓词逻辑的一种特殊形式，因此谓词逻辑中 5 个连接词也适用于命题逻辑，但 2 个量词仅适用于谓词逻辑。

1) 连接词

连接词是用来连接简单命题，并由简单命题构成复合命题的逻辑运算符号。它们分别是：

（1）"¬"称为"非"或者"否定"。它表示对其后面的命题的否定，使该命题的真值与原来相反。

（2）"∨"称为"析取"。它表示所连接的两个命题之间具有"或"的关系。

（3）"∧"称为"合取"。它表示所连接的两个命题之间具有"与"的关系。

（4）"→"称为"条件"或"蕴涵"。它表示"若……，则……"的语义。例如，对命题 P 和 Q，蕴涵式 $P \rightarrow Q$ 表示"若 P，则 Q"。

（5）"↔"称为"双条件"。它表示"当且仅当"的语义。例如，对命题 P 和 Q，$P \leftrightarrow Q$ 表示"P 当且仅当 Q"。

在谓词公式中，连接词的优先级从高到低依次是：¬，∧，∨，→，↔。命题公式是谓词公式的一种特殊情况，也可用连接词把单个命题连接起来，构成命题公式。例如，¬$(P \lor Q)$，$P \rightarrow (Q \lor R)$，$(P \rightarrow Q) \land (Q \leftrightarrow R)$ 都是命题公式。

2) 量词

量词是由量词符号和被其量化的变元组成的表达式，用来对谓词中的个体做出量的规定。一阶谓词逻辑中引入了两个量词符号：

（1）全称量词符号"∀"，意思是"所有的""任一个"。

（2）存在量词符号"∃"，意思是"至少有一个""存在"。

例如，$\forall x$ 是一个全称量词，表示"对论域中的所有个体 x"，读为"对于所有 x"；$\exists x$ 是一个存在量词，表示"在论域中存在个体 x"，读为"存在 x"。

全称量词的定义：命题 $(\forall x)P(x)$ 为真，当且仅当对论域中的所有 x，都有 $P(x)$ 为真。命题 $(\forall x)P(x)$ 为假，当且仅当至少存在一个 $x_0 \in D$，使得 $P(x_0)$ 为假。

存在量词的定义：命题 $(\exists x)P(x)$ 为真，当且仅当至少存在一个 $x_0 \in D$，使得 $P(x_0)$ 为真。命题 $(\exists x)P(x)$ 为假，当且仅当对论域中的所有 x，都有 $P(x)$ 为假。

4. 自由变元和约束变元

当一个谓词公式含有量词时，区分个体变元是否受量词的约束是很重要的。通常，把位于量词后面的单个谓词或者用括号括起来的合式公式称为该量词的辖域，辖域内与量词中同名的变元称为约束变元，不受约束的变元称为自由变元。例如：

$$(\forall x)(P(x,y) \rightarrow Q(x,y)) \vee R(x,y) \qquad\qquad (2.1)$$

式(2.1)中，$P(x,y) \rightarrow Q(x,y)$ 是 $(\forall x)$ 的辖域，辖域内的变元 x 是受 $(\forall x)$ 约束的变元；$R(x,y)$ 中的 x 是自由变元；所有的 y 都是自由变元。

在谓词公式中，变元的名字是无关紧要的，可以把变元的名字换成别的名字。但在换名时需注意以下两点：① 当对量词辖域内的约束变元更名时，必须把同名的约束变元都统一换成另外一个相同的名字，且不能与辖域内的自由变元同名。例如，对公式 $(\forall x)P(x,y)$，可把约束变元 x 换成 z，得到公式 $(\forall z)P(z,y)$。② 当对辖域内的自由变元更名时，不能改成与约束变元相同的名字。例如，对公式 $(\forall x)P(x,y)$，可把自由变元 y 换成 z（但不能换成 x），得到公式 $(\forall x)P(x,z)$。

2.2.2　谓词逻辑表示方法

谓词逻辑不仅可以用来表示事物的状态、属性、概念等事实性知识，也可以用来表示事物的因果关系，即规则。对事实性知识，通常是用否定、析取或合取符号连接起来的谓词公式表示。对事物间的因果关系，通常用蕴涵式表示，例如，"如果 x，则 y"可表示为"$x \rightarrow y$"。

当用谓词逻辑表示知识时，首先需要根据所表示的知识定义谓词，再用连接词或量词把这些谓词连接起来，形成一个谓词公式。

【例 2.1】　用谓词逻辑表示知识"所有教师都有自己的学生"。

解　首先定义谓词：

TEACHER(x)：表示 x 是教师。

STUDENT(y)：表示 y 是学生。

TEACHES(x,y)：表示 x 是 y 的老师。

此时，该知识可用谓词表示为

$$(\forall x)(\exists y)(\text{TEACHER}(x) \rightarrow \text{TEACHES}(x,y) \wedge \text{STUDENT}(y))$$

该谓词公式可读为：对所有 x，如果 x 是一个教师，那么一定存在一个个体 y，x 是 y 的老师，且 y 是一个学生。

【例 2.2】　用谓词逻辑表示知识"所有的整数不是偶数就是奇数"。

解　首先定义谓词：

I(x)：x 是整数。

E(x)：x 是偶数。

O(x)：x 是奇数。

此时，该知识可用谓词表示为

$$(\forall x)(\text{I}(x) \rightarrow \text{E}(x) \vee \text{O}(x))$$

【例 2.3】　用谓词逻辑表示如下知识：

王宏是计算机系的一名学生。

王宏和李明是同班同学。

凡是计算机系的学生都喜欢编程序。

解 首先定义谓词：

CS(x)：表示 x 是计算机系的学生。

CM(x, y)：表示 x 和 y 是同班同学。

L(x, z)：表示 x 喜欢 z。

此时，可用谓词公式把上述知识表示为

$$CS(WangHong)$$
$$CM(WangHong, LiMing)$$
$$(\forall x)(CS(x) \rightarrow L(x, programing))$$

2.2.3 谓词逻辑表示的经典例子

上面讨论了一阶谓词逻辑的基础和逻辑知识表示方法，为加深对这些内容的理解，下面举一个逻辑表示法的应用例子。

【例 2.4】 机器人搬弄积木块问题的谓词逻辑表示。

设一个房间里有一个机器人 ROBOT、一个壁炉 ALCOVE、一个积木块 BOX、两个桌子 A 和 B。在开始时，机器人 ROBOT 在壁炉 ALCOVE 的旁边，且两手是空的，桌子 A 上放着积木块 BOX，桌子 B 上是空的。机器人把积木块 BOX 从桌子 A 上转移到桌子 B 上。

解 根据给出的知识表示步骤，解答如下。

第一步，定义谓词如下：

Table(x)：x 是桌子。

Empty Handed(x)：x 双手是空的。

At(x, y)：x 在 y 旁边。

Holds(y, w)：y 拿着 w。

On(w, x)：w 在 x 上。

Empty Table(x)：桌子 x 上是空的。

第二步，本问题所涉及的个体定义如下：

机器人：ROBOT，

积木块：BOX，

壁炉：ALCOVE，

桌子：A，

桌子：B。

第三步，根据问题的描述将问题的初始状态和目标状态分别用谓词公式表示出来。问题的初始状态如下：

At(ROBOT, ALCOVE) ∧ Empty Handed(ROBOT) ∧ On(BOX, A) ∧ Table(A)
∧ Table(B) ∧ Empty Table(B)

问题的目标状态如下：

At(ROBOT, ALCOVE) ∧ Empty Handed(ROBOT) ∧ On(BOX, B) ∧ Table(A)
∧ Table(B) ∧ Empty Table(A)

第四步，问题表示出来后，如何求解问题。

在将问题初始状态和目标状态表示出来后，对此问题的求解实际上是寻找一组机器人可进行的操作，实现一个由初始状态到目标状态的机器人操作过程。机器人可进行的操作一般分为先决条件和动作两部分，可以容易地用谓词公式表示，而动作可以通过前后状态变化表示，也就是只要指出动作执行后，应从动作前的状态表中删除和增加什么谓词公式，就可以描述相应的动作了。

机器人要将积木块从桌子 A 上移到桌子 B 上所要执行的动作有如下 3 个：

Goto(x，y)：从 x 处走到 y 处。

Pickup(x)：在 x 处拿起积木块。

Set down(y)：在 y 处放下积木块。

这 3 个操作可以分别用条件和动作表示如下：

Goto(x，y)

条件：At(ROBOT，x)

动作：删除 At(ROBOT，x)

增加 At(ROBOT，y)

Pickup(x)

条件：On(BOX，x) $\land$ Table(x) $\land$ At(ROBOT，x) $\land$ Empty Handed(ROBOT)

动作：删除 On(BOX，x) $\land$ Empty Handed(ROBOT)

增加 Holds(ROBOT，BOX)

Set down(y)

条件：Table(y) $\land$ At(ROBOT，y) $\land$ Holds(ROBOT，BOX)

动作：删除 Holds(ROBOT，BOX)

增加 On(BOX，y) $\land$ Empty Handed(ROBOT)

机器人在执行每个操作之前需要检查所需先决条件是否满足，只有条件满足以后，才执行相应的动作。如机器人拿起 A 桌上的 BOX 这一操作，先决条件是：

On(BOX，A) $\land$ At(ROBOT，A) $\land$ Empty Handed(ROBOT)

2.2.4　谓词逻辑表示的特性

逻辑知识表示的主要特点是建立在一阶逻辑的基础上，并利用逻辑运算方法研究推理的规律，即条件与结论之间的蕴涵关系。逻辑表示法的主要优点如下。

（1）自然：一阶谓词逻辑是一种接近于自然语言的形式语言系统，谓词逻辑表示法接近于人们对问题的直观理解，易于被人们接受。

（2）明确：逻辑表示法对如何由简单陈述句构造复杂陈述句的方法有明确规定，如连接词、量词的用法和含义等。对于用逻辑表示法表示的知识，人们都可以按照一种标准的方法去解释它，因此用这种方法表示的知识明确、易于理解。

（3）精确：谓词逻辑是一种二值逻辑，谓词公式的真值只有"真"和"假"，因此可用来表示精确知识，并可保证经演绎推理所得结论的精确性。

（4）灵活：逻辑表示法把知识和处理知识的程序有效地分开，无须考虑程序中处理知识的细节。

（5）模块化：在逻辑表示法中，各条知识都是相对独立的，它们之间不直接发生联系，因此添加、删除、修改知识的工作比较容易进行。

逻辑表示法也存在一些不足,包括:

(1) 知识表示能力差:逻辑表示法只能表示确定性知识,而不能表示非确定性知识,如不精确、模糊性知识。实际上,人类的大部分知识都不同程度地具有某种不确定性,这就使得逻辑表示法表示知识的范围和能力受到了一定的限制。另外,逻辑表示法难以表示过程性知识和启发性知识。

(2) 知识库管理困难:逻辑表示法缺乏知识的组织原则,形成的知识库管理比较困难。

(3) 存在组合爆炸:由于逻辑表示法难以表示启发性知识,因此在推理过程中只能盲目地使用推理规则。当系统知识量较大时,容易发生组合爆炸。

(4) 系统效率低:逻辑表示法的推理过程是根据形式逻辑进行的,把推理演算与知识含义分开,抛弃了表达内容中所含有的语义信息,往往使推理过程冗长,降低了系统效率。

2.3　产生式知识表示

产生式系统(Production System,PS)是在 1943 年由波斯特(Post)提出的,他用这种规则对符号串进行替换运算。1965 年,纽厄尔和西蒙利用这种原理建立了认知模型。同年,斯坦福大学在设计第一个专家系统 DENDRAL 时就采用了产生式系统的结构。

产生式表示法是目前已建立的专家系统中知识表示的主要手段之一,如 MYCIN、CLIPS/JESS 系统等。产生式系统把推理和行为的过程用产生式规则表示,所以又被称为基于规则的系统。本节重点讨论产生式表示方法。

2.3.1　产生式表示的基本方法

产生式表示法可以容易地描述事实和规则,下面给出其表示方法。

1. 事实的表示

事实可看成断言一个语言变量的值或断言多个语言变量之间关系的陈述句。其中,语言变量的值或语言变量之间的关系可以是数字,也可以是一个词等。例如,陈述句"雪是白的",其中"雪"是语言变量,"白的"是语言变量的值。再如,陈述句"王可热爱祖国",其中,"王可"和"祖国"是两个语言变量,"热爱"是语言变量之间的关系。在产生式表示法中,事实通常是用三元组或四元组来表示的。

对确定性知识,一个事实可用一个三元组(对象,属性,值)或(关系,对象 1,对象 2)来表示。其中,对象就是语言变量。这种表示方式,在机器内部可用一个表来实现。

2. 规则的表示

规则描述的是事物间的因果关系,其含义是"如果……则……"。规则的产生式表示形式常称为产生式规则,简称为产生式或规则。一个规则由前件和后件两部分组成,其基本形式为

IF〈前件〉THEN〈后件〉

或

〈前件〉→〈后件〉

其中，前件是该规则可使用的先决条件，由单个事实或多个事实的逻辑组合构成；后件是一组结论或操作，指出当"前件"满足时，应该推出的"结论"或应该执行的"动作"。

严格地讲，用巴克斯范式给出的规则的形式化描述如下：

〈规则〉∷=〈前提〉→〈结论〉

〈前提〉∷=〈简单条件〉|〈复合条件〉

〈结论〉∷=〈事实〉|〈动作〉

〈复合条件〉∷=〈简单条件〉AND〈简单条件〉[（AND〈简单条件〉…）]|
　　〈简单条件〉OR〈简单条件〉[（OR〈简单条件〉…）]

〈动作〉∷=〈动作名〉|[（〈变元〉，…）]

2.3.2　产生式表示简例

上面给出的是产生式表示的一般方法，下面以"动物识别系统"中的产生式规则为例，给出两个具体的产生式知识表示方法。

在经典的"动物识别系统"中，有以下两条产生式规则：

r_3：IF 动物有羽毛 THEN 动物是鸟

r_{15}：IF 动物是鸟 AND 动物善飞 THEN 动物是信天翁

其中，r_3 和 r_{15} 分别是相应产生式在"动物识别系统"中的编号，被称为规则序号。

对 r_3，其前提条件是"动物有羽毛"，结论是"动物是鸟"，其含义是"如果动物有羽毛，则该动物是鸟"。

对 r_{15}，其前提条件是"动物是鸟 AND 动物善飞"，其前提条件是由子条件"动物是鸟"和另一个子条件"动物善飞"通过合取构成的一个组合条件。该产生式的含义是"如果动物有羽毛，并且动物善飞，则该动物是信天翁"。

2.3.3　产生式表示的特性

产生式表示法的主要优点：

（1）清晰性：产生式表示法的格式固定，形式简单，规则（知识单位）之间相互独立，没有直接关系，知识库的建立较为容易，处理较为简单。

（2）模块性：知识库与推理机是分离的，这种结构给知识库的修改带来方便，不需要修改程序，对系统的推理路径也容易做出解释。基于这些原因，产生式表示法常作为建造专家系统首选的知识表示方法。

（3）自然性：产生式表示法用"如果……则……"的形式表示知识，符合人类的思维习惯，是人们常用的一种表达因果关系的知识表示形式，既直观自然，又便于推理。另外，产生式表示法既可以表示确定性知识，又可以表示不确定性知识，更符合人们处理日常见到的问题的习惯。

产生式表示法的主要缺点如下：

（1）难以扩展：尽管规则形式上相互独立，但实际问题中往往彼此是相关的。这样当知识库不断扩大时，要保证新的规则与已有的规则没有矛盾就会越来越困难，知识库的一致性越来越难以实现。

（2）规则选择效率较低：在推理过程中，每步都要与规则库中的规则做匹配检查。如果知识库中的规则数量很多，那么显然效率会很低。

（3）不便于表示结构性知识。由于产生式表示具有一致格式，且规则之间不能相互调用，因此那种具有结构关系或层次关系的知识，用产生式很难将其以自然的方式来表示。

2.4　框架表示法

框架表示法是在框架理论的基础上发展起来的一种结构化知识表示方法，目前已成为一种被广泛使用的知识表示方法。心理学的研究结果表明，在人类日常的思维和理解活动中，当分析和解释遇到的新情况时，要使用到过去经验中积累的知识。这些知识规模巨大而且以很好的组织形式保留在人们的记忆中。这种组织形式称为框架。1975年，美国麻省理工学院的明斯基提出了框架理论，作为理解视觉、自然语言对话以及其他复杂行为的一种基础。框架提供了一个结构或者说一种组织。在这个结构或组织中，新的资料可以用从过去的经验中得到的概念来分析和解释。因此，框架是一种结构化表示法。

相互关联的框架连接起来组成框架系统，或称框架网络。不同的框架网络又可通过信息检索网络组成更大的系统，代表一块完整的知识。框架理论把知识看作是相互关联的成块组织，它与把知识表示为独立的简单模块有很大的不同。

2.4.1　框架结构

框架是一种表示显式组织的数据结构，它的顶层是固定的，表示某个固定的概念、对象或事件，其下层由一些称为槽（Slot）的结构组成。每个槽可以按实际情况被一定类型的实例或数据所填充（或称赋值），所填写的内容称为槽值。每个槽值一般都预先规定赋值的条件，例如，规定其值是人物、符合一定条件的事物、指向某类子框架的指针等。还可规定不同槽的槽值之间应满足的条件。所以框架是一种层次的数据结构，框架下层的槽可以看成是一个子框架，子框架本身还可以进一步分层次。

框架有一个框架名，指出所表达知识的内容，下一个层次设若干个槽，用来说明该框架的具体性质。每个槽设有槽名，槽名下面有对应的取值，称为槽值，即表示该特性的值。在较为复杂的框架中，槽的下面还可进一步区分层次，槽的下面可设几个侧面，每个侧面又可以有各自的取值。一般框架结构如下：

Frame〈框架名〉

　　　槽名 1：侧面名 11　　值 11，…

　　　　　　　侧面名 12　　值 12，…

　　　　　　　…　　…

　　　　　　　侧面名 $1m$　　值 $1m$，…

　　　槽名 2：侧面名 21　　值 21，…

　　　　　　　侧面名 22　　值 22，…

　　　　　　　…　　…

　　　　　　　侧面名 $2m$　　值 $2m$，…

槽名 n：侧面名 $n1$　　　值 $n1$，…

　　　　　侧面名 $n2$　　　值 $n2$，…

　　　　　…　　…

　　　　　侧面名 nm　　　值 nm，…

约束：约束条件 1

　　　约束条件 2

　　　…

　　　约束条件 n

　　槽或侧面的取值可以是二值逻辑的真或假，可以是实数值，也可以是文字或其他形式的定义域，还可以是一组子程序，这组子程序被称为框架的程序附件。例如，说明在填槽过程中需干些什么（即 IF-ADDED 程序）、填槽时应如何计算槽值（IF-NEEDED）。

　　一所大学的人员情况可以用框架描述如下：

教职工的框架：

FRAME：PERSONNEL

　　　　AGE：INTEGER [18 60]

　　　　HEALTH：ONE OF（E G N P）(DEFAULT＝N)

　　　　RETIRE：IF-NEEDED

　　　　　　(COND((OR (AND(EQ(SLOT-VAL x′ SEX) MALE)

　　　　　　(GREATERP (SLOT-VAL x′ AGE)60))

　　　　　　(AND(EQ(SLOT-VAL x′ SEX) FEMALE)

　　　　　　(GREATERP (SLOT-VAL x′ AGE)55)))

　　　　　　(REMOVE x))

教师的框架：

FRAME FACULTY-TEACHER

　　ISA：FACULTY

　　AGE：IF-NEEDED

　　　(COND ((SLOT-VAL x′ YEAR) (PLUS (SLOT- VAL x′ YEAR)23)) (T 23))

　　EDU：H

　　LAN：RANGE A SUBSET OF (E J F G R) (DEFAULT＝E)

　　　　LEVEL ONE OF (E C F P)

　　ADDRESS：AN ADDRESS (DEFAULT＝BUILDING-3)

具体教师的框架：

FRAME TEACHER-1

　　ISA：FACULTY-TEACHER

　　NAME：ZHAO-LIN

　　SEX：MALE

　　ACE：NIL

　　YEAR：20

　　EDU：NIL

```
LAN：RANGE E
      LEVEL G
WORK：TEACHING
ADDRESS：BUILDING-4
RELATION：FACULTY-CADRE
```

从上述例子可以看出，框架中槽的取值是多样化的，如槽 ISA、RELATION 的取值分别为其他框架的名字 PERSONNEL、FACULTY-TEACHER 等；槽 HEALTH（健康状态）则为某个表（E G N P）（即优、良、正常、差）中的元素；槽 LAN（外语能力）又分成几个侧面，分别表示掌握的语种（RANGE），可以是英（E）、日（J）、法（F）、德（G）、俄（R）中的任何子集，以及外语水平（LEVEL）；槽 RETIRE（退休制度）和 AGE（年龄规律）则是以 LISP 语言表示的子程序，说明当需要时（IF-NEEDED）可由该程序推导出所需的结果，如该教职工是否已经退休、该教师的年龄等。

槽 RELATION 表示教师（TEACHER-1）与学院干部（FACULTY-CADRE）框架的关系，例如，如果该教师还担任某行政职务，那么他也可能具有 FACULTY-CADRE 框架的许多属性。

2.4.2　框架网络

框架之间相互有联系，主要表现在以下两方面。首先是层次的结构，即各个框架之间通过 ISA 链表现了框架之间特殊与一般的继承关系。除了纵向联系之外，框架中的槽值还可以表示框架之间的关系，形成框架之间的横向联系。图 2.1 给出了宾馆房间的框架描述。

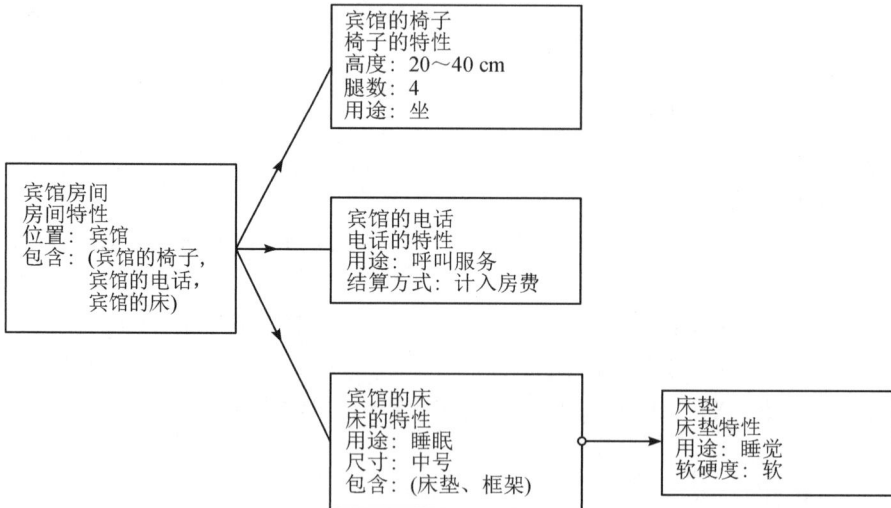

图 2.1　宾馆房间框架

图 2.1 中，把宾馆房间较高层结构直接表示为语义网络，组织为多个独立网络的汇集，每个网络表示一种典型的情况。框架（以及面向对象系统）提供了一种组织工具，利用其可以将实体表示为结构化的对象，对象可以带有命名槽和相应的值。因此可以把框架或模式看成是一种简单的复合体。框架在很多重要方面扩展了语义网络。通过框架更容易层次化

地组织知识。在网络中，所有概念被表示为同一个层上的节点和边。

过程性附件是框架的一个重要特征，通过这一特征可以把特定的代码片段与框架表示中的适当实体联系起来。例如，希望知识库具有产生图片图像的能力。这方面图形语言比网络语言更合适，同样也用过程性附件来创建守护程序(demons)。守护程序是作为某个其他动作的副作用被调用的过程。例如，每当槽值改变时，可能希望系统进行类型检查或一致性检验。

框架系统支持类继承。一个类框架的槽和默认值可以通过类/子类和类/成员层次继承。例如，宾馆电话是常规电话的子类，除了拨打所有外线要通过宾馆总机(为了记账)，可以直接拨打宾馆的服务。只要没有其他的信息可以使用，那么默认值便被赋给所选择的槽，例如，宾馆房间中有床，因此是睡觉的合适地方；如果不知道如何拨打宾馆的前台，那么可以试拨"0"。

当创建类框架的实例时，系统会尽可能填写它的各个槽，采用的方法可以是向用户查询、从类框架中接受默认值，或者执行某个过程或守护程序来得到实例值。和语义网络的情况一样，槽和默认值可以跨类或子类层次继承。

图 2.2 给出了教职工的框架网络。其中 FACULTY-TEACHER 是一般教师的框架，它通过 ISA 链与 FACULTY 相连，表示它是 FACULTY 的一个实例。FACULTY 通过 ISA 链与 PERSONNEL 相连，表示它是学校人员(PERSONNEL)的特殊情况。这是纵向的继承关系。

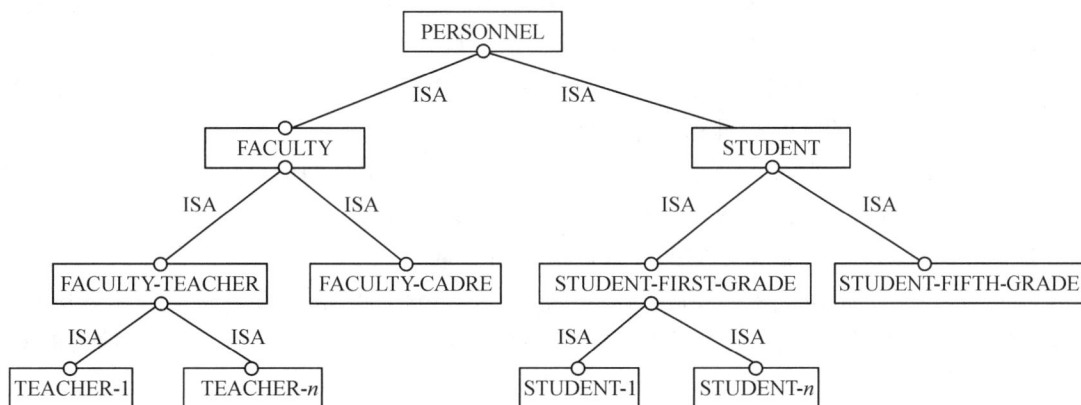

图 2.2　教职工的框架网络

框架的层次结构不仅有利于查询、检索，而且可以节省大量的存储空间，因为它避免存储重复的内容，譬如有关教职员的共同信息如年龄、健康状况及退休制度等均存储在FACULTY 框架中，那么除特殊情况需专门说明外，在它下面层次的框架中，如 FACULTY-TEACHER、TEACHER-1，就不必重复存储这些共同的信息。这些信息可以通过继承链(ISA 链)的关系得到。

2.4.3　推理方法

在框架表示的知识库中，主要有两种活动，一是填槽，即框架中未知内容的槽需要填写；二是"匹配"，根据已知事件寻找合适的框架，并将该内容填入槽中。上述两种操作均将引起推理，其主要推理形式有如下两种。

1. 默认推理

如同上述，在框架网络中各框架之间通过 ISA 链（槽）构成半序的继承关系。在填槽过程中，如果没有特别的说明，子框架的槽值将继承父框架相应的槽值，称为默认推理。

如果赵林这位老师（TEACHER-1）的年龄大小（AGE 槽）没有进一步的信息，即 AGE 槽为空（NIL），那就应该默认他具有一般教师（FACULTY-TEACHER）的年龄规律。因此他的年龄应按 FACULTY-TEACHER 框架的 AGE 槽中 IF-NEEDED 的特殊性来推理。这样在填 TEACHER-1 的 AGE 槽时，就引起如下的推理过程：从 FACULTY-TEACHER 的 AGE 槽所提供的信息，以及 TEACHER-1 中 YEAR 槽的内容，已知该教师工龄为 20 年，则推出其年龄在 43 岁以上。

显然，上述的推理过程可以追溯到更高层次的框架，如从 PERSONNEL 框架获得某些信息。

2. 匹配

由框架所构成的知识库，当利用它进行推理、形成概念和作出决策、判断时，其过程往往是根据已知的信息，通过与知识库中预先存储的框架进行匹配，找出一个或几个与该信息所提供情况最适合的预选框架，形成初步假设，即由输入信息激活相应的框架。然后在该假设框架引导下，收集进一步的信息。按某种评价原则，对预选的框架进行评价，以决定最后接受或者放弃预选的框架，这就是在框架引导下的推理。这个过程可以用来模拟人类利用已有的经验进行思考、决策，及形成概念、假设的过程。

框架的匹配是一个逐槽比较的过程，设框架 FRAME-2 与框架 FRAME-1 相应槽的取值没有矛盾。由于框架之间的继承关系，使匹配过程复杂化了。不仅涉及两个直接有关框架的比较，还涉及其父框架以及更高层次的框架。此外，框架各槽取值要求也不一样，有的有严格要求不能违背，有的要求则可松动。由于各槽取值要求不一样，一般情况下，还要给出一种评分的准则，作为框架之间匹配程度的数值度量。

以前面大学人员的部分框架为例，假设需找一位男性，年龄 40 岁左右，身体健康，主要做教学工作的教师。显然，要求在已知知识库中找到一个（或几个）符合下述条件的框架：

TEACHER A
　　FRAME TEACHER-A
　　HEALTH：N
　　SEX：MALE
　　AGE：= 40
　　WORK：TEACHING

易见，教师框架 TEACHER-1 的 SEX、WORK 槽取值与要求一致。但 HEALTH 和 AGE 槽在 TEACHER-1 中没有具体说明。不过根据 ISA 的继承关系，TEACHER-1 应同时具有 FACULTY-TEACHER、FACULTY 框架所具有的性质。那么从 FACULTY 框架中得知 HEALTH 的槽值为 N，即一般教职员身体应是健康的。又从 FACULTY-TEACHER 的 AGE 槽 IF-NEEDED 性质下经过推理得到 TEACHER-1 AGE 值应为 43。其余槽值没有要求，因此，最后找到 ZHAO-LIN（赵林）是满足条件的教师。

框架表示法有以下特点：

（1）结构性：框架表示法最突出的特点是善于表达结构性的知识，能够把知识内容的结构关系及知识间的联系表示出来，因此它是一种经组织起来的结构化的知识表示方法。这一特点是产生式表示所不具备的，产生式系统中的知识单位是产生式规则，这种知识单位由于太小而难于处理复杂问题，也不能把知识间的结构关系显式地表示出来。框架表示法的知识单位是框架，而框架由槽组成，槽又可分为若干侧面，这样就可把知识的内部结构显式地表示出来。

（2）继承性：框架表示法通过使槽值为另一个框架的名字来实现框架间的联系，建立起表示复杂知识的框架网络。在框架网络中，下层框架可以继承上层框架的槽值，也可以进行补充和修改，这样不仅减少了知识的冗余，而且较好地保证了知识的一致性。

（3）自然性：框架表示法体现了人们在观察事物时的思维活动，当遇到新事物时，通过从记忆中调用类似事物的框架，并对其中某些细节进行修改、补充，就形成了对新事物的认识，这与人们的认识活动是一致的。

框架表示法提出后得到了广泛的应用，因为它在一定程度上体现了人的认知过程，又适用于计算机处理。1976 年莱纳特（Lenat）开发的数学专家系统 AM、1980 年斯特菲克（Stefik）开发的系统 UNITS、1985 年田中等开发的 PROLOG 医学专家系统开发工具 Apes 等，都采用框架作为知识表示的基础。

框架允许把复杂的对象表示成一个框架，而不是表示为庞大的网络结构，因此它大大增强了语义网的表达能力。它也为表示典型实体、类、继承和默认值提供了一种自然的方式。这项 20 世纪 70 年代 MIT 的研究成果导致了“面向对象”编程的产生，并开创了重要的编程语言 Smalltalk、Java、C++以及 CLOS。

2.5　知　识　图　谱

知识图谱以结构化的形式描述客观世界中概念、实体间的复杂关系，将互联网的信息表达成更接近人类认知世界的形式，为人类提供了一种更好地组织、理解和管理互联网海量信息的能力。知识图谱采用本体知识表示方法，是语义 Web 技术在互联网上的成功应用。

知识图谱的概念最初由谷歌于 2012 年提出，目的是利用网络多源数据构建的知识库来增强语义搜索、提升搜索质量。正如谷歌知识图谱负责人辛格博士在介绍知识图谱时提到的“The world is not made of strings, but is made of things”（世界由客观事物组成，而不是由字符串组成），知识图谱旨在以结构化的形式描述客观世界中存在的概念、实体及其间的复杂关系。其中，概念是指人们在认识世界过程中形成的对客观事物的概念化表示，如人、动物、组织机构等；实体是客观世界中的具体事物，如画家达·芬奇、篮球运动员科比等。关系描述概念、实体之间客观存在的关联，如毕业院校描述了个人与其所在院校之间的关系、运动员和篮球运动员之间存在概念和子概念的关系等。

图 2.3 给出了知识图谱的一个典型示例。知识图谱可以看作一张巨大的图，其中节点表示概念或实体，如图中的歌手张三、作品×××；而边界则由属性或关系构成，如张三和

李四的夫妻关系以及他和汉族的"民族"关系。

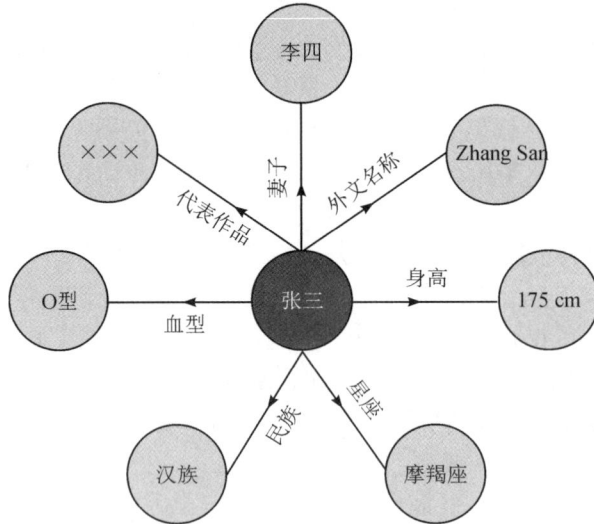

图 2.3　周杰伦知识图谱

1. 知识图谱的定义和三要素

知识图谱(Knowledge Graph，KG)本质上是一种叫作语义网络(Semantic Network)的知识库，即具有有向图结构的一个知识库。由节点(point)、边(edge)和属性(property)组成，在知识图谱里，节点表示现实世界中的实体，边表示实体与实体之间的关系。知识图谱的组成三要素包括：实体、关系和属性。

(1)实体：又称作本体(Ontology)，指客观存在并可相互区别的事物，可以是具体的人、事、物，也可以是抽象的概念或联系，实体是知识图谱中最基本的元素。

(2)关系：在知识图谱中，边表示知识图谱中的关系，用来表示不同实体间的某种联系。

(3)属性：知识图谱中的实体和关系都可以有各自的属性。

2. 知识图谱的分类

知识图谱按照功能和应用场景可以分为通用知识图谱和领域知识图谱。图 2.4 展示了它的分类。其中通用知识图谱面向通用领域，强调知识的广度，形态通常为结构化的百科知识，使用者主要为普通用户；领域知识图谱则面向某一特定领域，强调知识的深度和可靠性，通常需要基于该行业的数据库进行构建，使用者为行业内的从业人员以及潜在的业内人士等。

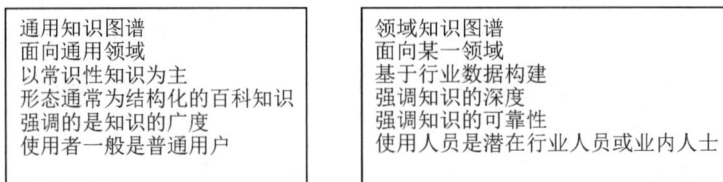

图 2.4　知识图谱的分类

3. 知识图谱的作用

（1）搜索：互联网的终极形态是万物互联，而搜索的终极目标是对万物直接进行搜索。传统的搜索是靠网页之间的超链接实现网页的搜索，而语义搜索是直接对事物进行搜索，比如人、物、机构、地点等，这些事物可以来自文本、图片、视频、音频、物联网设备等。知识图谱和语义技术提供了关于这些事物的分类、属性和关系的描述，这样搜索引擎就可以直接对事物进行搜索。比如当你搜索"《觉醒年代》的导演是谁"，那么在进行搜索时，搜索引擎会把这句话进行分解，获得"《觉醒年代》""导演"，再与现有的知识库中的词条进行匹配，最后展现在用户面前。传统的搜索模式下，搜索后得到的通常是包含其中关键词的网页链接，还需要在多个网页中进行筛选。可以看出基于知识图谱的搜索更加便捷与准确。

（2）问答：人与机器通过自然语言进行问答与对话也是人工智能实现的标志之一，知识图谱也广泛应用于人机问答交互中。借助自然语言处理和知识图谱技术，比如基于语义解析、基于图匹配、基于模式学习、基于表示学习和深度学习的知识图谱模型，人类可以与人工智能用自然语言交流。

（3）辅助大数据分析：知识图谱也可以用于辅助进行数据分析与决策。不同来源的知识通过知识融合进行集成，通过知识图谱和语义技术增强数据之间的关联，用户可以更直观地对数据进行分析。此外，知识图谱也被广泛作为先验知识用于从文本中抽取实体和关系，也被用来辅助实现文本中的实体消歧、指代消解等。

4. 知识图谱的构建

建立一个知识图谱首先要获得数据，这些数据就是知识的来源，它们可以是一些表格、文本、数据库等。数据按类型可以分为结构化数据、非结构化数据和半结构化数据。结构化数据为表格、数据库等按照一定格式表示的数据，通常可以直接用来构建知识图谱。非结构化数据为文本、音频、视频、图片等，需要对它们进行信息抽取才能进一步建立知识图谱。半结构化数据是介于结构化和非结构化之间的一种数据，也需要进行信息抽取才能建立知识图谱。获得不同来源的数据时，需要先对数据进行知识融合，也就是把代表相同概念的实体合并，将多个来源的数据集合并成一个数据集。这样就得到了最终的数据，在此基础上就可以建立相应的知识图谱了。通过知识推理等技术能够获得新的知识，所以通过知识推理可以不断完善现有的知识图谱。综上所述，建立一个知识图谱需要以下步骤：知识抽取、知识表示与建模、知识融合、知识推理。

（1）知识抽取：知识抽取可以分为实体识别、关系抽取、属性抽取等。目前结构化数据是最主要的知识来源。针对结构化数据，知识图谱通常可以直接利用和转化，形成基础数据集，再利用知识图谱补全技术进一步扩展知识图谱。

（2）知识表示与建模：知识表示就是指用一定的结构和符号语言来描述知识，并且能够用计算机进行推理、计算等操作的技术。知识表示的方法有谓词逻辑表示法和框架表示法。

（3）知识融合：建立一个知识图谱，需要从多个来源获取数据，这些来源不同的数据可能会存在交叉、重叠，同一个概念、实体可能会反复出现，知识融合的目的就是把表示相同概念的实体进行合并，把来源不同的知识融合为一个知识库。知识融合的主要任务包括实体消歧和指代消解，它们都用来判断知识库中的同名实体是否代表同一含义、是否有其他实体也表示相同含义。实体消歧专门用于解决同名实体产生歧义的问题，通常采用聚类法、空间向量模型、语义模型等方法实现。指代消解则是为了避免代词指代不清的情况。

（4）知识推理：推理是模拟思维的基本形式之一，是从一个或多个现有判断（前提）中推断出新判断（结论）的过程。基于知识图谱的知识推理旨在识别错误并从现有数据中推断出新结论。通过知识推理可以导出实体间的新关系，并反馈以丰富知识图谱，从而支持高级应用。鉴于知识图谱的广泛应用前景，大规模知识图谱的知识推理研究成为近年来自然语言处理领域的一个研究热点。

5. 知识图谱的应用示例

在语义搜索方面，传统的基于关键词的搜索并不能很好地理解用户的搜索意图，仅能通过用户提供的关键词与待检索文档间字符串的相关性来匹配结果，用户还需要自己筛选结果，搜索体验差。而知识图谱的引入能够有效利用其良好定义的结构形式，以有向图的方式提供满足用户需求的结构化语义内容。如本章开头处讲到的谷歌、百度和搜狗均利用建立大规模知识图谱对搜索关键词和文档内容进行语义标注，提供包括实体搜索、关系搜索和实例搜索等多种类型的服务，使得用户能够直接获得精确度很高的答案。

知识问答一般通过对问句的语义分析，将非结构化问句解析成结构化的查询，在已有结构化的知识库上获取答案。相对于语义搜索，知识问答的问句更长，描述的知识需求更确定。Watson 是 IBM 公司研发团队历经十余年努力开发出的基于知识图谱的智能机器人，最初的目的是参加美国的一档智力游戏节目"Jeopardy!"，并于 2011 年以绝对优势赢得了人机对抗比赛。除去大规模并行化的部分，Watson 工作原理的核心部分是概率化基于证据的答案生成，根据问题线索不断缩小在结构化知识图谱上的搜索空间，并利用非结构化的文本内容寻找证据支持。对于复杂问题，Watson 采用分治策略，递归地将问题分解为更简单的问题来解决。如对于问题"《超级女声》首播那年，清华大学的校长是谁"，Watson 首先尝试回答"《超级女声》哪年首播"，当得到比较确定的结果"2004 年"后，原问题就简化为"2004 年清华校长是谁"，最终就可以得到正确答案"顾秉林"。

在知识驱动的大数据分析与决策方面，美国 Netflix 公司基于其订阅用户的注册信息和观看行为构建知识图谱，通过分析受众群体、观看偏好、电视剧类型、导演与演员的受欢迎程度等信息，了解到用户很喜欢 Fincher 导演的作品、Spacey 主演的作品总体收视率不错及英剧版的《纸牌屋》很受欢迎这些信息，因此决定拍摄美剧《纸牌屋》，最终在美国及 40 多个国家成为热门的在线剧集。

基于知识图谱的服务和应用已经成为当前的研究热点，除了应用方式多变，应用领域也逐渐延伸到各行各业。如在科技情报领域，AMiner 是清华大学研发的一个科技情报知识服务引擎，它集成了来自多个数据源的近亿级的学术文献数据，从海量文献及互联网信息中通过信息抽取方法自动获取研究者的相关信息（包括教育背景、基本介绍等）、论文引用关系、知识实体以及相关的学术会议和期刊等内容，并利用数据挖掘和社会网络分析与挖掘技术，提供面向话题的专家搜索、权威机构搜索、话题发现和趋势分析、基于话题的社会影响力分析、研究者社会网络关系识别、审稿人推荐、跨领域合作者推荐等功能。

【实践 2.1】　产生式系统

建立一个动物识别系统,介绍产生式系统求解问题的过程。这个动物识别系统是识别虎、金钱豹、斑马、长颈鹿、企鹅、鸵鸟、信天翁这七种动物的产生式系统。

解　首先根据这些动物识别的专家知识,建立如下规则库。

r_1：IF 该动物有毛发　　　　　　　　　THEN 该动物是哺乳动物

r_2：IF 该动物有奶　　　　　　　　　　THEN 该动物是哺乳动物

r_3：IF 该动物有羽毛　　　　　　　　　THEN 该动物是鸟

r_4：IF 该动物会飞　　　　　　　AND 会下蛋　THEN 该动物是鸟

r_5：IF 该动物吃肉　　　　　　　　　　THEN 该动物是食肉动物

r_6：IF 该动物有犬齿　　　　　　　AND 有爪 AND 眼盯前方

　　　　　　　　　　　　　　　　　　THEN 该动物是食肉动物

r_7：IF 该动物是哺乳动物　　　　　　AND 有蹄

　　　　　　　　　　　　　　　　　　THEN 该动物是有蹄类动物

r_8：IF 该动物是哺乳动物　　　　　　AND 是反刍动物

　　　　　　　　　　　　　　　　　　THEN 该动物是有蹄类动物

r_9：IF 该动物是哺乳动物　　　　　　AND 是食肉动物

　　　　　　　　　　　　　　　　　　AND 是黄褐色

　　　　　　　　　　　　　　　　　　AND 身上有暗斑点

　　　　　　　　　　　　　　　　　　THEN 该动物是金钱豹

r_{10}：IF 该动物是哺乳动物　　　　　　AND 是食肉动物

　　　　　　　　　　　　　　　　　　AND 是黄褐色

　　　　　　　　　　　　　　　　　　AND 身上有黑色条纹

　　　　　　　　　　　　　　　　　　THEN 该动物是虎

r_{11}：IF 该动物是有蹄类动物　　　　　AND 有长脖子

　　　　　　　　　　　　　　　　　　AND 有长腿

　　　　　　　　　　　　　　　　　　AND 身上有暗斑点

　　　　　　　　　　　　　　　　　　THEN 该动物是长颈鹿

r_{12}：IF 该动物有蹄类动物　　　　　　AND 身上有黑色条纹

　　　　　　　　　　　　　　　　　　THEN 该动物是斑马

r_{13}：IF 该动物是鸟　　　　　　　　　AND 有长脖子

　　　　　　　　　　　　　　　　　　AND 有长腿

　　　　　　　　　　　　　　　　　　AND 不会飞

　　　　　　　　　　　　　　　　　　AND 有黑白二色

　　　　　　　　　　　　　　　　　　THEN 该动物是鸵鸟

r_{14}：IF 该动物是鸟　　　　　　　　　AND 会游泳

AND 不会飞

AND 有黑白二色

THEN 该动物是企鹅

r_{15}：IF 该动物是鸟

AND 善飞

THEN 该动物是信天翁

由上述产生式规则可以看出，虽然系统是用来识别七种动物的，但它并不是简单地只设计 7 条规则，而是设计了 15 条。其基本想法是：首先根据一些比较简单的条件，如"有毛发""有羽毛""会飞"等对动物进行比较粗的分类，如"哺乳动物""鸟"等，然后随着条件的增加，逐步缩小分类范围，最后给出识别七种动物的规则。这样做至少有两个好处：一是当已知的事实不完全时，虽不能推出最终结论，但可以得到分类结果；二是当需要增加对其他动物（如牛、马等）的识别时，规则库中只需增加关于这些动物特性方面的知识，如 r_9 至 r_{15}，而 r_1 至 r_8 仍可直接利用，这样增加的规则就不会太多。r_1，r_2，$\cdots$，r_{15} 分别是对各产生式规则所做的编号，以便于对它们的引用。

设在综合数据库中存放有下列已知事实：

该动物有暗斑点，长脖子，长腿，奶，蹄

并假设综合数据库中的已知事实与规则库中的知识是从第一条（即 r_1）开始逐条进行匹配的，则当推理开始时，推理机构的工作过程是：

（1）从规则库中取出第一条规则 r_1，检查其前提是否可与综合数据库中的已知事实匹配成功。由于综合数据库中没有"该动物有毛发"这一事实，所以匹配不成功，r_1 不能被用于推理。然后取第二条规则 r_2 进行同样的工作。显然，r_2 的前提"该动物有奶"可与综合数据库中的已知事实"该动物有奶"匹配。再检查 r_3 至 r_{15}，结果均不能匹配。因为只有 r_2 一条规则被匹配，所以 r_2 被执行，并将其结论部分"该动物是哺乳动物"加入到综合数据库中。并且将 r_2 标注已经被选用过的记号，避免下次再被匹配。

此时综合数据库的内容变为

该动物特征有暗斑点，长脖子，长腿，奶，蹄，哺乳动物

检查综合数据库中的内容，没有发现要识别的任何一种动物，所以要继续进行推理。

（2）分别用 r_1、r_3、r_4、r_5、r_6 与综合数据库中的已知事实进行匹配，均不成功。但当用 r_7 与之匹配时，获得了成功。再检查 r_8 至 r_{15}，均不能匹配。因为只有 r_7 一条规则被匹配，所以执行 r_7 并将其结论部分"该动物是有蹄类动物"加入到综合数据库中，并且将 r_7 标注已经被选用过的记号，避免下次再被匹配。

此时综合数据库的内容变为

该动物特征有暗斑点，长脖子，长腿，奶，蹄，哺乳动物，有蹄类动物

检查综合数据库中的内容，没有发现要识别的任何一种动物，所以还要继续进行推理。

（3）在此之后，除已经匹配过的 r_2、r_7 外，只有 r_{11} 可与综合数据库中的已知事实匹配成功，所以将 r_{11} 的结论加入综合数据库，此时综合数据库的内容变为

该动物特征有暗斑点，长脖子，长腿，奶，蹄，哺乳动物，有蹄类动物，长颈鹿

检查综合数据库中的内容，发现要识别的动物长颈鹿包含在了综合数据库中，所以推出了"该动物是长颈鹿"这一最终结论。至此，问题的求解过程就结束了。

【实践 2.2】　城市信息的知识图谱构建

构建某一个城市的城市信息的知识图谱，城市信息数据请自行从网络上获取。

解　以北京市为例，图 2.5 所示中间方框表示城市北京，蓝色圆框中间表示一些内容，而连接线表示北京与这些内容的关系，在做知识图谱的时候就要建立这些实体之间的关系。

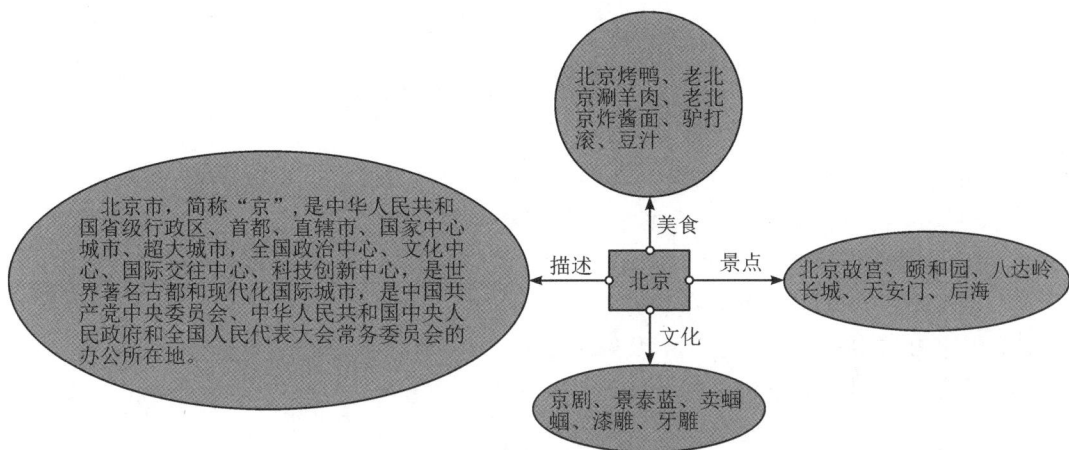

图 2.5　北京市城市信息知识图谱

本 章 小 结

本章介绍了知识是有关信息关联在一起形成的信息结构，具有相对正确性、不确定性、可表示性和可利用性等特点；还介绍了知识的分类。

知识的表示有许多种方法，比如一阶谓词逻辑表示法、产生式知识表示法、框架表示法等。谓词逻辑表示法是一种基于数理逻辑的知识表示方式。数理逻辑是一门研究推理的科学，在人工智能发展中起到了重要的基础作用。这部分又介绍了谓词逻辑学的基础以及谓词逻辑的表示方法。最后给出了一阶谓词逻辑表示法的例子。产生式表示法已成为人工智能中应用最多的一种知识表示模式，尤其是在专家系统方面，许多成功的专家系统都采用产生式表示方法。本章重点讨论了产生式表示法的基本表示方法和产生式表示法的基本特性。框架表示法是在框架理论的基础上发展起来的一种结构化知识表示方法，目前已成为一种被广泛使用的知识表示方法。本章首先介绍了框架是一种表示显式组织的数据结构，其次介绍了框架网络和框架之间的相互联系，最后介绍了框架表示法的推理方法。这些表示方法各有其长处，分别适用于不同的情况。目前的知识表示一般都是从具体应用中提出的，后来虽然不断发展变化，但是仍然偏重于实际应用，缺乏系统的知识表示理论。而且由于这些知识表示方法都是面向领域性知识的，常识性知识的表示仍没有取得大的进展，这是一个亟待解决的问题。

　　知识图谱技术是人工智能知识表示和知识库在互联网环境下的大规模应用，显示出知识在智能系统中的重要性，是实现智能系统的基础知识资源。纵观知识图谱发展的相关研究历程，以下研究将成为未来知识图谱研究的热点：① 研究知识表示和获取的新理论和新方法，使知识既具有显式的语义定义，又便于大数据下的知识计算；② 随着信息技术从信息服务向知识服务转变，研究建立构建知识图谱的平台，以服务不同的行业和应用；③ 知识图谱虽然已经在语义搜索和知识问答等应用中展示出一定的成效，但是基于知识图谱的应用研究远不止这些，如何进一步推进知识驱动的智能信息处理应用是十分有价值的研究课题。

思考题或自测题

1. 什么是知识？它有什么特性？

2. 人工智能对知识表示有什么要求？

3. 用一阶谓词逻辑表示下面的句子：

(1) 并不是所有的学生都选修了历史和生物。

(2) 历史考试中只有一个学生不及格。

(3) 只有一个学生历史和生物考试都不及格。

(4) 历史考试的最高分比生物考试的最高分要高。

(5) 星期六，所有的学生或者去了舞会，或者去工作，但是没有两者都去的。

(6) 只有两个学生去了舞会。

(7) 每个力都存在一个大小相等、方向相反的反作用力。

4. 产生式系统由哪几个部分组成？它们的作用分别是什么？

5. 可以从哪些角度对产生式系统进行分类？阐述各类产生式系统的特点。

6. 产生式系统的基本形式是什么？它与谓词逻辑的蕴含式有什么相同和不同之处？

7. 对三枚硬币问题给出产生式系统描述。

设有三枚硬币，其排列处在"正、正、反"状态，现允许每次翻动其中任意一枚硬币，问只允许操作三次的情况下，如何翻动硬币使其变成"正、正、正"或"反、反、反"状态。

8. 框架表示法有什么特点？试构造一个描述你的卧室的框架系统。

9. 设有如下语句，请用相应的谓词公式分别把它们表示出来：

(1) 有的人喜欢梅花，有的人喜欢菊花，有的人既喜欢梅花又喜欢菊花。

(2) 有的人每天下午都去打篮球。

(3) 新型计算机速度又快，存储容量又大。

(4) 不是每个计算机系的学生都喜欢在计算机上编程序。

(5) 凡是喜欢编程序的人都喜欢计算机。

10. 将下面一则消息用框架表示："今天，一次强度为里氏 8.5 级的强烈地震袭击了下斯洛文尼亚(Low Slabovia)地区，造成 25 人死亡和 5 亿美元的财产损失。下斯洛文尼亚地区的主席说："多年来，靠近萨迪壕金斯(Sadie Haw Kins)断层的重灾区一直是一个危险地区，这是本地区发生的第 3 号地震。"

第3章
确定性推理方法

前面讨论了知识表示方法。按照符号主义的观点，知识是一切智能行为的基础，要使机器具有智能，就必须使它拥有并可以使用知识。这就需要把知识用某种模式表示出来并存储到计算机中。但是，为使计算机具有智能，仅仅使计算机拥有知识是不够的，还必须使它具有思维能力，即能运用知识求解问题。推理是求解问题的一种重要方法。因此，推理方法成为人工智能的一个重要研究课题。目前，人们已经对推理方法进行了比较多的研究，并提出了多种可在计算机上实现的推理方法。

本章首先讨论推理的基本概念，然后着重介绍鲁滨逊归结原理及其在机器定理证明和问题求解中的应用。其基本思想是先将要证明的定理表示为谓词公式，并化为子句集，然后进行归结，如果归结出空子句，则定理得证。鲁滨逊归结原理使得定理证明能够在计算机上实现。

3.1 推理的基本概念

3.1.1 推理的定义

人们在对各种事物进行分析、综合并最后做出决策时，通常是从已知的事实出发，通过运用已掌握的知识，找出其中蕴涵的事实，或归纳出新的事实。这一过程通常称为推理，即从初始证据出发，按某种策略不断运用知识库中的已知知识，逐步推出结论的过程。

1. 推理的心理学观点

按照心理学的观点，推理是由具体事例归纳出一般规律，或者根据已有知识推出新的结论的思维过程。其中，比较典型的观点有以下两种。

（1）结构观点。这种观点从结构的角度出发，认为推理由两个以上的判断组成，每个判断揭示的是概念之间的联系和关系，推理过程是一种对客观事物做出肯定或否定的思维活动。

例如，若有以下两个判断：计算机系的学生都会编程序，程强是计算机系的一名学生，则可得出第三个判断：程强会编程序。

可见，推理就是对已有判断进行分析和综合，再得出新的判断的过程。

（2）过程观点。这种观点从过程的角度出发，认为推理是在给定信息和已有知识的基础上进行的一系列加工操作。其代表人物库尔茨（Kurtz）提出如下人类推理的公式：

$$y = F(x, k)$$

式中：x 是推理时给出的信息，k 是推理时可用的领域知识和特殊事例，F 是可用的一系列操作，y 是推理所得到的结论。

可见，推理的结论是在给定信息和已有知识基础上经一系列操作所得到的结果。

2. 推理的心理过程

从心理学的角度看，推理是一种心理过程。根据这一过程的性质，推理主要有以下 4 种形式：

（1）三段论推理，由两个假定真实的前提和一个可能符合，也可能不符合这两个前提的结论组成。例如，上面给出的计算机系学生的例子。

（2）线性推理，或称为线性三段论。这种推理的三个判断之间具有线性关系。例如，由"5 比 4 大""4 比 3 大"可推出"5 比 3 大"。

（3）条件推理，即前一命题是后一命题的条件。例如，"如果一个系统会使用知识进行推理，我们就称它为智能系统"。

（4）概率推理，即用概率来表示知识的不确定性，并根据所给出的概率来估计新的概率。

3. 推理的机器实现

在人工智能系统中，推理过程是由推理机完成的。所谓推理机，是指系统中用来实现推理的那段程序。根据推理所用知识以及推理方式、方法的不同，推理机的构造也有所不同。例如，在医疗诊断专家系统中，专家的经验及医学常识以某种表示形式存储于知识库中。为病人诊治疾病时，推理机从存储在综合数据库中的病人症状及化验结果等初始证据出发，按某种搜索策略在知识库中搜寻可与之匹配的知识，推出某些中间结论，然后再以这些中间结论为证据，在知识库中搜索与之匹配的知识，推出进一步的中间结论，如此反复进行，直到最终推出结论，即推出病人的病因与治疗方案为止。

3.1.2　推理方式及其分类

推理方式是指进行推理所采用的具体办法，主要解决在推理过程中，前提与结论之间的逻辑关系问题，以及在不确定性推理中不确定性的传递问题等。推理可以有多种分类方法，如可以按照推理的逻辑基础、所用知识的确定性、推理过程的单调性，以及是否使用启发性信息等来划分。

1. 按推理的逻辑基础分类

若按照推理的逻辑基础划分，推理可分为演绎推理、归纳推理和默认推理。

1）演绎推理

演绎推理是从已知的一般性知识出发，推出蕴涵在这些知识中的适合某种个别情况的结论，是一种由一般到个别的推理方法，其核心是三段论。常用的三段论由一个大前提、一个小前提和一个结论三部分组成。其中，大前提是由已知的一般性知识或推理过程得到的判断；小前提是关于某种具体情况或某个具体实例的判断；结论是由大前提推出的，并且适合于小前提的判断。

例如，在前面所给出的例子中，"计算机系的学生都会编程序"是大前提，"程强是计算机系的一名学生"是小前提，"程强会编程序"是经演绎推理得到的结论。这是一个三段论推理，就是从已知的大前提中推导出适应于小前提的结论，即从已知的一般性知识中抽取包含的特殊性知识。

2）归纳推理

归纳推理是从一类事物的大量特殊事例出发，推出该类事物的一般性结论，是一种由个别到一般的推理方法。归纳推理基本思想是：先从已知事实中猜测出一个结论，然后对这个结论的正确性加以证明确认。数学归纳法就是归纳推理的一种典型例子。按照所选事例的广泛性来划分，归纳推理分为完全归纳推理和不完全归纳推理。

所谓完全归纳推理是指在进行归纳时，考察了相应事物的全部对象，并根据这些对象是否都具有某种属性，从而推出这个事物是否具有这个属性。例如，某厂进行产品质量检查，如果对每一件产品都进行了严格检查，且检查结果都是合格的，则推导出结论"该厂生产的产品是合格的"。

所谓不完全归纳推理是指在进行归纳时，只考察了相应事物的部分对象，就得出了关于该事物的结论。例如，检查产品质量时，只是随机地抽查了部分产品，只要它们都合格，就得出了"该厂生产的产品是合格的"的结论。

不完全归纳推理推出的结论不具有必然性，属于非必然性推理，而完全归纳推理是必然性推理。但由于要考察事物的所有对象通常都比较困难，因而大多数归纳推理都是不完全归纳推理。归纳推理是人类思维活动中最基本、最常用的一种推理形式。人们在由个别到一般的思维过程中经常要用到它。

3）默认推理

默认推理又称为缺省推理，是在知识不完全的情况下假设某些条件已经具备所进行的推理。

例如，在条件 A 已成立的情况下，如果没有足够的证据能证明条件 B 不成立，则默认 B 是成立的，并在此默认的前提下进行推理，推导出某个结论。例如，要设计一种鸟笼，但不知道要放的鸟是否会飞，则默认这只鸟会飞，因此，推出这个鸟笼要有盖子的结论。

由于这种推理允许默认某些条件是成立的，所以在知识不完全的情况下也能进行。在默认推理的过程中，如果到某一时刻发现原先所做的默认不正确，则要撤销所做的默认以及由此默认推出的所有结论，重新按新情况进行推理。

2. 按所用知识的确定性分类

若按推理时所用知识的确定性来划分，推理可分为确定性推理与不确定性推理。

1）确定性推理

所谓确定性推理是指推理时所用的知识与证据都是确定的，推出的结论也是确定的，其真值要么为真，要么为假，没有第三种情况出现。

本章将讨论的经典逻辑推理就属于这一类。经典逻辑推理是最先提出的一类推理方法，是根据经典逻辑（命题逻辑及一阶谓词逻辑）的逻辑规则进行的一种推理，主要有自然演绎推理、归结演绎推理及与/或形演绎推理等。由于这种推理是基于经典逻辑的，其真值只有"真"和"假"两种，因此它是一种确定性推理。

2）不确定性推理

所谓不确定性推理是指推理时所用的知识与证据不都是确定的，推出的结论也是不确定的。现实世界中的事物和现象大都是不确定的，或者模糊的，很难用精确的数学模型来表示与处理。不确定性推理又分为似然推理与近似推理或模糊推理，前者是基于概率论的推理，后者是基于模糊逻辑的推理。人们经常在知识不完全、不精确的情况下进行推理，因此，要使计算机能模拟人类的思维活动，就必须使它具有进行不确定性推理的能力。

3．按推理过程的单调性分类

若按推理过程中推出的结论是否越来越接近最终目标来划分，推理又分为单调推理与非单调推理。

1）单调推理

单调推理是指在推理过程中随着推理向前推进及新知识的加入，推出的结论越来越接近最终目标。

单调推理的推理过程中不会出现反复的情况，即不会由于新知识的加入否定了前面推出的结论，从而使推理又退回到前面的某一步。本章将要介绍的基于经典逻辑的演绎推理就属于单调推理。

2）非单调推理

非单调推理是指在推理过程中由于新知识的加入，不仅没有加强已推出的结论，反而否定了它，使推理退回到前面的某一步，然后重新开始。

非单调推理一般是在知识不完全的情况下发生的。由于知识不完全，为使推理进行下去，就要先作某些假设，并在假设的基础上进行推理。当由于新知识的加入发现原先的假设不正确时，就需要推翻该假设以及由此假设推出的所有结论，再用新知识重新进行推理。显然，默认推理是一种非单调推理。

在人们的日常生活及社会实践中，很多情况下进行的推理都是非单调推理。明斯基举了一个非单调推理的例子：当知道 X 是一只鸟时，一般认为 X 会飞，但之后又知道 X 是企鹅，而企鹅是不会飞的，则取消先前加入的 X 会飞的结论，加入 X 不会飞的结论。

4．按推理中是否使用启发性知识分类

若按推理中是否运用与推理有关的启发性知识来划分，推理可分为启发式推理与非启发式推理。如果推理过程中运用与推理有关的启发性知识，则称为启发式推理，否则称为非启发式推理。

所谓启发性知识是指与问题有关且能加快推理过程、求得问题最优解的知识。例如，推理的目标是要在脑膜炎、肺炎、流感这三种疾病中选择一个，又设有 r_1、r_2、r_3 这三条产生式规则可供使用，其中 r_1 推出的是脑膜炎，r_2 推出的是肺炎，r_3 推出的是流感。如果希望尽早地排除脑膜炎这一危险疾病，应该先选用 r_1；如果本地区目前正在盛行流感，则应考虑首先选择 r_3。这里，"脑膜炎危险"及"目前正在盛行流感"是与问题求解有关的启发性知识。

3.1.3　推理的方向

推理过程是求解问题的过程。问题求解的质量与效率不仅依赖于所采用的求解方法(如匹配方法、不确定性的传递算法等),而且还依赖于求解问题的策略,即推理的控制策略。

推理的控制策略主要包括推理方向、冲突消解策略、求解策略、限制策略及搜索策略等。其中,推理方向是指推理过程是从初始证据开始到目标,还是从目标开始到初始证据,包括正向推理、逆向推理、混合推理及双向推理四种。冲突消解策略是指当推理过程有多条知识可用时,如何从这多条可用知识中选出一条最佳知识用于推理的策略,常用的冲突消解策略有领域知识优先和新鲜知识优先等。求解策略是指仅求一个解,还是求所有解或最优解等。限制策略是指对推理的深度、宽度、时间、空间等进行的限制。搜索策略主要解决推理线路、推理效果、推理效率等问题。

1. 正向推理

正向推理是以已知事实作为出发点的一种推理。

正向推理的基本思想:从用户提供的初始已知事实出发,在知识库 KB 中找出当前可适用的知识,构成可适用知识集 KS,然后按某种冲突消解策略从 KS 中选出一条知识进行推理,并将推出的新事实加入到数据库中作为下一步推理的已知事实,此后再在知识库中选取可适用知识进行推理,如此重复这一过程,直到求得了问题的解或者知识库中再无可适用的知识为止。

正向推理的推理过程可用如下算法描述:

(1) 将用户提供的初始已知事实送入数据库 DB。

(2) 检查数据库 DB 是否已经包含了问题的解,若有,则求解结束,并成功退出;否则,执行下一步。

(3) 根据数据库 DB 中的已知事实,扫描知识库 KB,检查 KB 中是否有可适用(即可与 DB 中已知事实匹配)的知识,若有,则转向(4);否则,转向(6)。

(4) 把 KB 中所有的适用知识都选出来,构成可适用知识集 KS。

(5) 若 KS 不为空集,则按某种冲突消解策略从中选出一条知识进行推理,并将推出的新事实加入 DB 中,然后转向(2);若 KS 空,则转向(6)。

(6) 询问用户是否可进一步补充新的事实,若可补充,则将补充的新事实加入 DB 中,然后转向(3);否则表示求不出解,失败退出。

正向推理算法流程如图 3.1 所示。

为了实现正向推理,有许多具体问题需要解决。例如,要从知识库中选出可适用的知识,就要用知识库中的知识与数据库中已知事实进行匹配,为此就需要确定匹配的方法。匹配通常难以做到完全一致,因此还需要解决怎样才算是匹配成功的问题。

2. 逆向推理

逆向推理是以某个假设目标作为出发点的一种推理。

逆向推理的基本思想是:首先选定一个假设目标,然后寻找支持该假设的证据,若所需的证据都能找到,则说明原假设是成立的;若无论如何都找不到所需要的证据,则说明原假设是不成立的,需要另作新的假设。

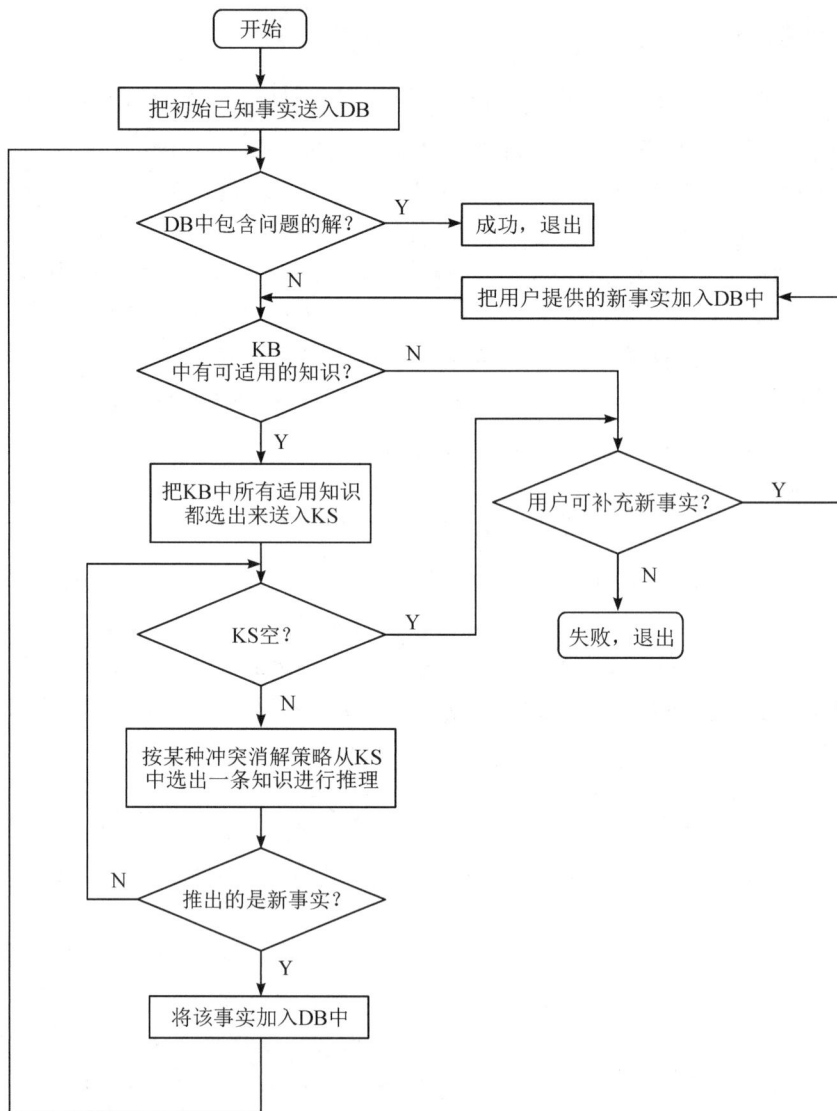

图 3.1　正向推理示意图

逆向推理过程可用如下算法描述：

（1）提出要求证的目标（假设）。

（2）检查该目标是否已在数据库中，若在，则该目标成立，退出推理或者对下一个假设目标进行验证；否则，转下一步。

（3）判断该目标是否是证据，即它是否为应该由用户证实的原始事实，若是，则询问用户；否则，转下一步。

（4）在知识库中找出所有能导出该目标的知识，形成适用的知识集 KS，然后转下一步。

（5）从 KS 中选出一条知识，并且将该知识的运用条件作为新的假设目标，然后再转向（2）。

逆向推理算法流程如图 3.2 所示。

与正向推理相比，逆向推理更复杂一些，上述算法只是描述了它的大致过程，许多细

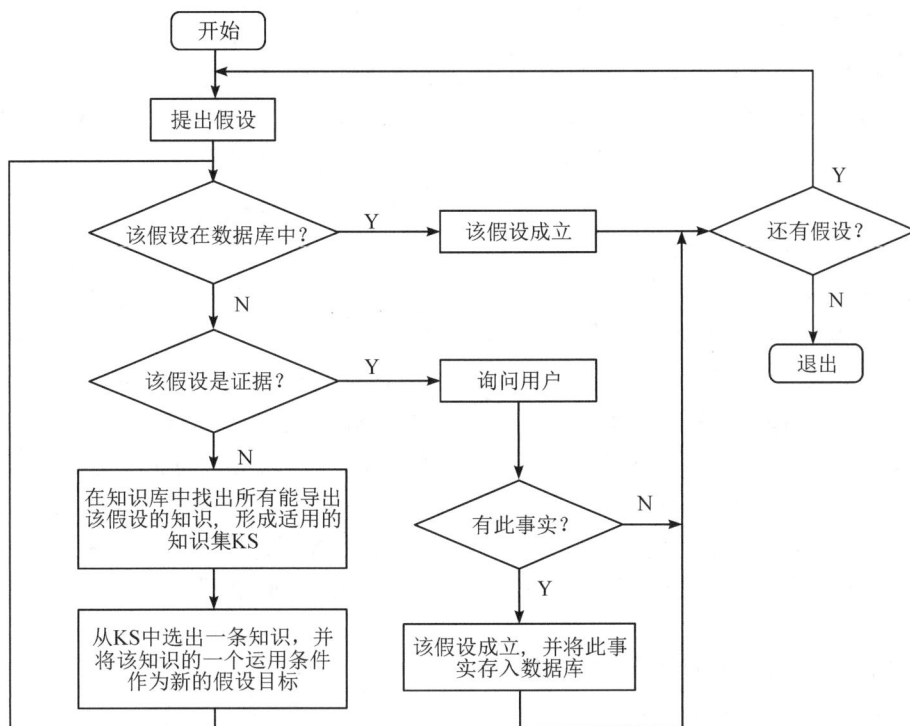

图 3.2　逆向推理示意图

节没有反映出来。例如，如何判断一个假设是否是证据？当导出假设的知识有多条时，如何确定先选哪一条？另外，一条知识的运用条件一般有多个，当其中的一个经过验证成立后，如何自动地换为对另一个的验证？其次，在验证一个运用条件时，需要把它当作新的假设，并查找可导出该假设的知识，这样就又会产生一组新的运用条件，形成一个树状结构，当到达叶结点（即数据库中有相应的事实或者用户可以肯定相应事实存在等）时，又需逐层向上返回，返回过程中有可能又要下到下一层，这样上上下下重复多次，才会导出原假设是否成立的结论。这是一个比较复杂的推理过程。

逆向推理的主要优点是不必使用与目标无关的知识，目的性强，同时它还有利于向用户提供解释。其主要缺点是起始目标的选择有盲目性，若不符合实际，就要多次提出假设，影响系统的效率。

3. 混合推理

正向推理具有盲目性、效率低等缺点，推理过程中可能会推出许多与问题无关的子目标。逆向推理中，若提出的假设目标不符合实际，也会降低系统的效率。为解决这些问题，可把正向推理与逆向推理结合起来，使其各自发挥自己的优势，取长补短。这种既有正向又有逆向的推理称为混合推理。另外，在下述几种情况下，通常也需要进行混合推理。

1）已知的事实不充分

当数据库中的已知事实不够充分时，若用这些事实与知识的运用条件相匹配进行正向推理，可能连一条可适用知识都选不出来，这就使推理无法进行下去。此时，可通过正向推理先把其运用条件不能完全匹配的知识都找出来，并把这些知识可导出的结论作为假设，然后分别对这些假设进行逆向推理。由于在逆向推理中可以向用户询问有关证据，这就有可能使推理进行下去。

2）正向推理推出的结论可信度不高

用正向推理进行推理时，虽然推出了结论，但可信度可能不高，达不到预定的要求。因此为了得到一个可信度符合要求的结论，可用这些结论作为假设，然后进行逆向推理，通过向用户询问进一步的信息，有可能得到一个可信度较高的结论。

3）希望得到更多的结论

在逆向推理过程中，由于要与用户进行对话，有针对性地向用户提出询问，这就有可能获得一些原来未掌握的有用信息。这些信息不仅可用于证实要证明的假设，同时还有助于推出一些其他结论。因此，在用逆向推理证实了某个假设之后，可以再用正向推理推出另外一些结论。例如，在医疗诊断系统中，先用逆向推理证实某病人患有某种病，然后再利用逆向推理过程中获得的信息进行正向推理，就有可能推出该病人还患有别的什么病。

由以上讨论可以看出，混合推理分为两种情况：一种是先进行正向推理，帮助选择某个目标，即从已知事实演绎出部分结果，然后再用逆向推理证实该目标或提高其可信度；另一种情况是先假设一个目标进行逆向推理，然后再利用逆向推理中得到的信息进行正向推理，以推出更多的结论。

先正向后逆向的推理过程如图 3.3 所示。

先逆向后正向的推理过程如图 3.4 所示。

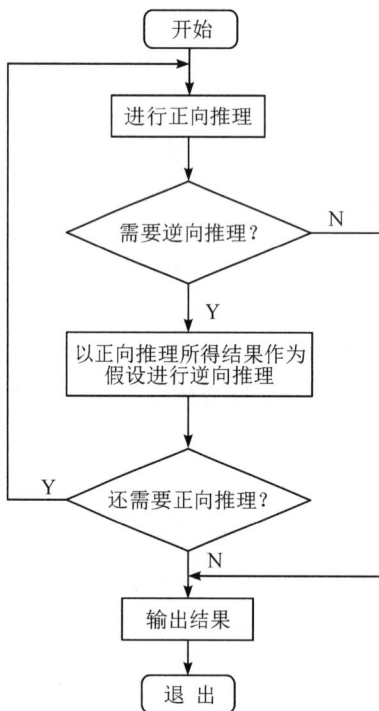

图 3.3　先正向后逆向混合推理示意图　　图 3.4　先逆向后正向混合推理示意图

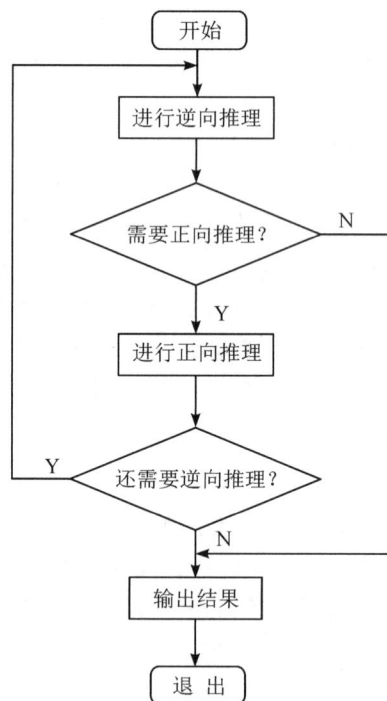

4. 双向推理

在定理的机器证明等问题中，常采用双向推理。所谓双向推理是指正向推理与逆向推理同时进行，且在推理过程中的某一步骤上"碰头"的一种推理。其基本思想是：一方面根据已知事实进行正向推理，但并不推到最终目标；另一方面从某假设目标出发进行逆向推理，但并不推至原始事实，而是让它们在中途相遇，即由正向推理所得到的中间结论恰好是逆向推理此时所要求的证据，这时推理就可结束，逆向推理时所做的假设就是推理的最终结论。

双向推理的困难在于"碰头"判断。另外，如何去权衡正向推理与逆向推理所占的比重，即如何确定"碰头"的时机也是一个难以解决的问题。

3.1.4　冲突消解策略

在推理过程中，系统要不断地用当前已知的事实与知识库中的知识进行匹配。此时，可能发生如下三种情况：

（1）已知事实恰好只与知识库中的一个知识匹配成功。

（2）已知事实不能与知识库中的任何知识匹配成功。

（3）已知事实可与知识库中的多个知识匹配成功；或者多个（组）已知事实都可与知识库中的某一个知识匹配成功；或者有多个（组）已知事实可与知识库中的多个知识匹配成功。

这里已知事实与知识库中的知识匹配成功的含义，对正向推理而言，是指产生式规则的前件和已知事实匹配成功；对逆向推理而言，是指产生式规则的后件和假设匹配成功。

对于第一种情况，由于匹配成功的知识只有一个，所以它就是可应用的知识，可直接把它应用于当前的推理。

当第二种情况发生时，由于找不到可与当前已知事实匹配成功的知识，使得推理无法继续进行下去。这种情况或者是由于知识库中缺少某些必要的知识，或者由于要求解的问题超出了系统功能范围等，此时可根据当前的实际情况作相应的处理。

第三种情况刚好与第二种情况相反，推理过程中不仅有知识匹配成功，而且有多个知识匹配成功，称为发生了冲突。按一定的策略从匹配成功的多个知识中挑出一个知识用于当前的推理的过程称为冲突消解。解决冲突时所用的策略称为冲突消解策略。对于正向推理而言，它将决定选择哪一组已知事实来激活哪一条产生式规则，使它用于当前的推理，产生其后件指出的结论或执行相应的操作。对逆向推理而言，它将决定哪一个假设与哪一个产生式规则的后件进行匹配，从而推出相应的前件，作为新的假设。

目前已有多种消解冲突的策略，其基本思想都是对知识进行排序。常用的冲突消解策略有以下几种。

1. 按规则的针对性排序

基本策略是优先选用针对性较强的产生式规则。如果 r_2 中除了包括 r_1 要求的全部条件外，还包括其他条件，则称 r_2 比 r_1 有更强的针对性，r_1 比 r_2 有更强的通用性。因此，当 r_2 与 r_1 发生冲突时，优先选用 r_2。因为它要求的条件较多，其结论一般更接近于目标，一旦满足条件，可缩短推理过程。

2. 按已知事实的新鲜性排序

在产生式系统的推理过程中，每应用一条产生式规则就会得到一个或多个结论或者执行某个操作，数据库就会增加新的事实。另外，在推理时还会向用户询问有关的信息，也会使数据库的内容发生变化。一般把数据库中后生成的事实称为新鲜的事实，即后生成的事实比先生成的事实具有更强的新鲜性。若一条规则被应用后生成了多个结论，则既可以认为这些结论有相同的新鲜性，也可以认为排在前面（或后面）的结论有较强的新鲜性，根据情况决定。

设规则 r_1 可与事实组 A 匹配成功，规则 r_2 可与事实组 B 匹配成功，则 A 与 B 中哪一组较新鲜，与它匹配的产生式规则就先被应用。

如何衡量 A 与 B 中哪一组事实更新鲜呢？常用的方法有以下三种：

（1）把 A 与 B 中的事实逐个比较其新鲜性，若 A 中包含的更新鲜的事实比 B 多，就认为 A 比 B 新鲜。例如，设 A 与 B 中各有五个事实，而 A 中有三个事实比 B 中的事实更新鲜，则认为 A 比 B 新鲜。

（2）以 A 中最新鲜的事实与 B 中最新鲜的事实相比较，哪一个更新鲜，就认为相应的事实组更新鲜。

（3）以 A 中最不新鲜的事实与 B 中最不新鲜的事实相比较，哪一个更不新鲜，就认为相应的事实组有较弱的新鲜性。

3. 按匹配度排序

在不确定性推理中，需要计算已知事实与知识的匹配度，当其匹配度达到某个预先规定的值时，就认为它们是可匹配的。若产生式规则 r_1 与 r_2 都可匹配成功，则优先选用匹配度较大的产生式规则。

4. 按领域问题的特点排序

对某些领域问题，事先可知道它的某些特点，则可根据这些特点把知识按固定的顺序排列。例如：

（1）当领域问题有固定的解题次序时，可按该次序排列相应的知识，排在前面的知识优先被应用。

（2）当已知某些产生式规则被应用后会明显地有利于问题的求解时，就使这些产生式规则优先被应用。

5. 按上下文限制排序

把产生式规则按它们所描述的上下文分成若干组，在不同的条件下，只能从相应的组中选取有关的产生式规则。这样，不仅可以减少冲突的发生，而且由于搜索范围小，也提高了推理的效率。例如，食品装袋系统（BAGGER，装袋机）就是这样做的，它把食品装袋过程分成核对订货、大件物品装袋、中件物品装袋、小件物品装袋 4 个阶段，每个阶段都有一组产生式规则与之对应。在装袋的不同阶段，只能应用组中的产生式规则指示机器人做相应的工作。

6. 按冗余限制排序

如果一条产生式规则被应用后产生了冗余知识，就降低它被应用的优先级。产生的冗余知识越多，优先级降低越多。

7. 按条件个数排序

如果有多条产生式规则生成的结论相同，则优先应用条件少的产生式规则，因为条件少的规则匹配时花费的时间较少。

在具体应用时，可对上述几种策略进行组合，尽量减少冲突的发生，使推理有较快的速度和较高的效率。

3.2　确定性推理方法

3.2.1　自然演绎推理

从一组已知为真的事实出发，直接运用经典逻辑的推理规则推出结论的过程称为自然演绎推理。其中，基本的推理是 P 规则、T 规则、假言推理、拒取式推理等。

1. 自然演绎推理的逻辑基础

自然演绎推理所基于的逻辑基础主要包括等价式、永真蕴涵式、置换和合一。

1）等价式

谓词公式的等价式可定义如下。

【定义 3.1】　设 P 和 Q 是 D 上的两个谓词公式，若对 D 上的任意解释，P 和 Q 都有相同的真值，则称 P 和 Q 在 D 上是等价的。如果 D 是任意非空个体域，则称 P 和 Q 是等价的，记作 $P \Leftrightarrow Q$。

谓词公式的一个解释是指对谓词公式中各个变元的一次真值指派，即指定各变元的真值为"真"或为"假"。

常用的等价式如下：

(1) 双重否定律　　　　$\neg \neg P \Leftrightarrow P$

(2) 交换律　　　　　　$P \vee Q \Leftrightarrow Q \vee P$，$P \wedge Q \Leftrightarrow Q \wedge P$

(3) 结合律　　　　　　$(P \vee Q) \vee R \Leftrightarrow P \vee (Q \vee R)$

　　　　　　　　　　　$(P \wedge Q) \wedge R \Leftrightarrow P \wedge (Q \wedge R)$

(4) 分配律　　　　　　$P \vee (Q \wedge R) \Leftrightarrow (P \vee Q) \wedge (P \vee R)$

　　　　　　　　　　　$P \wedge (Q \vee R) \Leftrightarrow (P \wedge Q) \vee (P \wedge R)$

(5) 德摩根定律　　　　$\neg (P \vee Q) \Leftrightarrow \neg P \wedge \neg Q$

　　　　　　　　　　　$\neg (P \wedge Q) \Leftrightarrow \neg P \vee \neg Q$

(6) 吸收律　　　　　　$P \vee (P \wedge Q) \Leftrightarrow P$，$P \wedge (P \vee Q) \Leftrightarrow P$

(7) 补余律　　　　　　$P \vee \neg P \Leftrightarrow T$，$P \wedge \neg P \Leftrightarrow F$

(8) 连词化归律　　　　$P \rightarrow Q \Leftrightarrow \neg P \vee Q$

　　　　　　　　　　　$P \leftrightarrow Q \Leftrightarrow (P \rightarrow Q) \wedge (Q \rightarrow P)$

　　　　　　　　　　　$P \leftrightarrow Q \Leftrightarrow (P \wedge Q) \vee (\neg Q \wedge \neg P)$

(9) 量词转换律　　　　$\neg (\exists x) P(x) \Leftrightarrow (\forall x)(\neg P(x))$

　　　　　　　　　　　$\neg (\forall x) P(x) \Leftrightarrow (\exists x)(\neg P(x))$

(10) 量词分配律　　　　$(\forall x)(P(x) \wedge Q(x)) \Leftrightarrow (\forall x) P(x) \wedge (\forall x) Q(x)$

　　　　　　　　　　　$(\exists x)(P(x) \vee Q(x)) \Leftrightarrow (\exists x) P(x) \vee (\exists x) Q(x)$

2）永真蕴涵式

谓词公式的永真蕴涵式可定义如下。

【定义 3.2】　对谓词公式 P 和 Q，如果 $P{\rightarrow}Q$ 永真，则称 P 永真蕴涵 Q，且称 Q 为 P 的逻辑结论，P 为 Q 的前提，记作 $P{\Rightarrow}Q$。

常用的永真蕴涵式如下：

（1）化简式	$P \wedge Q {\Rightarrow} P，P \wedge Q {\Rightarrow} Q$
（2）附加式	$P {\Rightarrow} P \vee Q，Q {\Rightarrow} P \vee Q$
（3）析取三段论	$\neg P，P \vee Q {\Rightarrow} Q$
（4）假言推理	$P，P{\rightarrow}Q {\Rightarrow} Q$
（5）拒取式	$\neg Q，P{\rightarrow}Q {\Rightarrow} \neg P$
（6）假言三段论	$P{\rightarrow}Q，Q{\rightarrow}R {\Rightarrow} P{\rightarrow}R$
（7）二难推理	$P \vee Q，P{\rightarrow}R，Q{\rightarrow}R {\Rightarrow} R$
（8）全称固化	$(\forall x)P(x) {\Rightarrow} P(y)$

式中：y 是个体域中的任一个体，利用此永真蕴涵式可消去谓词公式中的全称量词。

（9）存在固化　　　　　　　$(\exists x)P(x) {\Rightarrow} P(y)$

式中：y 是个体域中某一个可以使 $P(y)$ 为真的个体，利用此永真蕴涵式可消去谓词公式中的存在量词。

上面给出的等价式和永真蕴涵式是进行自然演绎推理的重要依据，因此这些公式也被称为推理规则。

3）置换

在不同谓词公式中，往往会出现多个谓词的谓词名相同但个体不同的情况，此时推理过程是不能直接进行匹配的，需要先进行变元的替换。例如，对如下谓词公式：

$$W(a) \quad 和 \quad W(x){\rightarrow}Q(x)$$

式中：$W(a)$ 与 $W(x)$ 的谓词名相同，但个体不同，不能直接进行推理。首先需要找到项 a 对变元 x 的替换，使 $W(a)$ 和 $W(x)$ 不仅谓词名相同，而且个体也相同。这种利用项对变元进行替换叫置换。其形式化定义如下。

【定义 3.3】　置换是形如 $\{t_1/x_1, t_2/x_2, \cdots, t_n/x_n\}$ 的有限集合。其中，$t_1, t_2, \cdots, t_n$ 是项，$x_1, x_2, \cdots, x_n$ 是互不相同的变元，t_i/x_i 表示用 t_i 替换 x_i，并且要求 t_i 不能与 x_i 相同，x_i 不能循环地出现在另一个 t_i 中。

例如，$\{a/x, c/y, f(b)/z\}$ 是一个置换，但是 $\{g(z)/x, f(x)/z\}$ 不是一个置换，原因是它在 x 与 z 之间出现了循环置换现象。引入置换的目的本来是要将某些变元用其他变元、常量或函数来替换，使其不在公式中出现。但在 $\{g(z)/x, f(x)/z\}$ 中，它用 $g(z)$ 置换 x，用 $f(g(z))$ 置换 z，既没有消去 x，也没有消去 z，因此它不是一个置换。

通常，置换是用希腊字母 θ、σ、α、λ 等来表示的。

【定义 3.4】　设 $\theta = \{t_1/x_1, t_2/x_2, \cdots, t_n/x_n\}$ 是一个置换，F 是一个谓词公式，把公式 F 中出现的所有 x_i 换成 $t_i (i=1, 2, \cdots, n)$，得到一个新的公式 G，称 G 为 F 在置换 θ 下的例示，记作 $G = F\theta$。

一个谓词公式的任何例示都是该公式的逻辑结论。

【定义 3.5】　设 $\theta=\{t_1/x_1,\ t_2/x_2,\ \cdots,\ t_n/x_n\}$ 和 $\lambda=\{u_1/y_1,\ u_2/y_2,\ \cdots,\ u_m/y_m\}$ 是两个置换，则 θ 与 λ 的合成也是一个置换，记作 $\theta\circ\lambda$。它是从集合

$$\{t_1/x_1,\ t_2/x_2,\ \cdots,\ t_n/x_n,\ u_1/y_1,\ u_2/y_2,\ \cdots,\ u_m/y_m\}$$

中删去以下两种元素：

(1) 当 $t_i\lambda=x_i$ 时，删去 $t_i\lambda/x_i(i=1,\ 2,\ \cdots,\ n)$；

(2) 当 $y_j\in\{x_1,\ x_2,\ \cdots,\ x_n\}$ 时，删去 $u_j/y_j(j=1,\ 2,\ \cdots,\ m)$。

之后剩下的元素所构成的集合。

【例 3.1】　设 $\theta=\{f(y)/x,\ z/y\}$，$\lambda=\{a/x,\ b/y,\ y/z\}$，求 θ 与 λ 的合成。

解　先求出集合

$$\{f(b/y)/x,\ (y/z)/y,\ a/x,\ b/y,\ y/z\}=\{f(b)/x,\ y/y,\ a/x,\ b/y,\ y/z\}$$

式中，$f(b)/x$ 中的 $f(b)$ 是置换 λ 作用于 $f(y)$ 的结果；y/y 中的 y 是置换 λ 作用于 z 的结果。在该集合中，y/y 符合定义中的条件(1)，需要删除；a/x 和 b/y 符合定义中的条件(2)，也需要删除。最后得到 $\theta\circ\lambda=\{f(b)/x,\ y/z\}$。

4) 合一

合一可以简单理解为利用置换使两个或多个谓词的个体一致。其形式定义如下。

【定义 3.6】　设有公式集 $F=\{F_1,\ F_2,\ \cdots,\ F_n\}$，若存在一个置换 θ，可使 $F_1\theta=F_2\theta=\cdots=F_n\theta$，则称 θ 是 F 的一个合一，称 $F_1,\ F_2,\ \cdots,\ F_n$ 是可合一的。

例如，设有公式集 $F=\{P(x,\ y,\ f(y)),\ P(a,\ g(x),\ z)\}$，则 $\lambda=\{a/x,\ g(a)/y,\ f(g(a))/z\}$ 是它的一个合一，也称为 F 中的两个谓词 $P(x,\ y,\ f(y))$ 和 $P(a,\ g(x),\ z)$ 是可合一的。

2. 自然演绎推理的方法

自然演绎推理最基本的方法是三段论推理，包括假言推理、拒取式推理、假言三段论等。

假言推理的一般形式是

$$P,\ P\rightarrow Q\Rightarrow Q$$

它表示：由 $P\rightarrow Q$ 及 P 为真，可推出 Q 为真。

例如，由"如果 x 是金属，则 x 能导电"及"铜是金属"可推出"铜能导电"的结论。

拒取式推理的一般形式是

$$P\rightarrow Q,\ \neg Q\Rightarrow\neg P$$

它表示：由 $P\rightarrow Q$ 为真及 Q 为假，可推出 P 为假。

例如，由"如果下雨，则地上就湿"及"地上不湿"推出"没有下雨"的结论。

这里，应该注意避免如下两类错误：一种是肯定后件(Q)的错误，另一种是否定前件(P)的错误。

所谓肯定后件是指，当 $P\rightarrow Q$ 为真时，希望通过肯定后件 Q 为真来推出前件 P 为真，这是不允许的。

例如，伽利略在论证哥白尼的日心说时，曾使用了如下推理：

(1) 如果行星系统是以太阳为中心的，则金星会显示出位相变化。

(2) 金星显示出位相变化(肯定后件)。

（3）所以，行星系统是以太阳为中心的。

这里使用了肯定后件的推理，违反了经典逻辑规则，他为此遭到非议。

所谓否定前件，是指当 $P{\rightarrow}Q$ 为真时，希望通过否定前件 P 来推出后件 Q 为假，这也是不允许的。例如，下面的推理就是使用了否定前件的推理，从而违反了逻辑规则：

（1）如果下雨，则地上是湿的。

（2）没有下雨（否定前件）。

（3）所以，地上不湿。

这显然是不正确的。因为当地上洒水时，地上也会湿。事实上，只要仔细分析蕴涵 $P{\rightarrow}Q$ 的定义，就会发现当 $P{\rightarrow}Q$ 为真时，肯定后件或否定前件所得的结论既可能为真，也可能为假，不能确定。

下面举例说明自然演绎推理方法。

【例 3.2】 设已知如下事实：

（1）凡是容易的课程小王（Wang）都喜欢。

（2）C 班的课程都是容易的。

（3）ds 是 C 班的一门课程。

求证：小王喜欢 ds 这门课程。

证明 首先定义谓词：

$\text{EASY}(x)$：　　　　x 是容易的；

$\text{LIKE}(x, y)$：　　x 喜欢 y；

$\text{C}(x)$：　　　　　x 是 C 班的一门课程。

把上述已知事实及待求证的问题用谓词公式表示出来：

$(\forall x)(\text{EASY}(x){\rightarrow}\text{LIKE}(\text{Wang}, x))$　　凡是容易的课程小王都是喜欢的；

$(\forall x)(\text{C}(x){\rightarrow}\text{EASY}(x))$　　　　C 班的课程都是容易的；

$\text{C}(ds)$　　　　　　　　　　ds 是 C 班的一门课程；

$\text{LIKE}(\text{Wang}, ds)$　　　　小王喜欢 ds 这门课程，这是待求证的问题。

应用推理规则进行推理：

因为

$$(\forall x)(\text{EASY}(x){\rightarrow}\text{LIKE}(\text{Wang}, x))$$

所以由全称固化得

$$\text{EASY}(z){\rightarrow}\text{LIKE}(\text{Wang}, z)$$

因为

$$(\forall x)(\text{C}(x){\rightarrow}\text{EASY}(x))$$

所以由全称固化得

$$\text{C}(y){\rightarrow}\text{EASY}(y)$$

由 P 规则及假言推理得

$$\text{C}(ds), \text{C}(y){\rightarrow}\text{EASY}(y){\Rightarrow}\text{EASY}(ds)$$

$$\text{EASY}(ds), \text{EASY}(z){\rightarrow}\text{LIKE}(\text{Wang}, z)$$

由 T 规则及假言推理得

$$\text{LIKE}(\text{Wang}, ds)$$

即小王喜欢 ds 这门课程。

一般来说,由已知事实推出的结论可能有多个,只要其中包括了待证明的结论,就认为问题得到了解决。

自然演绎推理的优点是表达定理证明过程自然,容易理解,而且它拥有丰富的推理规则,推理过程灵活,便于在它的推理规则中嵌入领域启发式知识。其缺点是容易产生组合爆炸,推理过程得到的中间结论一般呈指数形式递增,这对于一个大的推理问题来说是十分不利的。

3.2.2 谓语公式化为子句集的方法

在谓词逻辑中,有下述定义:

原子谓词公式是一个不能再分解的命题。

原子谓词公式及其否定,统称为文字。P 称为正文字,$\neg P$ 称为负文字。P 与 $\neg P$ 为互补文字。

任何文字的析取式称为子句。任何文字本身也是子句。

由子句构成的集合称为子句集。

不包含任何文字的子句称为空子句,表示为 NIL。

由于空子句不含有文字,它不能被任何解释满足,所以,空子句是永假的、不可满足的。

在谓词逻辑中,任何一个谓词公式都可以通过应用等价关系及推理规则化成相应的子句集,从而能够比较容易地判定谓词公式的不可满足性。下面结合一个具体的例子,说明把谓词公式化为子句集的步骤。

【例 3.3】 将下列谓词公式化为子句集:
$$(\forall x)((\forall y)P(x,y)\rightarrow\neg(\forall y)(Q(x,y)\rightarrow R(x,y)))$$

解 (1) 消去谓词公式中的"→"和"↔"符号。

利用谓词公式的等价关系:
$$P\rightarrow Q\Leftrightarrow\neg P\vee Q$$
$$P\leftrightarrow Q\Leftrightarrow(P\wedge Q)\vee(\neg P\wedge\neg Q)$$

上例等价变换为
$$(\forall x)(\neg(\forall y)P(x,y)\vee\neg(\forall y)(\neg Q(x,y)\vee R(x,y)))$$

(2) 把否定符号移到紧靠谓词的位置上。

利用谓词公式的等价关系:

双重否定律 $\neg(\neg P)\Leftrightarrow P$

德摩根定律 $\neg(P\wedge Q)\Leftrightarrow\neg P\vee\neg Q$

$\neg(P\vee Q)\Leftrightarrow\neg P\wedge\neg Q$

量词转换律 $\neg(\forall x)P\Leftrightarrow(\exists x)\neg P$

$\neg(\exists x)P\Leftrightarrow(\forall x)\neg P$

把否定符号移到紧靠谓词的位置上,缩小了否定符号的辖域。

上例等价变换为
$$(\forall x)((\exists y)\neg P(x,y)\vee(\exists y)(Q(x,y)\wedge\neg R(x,y)))$$

（3）变量标准化。

所谓变量标准化，就是重新命名变元，使每个量词采用不同的变元，从而使不同量词的约束变元有不同的名字。这是因为在任一量词辖域内，受到该量词约束的变元为一哑元（虚构变量），它可以在该辖域内被另一个没有出现过的任意变元统一代替，而不改变谓词公式的值。

$$(\forall x)P(x) \equiv (\forall y)P(y)$$
$$(\exists x)P(x) \equiv (\exists y)P(y)$$

上例等价变换为

$$(\forall x)((\exists y)\neg P(x, y) \vee (\exists z)(Q(x, z) \wedge \neg R(x, z)))$$

（4）消去存在量词。

分两种情况：

一种情况是存在量词不出现在全称量词的辖域内。此时只要用一个新的个体常量替换受该存在量词约束的变元，就可以消去存在量词。因为如原谓词公式为真，则总能够找到一个个体常量，替换后仍然使谓词公式为真。这里的个体常量就是不含变量的 Skolem 函数。

另一种情况是存在量词出现在一个或者多个全称量词的辖域内。此时要用 Skolem 函数替换受该存在量词约束的变元，从而消去存在量词。这里认为所存在的 y 依赖于 x 值，它们的依赖关系由 Skolem 函数所定义。

对于一般情况：

$$(\forall x_1)(\forall x_2) \cdots (\forall x_n)(\exists y)P(x_1, x_2, \cdots, x_n, y)$$

存在量词 y 的 Skolem 函数记为

$$y = f(x_1, x_2, \cdots, x_n)$$

可见，Skolem 函数把每个 $x_1, x_2, \cdots, x_n$ 值，映射到存在的那个 y 中。

用 Skolem 函数代替每个存在量词量化的变量的过程称为 Skolem 化。Skolem 函数所使用的函数符号必须是新的。

对于上面的例子，存在量词 $(\exists y)$ 及 $(\exists z)$ 都位于全称量词 $(\forall x)$ 的辖域内，所以都需要用 Skolem 函数代替。设 y 和 z 的 Skolem 函数分别记为 $f(x)$ 和 $g(x)$，则替换后得到

$$(\forall x)\neg P(x, f(x)) \vee (Q(x, g(x)) \wedge \neg R(x, g(x)))$$

（5）化为前束形。

所谓前束形，就是把所有的全称量词都移到公式的前面，使每个量词的辖域都包括公式后的整个部分，即

前束形＝（前缀）｛母式｝

其中：（前缀）是全称量词串，｛母式｝是不含量词的谓词公式。

对于上面的例子，因为只有一个全称量词，而且已经位于公式的最左边，所以，这一步不需要做任何工作。

（6）化为 Skolem 标准形。

Skolem 标准形的一般形式是

$$(\forall x_1)(\forall x_2) \cdots (\forall x_n)M$$

其中：M 是子句的合取式，称为 Skolem 标准形的母式。

一般利用

$$P \lor (Q \land R) \Leftrightarrow (P \lor Q) \land (P \lor R)$$

或

$$P \land (Q \lor R) \Leftrightarrow (P \land Q) \lor (P \land R)$$

把谓词公式化为 Skolem 标准形。

对于上面的例子，有

$$(\forall x)((\neg P(x, f(x)) \lor Q(x, g(x))) \land (\neg P(x, f(x)) \lor \neg R(x, g(x))))$$

（7）略去全称量词。

由于公式中所有变量都是全称量词量化的变量，因此，可以省略全称量词。母式中的变量仍然认为是全称量词量化的变量。

对于上面的例子，有

$$(\neg P(x, f(x)) \lor Q(x, g(x))) \land (\neg P(x, f(x)) \lor \neg R(x, g(x)))$$

（8）消去合取词，把母式用子句集表示。

对于上面的例子，有

$$\{\neg P(x, f(x)) \lor Q(x, g(x)), \neg P(x, f(x)) \lor \neg R(x, g(x))\}$$

（9）子句变量标准化，即令每个子句中的变量符号不同。

谓词公式的性质有

$$(\forall x)(P(x) \land Q(x)) \equiv (\forall x)P(x) \land (\forall y)Q(y)$$

对于上面的例子，有

$$\{\neg P(x, f(x)) \lor (Q(x, g(x)), \neg P(y, f(y)) \lor \neg R(y, g(y))\}$$

显然，在子句集中各子句之间是合取关系。

上面介绍了将谓词公式化为子句集的步骤。下面再举几个例子进一步说明。

【例 3.4】 将下列谓词公式化为子句集：

$$(\forall x)((\neg P(x) \lor \neg Q(x)) \to (\exists y)(S(x, y) \land Q(x)) \land (\forall x)(P(x) \lor B(x))$$

解　（1）消去蕴涵符号：

$$(\forall x)(\neg(\neg P(x) \lor \neg Q(x)) \lor (\exists y)(S(x, y) \land Q(x)) \land (\forall x)(P(x) \lor B(x))$$

（2）把否定符号移到每个谓词前面：

$$(\forall x)(\neg\neg(P(x) \land Q(x)) \lor (\exists y)(S(x, y) \land Q(x)) \land (\forall x)(P(x) \lor B(x))$$

（3）变量标准化：

$$(\forall x)((P(x) \land Q(x)) \lor (\exists y)(S(x, y) \land Q(x)) \land (\forall w)(P(w) \lor B(w))$$

（4）消去存在量词：

设 y 的 Skolem 函数是 $f(x)$，则

$$(\forall x)((P(x) \land Q(x)) \lor (S(x, f(x)) \land Q(x)) \land (\forall w)(P(w) \lor B(w))$$

（5）化为前束形：

$$(\forall x)(\forall w)((P(x) \land Q(x)) \lor (S(x, f(x)) \land Q(x)) \land (P(w) \lor B(w))$$

（6）化为 Skolem 标准形：

根据

$$P \land (Q \lor R) \Leftrightarrow (P \land Q) \lor (P \land R)$$

或者

$$(P \wedge Q) \vee (P \wedge R) \Leftrightarrow P \wedge (Q \vee R)$$

可以得到

$$(\forall x)(\forall w)((Q(x) \wedge P(x)) \vee (Q(x) \wedge S(x, f(x))) \wedge (P(w) \vee B(w))$$

$$(\forall x)(\forall w)(Q(x) \wedge (P(x) \vee S(x, f(x))) \wedge (P(w) \vee B(w)))$$

（7）略去全称量词：

$$Q(x) \wedge (P(x) \vee S(x, f(x))) \wedge (P(w) \vee B(w))$$

（8）消去合取词，把母式用子句集表示：

$$\{Q(x), P(x) \vee S(x, f(x)), P(w) \vee B(w)\}$$

（9）子句变量标准化，即令每个子句中的变量符号不同：

$$\{Q(x), P(y) \vee S(y, f(y)), P(w) \vee B(w)\}$$

【例 3.5】 将下列谓词公式化为子句集：

$$(\forall x)(P(x) \rightarrow ((\forall y)(P(y) \rightarrow P(f(x, y))) \wedge \neg(\forall y)(Q(x, y) \rightarrow P(y))))$$

解 （1）消去蕴涵符号：

$$(\forall x)(\neg P(x) \vee ((\forall y)(\neg P(y) \vee P(f(x, y))) \wedge \neg(\forall y)(\neg Q(x, y) \vee P(y))))$$

（2）把否定符号移到每个谓词前面：

$$(\forall x)(\neg P(x) \vee ((\forall y)(\neg P(y) \vee P(f(x, y))) \wedge (\exists y)(\neg(\neg Q(x, y) \vee P(y))))$$

$$(\forall x)(\neg P(x) \vee ((\forall y)(\neg P(y) \vee P(f(x, y))) \wedge (\exists y)(Q(x, y) \wedge \neg P(y))))$$

（3）变量标准化：

$$(\forall x)(\neg P(x) \vee ((\forall y)(\neg P(y) \vee P(f(x, y))) \wedge (\exists w)(Q(x, w) \wedge \neg P(w))))$$

（4）消去存在量词：

设 w 的 Skolem 函数是 $g(x)$，则

$$(\forall x)(\neg P(x) \vee ((\forall y)(\neg P(y) \vee P(f(x, y))) \wedge (Q(x, g(x)) \wedge \neg P(g(x))))$$

（5）化为前束形：

$$(\forall x)(\forall y)(\neg P(x) \vee ((\neg P(y) \vee P(f(x, y))) \wedge (Q(x, g(x)) \wedge \neg P(g(x))))$$

（6）化为 Skolem 标准形：

$$(\forall x)(\forall y)((\neg P(x) \vee \neg P(y) \vee P(f(x, y))) \wedge (\neg P(x) \vee Q(x, g(x))) \wedge (\neg P(x) \vee \neg P(g(x))))$$

（7）略去全称量词：

$$((\neg P(x) \vee \neg P(y) \vee P(f(x, y))) \wedge (\neg P(x) \vee Q(x, g(x))) \wedge (\neg P(x) \vee \neg P(g(x))))$$

（8）消去合取词，把母式用子句集表示：

$$\{\neg P(x) \vee \neg P(y) \vee P(f(x, y)), \neg P(x) \vee Q(x, g(x)), \neg P(x) \vee \neg P(g(x))\}$$

（9）子句变量标准化，即令每个子句中的变量符号不同：

$$\{\neg P(x_1) \vee \neg P(y) \vee P(f(x_1, y)), \neg P(x_2) \vee Q(x_2, g(x_2)), \neg P(x_3) \vee \neg P(g(x_3))\}$$

【例 3.6】 将下列谓词公式化为不含存在量词的前束形：

$$(\exists x)(\forall y)((\forall z)(P(z) \wedge Q(x, z)) \rightarrow R(x, y, f(a)))$$

解 消去存在量词，得

$$(\forall y)((\forall z)(P(z) \wedge Q(b, z)) \rightarrow R(b, y, f(a)))$$

消去蕴涵符号，得

$$(\forall y)(\neg(\forall z)(P(z)\wedge\neg Q(b,z))\vee R(b,y,f(a)))$$
$$(\forall y)((\exists z)(\neg P(z)\wedge Q(b,z))\vee R(b,y,f(a)))$$

设 z 的 Skolem 函数是 $g(y)$，则有

$$(\forall y)((\neg P(g(y))\wedge Q(b,g(y)))\vee R(b,y,f(a)))$$

上面把谓词公式化成了相应子句集，下面定理表明两者的不可满足性是等价的。

【定理 3.1】　谓词公式不可满足的充要条件是其子句集不可满足。

由此定理可知，要证明一个谓词公式是不可满足的，只需证明相应子句集是不可满足的。如何证明一个子句集是不可满足的呢？下面介绍鲁滨逊归结原理。

3.2.3　鲁滨逊归结原理

从前面的分析可以看出，谓词公式的不可满足性分析可以转化为子句集中子句的不可满足性分析。为了判定子句集的不可满足性，就需要对子句集中的子句进行判定。而为了判定一个子句的不可满足性，需要对个体域上的一切解释逐个地进行判定，只有当子句对任何非空个体域上的任何一个解释都是不可满足的时候，才能判定该子句是不可满足的，这是一项非常困难的工作，要在计算机上实现其证明过程是很困难的。1965 年鲁滨逊提出了归结原理，使机器定理证明进入应用阶段。

鲁滨逊归结原理又称为消解原理，是鲁滨逊提出的一种证明子句集不可满足性，从而实现定理证明的一种理论及方法。它是机器定理证明的基础。

由谓词公式转化为子句集的过程可以看出，在子句集中子句之间是合取关系，其中只要有一个子句不可满足，则子句集不可满足。由于空子句是不可满足的，所以，若一个子句集中包含空子句，则这个子句集一定是不可满足的。

鲁滨逊归结原理就是基于这个思想提出来的。其基本方法是：检查子句集 S 中是否包含空子句，若包含，则 S 不可满足；若不包含，就在子句集中选择合适的子句进行归结，一旦通过归结得到空子句，就说明子句集 S 是不可满足的。

下面对命题逻辑及谓词逻辑分别给出归结的定义。

1. 命题逻辑中的归结原理

【定义 3.7】　设 C_1 与 C_2 是子句集中的任意两个子句，如果 C_1 中的文字 L_1 与 C_2 中的文字 L_2 互补，那么从 C_1 与 C_2 中分别消去 L_1 与 L_2，并将两个子句中余下的部分析取，构成一个新子句 C_{12}，这一过程称为归结。C_{12} 称为 C_1 与 C_2 的归结式，C_1 与 C_2 称为 C_{12} 的亲本子句。

下面举例说明具体的归结方法。

例如，在子句集中取两个子句 $C_1=P$，$C_2=\neg P$，可见，C_1 与 C_2 是互补文字，则通过归结可得归结式 $C_{12}=$ NIL。这里 NIL 代表空子句。

又如，设 $C_1=\neg P\vee Q\vee R$，$C_2=\neg Q\vee S$，可见，这里 $L_1=Q$，$L_2=\neg Q$，通过归结可得归结式 $C_{12}=\neg P\vee R\vee S$。

例如，设 $C_1=\neg P\vee Q$，$C_2=\neg Q\vee R$，$C_3=P$。

首先对 C_1 与 C_2 进行归结，得到

$$C_{12}=\neg P\vee R$$

然后再用 C_{12} 与 C_3 进行归结,得到

$$C_{123} = R$$

如果首先对 C_1 与 C_3 进行归结,然后再把其归结式与 C_2 进行归结,将得到相同的结果。归结过程可用树形图直观地表示出来。上面的归结过程可用图3.5表示。

【**定理 3.2**】 归结式 C_{12} 是其亲本子句 C_1 与 C_2 的逻辑结论,即如果 C_1 与 C_2 为真,则 C_{12} 为真。

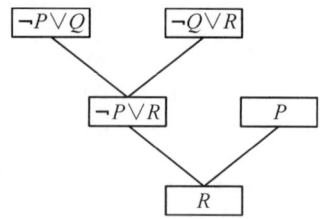

图 3.5 归结过程的树形表示

证明 设 $C_1 = L \vee C_1'$, $C_2 = \neg L \vee C_2'$。

通过归结可以得到 C_1 与 C_2 的归结式 $C_{12} = C_1' \vee C_2'$。

因为

$$C_1' \vee L \Leftrightarrow \neg C_1' \rightarrow L$$
$$\neg L \vee C_2' \Leftrightarrow L \rightarrow C_2'$$

所以

$$C_1 \wedge C_2 = (\neg C_1' \rightarrow L) \wedge (L \rightarrow C_2')$$

根据假言三段论得到

$$(\neg C_1' \rightarrow L) \wedge (L \rightarrow C_2') \Rightarrow \neg C' \rightarrow C_2'$$

因为

$$\neg C_1' \rightarrow C_2' \Rightarrow C_1' \vee C_2' = C_{12}$$

所以

$$C_1 \wedge C_2 \Rightarrow C_{12}$$

由逻辑结论的定义即由 $C_1 \wedge C_2$ 的不可满足性可推出 C_{12} 的不可满足性,可知 C_{12} 是其亲本子句 C_1 与 C_2 的逻辑结论。

(证毕)

这个定理是归结原理中的一个很重要的定理。由它可得到如下两个重要的推论。

推论 1 设 C_1 与 C_2 是子句集 S 中的两个子句,C_{12} 是它们的归结式,若用 C_{12} 代替 C_1 与 C_2 后得到新子句集 S_1,则由 S_1 不可满足性可推出原子句集 S 的不可满足性,即

$$S_1 \text{ 的不可满足性} \Rightarrow S \text{ 的不可满足性}$$

推论 2 设 C_1 与 C_2 是子句集 S 中的两个子句,C_{12} 是它们的归结式,若把 C_{12} 加入原子句集 S 中,得到新子句集 S_2,则 S 与 S_2 在不可满足的意义上是等价的,即

$$S_2 \text{ 的不可满足性} \Leftrightarrow S \text{ 的不可满足性}$$

这两个推论说明:要证明子句集 S 的不可满足性,只要对其中可进行归结的子句进行归结,并把归结式加入子句集 S,或者用归结式替换它的亲本子句,然后对新子句集(S_1 或 S_2)证明不可满足性就可以了。注意到空子句是不可满足的,因此,如果经过归结能得到空子句,则立即可得到原子句集 S 不可满足的结论。这就是用归结原理证明子句集不可满足性的基本思想。

2. 谓词逻辑中的归结原理

在谓词逻辑中,由于子句中含有变元,所以不像命题逻辑那样可直接消去互补文字,而需要先用最一般合一对变元进行代换,然后才能进行归结。

例如,设有如下两个子句:

$$C_1 = P(x) \lor Q(x)$$
$$C_2 = \neg P(a) \lor R(y)$$

由于 $P(x)$ 与 $P(a)$ 不同，所以 C_1 与 C_2 不能直接进行归结，但若用最一般合一：

$$\sigma = \{a/x\}$$

对两个子句分别进行代换：

$$C_1\sigma = P(a) \lor Q(a)$$
$$C_2\sigma = \neg P(a) \lor R(y)$$

就可对它们进行直接归结，消去 $P(a)$ 与 $\neg P(a)$，得到如下归结式：

$$Q(a) \lor R(y)$$

下面给出谓词逻辑中关于归结的定义。

【定义 3.8】 设 C_1 与 C_2 是两个没有相同变元的子句，L_1 与 L_2 分别是 C_1 与 C_2 中的文字，若 σ 是 L_1 与 $\neg L_2$ 的最一般合一，则称

$$C_{12}\sigma = (C_1\sigma - \{L_1\sigma\}) \lor (C_2\sigma - \{L_2\sigma\})$$

为 C_1 与 C_2 的二元归结式。

【例 3.7】 设 $C_1 = P(a) \lor \neg Q(x) \lor R(x)$，$C_2 = \neg P(y) \lor Q(b)$，求其二元归结式。

解 若选 $L_1 = P(a)$，$L_2 = \neg P(y)$，则 $\sigma = \{a/y\}$ 是 L_1 与 $\neg L_2$ 的最一般合一。因此，

$$C_1\sigma = P(a) \lor \neg Q(x) \lor R(x)$$
$$C_2\sigma = \neg P(a) \lor Q(b)$$

根据定义可得

$$
\begin{aligned}
C_{12}\sigma &= (C_1\sigma - \{L_1\sigma\}) \lor (C_2\sigma - \{L_2\sigma\}) \\
&= (\{P(a), \neg Q(x) \lor R(x)\} - \{P(a)\}) \lor (\{\neg P(a), Q(b)\} - \{\neg P(a)\}) \\
&= (\{\neg Q(x) \lor R(x)\}) \lor (\{Q(b)\}) = \{\neg Q(x), R(x), Q(b)\} \\
&= \neg Q(x) \lor R(x) \lor Q(b)
\end{aligned}
$$

若选 $L_1 = \neg Q(x)$，$L_2 = Q(b)$，$\sigma = \{b/x\}$，则可得

$$
\begin{aligned}
C_{12}\sigma &= (\{P(a), \neg Q(b) \lor R(b)\} - \{\neg Q(b)\}) \lor (\{\neg P(y), Q(b)\} - \{Q(b)\}) \\
&= (\{P(a), R(b)\}) \lor (\{\neg P(y)\}) = \{P(a), R(b) \lor \neg P(y)\} \\
&= P(a) \lor R(b) \lor \neg P(y)
\end{aligned}
$$

【例 3.8】 设 $C_1 = P(x) \lor Q(a)$，$C_2 = \neg P(b) \lor R(x)$，求其二元归结式。

解 由于 C_1 与 C_2 有相同的变元，不符合定义的要求。为了进行归结，需修改 C_2 中的变元的名字，令 $C_2 = \neg P(b) \lor R(y)$。此时，$L_1 = P(x)$，$L_2 = \neg P(b)$。

L_1 与 $\neg L_2$ 的最一般合一 $\sigma = \{b/x\}$，则

$$
\begin{aligned}
C_{12} &= (\{P(b), Q(a)\} - \{P(b)\}) \lor (\{\neg P(b), R(y)\} - \{\neg P(b)\}) \\
&= \{Q(a), R(y)\} = Q(a) \lor R(y)
\end{aligned}
$$

如果在参加归结的子句内部含有可合一的文字，则在归结之前应对这些文字先进行合一。

【例 3.9】 设有如下两个子句 $C_1 = P(x) \lor P(f(a)) \lor Q(x)$，$C_2 = \neg P(y) \lor R(b)$，求其二元归结式。

解 在 C_1 中有可合一的文字 $P(x)$ 与 $P(f(a))$，若用它们的最一般合一 $\theta = \{f(a)/x\}$ 进行代换，得到 $C_1\theta = P(f(a)) \lor Q(f(a))$。此时可对 $C_1\theta$ 和 C_2 进行归结，从而得到 C_1 与 C_2

的二元归结式。

对 $C_1\theta$ 和 C_2 分别选 $L_1 = P(f(a))$，$L_2 = \neg P(y)$。L_1 和 $\neg L_2$ 的最一般合一是 $\sigma = \{f(a)/y\}$，则 $C_{12} = R(b) \vee Q(f(a))$。

在上例中，把 $C_1\theta$ 称为 C_1 的因子。一般来说，若子句 C 中有两个或两个以上的文字具有最一般合一 σ，则称 $C\sigma$ 为子句 C 的因子。如果 $C\sigma$ 是一个单文字，则称它为 C 的单元因子。

应用因子的概念，可对谓词逻辑中的归结原理给出如下定义。

【定义 3.9】 子句 C_1 和 C_2 的归结式是下列二元归结式之一：

(1) C_1 和 C_2 的二元归结式。

(2) C_1 的因子 $C_1\sigma_1$ 与 C_2 的二元归结式。

(3) C_1 与 C_2 的因子 $C_2\sigma_2$ 的二元归结式。

(4) C_1 的因子 $C_1\sigma_1$ 与 C_2 的因子 $C_2\sigma_2$ 的二元归结式。

与命题逻辑中的归结原理相同，对于谓词逻辑，归结式是其亲本子句的逻辑结论。用归结式取代它在子句集 S 中的亲本子句，所得到的新子句集仍然保持着原子句集 S 的不可满足性。

另外，对于一阶谓词逻辑，从不可满足的意义上说，归结原理也是完备的。即若子句集是不可满足的，则必存在一个从该子句集到空子句的归结演绎，若存在一个从子句集到空子句的演绎，则该子句集是不可满足的。关于归结原理的完备性可用海伯伦的有关理论进行证明，这里不再讨论。

需要指出的是，如果没有归结出空子句，则既不能说 S 不可满足，也不能说 S 是可满足的。因为，有可能 S 是可满足的，而归结不出空子句，也可能是没有找到合适的归结演绎步骤，而归结不出空子句。但是，如果确定不存在任何方法归结出空子句，则可以确定 S 是可满足的。

归结原理的能力是有限的，例如，用归结原理证明"两个连续函数之和仍然是连续函数"时，推导 10 万步也没能证明出结果。

3.3 确定性推理方法的应用

3.3.1 归结反演

归结原理给出了证明子句集不可满足性的方法。根据前面的知识可知，如欲证明 Q 为 $P_1, P_2, \cdots, P_n$ 的逻辑结论，只需证明

$$(P_1 \wedge P_2 \wedge \cdots \wedge P_n) \wedge \neg Q$$

是不可满足的。再根据定理 3.1 可知，在不可满足的意义上，谓词公式的不可满足性与其子句集的不可满足性是等价的。因此，可用归结原理进行定理的自动证明。

应用归结原理证明定理的过程称为归结反演。归结反演的一般步骤是：

(1) 将已知前提表示为谓词公式 F。

(2) 将待证明的结论表示为谓词公式 Q，并否定得到 $\neg Q$。

(3) 把谓词公式集 $\{F, \neg Q\}$ 化为子句集 S。

（4）应用归结原理对子句集 S 中的子句进行归结，并把每次归结得到的归结式都并入到 S 中。如此反复进行，若出现了空子句，则停止归结，此时就证明了 Q 为真。

【例 3.10】　某公司招聘工作人员，A、B、C 三人应聘，经面试后公司表示如下想法：

① 三人中至少录取一人。

② 如果录取 A 而不录取 B，则一定录取 C。

③ 如果录取 B，则一定录取 C。

求证：公司一定录取 C。

证明　设用谓词 $P(x)$ 表示录取 x，则公司的想法可用谓词公式表示如下：

（1）$P(A) \lor P(B) \lor P(C)$。

（2）$P(A) \land \neg P(B) \to P(C)$。

（3）$P(B) \to P(C)$。

把要求证的结论用谓词公式表示出来并否定，得

（4）$\neg P(C)$。

把上述公式化成子句集：

（1）$P(A) \lor P(B) \lor P(C)$。

（2）$\neg P(A) \lor P(B) \lor P(C)$。

（3）$\neg P(B) \lor P(C)$。

（4）$\neg P(C)$。

应用归结原理进行归结：

（5）$P(B) \lor P(C)$　　　　（1）与（2）归结。

（6）$P(C)$　　　　（3）与（5）归结。

（7）NIL　　　　（4）与（6）归结。

所以公司一定录取 C。

上述归结过程可用图 3.6 的归结树表示。

【例 3.11】　已知如下信息：

规则 1：任何人的兄弟不是女性。

规则 2：任何人的姐妹必是女性。

事实：Mary 是 Bill 的姐妹。

求证：Mary 不是 Tom 的兄弟。

解　定义谓词：

brother(x, y)：x 是 y 的兄弟。

sister(x, y)：x 是 y 的姐妹。

woman(x)：x 是女性。

把已知规则与事实表示成谓词公式，得：

规则 1：$(\forall x)(\forall y)(\mathrm{brother}(x, y) \to \neg \mathrm{woman}(x))$。

规则 2：$(\forall x)(\forall y)(\mathrm{sister}(x, y) \to \mathrm{woman}(x))$。

事实：sister(Mary, Bill)。

把要求证的结论表示成谓词公式，得：

求证：$\neg$ brother(Mary, Tom)。

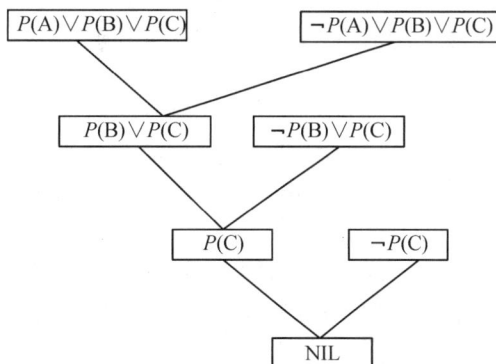

图 3.6　例 3.10 的归结树

化规则 1 为子句：

$$(\forall x)(\forall y)(\neg \text{brother}(x, y) \vee \neg \text{woman}(x))$$
$$C_1 = (\neg \text{brother}(x, y) \vee \neg \text{woman}(x))$$

化规则 2 为子句：

$$(\forall x)(\forall y)(\neg \text{sister}(x, y) \vee \text{woman}(x))$$
$$C_2 = (\neg \text{sister}(u, v) \vee \text{woman}(u))$$

事实原来就是子句形式化：

$$C_3 = \text{sister}(\text{Mary}, \text{Bill})$$

C_2 与 C_3 归结为

$$C_{23} = \text{woman}(\text{Mary})$$

C_{23} 与 C_1 归结为

$$C_{123} = \neg \text{brother}(\text{Mary}, y)$$

设 $C_4 = \text{brother}(\text{Mary}, \text{Tom})$，则

$$C_{1234} = \text{NIL}$$

得证。

3.3.2　应用归结原理求解问题

归结原理除了可用于定理证明外，还可用来求解问题的答案，其思想与定理证明类似。下面给出应用归结原理求解问题的步骤：

① 把已知前提用谓词公式表示出来，并且化为相应的子句集，设该子句集的名字为 S。

② 把待求解的问题也用谓词公式表示出来，然后把它否定并与答案谓词 ANSWER 构成析取式，ANSWER 是一个为了求解问题而专设的谓词，其变元必须与问题公式的变元完全一致。

③ 把②中得到的析取式化为子句集，并把该子句集并入到子句集 S 中，得到子句集 S'。

④ 对 S' 应用归结原理进行归结。

⑤ 若得到归结式 ANSWER，则答案就在 ANSWER 中。

【例 3.12】　已知如下信息：

F_1：王（Wang）先生是小李（Li）的老师。

F_2：小李与小张（Zhang）是同班同学。

F_3：如果 x 与 y 是同班同学，则 x 的老师也是 y 的老师。

问：小张的老师是谁？

解　定义谓词。

$T(x, y)$：x 是 y 的老师。

$C(x, y)$：x 与 y 是同班同学。

把已知前提及待求解的问题表示成谓词公式，得

F_1：$T(\text{Wang}, \text{Li})$。

F_2：$C(\text{Li}, \text{Zhang})$。

F_3：$(\forall x)(\forall y)(\forall z)(C(x，y) \wedge T(z，x) \rightarrow T(z，y))$。

把待求解的问题表示成谓词公式，并把它否定后与谓词 ANSWER(x)析取，得：

G：$\neg(\exists x)T(\mathrm{x}，\mathrm{Zhang}) \vee \mathrm{ANSWER}(x)$。

把上述谓词公式化为子句集：

（1）$T(\mathrm{Wang}，\mathrm{Li})$。

（2）$C(\mathrm{Li}，\mathrm{Zhang})$。

（3）$\neg C(x，y) \vee \neg T(z，x) \vee T(z，y)$。

（4）$\neg T(u，\mathrm{Zhang}) \vee \mathrm{ANSWER}(u)$。

应用归结原理进行归结：

（5）$\neg C(\mathrm{Li}，y) \vee T(\mathrm{Wang}，y)$ （1）与（3）归结。

（6）$\neg C(\mathrm{Li}，\mathrm{Zhang}) \vee \mathrm{ANSWER}(\mathrm{Wang})$ （4）与（5）归结。

（7）$\mathrm{ANSWER}(\mathrm{Wang})$ （2）与（6）归结。

由 ANSWER(Wang)得知小张的老师是王先生。

上述归结过程可用图 3.7 的归结树表示。

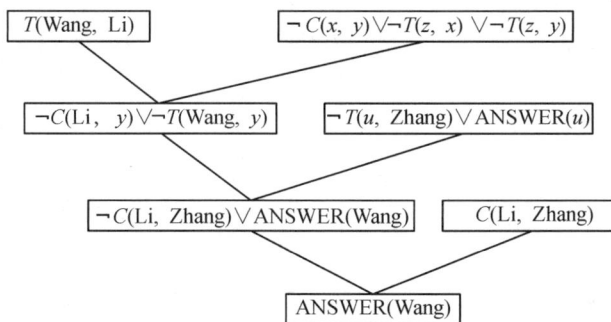

图 3.7　例 3.12 的归结树

【例 3.13】 设 A、B、C 三人中有人从不说真话，也有人从不说假话，某人向这三人分别提出同一个问题：谁是说谎者？A 答："B 和 C 都是说谎者"；B 答："A 和 C 都是说谎者"；C 答："A 和 B 中至少有一个是说谎者"。问：谁是老实人，谁是说谎者？

解 设用 $T(x)$ 表示 x 说真话。

如果 A 说真话，则有

$$T(A) \rightarrow \neg T(B) \wedge \neg T(C)$$

如果 A 说的是假话，则有

$$\neg T(A) \rightarrow T(B) \vee T(C)$$

对 B 和 C 说的话作相同的处理，可得

$$T(B) \rightarrow \neg T(A) \wedge \neg T(C)$$
$$\neg T(B) \rightarrow T(A) \vee T(C)$$
$$T(C) \rightarrow \neg T(A) \vee \neg T(B)$$
$$\neg T(C) \rightarrow T(A) \wedge T(B)$$

把上面这些公式化成子句集，得到 S：

（1）$\neg T(A) \vee \neg T(B)$。

（2）$\neg T(A) \vee \neg T(C)$。

(3) $T(A) \vee T(B) \vee T(C)$。

(4) $\neg T(B) \vee \neg T(C)$。

(5) $\neg T(C) \vee \neg T(A) \vee \neg T(B)$。

(6) $T(C) \vee T(A)$。

(7) $T(C) \vee T(B)$。

下面首先求谁是老实人。把 $\neg T(x) \vee \text{ANSWER}(x)$ 并入 S 得到 S_1。即 S_1 比 S 多如下一个子句：

(8) $\neg T(x) \vee \text{ANSWER}(x)$。

应用归结原理对 S_1 进行归结：

(9) $\neg T(A) \vee T(C)$	(1)和(7)归结。
(10) $T(C)$	(6)和(9)归结。
(11) $\text{ANSWER}(C)$	(8)和(10)归结。

所以 C 是老实人，即 C 从不说假话。

事实上，无论如何对 S_1 进行归结，都推不出 $\text{ANSWER}(B)$ 与 $\text{ANSWER}(A)$。

下面来证明 A 和 B 不是老实人。

设 A 不是老实人，则有 $\neg T(A)$，把它否定并入 S 中，得到子句集 S_2，即 S_2 比 S 多如下一个子句：

(12) $\neg(\neg T(A))$ 即 $T(A)$。

应用归结原理对 S_2 进行归结：

(13) $\neg T(A) \vee T(C)$	(1)和(7)归结。
(14) $\neg T(C)$	(2)和(9)归结。
(15) NIL	(8)和(10)归结。

所以 A 不是老实人。

同理，可证明 B 也不是老实人。

由上面的例子可以看出，在归结过程中，一个子句可以多次被用来进行归结，也可以不被用来归结。在归结时并不一定要用到子句集的全部子句，只要在定理证明时能归结出空子句，在求取问题答案时能归结出 ANSWER 就可以了。

对子句集进行归结时，关键的一步是从子句集中找出可以进行归结的一对子句。由于事先不知道哪两个子句可以进行归结，更不知道通过对哪些子句对的归结可以尽快地得到空子句，因而必须对子句集中的所有子句逐对地进行比较，对任何一对可归结的子句对都进行归结。这样不仅要耗费许多时间，而且还会因为归结出了许多无用的归结式而多占用许多存储空间，造成了时间和空间的浪费，降低了效率。为解决这些问题，人们研究出了多种归结策略。这些归结策略大致可分为两大类：一类是删除策略，另一类是限制策略。前一类通过删除某些无用的子句来缩小归结的范围，后一类通过对参加归结的子句进行种种限制，尽可能地减少归结的盲目性，使其尽快地归结出空子句。关于归结策略可以参考有关书籍。

【实践 3.1】　鲁滨逊归结原理："快乐学生"问题

假设：任何通过计算机考试并获奖的人都是快乐的。任何肯学习或幸运的人都可以通过所有考试。马不肯学习但他是幸运的。任何幸运的人都能获奖。求证：马是快乐的。

解　先将问题用谓词表示如下：

"任何通过计算机考试并获奖的人都是快乐的"：

$$(\forall x)(\text{Pass}(x,\text{computer}) \wedge \text{Win}(x,\text{prize}) \rightarrow \text{Happy}(x))$$

"任何肯学习或幸运的人都可以通过所有考试"：

$$(\forall x)(\forall y)(\text{Study}(x) \vee \text{Lucky}(x) \rightarrow \text{Pass}(x,y))$$

"马不肯学习但他是幸运的"：

$$\neg \text{Study}(\text{Ma}) \wedge \text{Lucky}(\text{Ma})$$

"任何幸运的人都能获奖"：

$$(\forall x)(\text{Lucky}(x) \rightarrow \text{Win}(x,\text{prize}))$$

目标"马是快乐的"的否定：

$$\neg \text{Happy}(\text{Ma})$$

将上述谓词公式转化为子句集如下：

(1) $\neg \text{Pass}(x,\text{computer}) \vee \neg \text{Win}(x,\text{prize}) \vee \text{Happy}(x)$。

(2) $\neg \text{Study}(y) \vee \text{Pass}(y,z)$。

(3) $\neg \text{Lucky}(u) \vee \text{Pass}(u,v)$。

(4) $\neg \text{Study}(\text{Ma})$。

(5) $\text{Lucky}(\text{Ma})$。

(6) $\neg \text{Lucky}(w) \vee \text{Win}(w,\text{prize})$。

(7) $\neg \text{Happy}(\text{Ma})$（本子句为结论的否定）。

按谓词逻辑的归结原理对此子句集进行归结，其归结反演树如图 3.8 所示。由于归结出了空子句，这就证明了马是快乐的。

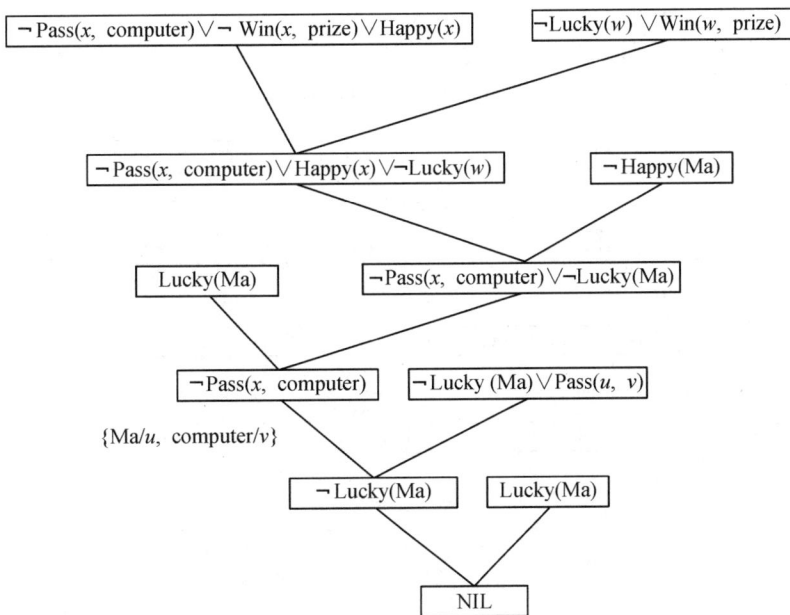

图 3.8　"快乐学生"问题的归结反演树

【实践 3.2】 鲁滨逊归结原理："激动人心的生活"问题

假设：所有不贫穷并且聪明的人都是快乐的。那些看书的人是聪明的。黎明能看书且不贫穷。快乐的人过着激动人心的生活。求证：黎明过着激动人心的生活。

解 先将问题用谓词表示如下：

"所有不贫穷并且聪明的人都是快乐的"：

$$(\forall x)((\neg \text{Poor}(x) \land \text{Smart}(x)) \rightarrow \text{Happy}(x))$$

"那些看书的人是聪明的"：

$$(\forall y)(\text{Read}(y) \rightarrow \text{Smart}(y))$$

"黎明能看书且不贫穷"：

$$\text{Read}(\text{LiMing}) \land \neg \text{Poor}(\text{LiMing})$$

"快乐的人过着激动人心的生活"：

$$(\forall z)(\text{Happy}(z) \rightarrow \text{Exciting}(z))$$

目标"黎明过着激动人心的生活"的否定：

$$\neg \text{Exciting}(\text{LiMing})$$

将上述谓词公式转化为子句集如下：

(1) $\text{Poor}(x) \lor \neg \text{Smart}(x) \lor \text{Happy}(x)$。

(2) $\neg \text{Read}(y) \lor \text{Smart}(y)$。

(3) $\text{Read}(\text{LiMing})$。

(4) $\neg \text{Poor}(\text{LiMing})$。

(5) $\neg \text{Happy}(z) \lor \text{Exciting}(z)$。

(6) $\neg \text{Exciting}(\text{LiMing})$。

按谓词逻辑的归结原理对此子句集进行归结，其归结反演树如图 3.9 所示。由于归结出了空子句，这就证明了黎明过着激动人心的生活。

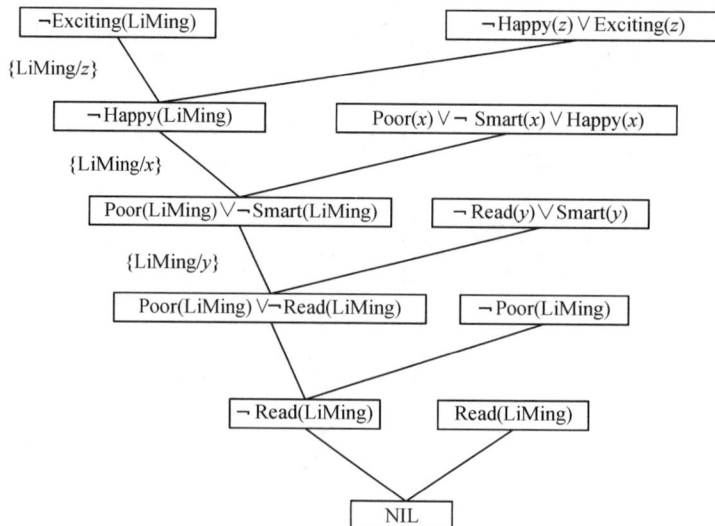

图 3.9 "激动人心的生活"问题的归结反演树

【实践 3.3】　命题逻辑归结推理系统

设给定的已知条件为公式集 F，要从 F 求证的命题为 G，进行命题演算的归结步骤为：① 将公式集 F 中的所有命题改写成子句。② 将命题 $\sim G$ 改写成一个子句或多个子句。③ 将①、②所得到的子句合并成子句集 S，放到一个文本文件中。

编写程序完成以下功能：① 读入以上文本文件。② 以适当的形式保存为子句集。③ 在出现一个矛盾或无任何进展（得不到新子句）之前执行：从子句集中选一对亲本子句（两个子句分别包含某个文字的正文字，另外一个包含负文字）；将亲本子句对归结成一个归结式；若归结式为非空子句，将其加入子句集；若归结式为空子句，则归结结束。

先将子句集 S 存入文本文件"命题逻辑归结推理系统 S.txt"：

```
1.   p
2.   ~pV ~q V r
3.   ~uV q
4.   ~tV q
5.   t
6.   ~r
```

代码如下：

```
1.    S=[]# 以列表形式存储子句集 S
2.
3.
4.    """
5.    读取子句集文件中子句，并存放在 S 列表中
6.      一每个子句也是以列表形式存储
7.      一以析取式分割
8.      一例如：~pV ~q V r 存储形式为 ['~p','~q','r']
9.    """
10.   def readClauseSet(filePath):
11.   global S
12.   for line in open(filePath, mode='r', encoding='utf-8'):
13.     line=line.replace(""," ").strip()
14.     line=line.split(' V ')
15.     S.append(line)
16.
17.
18.   """
19.    一为正文字，则返回其负文字
20.    一为负文字，则返回其正文字
21.   """
```

```
22.    def opposite(clause):
23.        if '~' in clause:
24.            return clause.replace('~','')
25.        else:
26.            return '~' + clause
27.
28.
29.    """
30.    归结
31.    """
32.    def resolution():
33.        global S
34.        end=False
35.        while True:
36.            if end: break
37.            father=S.pop()
38.            for i in father[:]:
39.                if end: break
40.                for mother in S[:]:
41.                    if end: break
42.                    j=list(filter(lambda x: x==opposite(i),mother))
43.                    if j==[]:
44.                        continue
45.                    else:
46.                        print('\n亲本子句:' + ' V '.join(father) + '和' + ' V '.join(mother))
47.                        father.remove(i)
48.                        mother.remove(j[0])
49.                        if(father==[] and mother==[]):
50.                            print('归结式:NIL')
51.                            end=True
52.                        elif father==[]:
53.                            print('归结式:' + ' V '.join(mother))
54.                        elif mother==[]:
55.                            print('归结式:' + ' V '.join(mother))
56.                        else:
57.                            print('归结式:' + ' V '.join(father) + ' V ' + ' V '.join(mother))
58.
59.
60.    def ui():
61.        print('---------')
62.        print('--------- 命题逻辑归结推理系统 ---------')
63.        print('---------')
64.
```

```
65.
66.    def main():
67.       filePath=r′命题逻辑归结推理系统 S. txt′
68.       readClauseSet(filePath)
69.       ui()
70.       resolution()
71.
72.
73.    if __name__=='__main__':
74.       main()
```

本 章 小 结

　　本章讨论了确定性推理的基本概念、方法和应用。从初始证据出发，按某种策略不断运用知识库中的已知知识，逐步推出结论的过程称为推理。演绎推理是从一般性知识推出适合于某一具体情况的结论，是从一般到个别的推理过程。归纳推理是从足够多的事例中归纳出一般性结论的推理，是从个别到一般的推理过程。默认推理是在知识不完全的情况下假设某些条件已经具备所进行的推理。确定性推理是指推理时所用的知识与证据都是确定的，推出的结论也是确定的。不确定性推理是指推理时所用的知识与证据不都是确定的，推出的结论也是不确定的。单调推理是在推理过程中随着推理向前推进及新知识的加入，推出的结论越来越接近最终目标。非单调推理是在推理过程中由于新知识的加入，不仅没有加强已推出的结论，反而要否定它，使推理退回到前面的某一步，然后重新开始。按推理中是否运用与推理有关的启发性知识来划分，推理可分为启发式推理与非启发式推理。正向推理是以已知事实作为出发点的一种推理。逆向推理是以某个假设目标作为出发点的一种推理。既有正向又有逆向的推理称为混合推理。

　　从一组已知为真的事实出发，直接运用经典逻辑的推理规则推出结论的过程称为自然演绎推理。原子谓词公式及其否定，称为文字。任何文字的析取式称为子句。谓词公式可以化成子句集。谓词公式不可满足的充要条件是其子句集不可满足。鲁滨逊归结原理是机器定理证明的基础，是一种证明子句集不可满足性，从而实现定理证明的一种理论及方法。它的基本方法是：将要证明的定理表示为谓词公式，并化为子句集，然后进行归结，一旦归结出空子句，则定理得证。应用归结原理求解问题的方法：把已知前提用谓词公式表示出来，并且化为相应的子句集，把待求解的问题也用谓词公式表示出来，然后把它否定并与谓词 ANSWER 构成析取式，化为子句集；对子句集进行归结，若得到归结式 ANSWER，则答案就在 ANSWER 中。

思考题或自测题

1. 从心理学的角度看，推理有哪两种比较典型的观点？它们的含义是什么？

2. 什么是推理？它有哪些分类方法？

3. 设已知下述事实：A；B；$A \to C$；$B \land C \to D$；$D \to Q$。求证：Q 为真。

4. 什么是自然演绎推理？它所依据的推理规则是什么？

5. 什么是谓词公式的可满足性？什么是谓词公式的不可满足性？

6. 什么是谓词公式的前束范式？什么是谓词公式的 Skolem 范式？

7. 将下列逻辑表达式化为不含存在量词的前束形。

$$(\exists x)(\forall y)((\forall z)P(x, z) \to R(x, y, f(a)))$$

8. 把下列谓词公式分别化为相应的子句集。

(1) $(\forall z)(\forall y)(P(z, y) \land Q(z, y))$；

(2) $(\forall x)(\forall y)(P(x, y) \to Q(x, y))$；

(3) $(\forall x)(\exists y)(P(x, y) \lor Q(x, y) \to R(x, y))$；

(4) $(\forall x)(\forall y)(P(x, y) \lor Q(x, y) \to R(x, y))$；

(5) $(\forall x)(\forall y)(\exists z)(P(x, y) \to Q(x, y) \lor R(x, z))$；

(6) $(\forall x)(\forall y)P(x, y) \to \neg(\forall y)(Q(x, y) \to R(x, y))$。

9. 鲁滨逊归结原理的基本思想是什么？

10. 判断下列子句集中哪些是不可满足的。

(1) $S = \{\neg P \lor Q, \neg Q, P, \neg P\}$；

(2) $S = \{P \lor Q, \neg P \lor Q, P \lor \neg Q, 7P \lor \neg Q\}$；

(3) $S = \{P(y) \lor Q(y), \neg P(f(x)) \lor R(a)\}$；

(4) $S = \{P(x) \lor Q(x), \neg P(y) \lor R(y), P(a), S(a), \neg S(z) \lor \neg R(z)\}$；

(5) $S = \{P(x) \lor \neg Q(y) \lor \neg L(x, y), P(a), \neg R(z) \lor L(a, z), R(b), Q(b)\}$。

11. 对下列各题分别证明 G 为 F_1，F_2，$\cdots$，F_n 的逻辑结论。

(1) F_1：$(\exists x)(\exists y)P(x, y)$；

　　G：$(\forall y)(\exists x)P(x, y)$。

(2) F_1：$(\forall x)(P(x) \land (Q(a) \lor Q(b)))$；

　　G：$(\exists x)(P(x) \land Q(x))$。

(3) F_1：$(\exists x)(\exists y)(P(f(x)) \land Q(f(y)))$；

　　G：$P(f(a)) \land P(y) \land Q(y)$。

(4) F_1：$(\forall x)(P(x) \to (\forall y)(Q(y) \to \neg L(x, y)))$；

　　F_2：$(\exists x)(P(x) \land (\forall y)(R(y) \to L(x, y)))$；

　　G：$(\forall x)(R(x) \to \neg Q(x))$。

(5) F_1：$(\forall x)(P(x) \to (Q(x) \land R(x)))$；

　　F_2：$(\exists x)(P(x) \land S(x))$；

　　G：$(\exists x)(S(x) \land R(x))$。

(6) F_1：$(\forall z)(A(z) \land \neg B(z) \to (\exists y)(D(z, y) \land C(y)))$；

　　F_2：$(\exists z)(E(z) \land A(z) \land (\forall y)(D(z, y) \to E(y)))$；

　　F_3：$(\forall z)(E(z) \to \neg B(z))$；

　　G：$(\exists z)(E(z) \land C(z))$。

12. 已知：能够阅读的都是有文化的。海豚是没有文化的。某些海豚是有智能的。用归结原理证明：某些有智能的并不能阅读。

13. 已知前提：每个储蓄钱的人都获得利息。用归结原理证明：如果没有利息，那么就没有人去储蓄钱。

14. 已知：每个使用 Internet 网络的人都想从网络获得信息。用归结原理证明：如果没有信息就不会有人使用 Internet。

15. 设有如下关系：如果 x 是 y 的父亲，y 又是 z 的父亲，则 x 是 z 的祖父。老李是大李的父亲。大李是小李的父亲。用归结原理回答：上述人员中谁和谁是祖孙关系？

16. 已知：小张(Zhang)在哪里，则小李(Li)就去那里。小张在学校里。用归结原理回答：小李在哪里？

17. 设 TONY、MIKE 和 JOHN 属于 ALPINE 俱乐部，ALPINE 俱乐部的成员不是滑雪运动员就是登山运动员。登山运动员不喜欢雨，而且任何不喜欢雪的人不是滑雪运动员。MIKE 讨厌 TONY 所喜欢的一切东西，而喜欢 TONY 所讨厌的一切东西。TONY 喜欢雨和雪。试用谓词公式的集合表示这段知识，用归结原理回答问题：ALPINE 俱乐部中是登山运动员但不是滑雪运动员的成员是谁？

第4章
不确定性推理方法

由于客观世界的复杂性、多变性、模糊性和人类自身认识的局限性和主观性，我们所获得、所处理的信息和知识中，往往含有不肯定、不准确、不完全甚至不一致的成分。这就是所谓的不确定性。

事实上，不确定性大量存在于我们所处的信息环境中，例如人的日常语言中就几乎处处含有不确定性(这句话本身就含有不确定性：什么叫"几乎"?)。不确定性也大量存在于我们的知识特别是经验性知识之中。所以，要实现人工智能，不确定性是无法回避的。人工智能必须研究不确定性的表示和处理技术。事实上，不确定性的处理技术，对于人工智能的诸多领域，如专家系统、自然语言理解、控制和决策、智能机器人等都尤为重要。

4.1 不确定性推理的基本概念

不确定性是智能问题的一个本质特征，研究不确定性推理是人工智能的一项基本内容。为了加深对不确定性推理的认识和理解，在讨论各种不确定性推理方法前，我们首先对不确定性推理的含义、基本问题及基本类型进行简单讨论。

4.1.1 不确定性推理的含义

不确定性是智能问题的本质特征，无论是人类智能还是人工智能，都离不开不确定性的处理。可以说，智能主要反映在求解不确定性问题的能力上。因此，不确定性推理模型是人工智能的一个核心研究课题。

1. 不确定性推理的概念

不确定性推理(Uncertainty Reasoning)，又称为不精确推理(Inexact Reasoning)，是相对于确定性推理而提出的。确定性推理的过程都是按照必然的因果关系或严格的逻辑推论来进行的，是从已知事实出发，通过运用相关知识逐步推出结论的思维过程。其中，获得的推理结论也严格按照一定的规则予以肯定或否定。一般来说，确定性推理有规可循，有据可依，能够且容易形成完备算法，往往有满足唯一解的特性，实现的难度较低。但是在运动规律的作用下，精确性往往是暂时的、局部的、相对的，而不精确性才是必然的、动态的、永恒的。可见，不精确性是科学认识中的重要规律，进行不确定性推理的研究是必要的，不确定性推理也是进行机器智能推理的主要工具之一。

所谓不确定性推理，是指推理中所使用的前提条件、判断是不确定的或者是模糊的，因而推理所得出的结论和判断也是不精确的、不确定的或模糊的。一般来说，出现不确定性推理的原因和特征可能有：

（1）证据的不确定性。

（2）规则的不确定性。

（3）方法的不确定性。

以上"三性"的存在决定了推理的最后结果具有不确定性但近乎合理的特性，人们把这种性质的推理及其理论和方法总称为不确定性推理。

2. 采用不确定性推理的原因

采用不确定性推理是为了满足解决客观问题的需要，其原因包括以下 4 方面。

1）所需知识不完备、不精确

在很多情况下，解决问题需要的知识往往是不完备、不精确的。知识不完备是指在解决某一问题时，不具备解决该问题所需要的全部知识。例如，医生在看病时，一般是从病人的部分症状开始诊断的。知识不精确是指既不能完全确定知识为真，又不能完全确定知识为假。例如，专家系统中的知识多为专家经验，专家经验多为不确定性知识。

2）所需知识描述模糊

知识描述模糊是指知识的边界不明确。例如，平常人们所说的"很好""好""比较好""不很好""不好""很不好"等概念，其边界都是比较模糊的。那么，当用这类概念来描述知识时，所描述的知识也是模糊的。例如，"如果李清这个人比较好，那么我就把他当成好朋友"所描述的就是比较模糊的知识。

3）多种原因导致同一结论

在现实世界中，由多种原因导致同一结论的情况有很多。例如，引起人体低烧的原因至少有几十种，医生在看病时只能根据病人的症状，低烧的持续时间和方式，以及病人的体质、病史等，做出猜测性的推断。

4）解题方案不唯一

现实生活中的问题一般存在着多种解决方案，这些方案之间又很难绝对地判断其优劣。对于这些情况，人们往往会优先选择主观上认为相对较优的方案，这也是一种不确定性推理。

总之，在人类的认知和思维行为中，确定性只能是相对的，而不确定性才是绝对的。人工智能要解决这些不确定性问题，必须采用不确定性的知识表示和推理方法。

4.1.2　不确定性推理的基本问题

推理是运用知识求解问题的过程，是证据和规则相结合得出结论的过程。知识的不确定性导致了所得到的结论的不确定性。不确定性推理反映了知识不确定性的动态积累和传播过程，推理的每一步都需要综合证据和规则的不确定性因素，通过某种不确定性测度，寻找尽可能符合客观实际的计算模式，通过不确定性测度的传递计算，最终得到结果的不确定性测度。在专家系统中，不确定性表现为证据、规则和推理三方面，需要对专家系统中的事实和规则给出不确定性描述，并在此基础上建立不确定性的传递计算方法。因此，实现对不确定性知识的处理应解决不确定性知识的表示问题、匹配问题、计算问题和更新问题。

1．表示问题

表示问题指的是采用什么方法描述不确定性，这是解决不确定性推理的第一步，通常有数值和非数值的语义表示方法。数值表示便于计算、比较；非数值表示是一种定性的描述，以便较好地解决不确定性问题。在专家系统中，"知识不确定性"一般分为两类：一是规则的不确定性，二是证据的不确定性。

规则的不确定性是指用相应的规则表示模式与之对应，以便进行推理和计算，还必须用适当的方法把规则的不确定性及其程度描述出来。一般用$(E \rightarrow H, f(H, E))$来表示规则的不确定性，即相应规则的不确定性程度，称为规则强度。

不确定性证据的来源通常有两类。

（1）初始证据：如针对要求解问题所提供的事实，诸如病人的症状、化验结果等。

（2）推理证据：依据前面的事实而推出的若干新情况和判断，可作为继续研究考证的证据。

初始证据大多来源于客户片面观察或理解，故往往是零碎的片段，不够精确、完整，因而具有证据的不确定性。而推理证据又是使用不确定的初始证据而得出的，因此它也是不确定的证据。

一般来说，证据不确定性的表示方法应与规则不确定性的表示方法保持一致，证据的不确定性通常是一个数值，代表相应证据的不确定性程度，称为动态强度。

规则和证据不确定性的程度常用可信度来表示。例如，在专家系统 MYCIN 中，可信度表示规则及证据的不确定性，取值范围为$[-1, 1]$。当可信度取值大于零时，其数值越大，表示相应的规则或证据越接近于"真"；当可信度取值小于零时，其数值越小，表示相应的规则或证据越接近于"假"。

2．匹配问题

推理过程实际上是一个不断寻找和运用可用知识的过程。可用知识是指其前提条件可与综合数据库中的已知事实相匹配的知识。只有匹配成功的知识才可以被使用。在不确定性推理中，由于知识和证据都是不确定的，而且知识要求的不确定性程度与证据实际具有的不确定性程度不一定相同，那么怎样才算匹配成功呢？目前常用的解决方法是，设计一个用来计算匹配双方相似程度的算法，并给出一个相似的限度，如果匹配双方的相似程度落在规定的限度内，则称匹配双方是可匹配的，否则称匹配双方是不可匹配的。

3．计算问题

计算问题主要指不确定性的传播和更新，即获得新信息的过程。在领域专家给出的规则强度和用户给出的原始证据的不确定性的基础上，计算问题定义了一组函数，用于求出结论的不确定性度量，主要包括以下 3 个方面。

1) **不确定性的传递算法**

首先是在每一步推理中，如何把证据和规则的不确定性传递给结论。其次是在多步推理中，如何把初始证据的不确定性传递给结论。

也就是说，已知规则的前提 E 的不确定性 $C(E)$ 和规则强度 $f(H，E)$，求假设 H 的不确定性 $C(H)$，即定义函数 f_1，使得

$$C(H) = f_1(C(E)，f(H，E)) \tag{4.1}$$

2）结论不确定性合成

推理中有时会出现这样的情况，用不同的规则进行推理得到了相同的结论，但不确定性的程度却不相同。也就是说，已知由两个独立的证据 E_1 和 E_2 求得的假设 H 的不确定性 $C_1(H)$ 和 $C_2(H)$，求证据 E_1 和 E_2 的组合导致的假设 H 的不确定性 $C(H)$，即定义函数 f_2，使得

$$C(H) = f_2(C_1(H)，C_2(H)) \tag{4.2}$$

3）组合证据的不确定性算法

已知证据 E_1 和 E_2 的不确定性 $C_1(H)$ 和 $C_2(H)$，求证据 E_1 和 E_2 的析取和合取的不确定性，即定义函数 f_3 和 f_4，使得

$$C(E_1 \wedge E_2) = f_3(C(E_1)，C(E_2)) \tag{4.3}$$

$$C(E_1 \vee E_2) = f_4(C(E_1)，C(E_2)) \tag{4.4}$$

目前，关于组合证据的不确定性的计算已经提出了多种算法，其中用得最多的是以下 3 种。

最大最小法：

$$C(E_1 \wedge E_2) = \min\{C(E_1)，C(E_2)\} \tag{4.5}$$

$$C(E_1 \vee E_2) = \max\{C(E_1)，C(E_2)\} \tag{4.6}$$

概率方法：

$$C(E_1 \wedge E_2) = C(E_1) \times C(E_2) \tag{4.7}$$

$$C(E_1 \vee E_2) = C(E_1) + C(E_2) - C(E_1) \times C(E_2) \tag{4.8}$$

有界方法：

$$C(E_1 \wedge E_2) = \max\{0，C(E_1) + C(E_2) - 1\} \tag{4.9}$$

$$C(E_1 \vee E_2) = \min\{1，C(E_1) + C(E_2)\} \tag{4.10}$$

4. 更新问题

在不确定性推理中，由于证据和知识均是不确定的，因此存在两个问题：一是在推理的每步如何利用证据和知识的不确定性去更新结论（在产生式规则表示中也称为假设）的不确定性；二是在整个推理过程中如何把初始证据的不确定性传递给最终结论。

对于第一个问题，一般做法是按照某种算法由证据和知识的不确定性计算出结论的不确定性。至于如何计算，不同的不确定性推理方法的处理方式各有不同。

对于第二个问题，不同的不确定性推理方法的处理方式基本相同，都是把当前推出的结论及其不确定性作为新的证据放入综合数据库，供以后推理使用。由于推理第一步得出的结论是由初始证据推出的，该结论的非精确性当然要受初始证据的不确定性的影响，而把它放入综合数据库作为新的证据进一步推理时，该不确定性又会传递给后面的结论，如此进行下去，就会把初始证据的不确定性逐步传递到最终结论。

4.1.3　不确定性推理方法的分类

目前，不确定性推理方法主要分为控制方法和模型方法两类。

1. 控制方法

控制方法通过识别领域中引起不确定性的某些特征并采取相应的控制策略来限制或减少不确定性对系统产生的影响。控制方法没有处理不确定性的统一模型，其效果极大地依赖于控制策略，包括相关性指导、机缘控制、启发式搜索、随机过程控制等。

2. 模型方法

模型方法把不确定性证据和不确定性知识分别与某种度量标准对应起来，并且给出更新结论的不确定性算法，从而建立不确定性推理模式。模型方法具体可分为数值模型方法和非数值模型方法两类。按其依据理论的不同，数值模型方法主要分为基于概率的方法和基于模糊理论的推理方法。

纯概率方法虽然有严格的理论依据，但通常要求给出事件的先验概率和条件概率，而这些数据不易获得，从而使其应用受到限制。人们又在概率论的基础上提出了一些新的理论和方法，主要有可信度方法、证据理论、基于概率的贝叶斯推理方法等，从而为不确定性的传递和合成提供了许多现成的公式。

4.2　基于概率的推理方法

在现实世界中，大量的事物和现象都是变化的、非确定性的。因此，在人工智能研究中，处理不确定性问题并进行不确定性推理占有重要的地位。在许多不确定性推理的数学方法中，目前常用的主要有基于概率的似然推理(Plausible Reasoning)、证据理论，基于模糊数学的模糊推理(Fuzzy Reasoning)、可信度方法等。

4.2.1　可信度方法

可信度推理是一种基于确定性理论(Confirmation Theory)的不确定性推理方法。确定性理论是由美国斯坦福大学的肖特里菲等人于1975年提出的一种不确定性推理模型，并于1976年首次在血液病诊断专家系统 MYCIN 中得到了成功应用。可信度推理是不确定性推理中使用最早且十分有效的一种推理方法。本节主要讨论其基本概念和推理模型，并给出一个不确定性推理的例子。

1. 可信度的概念

可信度是指人们根据以往经验对某个事物或现象为真的程度做出的一个判断，或者是人们对某个事物或现象为真的相信程度。

例如，张三昨天没来上课，他的理由是发烧。就此理由而言，只有以下两种可能：一种是张三真的发烧了，即理由为真；另一种是张三根本没有发烧，只是找个借口，即理由为假。但就接收消息的人来说，对张三的理由可能完全相信，也可能完全不信，还可能是在某种程度上相信,这与张三过去的表现和人们对他积累起来的看法有关。这里的相信程度就是我们所说的可信度。

显然,可信度具有较强的主观性和经验性,其准确性是难以把握的。但是,对某一具体领域而言,由于该领域专家具有丰富的专业知识及实践经验,要给出该领域知识的可信度还是完全有可能的,因此可信度方法可以看作一种实用的不确定性推理方法。

2. 可信度的定义

可信度推理模型也称为 CF(Certainty Factor)模型,可信度最初定义为信任与不信任的差,即

$$CF(H,E) = MB(H,E) - MD(H,E) \tag{4.11}$$

式中,CF 是由证据 E 得到假设 H 的可信度。

MB(Measure Belief)称为信任增长度,表示因为与前提条件 E 匹配的证据的出现,使结论 H 为真的信任的增长程度。定义为

$$MB(H,E) = \begin{cases} 1 & P(H)=1 \\ \dfrac{\max\{P(H|E), P(H)\} - P(H)}{1-P(H)} & \text{其他} \end{cases} \tag{4.12}$$

其中,$P(H)$ 表示 H 的先验概率;$P(H|E)$ 表示在前提条件 E 所对应的证据出现的情况下结论 H 的条件概率(后验概率)。

MD(Measure Disbelief)称为不信任增长度,表示因为与前提条件 E 匹配的证据的出现,对结论 H 的不信任的增长程度。MD(H,E)定义为

$$MD(H,E) = \begin{cases} 1 & P(H)=0 \\ \dfrac{\max\{\{P(H|E), P(H)\} - P(H)\}}{1-P(H)} & \text{其他} \end{cases} \tag{4.13}$$

由 MB 和 MD 的定义可以得出如下结论:

(1) 当 MB(H,E)>0 时,有 $P(H|E)>P(H)$,这说明由于 E 所对应的证据的出现增加了 H 的信任程度,但不信任程度没有变化。

(2) 当 MD(H,E)>0 时,有 $P(H|E)<P(H)$,这说明由于 E 所对应的证据的出现增加了 H 的不信任程度,而不改变对其信任的程度。

根据前面对 CF(H,E)、MB(H,E)、MD(H,E)的定义,可得到 CF(H,E)的计算公式:

$$CF(H,E) \begin{cases} MB(H,E) - 0 = \dfrac{P(H|E) - P(H)}{1-P(H)} & P(H|E) > P(H) \\ 0 & P(HE) = P(H) \\ 0 - MD(H,E) = -\dfrac{P(H) - P(H|E)}{P(H)} & P(H|E) < P(H) \end{cases} \tag{4.14}$$

从上式可以看出:

若 CF(H,E)>0,则 $P(H|E)>P(H)$。这说明由于前提条件 E 对应证据的出现增加了 H 为真的概率,即增加了 H 的可信度;CF(H,E)的值越大,增加 H 为真的可信度就越大。

若 CF(H,E)<0,则 $P(H|E)<P(H)$。这说明由于前提条件 E 对应证据的出现减

少了 H 为真的概率，即增加了 H 为假的可信度；$CF(H,E)$ 的值越小，增加 H 为假的可信度就越大。

3. 可信度的性质

根据以上对 CF、MB、MD 的定义，可得到它们的如下性质。

1）互斥性

对同一证据，它不可能既增加对 H 的信任程度，同时增加对 H 的不信任程度，这说明 MB 与 MD 是互斥的。即有如下互斥性：

当 $MB(H,E)>0$ 时，$MD(H,E)=0$；当 $MD(H,E)>0$ 时，$MB(H,E)=0$。

2）值域

CF、MB、MD 的值域各自为：
$$0 \leqslant MB(H,E) \leqslant 1$$
$$0 \leqslant MD(H,E) \leqslant 1$$
$$-1 \leqslant CF(H,E) \leqslant 1$$

3）典型值

(1) 当 $CF(H,E)=1$ 时，有 $P(H|E)=1$，说明由于证据 E 的出现使 H 为真，此时，$MB(H,E)=1$，$MD(H,E)=0$。

(2) 当 $CF(H,E)=-1$ 时，有 $P(H|E)=0$，说明由于证据 E 的出现使 H 为假。此时，$MB(H,E)=0$，$MD(H,E)=1$。

(3) 当 $CF(H,E)=0$ 时，有 $MB(H,E)=0$，$MD(H,E)=0$。前者说明证据 E 的出现不证实 H，后者说明证据 E 的出现不否认 H。

(4) 对 H 的信任增长度等于对非 H 的不信任增长度。

根据 MB、MD 的定义及概率的性质有

$$MD(\neg H,E) = \frac{P(\neg HE)-P(\neg H)}{-P(\neg H)} = \frac{(1-P(H|E))-(1-P(H))}{-(1-P(H))}$$
$$= \frac{-P(H|E)+P(H)}{-(1-P(H))} = \frac{-(P(H|E)-P(H))}{-(1-P(H))}$$
$$= \frac{P(H|E)-P(H)}{1-P(H)} = MB(H,E)$$

再根据 CF 的定义及 MB、MD 的互斥性，有

$$CF(H,E)+CF(\neg H,E) = (MB(H,E)-MD(H,E)) +$$
$$(MB(\neg H,E)-MD(\neg H,E))$$
$$= (MB(H,E)-0)+(0-MD(\neg H,E))$$
$$= MB(H,E)-MD(\neg H,E)=0$$

该公式说明了以下三个问题：

第一，对 H 的信任增长度等于对非 H 的不信任增长度。

第二，对 H 的可信度与对非 H 的可信度之和等于 0。

第三，可信度不是概率。对概率，有 $P(H)+P(\neg H)=1$ 且 $0 \leqslant P(H)$，$P(\neg H) \leqslant 1$，而可信度不满足此条件。

（5）对同一前提 E，若支持若干不同的结论 $H_i(i=1,2,\cdots,n)$，则

$$\sum_{i=1}^{n}\mathrm{CF}(H_i,E)\leqslant 1 \tag{4.15}$$

因此，如果发现专家给出的知识有如下情况：

$$\mathrm{CF}(H_1,E)=0.7,\ \mathrm{CF}(H_2,E)=0.4$$

则因 $0.7+0.4=1.1>1$，应进行调整或规范化。

　　实际应用中，$P(H)$ 和 $P(H\mid E)$ 的值是很难获得的，因此 $\mathrm{CF}(H,E)$ 的值应由领域专家给出。原则为：若相应证据的出现会增加 H 为真的可信度，则 $\mathrm{CF}(H,E)>0$，证据的出现对 H 为真的支持程度越高，则 $\mathrm{CF}(H,E)$ 的值越大；反之，证据的出现减少 H 为真的可信度，则 $\mathrm{CF}(H,E)<0$，证据的出现对 H 为假的支持程度越高，则 $\mathrm{CF}(H,E)$ 的值越小；若相应证据的出现与 H 无关，则使 $\mathrm{CF}(H,E)=0$。

4. CF 模型

1）规则不确定性的表示

CF(Certainty Factor，确定性因子)模型是肖特里菲等人在开发细菌感染疾病诊断专家系统 MYCIN 中提出的一种不确定性推理模型，是基于确定性理论、结合概率论和模糊集合论等方法提出的一种推理方法。下面讨论其知识表示和推理问题。

在 CF 模型中，规则用产生式规则表示：

$$\mathrm{IF}\quad E\quad \mathrm{THEN}\quad H\quad (\mathrm{CF}(H,E)) \tag{4.16}$$

其中，E 是规则的前提条件，H 是规则的结论，$\mathrm{CF}(H,E)$ 是规则的可信度，也称为规则强度，它描述的是知识的静态强度。

这里，前提和结论都可以是单个命题，也可由复合命题组成，简单说明如下。

（1）证据 E 可以是一个简单条件，也可以是由合取和析取构成的复合条件，如：

$$E=(E_1\quad \mathrm{OR}\quad E_2)\quad \mathrm{AND}\quad E_3\quad \mathrm{AND}\quad E_4$$

就是一个复合条件。

（2）结论 H 可以是一个单一的结论，也可以是多个结论。

（3）可信度因子 CF 通常称为可信度，或称为规则强度，实际上是知识的静态强度。$\mathrm{CF}(H,E)$ 取值范围是 $[-1,1]$，其值表示当证据 E 为真时，该证据对结论 H 为真的支持程度，$\mathrm{CF}(H,E)$ 的值越大，说明 E 对结论 H 为真的支持程度越大。

2）证据不确定性的表示

在可信度方法中，证据 E 的不确定性用证据的可信度 $\mathrm{CF}(E)$ 表示。初始证据的可信度由用户在系统运行时提供，中间结果的可信度由不精确推理算法求得。

证据 E 的可信度 $\mathrm{CF}(E)$ 的取值范围与 $\mathrm{CF}(H,E)$ 相同，即 $-1\leqslant \mathrm{CF}(E)\leqslant 1$。当证据以某种程度为真时，$\mathrm{CF}(E)>0$；当证据肯定为真时，$\mathrm{CF}(E)=1$；当证据以某种程度为假时，$\mathrm{CF}(E)<0$；当证据肯定为假时，$\mathrm{CF}(E)=-1$；当证据一无所知时，$\mathrm{CF}(E)=0$。

证据可信度的来源有以下两种情况：如果是初始证据，其可信度是由提供证据的用户给出的；如果是先前推出的中间结论又作为当前推理的证据，则其可信度是原来在推出该结论时由不确定性的更新算法计算得到的。

$\mathrm{CF}(E)$ 描述的是证据的动态强度。尽管它与知识的静态强度在表示方法上类似，但二

者的含义完全不同。知识的静态强度 $CF(H,E)$ 表示的是规则的强度，即当 E 对应的证据为真时对 H 的影响程度，而动态强度 $CF(E)$ 表示的是证据 E 当前的不确定性程度。

3）组合证据不确定性的计算

（1）合取证据。

当组合证据为多个单一证据的合取时：
$$E=E_1 \quad \text{AND} \quad E_2 \quad \text{AND} \quad \cdots \quad \text{AND} \quad E_n \tag{4.17}$$
若 $CF(E_1)$，$CF(E_2)$，$\cdots$，$CF(E_n)$ 已知，则有
$$CF(E)=\min\{CF(E_1),CF(E_2),\cdots,CF(E_n)\} \tag{4.18}$$
即对于多个证据合取的组合证据，取其可信度最小的那个证据的 CF 值作为组合证据的可信度。

（2）析取证据。

当组合证据为多个单一证据的析取时：
$$E=E_1 \quad \text{OR} \quad E_2 \quad \text{OR} \quad \cdots \quad \text{OR} \quad E_n \tag{4.19}$$
若 $CF(E_1)$，$CF(E_2)$，$\cdots$，$CF(E_n)$ 已知，则有
$$CF(E)=\max\{CF(E_1),CF(E_2),\cdots,CF(E_n)\} \tag{4.20}$$
即对于多个证据的析取的组合证据，取其可信度最大的那个证据的 CF 值作为组合证据的可信度。

4）否定证据不确定性的计算

设 E 为证据，则该证据的否定记为 $-E$。若已知 E 的可信度为 $CF(E)$，则
$$CF(-E)=-CF(E)$$

5）不确定性的推理

CF 模型中的不确定性推理实际上是从不确定性的初始证据出发，不断运用相关的不确定性知识，逐步推出最终结论和该结论的可信度的过程。每次运用不确定性知识，都需要由证据的不确定性和知识的不确定性去计算结论的不确定性。其计算公式如下：
$$CF(H)=CF(H,E)\times\max\{0,CF(E)\} \tag{4.21}$$
由上式可以看出，若 $CF(E)<0$，即相应证据以某种程度为假，则
$$CF(H)=0$$
这说明，在该模型中没有考虑证据为假时对结论 H 所产生的影响。

当证据为真，即 $CF(E)=1$ 时，由上式可推出 $CF(H)=CF(H,E)$。这说明，知识中的规则强度 $CF(H,E)$ 实际上是在前提条件对应的证据为真时结论 H 的可信度。

证据是多个条件组合的情况，即如果有两条规则推出一个相同结论，并且这两条规则的前提相互独立，结论的可信度又不相同，则可用不确定性的合成算法求出该结论的综合可信度。

设有如下规则：
$$\text{IF} \quad E_1 \quad \text{THEN} \quad H \quad (CF(H,E_1))$$
$$\text{IF} \quad E_2 \quad \text{THEN} \quad H \quad (CF(H,E_2))$$
则结论 H 的综合可信度可分以下两步计算。

（1）分别对每条规则求出其 $CF(H)$，即

$$CF_1(H) = CF(H, E_1) \times \max\{0, CF(E_1)\}$$
$$CF_2(H) = CF(H, E_2) \times \max\{0, CF(E_2)\}$$

（2）求 E_1 与 E_2 对 H 的综合可信度，即

$$CF(H) = \begin{cases} CF_1(H) + CF_2(H) - CF_1(H) \times CF_2(H) & CF_1(H) \geqslant 0 \text{ 且 } CF_2(H) \geqslant 0 \\ CF_1(H) + CF_2(H) + CF_1(H) \times CF_2(H) & CF_1(H) < 0 \text{ 且 } CF_2(H) < 0 \\ CF_1(H) + CF_2(H) & CF_1(H) \text{ 与 } CF_2(H) \text{ 异号} \end{cases}$$

在后来基于 MYCIN 基础上形成的 EMYCIN 中，对上式做了如下修改。如果 $CF_1(H)$ 和 $CF_2(H)$ 异号，则

$$CF(H) = \frac{CF_1(H) + CF_2(H)}{1 - \min\{|CF_1(H)|, |CF_2(H)|\}} \tag{4.22}$$

其他情况不变。

如果可由多条知识推出同一个结论，并且这些规则的前提相互独立，结论的可信度又不相同，则可以将上述合成过程推广应用到多条规则支持同一条结论，且规则前提可以包含多个证据的情况。这时合成过程是先把第一条与第二条合成，再用合成后的结论与第三条合成，依次进行，直到全部合成完为止。

【例 4.1】 已知：

$$R_1: \text{IF} \quad E_1 \quad \text{THEN} \qquad H_1(0.8)$$
$$R_2: \text{IF} \quad E_2 \quad \text{THEN} \qquad H_1(0.5)$$
$$R_3: \text{IF} \quad E_3 \quad \text{AND} \quad H_1 \quad \text{THEN} \quad H_2(0.8)$$

且已知初始可信度 $CF(E_1) = CF(E_2) = CF(E_3) = 1$，求 $CF(H_1)$、$CF(H_2)$。

解　（1）对规则 R_1、R_2，分别计算 $CF(H_1)$：

$$CF_1(H_1) = CF(H_1, E_1) \times \max\{0, CF(E_1)\} = 0.8 \times \max\{0, 1\} = 0.8$$
$$CF_2(H_1) = CF(H_1, E_2) \times \max\{0, CF(E_2)\} = 0.5 \times \max\{0, 1\} = 0.5$$

（2）利用合成算法计算 H_1 的综合可信度：

$$CF_{1,2}(H_1) = CF_1(H_1) + CF_2(H_1) - CF_1(H_1) \times CF_2(H_1)$$
$$= 0.8 + 0.5 - 0.8 \times 0.5 = 0.9$$

（3）计算 H_2 的可信度。这时 H_1 作为 H_2 的证据，其可信度已由前面计算，即

$$CF(H_1) = 0.9$$

又 $CF(E_3) = 1$，故

$$CF(H_2) = CF(H_2, E_3 \quad \text{AND} \quad H_1) \times \max\{0, CF(E_3 \quad \text{AND} \quad H_1)\}$$
$$= 0.8 \times \max\{0, 0.9\} = 0.72$$

【例 4.2】 设有如下一组规则：

$$R_1: \text{IF} \quad E_1 \quad \text{THEN} \quad H(0.9)$$
$$R_2: \text{IF} \quad E_2 \quad \text{THEN} \quad H(0.6)$$
$$R_3: \text{IF} \quad E_3 \quad \text{THEN} \quad H(-0.5)$$
$$R_4: \text{IF} \quad E_4 \quad \text{AND} \quad (E_5 \quad \text{OR} \quad E_6) \quad \text{THEN} \quad E_1(0.8)$$

已知：$CF(E_2) = 0.8$，$CF(E_3) = 0.6$，$CF(E_4) = 0.5$，$CF(E_5) = 0.6$，$CF(E_6) = 0.8$。

求：$CF(H) = ?$

解 由 R_4 得

$$\mathrm{CF}(E_1) = 0.8 \times \max\{0, \mathrm{CF}(E_4 \quad \mathrm{AND} \quad (E_5 \quad \mathrm{OR} \quad E_6))\}$$
$$= 0.8 \times \max\{0, \min\{\mathrm{CF}(E_4), \mathrm{CF}(E_5 \quad \mathrm{OR} \quad E_6)\}\}$$
$$= 0.8 \times \max\{0, \min\{\mathrm{CF}(E_4), \max\{\mathrm{CF}(E_5), \mathrm{CF}(E_6)\}\}\}$$
$$= 0.8 \times \max\{0, \min\{\mathrm{CF}(E_4), \max\{0.6, 0.8\}\}\}$$
$$= 0.8 \times \max\{0, \min\{0.5, 0.8\}\} = 0.8 \times \max\{0, 0.5\} = 0.4$$

由 R_1 得

$$\mathrm{CF}_1(H) = \mathrm{CF}(H, E_1) \times \max\{0, \mathrm{CF}(E_1)\} = 0.9 \times \max\{0, 0.4\} = 0.36$$

由 R_2 得

$$\mathrm{CF}_2(H) = \mathrm{CF}(H, E_2) \times \max\{0, \mathrm{CF}(E_2)\} = 0.6 \times \max\{0, 0.8\} = 0.48$$

由 R_3 得

$$\mathrm{CF}_3(H) = \mathrm{CF}(H, E_3) \times \max\{0, \mathrm{CF}(E_3)\} = -0.5 \times \max\{0, 0.6\} = -0.3$$

根据结论不确定性的合成算法得

$$\mathrm{CF}_{1,2}(H) = \mathrm{CF}_1(H) + \mathrm{CF}_2(H) - \mathrm{CF}_1(H)\mathrm{CF}_2(H)$$
$$= 0.36 + 0.48 - 0.36 \times 0.48 = 0.84 - 0.17 = 0.67$$
$$\mathrm{CF}_{1,2,3}(H) = \frac{\mathrm{CF}_{1,2}(H) + \mathrm{CF}_3(H)}{1 - \min\{|\mathrm{CF}_{1,2}(H)|, |\mathrm{CF}_3(H)|\}}$$
$$= \frac{0.67 - 0.3}{1 - \min\{0.67, 0.3\}} = \frac{0.37}{0.7} = 0.53$$

这就是所求的综合可信度，即 $\mathrm{CF}(H) = 0.53$。

4.2.2 证据理论

证据理论(Evidential Theory，ET)也称为 Dempster Shafer(DS)理论，最早是基于德姆斯特(Dempster)所做的工作。他试图用一个概率范围而不是单个的概率值去模拟不确定性。莎弗(Shafer)进一步拓展了德姆斯特的工作，称为证据推理(Evidential Reasoning)，用于处理不确定性、不精确以及间或不准确的信息。由于证据理论将概率论中的单点赋值扩展为集合赋值，弱化了相应的公理系统，满足了比概率更弱的要求，因此可看作一种广义概率论。

证据理论中引入了信任函数来度量不确定性，并引用似然函数来处理由于"不知道"引起的不确定性，并且不必事先给出知识的先验概率，与主观贝叶斯方法相比，具有较大的灵活性。因此，证据理论得到了广泛的应用。同时，可信度可以看作证据理论的一个特例，证据理论给了可信度一个理论性的基础。

在证据理论形式描述中，可以分别用信任函数、似然函数及类概率函数来描述知识的精确信任度、不可驳斥信任度及估计信任度，即可以从不同角度刻画命题的不确定性。

1. 概率分配函数

证据理论是用集合表示命题的。

设 D 是变量 x 所有可能取值的集合，且 D 中的元素是互斥的，在任一时刻 x 都取且只能取 D 中的某一个元素为值，则称 D 为 x 的样本空间。

在证据理论中，D 的任何一个子集 A 都对应于一个关于 x 的命题，称该命题为"值在 A 中"。例如，用 x 代表打靶时所击中的环数，$D=\{1,2,\cdots,10\}$，则 $A=\{5\}$ 表示"x 的值是 5"；$A=\{5,6,7,8\}$ 表示"击中的环数是 5，6，7，8 中的某一个"。又如，用 x 代表所看到的颜色，$D=\{红，白，蓝\}$，则 $A=\{红\}$ 表示"x 是红色"；若 $A=\{红，蓝\}$，则表示"x 或者是红色，或者是蓝色"。

证据理论中，为了描述和处理不确定性，引入了概率分配函数、信任函数及似然函数等概念，在介绍这些概念前先介绍幂集的概念。

【例 4.3】 设 $\Omega=\{红，白，蓝\}$，求 Ω 的幂集 2^Ω。

解　Ω 的幂集可包括如下子集：

$$A_0=\varnothing,\quad A_1=\{红\},\quad A_2=\{白\},\quad A_3=\{蓝\}$$

$$A_4=\{红，白\}, A_5=\{红，蓝\}, A_6=\{白，蓝\}, A_7=\{红，白，蓝\}$$

其中，$\varnothing$ 表示空集，上述子集的个数正好是 $2^3=8$，所以

$$2^\Omega=\{A_0,A_1,A_2,A_3,A_4,A_5,A_6,A_7\}$$

【定义 4.1】 设函数 $m:2^\Omega\rightarrow[0,1]$，即对任何一个属于 D 的子集 A，令它对应一个数 $M\in[0,1]$，且满足

$$m(\varnothing)=0$$

$$\sum_{A\subseteq\Omega}m(A)=1 \tag{4.23}$$

则称 m 是 2^Ω 上的概率分配函数，$m(A)$ 称为 A 的基本概率数。$m(A)$ 表示依据当前的环境对假设集 A 的信任程度。

对例 4.3 所给出的有限集 Ω，若定义 2^Ω 上的一个基本函数 m：

$m(\{\varnothing\},\{红\},\{白\},\{蓝\},\{红，白\},\{红，蓝\},\{白，蓝\},\{红，白，蓝\})=(0,0.3,0,0.1,0.2,0.2,0,0.2)$，式中 $(0,0.3,0,0.1,0.2,0.2,0,0.2)$ 分别是幂集中各子集的基本概率数。显然，m 满足概率分配函数的定义。

对概率分配函数的几点说明：

(1) 概率分配函数的作用是把 Ω 的任意一个子集都映射为 $[0,1]$ 上的一个数 $m(A)$。

当 A 包含于 Ω 且 A 由单个元素组成时，$m(A)$ 表示对 A 的精确信任度；当 A 包含于 Ω、$A\neq\Omega$ 且 A 由多个元素组成时，$m(A)$ 也表示对 A 的精确信任度，但不知道这部分信任度该分给 A 中的哪些元素；当 $A=\Omega$ 时，则 $m(A)$ 是对 Ω 的各子集进行信任分配后剩下的部分，表示不知道该如何对它进行分配。

例如，对上例所给出的有限集 Ω 及基本函数 m：

当 $A_1=\{红\}$ 时，有 $m(A_1)=0.3$，表示对命题"x 是红色"的精确信任度为 0.3。

当 $A_4=\{红，白\}$ 时，有 $m(A_4)=0.2$，表示对命题"x 或者是红色，或者是白色"的精确信任度为 0.2，却不知道应该把 0.2 分给 $\{红\}$ 还是分给 $\{白\}$。

当 $A_7=\Omega=\{红，白，蓝\}$ 时，有 $m(A_7)=0.2$，表示不知道应该对 0.2 如何分配，但它不属于 $\{红\}$，就一定属于 $\{白\}$ 或 $\{蓝\}$，只是在现有认识下，还不知道该如何分配而已。

(2) 概率分配函数不是概率。

例如，在例 4.3 中，m 符合概率分配函数的定义，但是：

$$m(\{红\})+m(\{白\})+m(\{蓝\})=0.3+0+0.1=0.4<1$$

而概率要求：

$$P(\{红\}) + P(\{白\}) + P(\{蓝\}) = 1$$

因此 m 不是概率。

2. 信任函数

【定义 4.2】 命题的信任函数（Belief function，Bel）：

$$2^{\Omega} \rightarrow [0, 1]$$

对任意的 A 包含于 Ω，有

$$\text{Bel}(A) = \sum_{B \subseteq A} m(B) \tag{4.24}$$

$\text{Bel}(A)$ 表示当前环境下，对假设集 A 的信任程度，其值为 A 的所有子集的基本概率之和，表示对 A 的总的信任度。当 A 为单一元素组成的集合时，$\text{Bel}(A) = m(A)$，因此 $\text{Bel}(A)$ 又称为下限函数。

例如，对例 4.3 有

$$\text{Bel}(A_1) = 0.3$$

$$\text{Bel}(\{红，白\}) = m(\{红\}) + m(\{白\}) + m(\{红，白\}) = 0.3 + 0 + 0.2 = 0.5$$

3. 似然函数

【定义 4.3】 似然函数（Plausibility function，Pl），又称为不可驳斥函数或上限函数，定义如下：

$$\text{Pl：} 2^{\Omega} \rightarrow [0, 1]$$

对任意的 A 包含于 Ω，有

$$\text{Pl}(A) = 1 - \text{Bel}(\neg A) \tag{4.25}$$

其中，$\neg A = \Omega - A$。

由于 $\text{Bel}(A)$ 表示对 A 为真的信任度，$\text{Bel}(\neg A)$ 表示对 $\neg A$ 为真的信任度，即 A 为假的信任度，因此 $\text{Pl}(A)$ 表示对 A 为非假的信任度。

例如，对例 4.3 有

$$\text{Pl}(\{蓝\}) = 1 - \text{Bel}(\neg\{蓝\}) = 1 - (m(\{红\}) + m(\{白\}) + m(\{红，白\}))$$

$$= 1 - (0.3 + 0 + 0.2) = 0.5$$

这里的 0.5 是对"蓝"为非假的信任度。由于"蓝"为真的精确信任度为 0.1，而剩下的 $0.5 - 0.1 = 0.4$，则是知道非假但不能肯定为真的那部分。

【推论 4.1】 设有信任函数 m，似然函数 Pl，则

$$\text{Pl}(A) = \sum_{A \cap B \neq \varnothing} m(B) \tag{4.26}$$

证明

$$\text{Pl}(A) - \sum_{A \cap B \neq \varnothing} m(B) = 1 - \text{Bel}(\neg A) - \sum_{A \cap B \neq \varnothing} m(B)$$

$$= 1 - \left(\text{Bel}(\neg A) + \sum_{A \cap B \neq \varnothing} m(B) \right)$$

$$= 1 - \left(\sum_{C \in \neg A} m(C) + \sum_{A \cap B \neq \varnothing} m(B) \right) = 1 - \sum_{D \in \Omega} m(D) = 0$$

所以

$$Pl(A) = \sum_{A \cap B \neq \varnothing} m(B)$$

因此命题"x 在 A 中"的似然性由与命题"x 在 B 中"有关的 m 值确定,其中命题"x 在 B 中"并不会使得命题"x 不在 A 中"成立。所以,一个事件的似然性是建立在对其相反事件不信任的基础上的。

信任函数和似然函数有以下性质:

(1) $Bel(\varnothing) = 0$,$Bel(\Omega) = 1$,$Pl(\varnothing) = 0$,$Pl(\Omega) = 1$。

(2) 如果 $A \subseteq B$,则 $Bel(A) \leqslant Bel(B)$,$Pl(A) \leqslant Pl(B)$。

(3) $\forall A \subseteq Q$,$Pl(A) \geqslant Bel(A)$。

(4) $\forall A \subseteq Q$,$Bel(A) + Bel(\neg A) \leqslant 1$,$Pl(A) + Pl(\neg A) \geqslant 1$。

由于 $Bel(A)$ 和 $Pl(A)$ 分别表示 A 为真的信任度和 A 为非假的信任度,因此可分别称 $Bel(A)$ 和 $Pl(A)$ 为对 A 信任程度的下限和上限,记为

$$A[Bel(A), Pl(A)]$$

$Pl(A) - Bel(A)$ 表示既不信任 A 也不信任 $\neg A$ 的程度,即对于 A 是真是假不知道的程度。

4. 类概率函数 $f(A)$

利用信任函数 $Bel(A)$ 和似然函数 $Pl(A)$,可以定义 A 的类概率函数,并把它作为 A 的非精确性度量。

$$f(A) = Bel(A) + \frac{|A|}{|\Omega|}(Pl(A) - Bel(A)) \tag{4.27}$$

其中,$|A|$、$|\Omega|$ 分别表示 A 和 Ω 中包含元素的个数。类概率函数 $f(A)$ 也可以用来度量证据 A 的不确定性。$f(A)$ 具有如下性质:

(1) $f(\varnothing) = 0$,$f(\Omega) = 1$。

(2) 对于任何 $A \subseteq \Omega$,$0 \leqslant f(A) \leqslant 1$。

(3) 对于任何 $A \subseteq \Omega$,$Bel(A) \leqslant f(A) \leqslant Pl(A)$。

(4) 对于任何 $A \subseteq \Omega$,$f(\neg A) = 1 - f(A)$。

证据 E 的不确定性可以用类概率函数 $f(E)$ 表示,原始证据的 $f(E)$ 应由用户给定,作为中间结果的证据可以由下面的不确定性传递算法确定。

5. 概率分配函数的正交和

在实际问题中,对于相同的证据,由于来源不同,可能得到不同的概率分配函数。

例如,考虑 $\Omega = \{黑,白\}$,假设从不同知识源得到的概率分配函数分别为

$$m_1(\varnothing, \{黑\}, \{白\}, \{黑, 白\}) = (0, 0.4, 0.5, 0.1)$$
$$m_2(\varnothing, \{黑\}, \{白\}, \{黑, 白\}) = (0, 0.6, 0.2, 0.2)$$

在这种情况下,需要对它们进行组合。

【**定义 4.4**】 设 m_1 和 m_2 是两个不同的概率分配函数,则其正交和 $m = m_1 \oplus m_2$ 满足:

$$m(\varnothing) = 0$$
$$m(A) = K^{-1} \times \sum_{x \cap y = A} m_1(x) \times m_2(y) \tag{4.28}$$

其中:

$$K = 1 - \sum_{x \cap y = \varnothing} m_1(x) \times m_2(y) = \sum_{x \cap y \neq \varnothing} m_1(x) \times m_2(y)$$

如果 $K \neq 0$，则正交和 m 也是一个概率分配函数；如果 $K = 0$，则不存在正交和 m，称 m_1 与 m_2 矛盾。

【例 4.4】 设 $D = \{黑，白\}$，且设

$$m_1(\{黑\}，\{白\}，\{黑，白\}，\varnothing) = (0.3, 0.5, 0.2, 0)$$

$$m_2(\{黑\}，\{白\}，\{黑，白\}，\varnothing) = (0.6, 0.3, 0.1, 0)$$

求 m_1 与 m_2 的正交和。

解 由定义 4.4 得到

$$K = 1 - \sum_{x \cap y = \varnothing} m_1(x) \times m_2(y)$$

$$= 1 - [m_1(\{黑\}) m_2(\{白\}) + m_1(\{白\}) m_2(\{黑\})]$$

$$= 1 - [0.3 \times 0.3 + 0.5 \times 0.6] = 0.61$$

$$m(\{黑\}) = K^{-1} \sum_{x \cap y = \{黑\}} m_1(x) \times m_2(y)$$

$$= \frac{1}{0.61}[m_1(\{黑\}) m_2(\{黑\}) + m_1(\{黑\}) m_2(\{黑，白\}) +$$

$$m_1(\{黑，白\}) m_2(\{黑\})]$$

$$= \frac{1}{0.61}[0.3 \times 0.6 + 0.3 \times 0.1 + 0.2 \times 0.6] = 0.54$$

同理可得

$$m(\{白\}) = 0.43$$

$$m(\{黑，白\}) = 0.03$$

所以，经对 m_1 与 m_2 进行组合后得到的概率分配函数为

$$m(\{黑\}，\{白\}，\{黑，白\}，\varnothing) = (0.54, 0.43, 0.03, 0)$$

6. 证据理论的推理模型

基于上述特殊的概率分配函数、信任函数、似然函数和概率函数，给出证据理论的推理模型。

1) **知识不确定性的表示**

在 DS 理论中，不确定性知识的表示形式为

$$\text{IF} \quad E \quad \text{THEN} \quad H = \{h_1, h_2, \cdots, h_n\} \quad \text{CF} = \{c_1, c_2, \cdots, c_n\} \quad (4.29)$$

其中，E 为前提条件，既可以是简单条件，也可以是用合取或析取词连接起来的复合条件；H 是结论，用样本空间中的子集表示，$h_1, h_2, \cdots, h_n$ 是该子集中的元素；CF 是可信度因子，用集合形式表示，其中的元素 $c_1, c_2, \cdots, c_n$ 分别用来表示 $h_1, h_2, \cdots, h_n$ 的可信度，c_i 与 h_i 一一对应，并且 c_i 应满足如下条件：

$$\begin{cases} c_i \geqslant 0 \\ \sum_{i=1}^{n} c_i \leqslant 1 \end{cases} \quad (i = 1, 2, \cdots, n) \quad (4.30)$$

2) **证据不确定性的表示**

DS 理论中将所有输入的已知数据、规则前提条件及结论部分的命题都称为证据。证据的不确定性用该证据的确定性表示。

【定义 4.5】　设 A 是规则条件部分的命题，E' 是外部输入的证据和已证实的命题，在证据 E' 的条件下，命题 A 与证据 E' 的匹配程度为

$$\text{MD}(A \mid E') = \begin{cases} 1 & \text{如果 } A \text{ 的所有元素都出现在 } E' \text{ 中} \\ 0 & A \text{ 中元素至少有一个未在 } E' \text{ 中出现} \end{cases} \tag{4.31}$$

【定义 4.6】　条件部分命题 A 的确定性为

$$\text{CER}(A) = \text{MD}(A \mid E') \times f(A) \tag{4.32}$$

式中，$f(A)$ 为类概率函数。由于 $f(A) \in [0,1]$，因此 $\text{CER}(A) \in [0,1]$。

在实际系统中，如果是初始证据，其确定性是由用户给出的；如果是推理过程中得出的中间结论，则其确定性由推理得到。

3）组合证据不确定性的表示

规则的前提条件可以是用合取或析取词连接起来的组合证据。

当组合证据是多个证据的合取时，即

$$E = E_1 \ \text{AND} \ E_2 \ \text{AND} \ \cdots \ \text{AND} \ E_n$$

则

$$\text{CER}(E) = \min\{\text{CER}(E_1), \text{CER}(E_2), \cdots, \text{CER}(E_n)\}$$

当组合证据是多个证据的析取时，即

$$E = E_1 \ \text{OR} \ E_2 \ \text{OR} \ \cdots \ \text{OR} \ E_n$$

则

$$\text{CER}(E) = \max\{\text{CER}(E_1), \text{CER}(E_2), \cdots, \text{CER}(E_n)\}$$

4）不确定性的更新

设有规则：

$$\text{IF} \quad E \quad \text{THEN} \quad H = \{h_1, h_2, \cdots, h_n\} \quad \text{CF} = \{c_1, c_2, \cdots, c_n\}$$

则求结论 H 的确定性 $\text{CER}(H)$ 的方法如下：

（1）求 H 的概率分配函数。

$$m(\{h_1\}, \{h_2\}, \cdots, \{h_n\}) = (\text{CER}(E) \times c_1, \text{CER}(E) \times c_2, \cdots, \text{CER}(E) \times c_n)$$

$$m(\Omega) = 1 - \sum_{i=1}^{n} \text{CER}(E) \times c_i$$

如果有两条知识支持同一结论 H，即

$$\text{IF} \quad E_1 \quad \text{THEN} \quad H = \{h_1, h_2, \cdots, h_n\} \quad \text{CF}_1 = \{c_{11}, c_{12}, \cdots, c_{1n}\}$$
$$\text{IF} \quad E_2 \quad \text{THEN} \quad H = \{h_1, h_2, \cdots, h_n\} \quad \text{CF}_2 = \{c_{21}, c_{22}, \cdots, c_{2n}\}$$

则按正交和求 $\text{CER}(H)$，即先求出每一知识的概率分配函数

$$m_1(\{h_1\}, \{h_2\}, \cdots, \{h_n\})$$
$$m_2(\{h_1\}, \{h_2\}, \cdots, \{h_n\})$$

再用公式 $m = m_1 \oplus m_2$ 对 m_1 和 m_2 求正交和，从而得到 H 的概率分配函数 m。

如果有多条规则支持同一结论，则用公式 $m = m_1 \oplus m_2 \oplus \cdots \oplus m_n$ 求出 H 的概率分配函数 m。

（2）求 $\text{Bel}(H)$、$\text{Pl}(H)$ 及 $f(H)$。

$$\text{Bel}(H) = \sum_{i=1}^{n} m(\{h_i\})$$

$$\mathrm{Pl}(H) = 1 - \mathrm{Bel}(\neg H)$$

$$f(H) = \mathrm{Bel}(H) + \frac{|H|}{|\Omega|} \cdot [\mathrm{Pl}(H) - \mathrm{Bel}(H)] = \mathrm{Bel}(H) + \frac{|H|}{|\Omega|} m(\Omega)$$

（3）求 $\mathrm{CER}(H)$。

按公式 $\mathrm{CER}(H) = \mathrm{MD}(H \mid E') \times f(H)$ 计算结论 H 的确定性。

下面举一个推理实例。

【例 4.5】　设有如下规则：

R_1：IF　E_1　AND　E_2　THEN　$A = \{a_1, a_2\}$　$\mathrm{CF} = \{0.3, 0.5\}$

R_2：IF　E_3　THEN　$A = \{a_1, a_2\}$　$\mathrm{CF} = \{0.4, 0.2\}$

R_3：IF　A　THEN　$A = \{a_1, a_2\}$　$\mathrm{CF} = \{0.1, 0.5\}$

已知用户对初始证据给出的确定性为

$$\mathrm{CER}(E_1) = 0.8, \quad \mathrm{CER}(E_2) = 0.6, \quad \mathrm{CER}(E_3) = 0.9$$

并假定 Ω 中的元素个数 $|\Omega| = 10$，求 $\mathrm{CER}(H)$（要求精确到小数点后两位有效数字）。

解　由给定知识形成的推理网络如图 4.1 所示。其求解步骤如下：

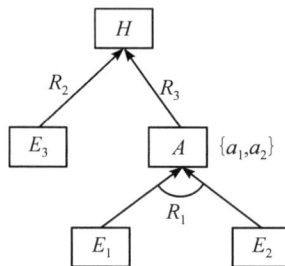

图 4.1　推理网络

（1）求 $\mathrm{CER}(A)$。

由 R_1 可得

$$\mathrm{CER}(E_1 \ \mathrm{AND} \ E_2) = \min\{\mathrm{CER}(E_1), \mathrm{CER}(E_2)\} = \min\{0.8, 0.6\} = 0.6$$

$$m(\{a_1\}, \{a_2\}) = \{0.6 \times 0.3, 0.6 \times 0.5\} = \{0.18, 0.3\}$$

$$\mathrm{Bel}(A) = m(\{a_1\}) + m(\{a_2\}) = 0.18 + 0.3 = 0.48$$

$$\mathrm{Pl}(A) = 1 - \mathrm{Bel}(\neg A) = 1 - 0 = 1$$

$$f(A) = \mathrm{Bel}(A) + \frac{|A|}{|\Omega|} \cdot [\mathrm{Pl}(A) - \mathrm{Bel}(A)] = 0.48 + \frac{2}{10} \times 0.52 = 0.58$$

故

$$\mathrm{CER}(A) = \mathrm{MD}(A \mid E') \times f(A) = 0.58$$

（2）求 $\mathrm{CER}(H)$。

由 R_2 可得

$$m_1(\{h_1\}, \{h_2\}) = \{\mathrm{CER}(E_3) \times 0.4, \mathrm{CER}(E_3) \times 0.2\}$$

$$= \{0.9 \times 0.4, 0.9 \times 0.2\} = \{0.36, 0.18\}$$

$$m_1(\Omega) = 1 - [m_1(\{h_1\}) + m_1(\{h_2\})]$$

$$= 1 - (0.36 + 0.18) = 0.46$$

再由 R_3 可得

$$m_2(\{h_1\}, \{h_2\}) = \{CER(A) \times 0.1, CER(A) \times 0.5\}$$
$$= \{0.58 \times 0.1, 0.58 \times 0.5\} = \{0.06, 0.29\}$$
$$m_2(\Omega) = 1 - [m_2(\{h_1\}) + m_2(\{h_2\})]$$
$$= 1 - (0.06 + 0.29) = 0.65$$

求正交和 $m = m_1 \oplus m_2$。

$$K = m_1(\Omega) \times m_2(\Omega) + m_1(\{h_1\}) \times m_2(\{h_1\}) + m_1(\{h_1\}) \times m_2(\Omega) +$$
$$m_1(\Omega) \times m_2(\{h_1\}) + m_1(\{h_2\}) \times m_2(\{h_2\}) + m_1(\{h_2\}) \times m_2(\Omega) +$$
$$m_1(\Omega) \times m_2(\{h_2\})$$
$$= 0.46 \times 0.65 + 0.36 \times 0.06 + 0.36 \times 0.65 + 0.46 \times 0.06 + 0.18 \times 0.29 +$$
$$0.18 \times 0.65 + 0.46 \times 0.29$$
$$= 0.30 + (0.02 + 0.23 + 0.03) + (0.05 + 0.12 + 0.13)$$
$$= 0.30 + 0.28 + 0.30 = 0.88$$

$$m(h_1) = \frac{1}{K} \times [m_1(\{h_1\}) \times m_2(\{h_1\}) + m_1(\{h_1\}) \times m_2(\Omega) + m_1(\Omega) \times m_2(\{h_1\})]$$
$$= \frac{1}{0.88} \times (0.36 \times 0.06 + 0.36 \times 0.65 + 0.46 \times 0.06) = 0.32$$

同理：

$$m(h_1) = \frac{1}{K} \times [m_1(\{h_2\}) \times m_2(\{h_2\}) + m_1(\{h_2\}) \times m_2(\Omega) + m_1(\Omega) \times m_2(\{h_2\})]$$
$$= \frac{1}{0.88} \times (0.18 \times 0.29 + 0.18 \times 0.65 + 0.46 \times 0.29) = 0.34$$
$$m(\Omega) = 1 - [m(h_1) + m(h_2)] = 1 - (0.32 + 0.34) = 1 - 0.66 = 0.34$$

再根据 m 可得

$$Bel(H) = m(\{h_1\}) + m(\{h_2\}) = 0.32 + 0.34 = 0.66$$
$$Pl(H) = m(\Omega) + Bel(H) = 0.34 + 0.66 = 1$$
$$f(H) = Bel(H) + \frac{|H|}{|\Omega|} \times [Pl(H) - Bel(H)] = 0.66 + \frac{2}{10} \times (1 - 0.66) = 0.73$$
$$CER(H) = MD(H|E') \times f(H) = 0.73$$

4.3　模糊推理方法

　　不确定性的产生有多种原因，如随机性、模糊性等。处理随机性的理论基础是概率论，处理模糊性的基础是模糊集合论。模糊集合论是 1965 年由扎德提出的。随后，他又将模糊集合论应用于近似推理方面，形成了可能性理论。近似推理的基础是模糊逻辑（Fuzzy Logic），它建立在模糊理论的基础上，是一种处理不精确描述的软计算，它的应用背景是自然语言理解。可以说模糊逻辑是直接建立在自然语言上的逻辑系统，与其他逻辑系统相比较，它考虑了更多的自然语言成分。按照扎德的说法，模糊逻辑就是词语上的计算，即 Fuzzy Logic＝Computing With Words。模糊逻辑和可能性理论提出后，经过扎德和其他研究者的共同努力，取得了很大的发展，并已经广泛地应用于专家系统和智能控制中。

4.3.1　模糊数学的基本知识

模糊数学(Fuzzy Mathematics)是人工智能中的一个重要领域,用于处理不确定性和模糊性问题,下面介绍一些基本知识。

1. 模糊集合

1) 隶属度

集合元素对集合的隶属程度称为隶属度,用 μ 表示。

设 A 是论域 U 上的模糊集合,U 中完全属于 A 的元素,其 μ 值为 1,完全不属于 A 的元素其 μ 值为 0,对于(0,1)内的 μ 值,其值越大,隶属程度越高。当 μ 值为 1 时,就是经典集合的"属于",当 μ 值为 0 时,就是经典集合的"不属于"。

模糊集合用"隶属度/元素"的形式来记,例如:

$$A = \mu_1/x_1 + \mu_2/x_2 + \cdots + \mu_n/x_n$$

注意这里的"+"并不是求和,"/"也不是求商,仅仅是一种记法,是模糊数学创始人扎德给出的记法。当某项的 μ 值为 0 时,可以省略不写。由于这种记法中的"+"的原意是求和,扎德又用记号:

$$A = \int_{u \in U} \mu_A(u)/u$$

作为模糊集合 A 的一般表示形式。当然,这里的积分符号也不是求和,只是一种记法。

模糊集合中,论域的概念十分重要。论域是一个经典集合,任何一个模糊集合都建立在一个论域之上。模糊集合中的元素 x_i 取自其论域,因此空谈模糊集合是没有意义的。谈到某一模糊集合,必须声明它是哪一论域上的模糊集合。

2) 模糊集合相等

两个模糊集合相等,当且仅当它们的隶属函数在论域 U 上恒等,即 $A=B$,即当且仅当 $\forall x \in U, \mu_A(x)=\mu_B(x)$。

3) 模糊集合的包含

模糊集合 A 包含于模糊集合 B 中,当且仅当对于论域 U 上所有元素 x,恒有 $\mu_A(x) \leqslant \mu_B(x)$。

4) 模糊集合的并、交、补

设 A、B 是论域 U 上的两个模糊集合,则:

$$\mu_{(A \cup B)}(x) = \max\{\mu_A(x), \mu_B(x)\}(\forall x \in U)$$
$$\mu_{(A \cap B)}(x) = \min\{\mu_A(x), \mu_B(x)\}(\forall x \in U)$$
$$\mu_{-A}(x) = 1 - \mu_A(x)(\forall x \in U)$$

5) 模糊集合的积

设 A、B 分别是论域 U 和论域 V 上的模糊集合,那么:

$$A \times B = \int_{U \times V} (\mu_A(u_i) \wedge \mu_B(v_j))/(u_i, v_j) \tag{4.33}$$

特别地,当 A 或 B 有一个是论域时,上面表达式可以简化如下:

$$A \times V = \int_{U \times V} \mu_A(u_i) / (u_i, v_j) \tag{4.34}$$

$$U \times B = \int_{U \times V} \mu_B(u_j) / (u_i, v_j) \tag{4.35}$$

2. 模糊关系及其运算

1）模糊关系

设 U、V 是论域，从 U 到 V 上的模糊关系 R 是指 $U \times V$ 上的一个模糊集合，由隶属函数 $\mu_R(x)$ 刻画，$\mu_R(x, y)$ 代表有序对 $\langle x, y \rangle$ 具有关系 R 的程度。

【**例 4.6**】 设论域 $U = V = \{1, 2, 3, 4\}$，模糊关系 R 小得多，$\mu(x, y)$ 表示 x 比 y 小的程度，如表 4.1 所示。

表 4.1　$\mu(x, y)$ 值

x	$\mu(x, y)$			
	$y = 1$	$y = 2$	$y = 3$	$y = 4$
1	0	0.2	0.4	1
2	0	0	0.2	0.4
3	0	0	0	0.2
4	0	0	0	0

模糊关系 R 通常用矩阵表示，将上面表格表示转化成矩阵表示如下：

$$R = \begin{bmatrix} 0 & 0.2 & 0.4 & 1 \\ 0 & 0 & 0.2 & 0.4 \\ 0 & 0 & 0 & 0.2 \\ 0 & 0 & 0 & 0 \end{bmatrix}$$

R 称为模糊关系矩阵。

2）模糊关系的合成

设 R 是 $U \times V$ 上的模糊关系，S 是 $V \times W$ 上的模糊关系，则 R、S 的复合是 $U \times W$ 上的模糊关系 T，记为

$$T = R \circ S \tag{4.36}$$

其隶属函数为

$$T(x, y) = R(x, y) \circ S(y, z) = \mathop{\mathrm{SUP}}_{y \in V} \min(\mu_R(x, y), \mu_S(y, z))$$

$$= \bigcup_{y \in V} (\mu_R(x, y) \wedge \mu_S(y, z))$$

其中，$\mathop{\mathrm{SUP}}_{y \in V}$ 表示对所有 $y \in V$ 取最小上界。

当论域为有限集时，模糊关系的合成运算可转化为模糊关系矩阵的乘法运算，该乘法运算类似普通矩阵的乘法运算，区别是：将普通矩阵乘法中的 $\times$ 换为取极小值 $\wedge$，将普通矩阵乘法中的"＋"换为取极大值 $\vee$。

设 R 为 $n \times m$ 阶矩阵，S 为 $m \times p$ 阶矩阵，则 $R \circ S = T$ 是 $n \times p$ 阶矩阵，T 的元素 T_{ij} 计算公式如下：

$$T_{ij} = \bigcup_{k=1}^{m} (r_{ik} \wedge s_{kj}) \ (i=1, 2, \cdots, n; j=1, 2, \cdots, n)$$

两个模糊关系能够进行合成运算的条件：第一个模糊关系矩阵的列数＝第二个模糊关系矩阵的行数。这与两个普通矩阵的乘法运算的条件相同。

【例 4.7】 假设有以下两个模糊关系：

$$\boldsymbol{R}_1 = \begin{bmatrix} 0.4 & 0.9 & 0.1 \\ 1 & 0 & 0.5 \\ 0 & 0.4 & 1 \\ 0.6 & 0.3 & 0.8 \end{bmatrix} \qquad \boldsymbol{R}_2 = \begin{bmatrix} 0.3 & 0.8 \\ 0.7 & 0.5 \\ 0.9 & 0.2 \end{bmatrix}$$

求 $\boldsymbol{R}_1 \circ \boldsymbol{R}_2$。

解 $\boldsymbol{R}_1$ 是 4×3 模糊关系矩阵，$\boldsymbol{R}_2$ 是 3×2 模糊关系矩阵，所以 $\boldsymbol{R}_1 \circ \boldsymbol{R}_2$ 是一个 4×2 的模糊关系矩阵。令 $\boldsymbol{T} = \boldsymbol{R}_1 \circ \boldsymbol{R}_2$，则

$$T(1, 1) = (0.4 \wedge 0.3) \vee (0.9 \wedge 0.7) \vee (0.1 \wedge 0.9) = 0.7$$
$$T(1, 2) = (0.4 \wedge 0.8) \vee (0.9 \wedge 0.5) \vee (0.1 \wedge 0.2) = 0.5$$
$$T(2, 1) = (1 \wedge 0.3) \vee (0 \wedge 0.7) \vee (0.5 \wedge 0.9) = 0.5$$
$$T(2, 2) = (1 \wedge 0.8) \vee (0 \wedge 0.5) \vee (0.5 \wedge 0.2) = 0.8$$
$$T(3, 1) = (0 \wedge 0.3) \vee (0.4 \wedge 0.7) \vee (1 \wedge 0.9) = 0.9$$
$$T(3, 2) = (0 \wedge 0.8) \vee (0.4 \wedge 0.5) \vee (1 \wedge 0.2) = 0.4$$
$$T(4, 1) = (0.6 \wedge 0.3) \vee (0.3 \wedge 0.7) \vee (0.8 \wedge 0.9) = 0.8$$
$$T(4, 2) = (0.6 \wedge 0.8) \vee (0.3 \wedge 0.5) \vee (0.8 \wedge 0.2) = 0.6$$

所以，得到模糊关系矩阵为

$$\boldsymbol{T} = \begin{bmatrix} 0.7 & 0.5 \\ 0.5 & 0.8 \\ 0.9 & 0.4 \\ 0.8 & 0.6 \end{bmatrix}$$

4.3.2 模糊假言推理

模糊假言推理（fuzzy hypothetical reasoning）是一种基于模糊逻辑的推理方法，用于处理前提和结论之间关系的不确定性和模糊性。它通常应用于模糊控制系统、决策支持系统和专家系统中。

1. 模糊知识的表示方式

在扎德的推理模型中，产生式规则的表示形式是：

$$\text{IF} \quad x \quad \text{is} \quad A \quad \text{THEN} \quad y \quad \text{is} \quad G$$

其中，x 和 y 是变量，表示对象；A 和 G 分别是论域 U 及 V 上的模糊集，表示概念。并且条件部分可以是多个"x_i is A_i"的逻辑组合，此时诸隶属函数间的运算按模糊集的运算进行。

模糊推理中所用的证据是用模糊命题表示的，其一般形式为：

$$x \quad \text{is} \quad A'$$

其中，A 是论域 U 上的模糊集。

2. 证据的模糊匹配

在模糊推理中，规则的前提条件中的 A 与证据中的 A' 不一定完全相同，因此在决定选用哪条规则进行推理时必须首先考虑哪条规则的 A 可与 A' 近似匹配的问题，即它们的相似程度否大于某个预先设定的阈值。例如，设有如下规则及证据：

$$\text{IF} \quad x \quad \text{is} \quad 小 \quad \text{THEN} \quad y \quad \text{is} \quad 大(0.6)$$
$$x \quad \text{is} \quad 较小$$

那么是否有"y is 大"这个结论呢？这决定于 λ 值，若"x is 较小"与"x is 小"的接近程度大于等于 λ 值，则有"y is 大"的模糊结论（模糊值需要计算），否则没有这一结论。

所以这里介绍一种计算接近程度的方法：贴近度。

设 A、B 分别是论域 $U=\{u_1, u_2, \cdots, u_n\}$ 上的模糊集合，它们的贴近度定义为

$$(A, B) = \frac{1}{2}[A \cdot B + (1 - A \odot B)] \tag{4.37}$$

其中，$A \cdot B = \bigvee_U (\mu_A(u_i) \wedge \mu_B(u_i))$，$A \odot B = \bigwedge_U (\mu_A(u_i) \vee \mu_B(u_i))$。"$\wedge$"表示取极小，"$\vee$"表示取极大。

【**例 4.8**】 设 $U=\{a, b, c, d, e\}$，有
$$A = 0.6/A + 0.8/B + 1/c + 0.8/d + 0.6/e + 0.4/f$$
$$B = 0.4/A + 0.6/B + 0.8/c + 1/d + 0.8/e + 0.6/f$$

求 $(A, B)=$ ？

解
$$A \cdot B = 0.4 \vee 0.6 \vee 0.8 \vee 0.8 \vee 0.6 \vee 0.4 = 0.8$$
$$A \odot B = 0.6 \wedge 0.8 \wedge 1 \wedge 1 \wedge 0.8 \wedge 0.6 = 0.6$$

则

$$(A, B) = \frac{1}{2}[0.8 + (1 - 0.6)] = 0.6$$

3. 简单模糊推理

简单模糊推理是指规则的前提 E 是单一条件，结论 R 不含 CF，即

$$\text{IF} \quad x \quad \text{is} \quad A \quad \text{THEN} \quad y \quad \text{is} \quad B(\lambda)$$

首先构造 A、B 之间的模糊关系 $\boldsymbol{R}$，然后通过 $\boldsymbol{R}$ 与前提的合成求出结论。如果已知证据是：

$$x \quad \text{is} \quad A'$$

且 $(A, A') \geqslant \lambda$，那么有结论：

$$y \quad \text{is} \quad B'$$

其中，$B' = A' \circ \boldsymbol{R}$。

所以在这种推理方法中，关键是如何构造模糊关系 $\boldsymbol{R}$。构造模糊关系有多种方法，这里只介绍扎德方法。扎德提出两种方法：条件命题的极大极小规则和条件命题的算术规则，得到的模糊关系分别记为 $\boldsymbol{R}_m$ 和 $\boldsymbol{R}_a$。

设 A、B 分别表示为

$$A = \int_U \mu_A(u)/u$$

$$B = \int_U \mu_B(u)/u$$

则

$$\boldsymbol{R}_m = (A \times B) \bigcup (-A \times V) = \int_{U \times V} (\mu_A(u) \wedge \mu_B(v)) \vee (1 - \mu_A(u))/(u,v)$$

$$\boldsymbol{R}_a = (-A \times V) \oplus (U \times B) = \int_{U \times V} 1 \wedge (1 - \mu_A(u) + \mu_B(v))/(u,v)$$

其中，⊕表示界和，定义为

$$A \oplus B = \min\{1, \mu_A(u) + \mu_B(v)\} \tag{4.38}$$

对于模糊假言推理，已知证据为 x is A'，且$(A, A') > 2$，则由 $\boldsymbol{R}_m$ 和 $\boldsymbol{R}_a$ 求得 $\boldsymbol{B}'_m$ 和 $\boldsymbol{B}'_a$ 分别为

$$\boldsymbol{B}'_m = A' \circ \boldsymbol{R}_m = A' \circ [(A \times B) \bigcup (\neg A \times V)]$$

$$\boldsymbol{B}'_a = A' \circ \boldsymbol{R}_a = A' \circ [(\neg A \times V) \bigcup (U \times B)]$$

它们的隶属函数分别为

$$\mu_{B'_m}(v) = \bigvee_{u \in U} \{\mu_{A'}(u) \wedge [(\mu_A(u) \wedge \mu_B(v)) \vee (1 - \mu_A(u))]\}$$

$$\mu_{B'_a}(v) = \bigvee_{u \in U} \{\mu_{A'}(u) \wedge [1 \wedge (1 - \mu_A(u) + \mu_B(u))]\}$$

解题思路：先求 $\boldsymbol{R}_m(\boldsymbol{R}_a)$，再由合成关系求 $\boldsymbol{B}'_m(\boldsymbol{B}'_a)$。

【例 4.9】 设 $U = V = \{1, 2, 3, 4, 5\}$，有

$$A = 1/1 + 0.5/2 \quad B = 0.4/3 + 0.6/4 + 1/5$$

模糊规则为：

$$\text{IF} \quad x \text{ is } A \quad \text{THEN} \quad y \text{ is } B(\lambda)$$

证据为：

$$x \text{ is } A'$$

且有$(A, A') > \lambda$，求 $\boldsymbol{B}'_m$ 和 $\boldsymbol{B}'_a$。

解 先求 $\boldsymbol{R}_m$ 和 $\boldsymbol{R}_a$。由前面的 $\boldsymbol{R}_m$ 和 $\boldsymbol{R}_a$ 定义，知 $R_m(i,j)$ 与 $R_a(i,j)$ 分别为

$$R_m(i,j) = (\mu_A(u_i) \wedge \mu_B(v_j)) \vee (1 - \mu_A(u_i))$$

$$R_a(i,j) = 1 \wedge (1 - \mu_A(u_i) + \mu_B(v_j))$$

$R_m(i,j)$ 与 $R_a(i,j)$ 分别是 $\boldsymbol{R}_m$ 和 $\boldsymbol{R}_a$ 的第 i 行第 j 列元素。例如：

$$R_m(1,3) = (\mu_A(u_1) \wedge \mu_B(v_3)) \vee (1 - \mu_A(u_1)) = (1 \wedge 0.4) \vee (1-1) = 0.4$$

$$R_a(1,3) = 1 \wedge (1 - \mu_A(u_1) + \mu_B(v_3)) = 1 \wedge (1 - 1 + 0.4) = 0.4$$

由此求出 $\boldsymbol{R}_m$ 和 $\boldsymbol{R}_a$ 如下：

$$\boldsymbol{R}_m = \begin{bmatrix} 0 & 0 & 0.4 & 0.6 & 1 \\ 0.5 & 0.5 & 0.5 & 0.5 & 0.5 \\ 1 & 1 & 1 & 1 & 1 \\ 1 & 1 & 1 & 1 & 1 \\ 1 & 1 & 1 & 1 & 1 \end{bmatrix} \qquad \boldsymbol{R}_a = \begin{bmatrix} 0 & 0 & 0.4 & 0.6 & 1 \\ 0.5 & 0.5 & 0.9 & 1 & 1 \\ 1 & 1 & 1 & 1 & 1 \\ 1 & 1 & 1 & 1 & 1 \\ 1 & 1 & 1 & 1 & 1 \end{bmatrix}$$

下面求 $\boldsymbol{B}'_m$ 和 $\boldsymbol{B}'_a$：

$$\boldsymbol{B}'_{\mathrm{m}} = A' \circ \boldsymbol{R}_{\mathrm{m}} = \{1, 0.4, 0.2, 0, 0\} = \begin{bmatrix} 0 & 0 & 0.4 & 0.6 & 1 \\ 0.5 & 0.5 & 0.5 & 0.5 & 0.5 \\ 1 & 1 & 1 & 1 & 1 \\ 1 & 1 & 1 & 1 & 1 \\ 1 & 1 & 1 & 1 & 1 \end{bmatrix}$$

$$= \{0.4, 0.4, 0.4, 0.6, 1\}$$

$$\boldsymbol{B}'_{\mathrm{a}} = A' \circ \boldsymbol{R}_{\mathrm{a}} = \{1, 0.4, 0.2, 0, 0\} = \begin{bmatrix} 0 & 0 & 0.4 & 0.6 & 1 \\ 0.5 & 0.5 & 0.9 & 1 & 1 \\ 1 & 1 & 1 & 1 & 1 \\ 1 & 1 & 1 & 1 & 1 \\ 1 & 1 & 1 & 1 & 1 \end{bmatrix}$$

$$= \{0.4, 0.4, 0.4, 0.6, 1\}$$

巧合的是，在本题中 $\boldsymbol{B}'_{\mathrm{m}}$ 与 $\boldsymbol{B}'_{\mathrm{a}}$ 相等，但是在一般情况下二者并不一定相等。

【实践 4.1】 证据理论与信息融合

假设有两个传感器 A 和 B，它们分别用于检测某个目标的位置。传感器 A 的测量结果为目标在区域 1 的可能性为 0.7，目标在区域 2 的可能性为 0.3。传感器 B 的测量结果为目标在区域 2 的可能性为 0.6，目标在区域 3 的可能性为 0.4。现在我们使用证据理论进行信息融合，计算目标在各个区域的可能性。请用 Python 实现。

```
1. import numpy as np
2. def dempster_shafer_combine(evidence1, evidence2):
3.    # 证据矩阵
4.    m1=np.array([[1 - evidence1[1], evidence1[1], 0], [0, 0, 0]])
5.    m2=np.array([[0, evidence2[0], 0], [1 - evidence2[0], evidence2[1], 0], [0, 0, 0]])
6.    # 传感器 A 和传感器 B 的信任分布
7.    belief_A=np.array([1 - evidence1[0], evidence1[0], 0])
8.    belief_B=np.array([0, evidence2[1], 1 - evidence2[1]])
9.    # 证据理论融合
10.   combined_belief=np.zeros(3)
11.   for i in range(2):
12.     for j in range(3):
13.       combined_belief[i] += m1[i, j] * belief_A[j]
14.       combined_belief[i] += m2[i, j] * belief_B[j]
15.   return combined_belief
16. # 传感器 A 测量的可信度
17. evidence_sensor_A=(0.8, 0.7)
18. # 传感器 B 测量的可信度
19. evidence_sensor_B=(0.6, 0.4)
20. # 信息融合后的系统状态分布
```

```
21. combined_belief=dempster_shafer_combine(evidence_sensor_A, evidence_sensor_B)
22. print("信息融合后的系统状态分布：", combined_belief)
```

【实践 4.2】 模糊控制中的推理方法

假设我们有一个简单的模糊控制系统，用于控制室内温度。系统有两个模糊规则，规则如下：

如果温度偏冷，则加热器工作。

温度偏冷的隶属度函数：冷（Cold）=0.7。

如果湿度偏高，则风扇工作。

湿度偏高的隶属度函数：高湿（High Humidity）=0.6。

现在，我们测量到当前的温度和湿度，并希望通过模糊控制进行推理，确定加热器和风扇的工作强度。我们使用模糊推理的最大隶属度原则。请用 Python 实现。

```
1. import numpy as np
2. import matplotlib.pyplot as plt
3. def fuzzy_logic_inference(temperature, humidity)：
4.    ♯ 温度和湿度的隶属度函数
5.    cold_membership=fuzzy_cold(temperature)
6.    high_humidity_membership=fuzzy_high_humidity(humidity)
7.    ♯ 根据规则进行推理
8.    heater_strength=max(cold_membership, 0)
9.    fan_strength=max(high_humidity_membership, 0)
10.    return heater_strength, fan_strength
11. def fuzzy_cold(temperature)：
12.    ♯ 温度偏冷的隶属度函数
13.    cold_membership=np.maximum(1-0.01 * (temperature-20), 0)
14.    return cold_membership
15. def fuzzy_high_humidity(humidity)：
16.    ♯ 湿度偏高的隶属度函数
17.    high_humidity_membership=np.maximum(1-0.01 * (humidity-60), 0)
18.    return high_humidity_membership
19. def plot_fuzzy_memberships(temperature_range, humidity_range)：
20.    ♯ 绘制隶属度函数
21.    cold_membership=fuzzy_cold(temperature_range)
22.    high_humidity_membership=fuzzy_high_humidity(humidity_range)
23.    plt.figure(figsize=(10, 6))
24.    plt.subplot(2, 1, 1)
25.    plt.plot(temperature_range, cold_membership, label='Cold Membership')
26.    plt.title('Temperature Fuzzy Memberships')
27.    plt.xlabel('Temperature（℃）')
28.    plt.ylabel('Membership')
```

```
29.   plt. legend()
30.   plt. subplot(2, 1, 2)
31.   plt. plot(humidity_range, high_humidity_membership, label='High Humidity Member-
ship', color='orange')
32.   plt. title('Humidity Fuzzy Memberships')
33.   plt. xlabel('Humidity (%)')
34.   plt. ylabel('Membership')
35.   plt. legend()
36.   plt. tight_layout()
37.   plt. show()
38.   # 测量值
39.   current_temperature=18 # 当前温度
40.   current_humidity=70 # 当前湿度
41.   # 推理
42.   heater_strength, fan_strength=fuzzy_logic_inference(current_temperature, current_hu-
midity)
43.   # 打印结果
44.   print(f"Heater Strength: {heater_strength}")
45.   print(f"Fan Strength: {fan_strength}")
46.   # 绘制隶属度函数
47.   temperature_range=np. arange(0, 30, 0.1)
48.   humidity_range=np. arange(0, 100, 1)
49.   plot_fuzzy_memberships(temperature_range, humidity_range)
```

本 章 小 结

　　本章首先讨论了不确定性推理的基本概念、不确定性研究的主要问题和主要研究方法。"不确定性"是针对已知事实和推理中所用到的知识而言的,应用这种不确定性的事实和知识的推理称为不确定性推理。

　　目前,关于不确定性推理方法的研究主要沿着两条路线发展。一是在推理级上扩展确定性推理,建立各种不确定性推理的模型,不确定性推理模型又分为数值方法和非数值方法。本章主要讨论的是数值方法,如可信度方法、证据理论、模糊方法等。另一条路线是在控制级上处理不确定性,称为控制方法。对于处理不确定性的最优方法,现在还没有统一的意见。

　　可信度方法比较简单、直观,易于掌握和使用,并且已成功地应用于如 MYCIN 这样的推理链较短、概率计算精度要求不高的专家系统中。但是当推理链较长时,由可信度的不精确估计而产生的积累误差会很大,所以它不适合长推理链的情况。

　　证据理论是用集合表示命题的一种处理不确定性的理论,它引入信任函数而非概率来度量不确定性,并引入似然函数来处理不知道所引起的不确定性问题,只需要满足比概率论更弱的公理系统。证据理论基础严密，专门针对专家系统，是一种很有吸引力的不确定性推理模型。但如何把它普遍应用于专家系统，目前还没有统一的意见。

模糊推理建立在传统的假言推理之上，涉及两方面。一方面是前提是否匹配。传统的假言推理要求严格的匹配，而模糊假言推理是模糊匹配，引入了贴近度的概念，只有前提的模糊集与证据的模糊集的贴近度超过专家给定的阈值，才认为是匹配的。另一方面是当前提与证据模糊匹配后，结论的模糊性如何计算。本章的方法是按照扎德给出的条件命题的极大极小规则和条件命题的算术规则，得到模糊关系 R_m 和 R_a，然后经过模糊关系的合成，计算结论的模糊性。

思考题或自测题

1. 不确定性推理的概念是什么？为什么要采用不确定性推理？

2. 不确定性推理中需要解决的基本问题是什么？不确定性推理可以分为哪几种类型？

3. 什么是可信度？请根据可信度因子 $CF(H, E)$ 的定义来说明它的含义。

4. 请简要说明证据理论中概率分配函数、信任函数以及似然函数的含义。

5. 概率分配函数与概率是否相同？说明原因。

6. 模糊概念是什么？请举例说明日常生活中有哪些模糊概念？

7. 请说明模糊概念、模糊集及隶属函数三者之间的关系。

8. 设有如下一组推理规则：

$$IF \quad E_1 \quad THEN \quad E_2 > (0.6)$$
$$IF \quad E_2 \quad AND \quad E_3 \quad THEN \quad E_4 (0.8)$$
$$IF \quad E_4 \quad THEN \quad H (0.7)$$
$$IF \quad E_5 \quad THEN \quad H (0.9)$$

已知 $CF(E_1) = 0.5$，$CF(E_3) = 0.6$，$CF(E_5) = 0.4$，求 $CF(H)$ 为多少？

9. 已知：

$$R_1 : IF \quad E_1 \quad THEN \quad H_1 (0.7)$$
$$R_2 : IF \quad E_2 \quad THEN \quad H_1 (0.4)$$
$$R_3 : IF \quad E_3 \quad AND \quad H_1 \quad THEN \quad H_2 (0.7)$$

且已知初始可信度 $CF(E_1) = CF(E_2) = CF(E_3) = 1$，求 $CF(H_1)$、$CF(H_2)$。

10. 设 $\Omega = \{红, 黄, 蓝\}$，有如下概率分配函数：

$m(\{\varnothing\}, \{红\}, \{黄\}, \{蓝\}, \{红, 黄, 蓝\}) = (0, 0.6, 0.2, 0.1, 0.1)$，设 $A = \{红, 黄\}$，求 $m(\Omega)$、$Bel(A)$、$Pl(A)$ 和 $f(A)$ 的值。

11. 设 $\Omega = \{a, b\}$，且从不同知识源得到的概率分配函数分别为：

$$m_1(g, \{a\}, \{b\}, \{a, b\}) = (0, 0.5, 0.3, 0.2)$$
$$m_2(p, \{a\}, \{b\}, \{a, b\}) = (0, 0.4, 0.5, 0.1)$$

求正交和 $m = m_1 \oplus m_2$。

12. 设有如下一组推理规则：

$$R_1 : IF \quad E_1 \quad AND \quad E_2 \quad THEN \quad A = \{a\} \quad (CF = \{0.9\})$$
$$R_2 : IF \quad E_2 \quad AND \quad (E_3 \quad OR \quad E_4) \quad THEN \quad B = \{b_1, b_2\} \quad (CF = \{0.5, 0.4\})$$

R_3：IF　A　THEN　$H = \{h_1, h_2, h_3\}$　(CF = {0.2, 0.3, 0.4})

R_4：IF　B　THEN　$H = \{h_1, h_2, h_3\}$　(CF = {0.3, 0.2, 0.1})

且已知初始证据的确定性分别为 CER(E_1) = 0.6，CER(E_2) = 0.7，CER(E_3) = 0.8，CER(E_4) = 0.9，假设 $|\Omega| = 10$，求 CER(H)。

13. 设论域 $U = \{x_1, x_2, x_3, x_4\}$，$A$ 及 B 是论域 U 上的两个模糊集合，已知

$$A = 0.3/x_1 + 0.5/x_2 + 0.7/x_3 + 0.4/x_4$$

$$B = 0.5/x_1 + 1/x_2 + 0.8/x_3$$

求 $A \cup B$、$A \cap B$。

14. 设有如下两个模糊关系：

$$\boldsymbol{R}_1 = \begin{bmatrix} 0.5 & 0.6 & 0.3 \\ 0.7 & 0.4 & 1 \\ 0 & 0.8 & 0 \\ 1 & 0.2 & 0.9 \end{bmatrix} \qquad \boldsymbol{R}_2 = \begin{bmatrix} 0.2 & 1 \\ 0.8 & 0.4 \\ 0.5 & 0.3 \end{bmatrix}$$

请写出 $\boldsymbol{R}_1$ 与 $\boldsymbol{R}_2$ 的合成 $\boldsymbol{R}_1 \circ \boldsymbol{R}_2$。

15. $U = V = \{1, 2, 3, 4\}$，有

$$A = 0.8/1 + 0.5/2 + 0.2/3$$

$$B = 0.3/2 + 0.7/3 + 0.9/4$$

模糊规则为

$$\text{IF} \quad x \quad \text{is} \quad A \quad \text{THEN} \quad y \quad \text{is} \quad B(\lambda)$$

证据为

$$x \quad \text{is} \quad A'$$

且有 $(A, A') > \lambda$。求 $\boldsymbol{B}'_\mathrm{m}$ 和 $\boldsymbol{B}'_\mathrm{a}$。

第 5 章
搜 索 策 略

智能系统的推理过程实际上是一个思维过程。从工程应用的角度，开发人工智能技术的一个主要目的就是解决非平凡问题，即难以用常规技术（数值计算、数据库应用等）直接解决的问题。这些问题的求解依赖于问题本身的描述和相关领域知识的应用。广义地说，人工智能问题都可以看成一个问题求解的过程，因此问题求解是人工智能的核心问题，其要求是在给定条件下，寻求一个能在有限步骤内解决某类问题的算法。

按解决问题所需的领域特有知识的多少，问题求解系统可分为两大类：知识贫乏系统和知识丰富系统。前者必须依靠搜索技术解决问题，后者则求助于推理技术。

现在，搜索技术已经渗透在各种人工智能系统中，可以说，没有一种人工智能系统应用不到搜索方法。专家系统、自然语言理解、自动程序设计、模式识别、机器学习、信息检索和博弈等领域都要广泛使用搜索技术。

本章首先讨论搜索的有关概念，然后着重介绍状态空间的知识表示和搜索策略，主要有一般图的搜索、盲目搜索和启发式搜索。

5.1 搜索概述

智能系统要解决的问题多种多样，其中大部分是结构不良或非结构化的问题，这样的问题一般没有算法可以求解，只能利用已有的知识一步步地摸索。此过程中存在着如何寻找可用知识的问题，即如何确定推理路线，使其付出的代价尽可能少，而问题又能得到较好的解决。例如，在推理中可能存在多条路线都可实现对问题的求解，这就存在如何选择合适的路线以获得较高的运行效率的问题。

因此，对于给定的问题，智能系统一般是找到能够达到所希望目标的动作序列，并使其付出的代价最小、性能最好。搜索就是找到智能系统的动作序列的过程。

在智能系统中，即使对于结构性能较好、理论上有算法可依的问题，由于问题本身的复杂性，以及计算机在时间、空间上的局限性，有时也需要通过搜索来求解。

在人工智能中，搜索问题一般包括两个重要的问题：搜索什么、在哪里搜索。前者通常指的是搜索目标，后者通常指的是搜索空间。搜索空间通常是指一系列状态的汇集，因此也称为状态空间。与通常的搜索空间不同，人工智能中大多数问题的状态空间在问题求解之前不一定全部知道。所以，人工智能中的搜索可以分成两个阶段：状态空间的生成阶段和该状态空间中对所求问题状态的搜索阶段。

根据在问题求解过程中是否运用启发性知识,搜索又可分为盲目搜索和启发式搜索。

5.1.1　盲目搜索

盲目搜索是指在问题的求解过程中,不运用启发性知识,只按照一般的逻辑法则或控制性知识,在预定的控制策略下进行搜索,在搜索过程中获得的中间信息不用来改进控制策略。由于搜索总是按预先规定的路线进行,没有考虑到问题本身的特性,这种方法缺乏对求解问题的针对性,需要进行全方位的搜索,而没有选择最优的搜索途径。因此,这种搜索具有盲目性,效率较低,容易出现"组合爆炸"问题。

5.1.2　启发式搜索

启发式搜索是指在问题的求解过程中,为了提高搜索效率,运用与问题有关的启发性知识,即解决问题的策略、技巧、窍门等实践经验和知识,来指导搜索朝着最有希望的方向前进,以加速问题求解过程并找到最优解。典型的启发式搜索有 A 算法和 A* 算法。

搜索问题中的主要工作是找到正确的搜索策略。搜索策略可以通过如下准则来评价。

(1) 完备性:如果存在一个解答,该策略是否保证能够找到?

(2) 时间复杂性:需要多长时间可以找到解答?

(3) 空间复杂性:执行搜索需要多少存储空间?

(4) 最优性:如果存在不同的解答,该策略是否可以发现最高质量的解答?

搜索策略反映了状态空间或问题空间的扩展方法,也决定了状态或问题的访问顺序。搜索策略不同,人工智能中搜索问题的命名也不同。例如,考虑一个问题的状态空间为一棵树的形式。如果根结点先扩展,再扩展根结点生成的所有结点,然后是这些结点的后继,如此反复,这就是宽度优先搜索。另一种方法是,在树的最深一层的结点中扩展一个结点,只有当搜索遇到一个死亡结点(非目标结点且无法扩展)的时候,才返回上一次选择其他结点搜索,这就是深度优先搜索。无论是宽度优先搜索还是深度优先搜索,结点遍历的顺序一般是固定的,即一旦搜索空间给定,结点遍历的顺序就固定了。这类遍历称为"确定性"的,也就是盲目搜索。对于启发式搜索,在计算每个结点的参数之前无法确定先选择哪个结点扩展,这种搜索一般被称为非确定的搜索。

5.2　状态空间的搜索策略

用搜索技术来求解问题的系统均会定义一个状态空间,并通过适当的搜索算法在状态空间中搜索解答或解答路径。状态空间搜索的研究焦点在于设计高效的搜索算法,以降低搜索代价并解决组合爆炸问题。

5.2.1　状态空间图

【例 5.1】　钱币翻转问题。设有 3 个钱币,其初始状态为"反正反",目标状态为"正正正"或"反反反"，每次只能且必须翻转一个钱币，连翻三次。问能否达到目标状态？

要求解这个问题，我们可以通过引入一个三维变量将问题表示出来。设三维变量为 $Q=(q_1, q_2, q_3)$，$q_i=0(i=1, 2, 3)$表示钱币为正面，$q_i=1(i=1, 2, 3)$表示钱币为反面，则三个钱币可能出现的组合状态有 8 种：

$$Q_0=(0, 0, 0) \quad Q_1=(0, 0, 1) \quad Q_2=(0, 1, 0) \quad Q_3=(0, 1, 1)$$
$$Q_4=(1, 0, 0) \quad Q_5=(1, 0, 1) \quad Q_6=(1, 1, 0) \quad Q_7=(1, 1, 1)$$

这时，问题可以表示为图 5.1，包括了全部可能的 8 种组合状态及其相互关系，其中每个组合状态可认为是一个结点，结点间的连线表示了两结点的相互关系（如从 Q_5 结点到 Q_4 结点间的连线表示要将 $q_3=1$ 翻成 $q_3=0$，或反之）。现在的问题是从初始状态 Q_5，经过适当的路径（即连线），找到目标状态 Q_0 或 Q_7。可以看出，从 Q_5 不可能经过 3 步到达 Q_0，即不存在从 Q_5 到达 Q_0 的解。但从 Q_5 出发到达 Q_7 的解有 7 个，它们是 aab，aba，baa，bbb，bcc，cbc 和 ccb。

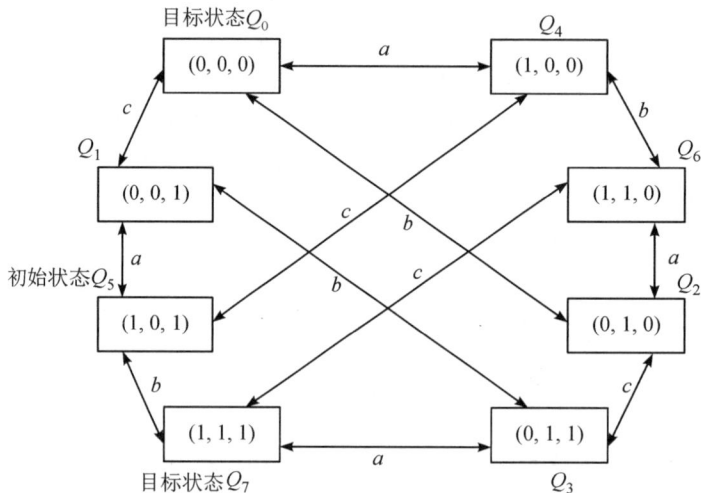

图 5.1　三枚钱币问题的状态空间

从这个问题的求解过程可看到，某个具体问题可经过抽象变为在某个有向图中寻找目标或路径的问题。人工智能中把这种描述问题的有向图称为状态空间图，简称状态图。其中，状态图中的结点代表问题的一种格局，一般称为问题的一个状态；边表示两结点之间的某种联系，可以是某种操作、规则、变换、算子或关系等。在状态图中，从初始结点到目标结点的一条路径，或者所找的目标结点，就是相应问题的一个解。其一般描述如图 5.2 所示。

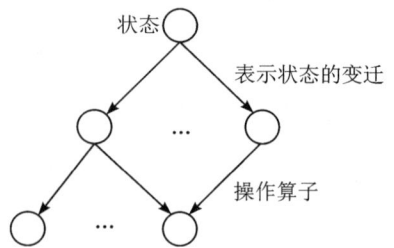

图 5.2　状态空间的一般描述

在现实生活中，不论是智力问题（如旅行商问题、八皇后问题、传教士过河问题等）还是实际问题（如定理证明、演绎推理、机器人行动规划等）都可以归结为在某一状态图中寻找目标或路径的问题。所以，状态图是一类问题的抽象表示。

5.2.2　问题的状态空间表示法

状态空间表示法是指用"状态"和"操作"组成的"状态空间"来表示问题求解的一种方法。

1. 状态

状态是指为了描述问题求解过程中不同时刻下状况（如初始状况、事实等叙述性知识）间的差异，而引入的最少的一组变量的有序组合。状态常用矢量形式表示：

$$S = [s_0, s_1, s_2, \cdots] \tag{5.1}$$

其中，$s_i(i=0,1,2,\cdots)$ 称为分量。当给定每个分量的值 $s_{ki}(i=0,1,2,\cdots)$ 时，就得到一个具体的状态 s_k：

$$s_k = [s_{k0}, s_{k1}, s_{k2}, \cdots] \tag{5.2}$$

状态主要用于表示叙述性知识。状态的维数可以是有限的，也可以是无限的。另外，状态可以表示成多元数组或其他形式。

2. 操作

操作也称为运算符或算符，引起状态中的某些分量发生改变，从而使问题由一个具体状态改变到另一个具体状态。操作可以是一个机械的步骤、过程、规则或算子，指出了状态之间的关系。操作用于反映过程性知识。

3. 状态空间

状态空间是指一个由问题的全部可能状态及其相互关系（即操作）所构成的有限集合。状态空间常记为二元组：

$$(S, O)$$

其中，S 为问题求解（即搜索）过程中所有可能到达的合法状态构成的集合；O 为操作算子的集合，操作算子的执行会导致问题状态的变迁。

这样，在状态空间表示法中，问题求解过程就转化为在图中寻找从初始状态 S_0 出发到达目标状态 S_g 的路径问题，也就是寻找操作序列 α 的问题。

作为状态空间表示的经典案例，我们来讨论"传教士和野人问题"。设 N 个传教士带领 N 个野人划船渡河，为安全起见，渡河需遵从 3 个约束：① 船上人数不得超过载重限量，设为 K 个人；② 为预防野人攻击，任何时刻（包括两岸、船上）野人数目不得超过传教士人数；③ 允许在河的某一岸或者在船上只有野人而没有传教士。

为了便于理解状态空间表示方法，我们简化该问题到一个特例：$N=3$，$K=2$，并以变量 m 和 c 分别表示传教士和野人在左岸或船上的实际人数，变量 b 指示船是否在左岸，值为 1 表示船在左岸，否则为 0，从而上述约束条件转变为 $m+c \leqslant 2$，$m \geqslant c$。

考虑到在这个渡河问题中，左岸的状态描述 (m,c,b) 可以决定右岸的状态，所以整个问题状态就可以用左岸的状态来描述，以简化问题的表示。设初始状态下传教士、野人和船都在左岸，目标状态下这三者均在右岸，问题状态以三元组 (m,c,b) 表示，则问题求解任务可描述为 $(3,3,1) \rightarrow (0,0,0)$。在这个简单问题中，状态空间可能的状态总数为 $4 \times 4 \times 2 = 32$，由于要遵守安全约束，只有 20 个状态是合法的。

下面是几个不合法状态的例子：$(1,0,1)$，$(1,2,1)$，$(2,3,1)$。鉴于存在不合法状态，还会导致某些合法状态不可达，如状态$(0,0,1)$和$(0,3,0)$。因此，这个问题最终只有 16 个可达的合法状态。

渡河问题中的操作算子可以定义为两类：$L(m,c)$、$R(m,c)$，分别指示从左岸到右岸的划船操作和从右岸回到左岸的划船操作。m 和 c 取值的可能组合有 5 个：10，20，11，01，02，故共有 10 个操作算子。

图 5.3 为相应渡河问题状态空间的有向图。由于划船操作是可逆的，因此结点间的连线有双向箭头，连线旁的数字指示船上传教士和野人的人数，显然每个结点只能取 L 和 R 操作之一，这取决于状态变量 b 的值。

由此可以看出：

（1）用状态空间方法表示问题时，必须先定义状态的描述形式，通过使用这种描述形式可把问题的一切状态都表示出来。另外，要定义一组操作，通过使用这些操作可把问题由一种状态转变为另一种状态。

（2）问题的求解过程是一个不断把操作作用于状态的过程。如果在使用某个操作后得到的新状态是目标状态，就得到了问题的一个解。这个解是从初始状态到目标状态所用操作构成的序列。

（3）要使问题由一种状态转变到另一种状态，就必须使用一次操作。这样，在从初始状态变迁到目标状态时，可能存在多个操作序列（即得到多个解），其中使用操作最少的解为最优解。

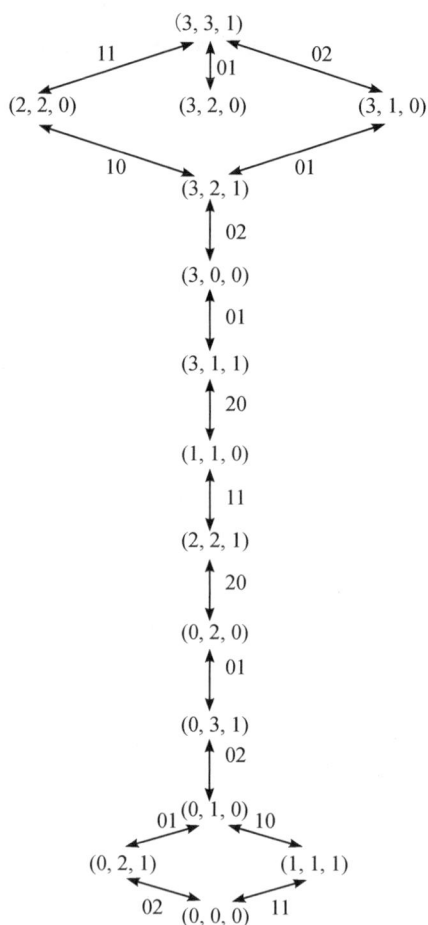

图 5.3　渡河问题的状态空间的有向图

（4）对其中的某一个状态可能存在多个操作，使该状态变到几个不同的后继状态。那么，到底用哪个操作进行搜索呢？这依赖于搜索策略。不同的搜索策略有不同的顺序，这就是本章后面要讨论的问题。

在智能系统中，为了对问题进行求解，必须先用某种形式把问题表示出来，表示是否适当将直接影响到求解效率。状态空间表示法是用来表示问题及其搜索过程的一种方法，是人工智能科学中最基本的形式化方法，也是问题求解技术的基础。

5.2.3　状态空间搜索的基本思想

状态空间搜索的基本思想就是通过搜索引擎寻找一个操作算子的调用序列，使问题从初始状态变迁到目标状态之一，而变迁过程中的状态序列或相应的操作算子调用序列称为从初始状态到目标状态的解答路径。搜索引擎是实现搜索过程的控制系统。

通常，状态空间的解答路径有多条，但最短的只有一条或少数几条。上述渡河问题有无数条解答路径（因为划船操作可逆），但只有 4 条是最短的，都包含 11 个操作算子的调用。一个状态可以有多个可供选择的操作算子导致了多个待搜索的解答路径。例如，图 5.3 中初始状态结点有 3 个操作算子供选用。这种选择在逻辑上称为"或"关系，意指只要其中有一条路径通往目标状态，就能获得成功解答。由此，这样的有向图称为或图，常见的状态空间一般表示为或图，因而也称为一般图。

除了少数像渡河这样的简单问题，描述状态空间的一般图很大，无法直观地画出，只能将其视为隐含图，在搜索解答路径的过程中只画出搜索时直接涉及的结点和连线，构成所谓的搜索图。

5.2.4　一般图搜索过程

一般图搜索过程是由尼尔森提出的一个著名的图搜索过程，是表达能力很强的一个搜索策略框架。在此过程中要用到 OPEN 表和 CLOSE 表。其中，OPEN 表用于待扩展的结点，结点进入 OPEN 表中的排列顺序是由搜索策略决定的；CLOSE 表用于存放已经扩展的结点，当前结点进入 CLOSE 表的最后。

为了给出一般图搜索过程，特做如下符号说明。

S_0：初始状态结点。

G：搜索图。

OPEN：存放待扩展结点的表。

CLOSE：存放已被扩展的结点的表。

Move-First(OPEN)：取 OPEN 表首的结点作为当前要扩展的结点 n，同时将结点 n 移至 CLOSE 表。

一般图搜索过程划分为如下两个阶段。

1. 初始化

建立只包含初始状态结点 S_0 的搜索图：

$G := \{S_0\}$

$OPEN := \{S_0\}$

$CLOSE := \{\}$

2. 搜索循环

（1）Move-First(OPEN)：取出 OPEN 表首的结点 n 作为扩展的结点，同时将其移到 CLOSE 表。

（2）扩展出 n 的子结点，插入搜索图 G 和 OPEN 表。

（3）适当标记和修改指针。

（4）给 OPEN 表排序。

通过循环地执行该算法，搜索图 G 会因不断有新结点加入而逐步扩展，直到搜索到目标结点。

上述过程生成一个显式图 G（称为搜索图），返回指针确定 G 的子图 T（称为搜索树），OPEN 表中的结点是 T 的叶结点。

在搜索图中标记从子结点到父结点的指针，方便在搜索到目标状态时快速返回解答路径，即自初始状态 S_0 到目标状态的一个结点序列。

　　为说明搜索过程中子结点分类和指针修改的作用，观察图 5.4 中的示例。当前被扩展的结点为 n_i，可扩展出下列 3 类结点。

　　第 1 类：全新结点，如结点 n_1 和 n_2。

　　第 2 类：已出现在 CLOSE 表中的结点，如结点 n_3。

　　第 3 类：已出现在 OPEN 表中的结点，如结点 n_4。假设结点 n_3 和 n_4 经由新父结点 n_i 到初始状态结点 S 的路径代价比经由老父结点 n_j 的要小，则结点 n_3 和 n_4 原指向结点 n_j 的指针都移走，改为指向结点 n_i。由于 n_3 自身已扩展出子结点 n_{31} 和 n_{32}，而 n_{32} 有 2 个父结点，因此应修改 n_{32} 指向父结点的指针（从原先指向 n_j 改为指向 n_3），鉴于 n_3 或许并不在

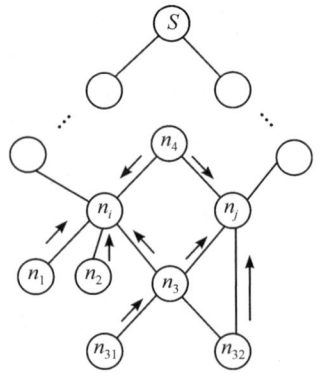

图 5.4　搜索过程中的指针修改

最终得到的解答路径上，故这种指针修改并不值得进行。简单地把结点 n_3 放回 OPEN 表，而不修改其子结点指针，起到了推迟修改的作用。以后一旦结点 n_3 被从 OPEN 表中取出重新扩展，会重新扩展出 n_{32}，这时 n_{32} 成为第 2 类子结点，再修改指针也不迟。

5.3　盲　目　搜　索

　　在一般图搜索算法中，提高搜索效率的关键在于优化 OPEN 表中结点的排序方式，若每次排在表首的结点都在最终搜索到的解答路径上，则算法不必扩展任何多余的结点就可快速结束搜索。所以排序方式成为了研究搜索算法的焦点，并由此形成了多种搜索策略。一种简单的排序策略就是按预先确定的顺序或随机地排序新加入 OPEN 表中的结点。

　　常用的方式是宽度优先搜索和深度优先搜索。

　　宽度优先搜索、深度优先搜索及其改进算法的缺点是结点排序的盲目性，因为不采用领域专门知识去指导排序，往往会在白白搜索了大量无关的状态结点后才碰到解答，所以这类搜索也称为盲目搜索。

5.3.1　宽度优先搜索

　　宽度优先搜索又称为广度优先搜索。

1. 宽度优先搜索的基本思想

　　宽度优先搜索是指从初始结点 S_0 开始，向下逐层搜索，在 n 层结点未搜索完之前，不进入 $n+1$ 层搜索，同层结点的搜索次序可以任意。即：先按生成规则生成第一层结点；在该层全部结点中沿宽度进行横向扫描，检查目标结点 S_g 是否在这些子结点中；若没有，则再将所有第一层结点逐一扩展，得到第二层结点，并逐一检查第二层结点中是否包含 S_g，如此依次按照生成、检查、扩展的原则进行，直到发现 S_g 为止。

2. 宽度优先搜索算法

【算法 5.1】　宽度优先搜索算法。

Procedure Breadth-First Search

Begin

　　把初始结点放入队列；

Repeat

　　　　取得队列最前面的元素为 current；

　　If　current＝goal

　　　　　　成功返回并结束；

　　Else do

　　　　　　Begin

　　　　　　若 current 有子女，则 current 的子女以任意次序添加到队列的尾部；

　　　　　　End

　　Until 队列为空

End

3. 宽度优先搜索的时间复杂度

为了便于分析，我们考虑一棵树，其每个结点的分枝系数为 b，最大深度为 d，其中分支系数是指一个结点可以扩展的新的结点数目。因此，搜索树的根结点在第一层会产生 b 个结点，每个结点又产生 b 个新结点，这样在第二层会有 b^2 个结点。所以，如果目标没有出现在深度为 $d-1$ 的层，失败搜索的最小结点数目为

$$1+b+b^2+\cdots+b^{d-1}=\frac{b^d-1}{b-1}\qquad(b\gg1)\tag{5.3}$$

而在找到目标结点之前可能扩展的最大结点数目为

$$1+b+b^2+\cdots+b^{d-1}+b^d=\frac{b^{d+1}-1}{b-1}\tag{5.4}$$

对于 d 层，目标结点可能是第一个状态，也可能是最后一个状态。因此，平均需要访问的 d 层结点数目为 $(1+b^d)/2$。所以，平均总的搜索的结点数目为

$$\frac{b^d-1}{b-1}+\frac{1+b^d}{2}\approx\frac{b^d(b+1)}{2(b-1)}\tag{5.5}$$

宽度优先搜索的时间复杂度是 b 的指数函数 $O(b^d)$，因此宽度优先搜索的时间复杂度与搜索的结点数目成正比。

4. 宽度优先搜索的空间复杂度

宽度优先搜索中，空间复杂度和时间复杂度一样，需要很大空间，这是因为树的所有叶结点需要同时存储。根结点扩展后，队列中有 b 个结点。第 1 层最左边结点扩展后，队列中有 $2b-1$ 个结点。当 d 层最左边的结点正在检查是否是目标结点时，在队列中的结点数目最多，为 b^d。该算法的空间复杂度与队列长度有关，在最坏的情况下约为指数级 $O(b^d)$。

表 5.1 给出了宽度优先搜索的时间和空间需求情况，其中分枝系数 $b=10$，每秒钟处理 1000 个结点，每个结点需要 100 字节。

5. 宽度优先搜索的优缺点

宽度优先搜索是一种盲目搜索，时间和空间复杂度都比较高，当目标结点距离初始结

点较远时会产生许多无用的结点，搜索效率低。从表 5.1 可以看出，宽度优先搜索中，时间需求是一个很大的问题，但是空间需求是比执行时间更严重的问题。

表 5.1　宽度优先搜索的时间和空间需求

深度	结点数	时间需求	空间需求
0	1	$1\ \mu s$	100 B
2	111	0.2 s	11 KB
4	11 111	11 s	1 MB
6	10^6	18 min	111 MB
8	10^8	31 h	11 GB
10	10^{10}	128 d	1 TB
12	10^{12}	35 a	111 TB
14	10^{14}	3500 a	11 111 TB

宽度优先搜索也有优点：因为宽度优先搜索总是在生成扩展完 N 层的结点之后才转向 $N+1$ 层，所以如果目标结点存在，用宽度优先搜索算法总可以找到该目标结点，而且是最小（即最短路径）的结点。但实际意义不大，当状态的可扩展结点数的平均值较大时，这种组合爆炸就会使算法耗尽资源，在可利用的空间中找不到解。

5.3.2　深度优先搜索

1. 深度优先搜索的基本思想

深度优先搜索是一种一直向下的搜索策略，从初始结点 S_0 开始，按生成规则生成下一级各子结点，检查是否出现目标结点 S_g；若未出现，则按"最晚生成的子结点优先扩展"原则，用生成规则生成再下一级的子结点，再检查是否出现 S_g；若仍未出现，则再扩展最晚生成的子结点。如此下去，沿着最晚生成的子结点分枝，逐级"纵向"深入搜索。

由于一个有解的问题常常含有无穷分枝，深度优先搜索过程如果误入无穷分枝，就不可能找到目标结点，因此它是不完备的。与宽度优先搜索不同，深度优先搜索找到的解也不一定是最佳的。

2. 深度优先搜索算法

深度优先搜索法仅对有限状态空间类问题来说具有算法性，但无可采纳性。一般说来，它仅是一个过程，需要改进。下面就是基于栈实现的深度优先搜索算法。

【算法 5.2】　深度优先搜索算法。

```
Procedure Depth-First Search
    Begin
        把初始结点压入栈，并设置栈顶指针;
    While 栈不空 do
        Begin
            弹出栈顶元素;
```

    If   栈顶元素＝goal，成功返回并结束；

        Else   以任意次序把栈顶元素的子女压入栈中；

    End While

  End

3. 深度优先搜索的时间复杂度

如果搜索在 d 层最左边的位置找到了目标，则检查的结点数为 $d+1$。另外，如果只是搜索到 d 层，在 d 层的最右边找到了目标，则检查的结点包括了树中所有结点，其数量为

$$1+b+b^2+\cdots+b^d=\frac{b^{d+1}-1}{b-1} \tag{5.6}$$

所以，平均来说，检查的结点数量为

$$\frac{b^{d+1}-1}{2(b-1)}+\frac{(1+d)}{2}\approx b\,\frac{b^d+d}{2(b-1)} \tag{5.7}$$

即深度优先搜索的时间复杂度是 b 的指数函数 $O(b^d)$。

4. 深度优先搜索的空间复杂度

深度优先搜索对内存的需求是比较适中的，只需保存从根到叶的单条路径，包括在这条路径上每个结点的未扩展的兄弟结点。其对存储器要求是深度约束的线性函数。当搜索过程到达最大深度时，所需的内存最大。假设每个结点的分枝系数为 b，考虑深度为 d 的结点时，保存在内存中的结点包括到达深度 d 时所有未扩展的结点和正在被考虑的结点。因此，在每个层次上都有 $b-1$ 个未扩展的结点，总的内存需要量为 $d(b-1)+1$。所以，深度优先搜索的空间复杂度是 b 的线性函数 $O(bd)$。

5. 深度优先搜索的优缺点

深度优先搜索的优点是比宽度优先搜索算法需要的空间较少，只需要保存搜索树的一部分，由当前正在搜索的路径和该路径上还没有完全展开的结点所组成。因此，深度优先搜索的存储器要求是深度约束的线性函数。

但是其主要问题是可能会搜索到错误的路径上。很多问题可能具有很深甚至无限的搜索树，如果不幸选择了一个错误的路径，深度优先搜索会一直搜索下去，而不会回到正确的路径。对于这些问题，深度优先搜索要么陷入无限的循环而不能给出一个答案，要么最后找到一个答案，但路径很长而且不是最优的答案。也就是说，深度优先搜索既不是完备的，也不是最优的。

5.3.3 有界深度搜索和迭代加深搜索

对于深度 d 比较大的情况，深度优先搜索需要很长的运行时间，而且可能得不到解答。一种比较好的问题求解方法是对搜索树的深度进行控制，即有界深度优先搜索方法。有界深度优先搜索过程总体上按深度优先算法进行，但对搜索深度需要给出一个深度限制 d_m，当深度达到了 d_m 时，如果还没有找到解答，就停止对该分支的搜索，换到另一个分支进行搜索。

有界深度优先搜索的搜索过程如下：

(1) 把初始结点 S_0 放入 OPEN 表中，置 S_0 的深度 $d(S_0)=0$。

(2) 若 OPEN 表为空，则问题无解，失败并退出。

（3）把 OPEN 表中的第一个结点取出放入 CLOSE 表中，并按顺序冠以编号 n。

（4）考察结点 n 是否为目标结点。若是，则求得了问题的解，成功并退出。

（5）若结点 n 不可扩展或者深度 $d(n)=d_m$，则转第（2）步。

（6）扩展结点 n。将其子结点放入 OPEN 表的首部，并为其配置指向父结点的指针，然后转第（2）步。

对于有界深度搜索策略，下面有几点需要说明。

（1）深度限制 d_m 很重要。当问题有解且解的路径长度小于或等于 d_m 时，搜索过程一定能够找到解，但是与深度优先搜索一样，并不能保证最先找到的是最优解，即这时有界深度搜索是完备的但不是最优的。但是当 d_m 取值太小，解的路径长度大于 d_m 时，则搜索过程中就找不到解，这时搜索过程甚至是不完备的。

（2）深度限制 d_m 不能太大。当 d_m 太大时，搜索过程会产生过多的无用结点，既浪费了计算资源，又降低了搜索效率。有界深度搜索的时间和空间复杂度与深度优先搜索类似，空间是线性复杂度 $O(bd)$，时间是指数复杂度 $O(b^{d_m})$。

（3）有界深度搜索的主要问题是深度限制值 d_m 的选取。d_m 值也被称为状态空间的直径，如果该值设置得比较合适，则会得到比较有效的有界深度搜索。但是对很多问题，我们并不知道该值到底为多少，直到该问题求解完成了，才可以确定深度限制值 d_m。为了解决上述问题，可采用如下改进方法：先任意给定一个较小的数作为 d_m，然后按有界深度算法搜索，若在此深度限制内找到了解，则算法结束；如在此限制内没有找到问题的解，则增大深度限制 d_m，继续搜索。这就是迭代加深搜索的基本思想。

迭代加深搜索是一种回避选择最优深度限制问题的策略，试图尝试所有可能的深度限制：首先深度为 0，然后深度为 1，再为 2，等等，一直进行下去。如果初始深度为 0，则该算法只生成根结点，并检测它。如果根结点不是目标，则深度加 1，通过典型的深度优先算法，生成深度为 1 的树。同样当深度限制为 m 时，树的深度也为 m。

迭代加深搜索看起来会很浪费资源，因为很多结点都可能扩展多次。然而对于很多问题，这种多次的扩展负担实际上很小。直觉上可以想象，如果一棵树的分枝很大，几乎所有结点都在底层，则对于上面各层结点，多次扩展对整个系统来说影响不是很大。

搜索深度为 h 时，由深度优先搜索方法生成的结点数为：

$$\frac{b^{h+1}-1}{b-1}$$

由迭代加深搜索过程中的失败搜索所产生的结点数量的总和为：

$$\left\{\frac{1}{b-1}\right\}\sum_{h=0}^{d-1}(b^{h+1}-1)\approx\frac{b(b^d-d)}{(b-1)^2} \tag{5.8}$$

该算法的最后一次搜索在深度 d 找到了成功结点，则该次搜索的平均时间复杂度为典型的深度有界搜索 $\frac{b(b^d+d)}{2(b-1)}$，则总的平均时间复杂度为：

$$\frac{b(b^d-d)}{(b-1)^2}+\frac{b(b^d-d)}{2(b-1)}\approx\frac{(b+1)b^{d+1}}{2(b-1)^2} \tag{5.9}$$

则迭代深度搜索和深度优先搜索的时间复杂度的比率为：

$$\{(b+1)b^{d+1}/[2(b-1)^2]\}:\{b(b^d+d)/[2(b-1)]\} \tag{5.10}$$

对于比较大的 d，上式简化为：

$$\{(b+1)b^{d+1}/[2(b-1)^2]\}:\{(b^{d+1})/[2(b-1)]\}=(b+1):(b-1)^d \quad (5.11)$$

迭代深度搜索和宽度优先搜索的时间复杂度的比率为：

$$\{(b+1)b^{d+1}/[2(b-1)^2]\}:\{b^d(b+1)/[2(b-1)]\}=b:(b-1) \quad (5.12)$$

对于一个分枝系数 $b=10$ 的深度目标，迭代深度搜索比深度优先搜索增加 20% 左右的结点，只比宽度优先搜索增加了 11% 左右的额外结点。而且，分枝系数越大，重复搜索产生的额外结点比率越少，因此迭代加深搜索与深度优先搜索、宽度优先搜索方法相比并没有增加很多时间复杂度。也就是说，迭代加深搜索的时间复杂度为 $O(b^d)$，空间复杂度为 $O(bd)$，既满足深度优先搜索的线性存储要求，又能保证发现最小深度的目标。

【算法 5.3】　迭代加深搜索算法。

  Procedure Iterative Deepening Search

    Begin

      设置当前深度限制＝1；

      把初始结点压入栈，并设置栈顶指针；

      While 栈不空并且深度在给定的深度限制之内 do

        Begin

          弹出栈顶元素；

        If 栈顶元素＝goal，返回并结束；

        Else 以任意的顺序把栈顶元素的子女压入栈中；

      End

      End while

      深度限制加 1，并返回 2；

    End

5.3.4　搜索最优策略的比较

宽度优先搜索、深度优先搜索和迭代加深搜索都可以用于生成和测试算法，然而宽度优先搜索需要指数数量的空间，深度优先搜索的空间复杂度与最大搜索深度呈线性关系。迭代加深搜索对一棵深度受控的树采用深度优先的搜索，结合了宽度优先和深度优先搜索的优点。与宽度优先搜索一样，它是最优的，也是完备的，但对空间要求和深度优先搜索一样是适中的。表 5.2 给出了这四种搜索策略的比较。

表 5.2　四种搜索策略的比较

标准	宽度优先	深度优先	有界深度	迭代加深
时间	b^d	b^m	b^l	b^d
空间	b^d	bm	b^l	bd
最优	是	否	否	是
完备	是	否	如果 $l>d$，则是	是

注：b 是分枝系数；d 是解答的深度；m 是搜索树的最大深度；l 是深度限制。

5.4　启发式搜索

前面讨论的搜索方法都是按事先规定的路线进行搜索的，没有用到问题本身的特征信息，具有较大的盲目性，产生的无用结点较多，搜索空间较大，效率不高。如果能够利用问题自身的一些特征信息来指导搜索过程，则可以缩小搜索范围，提高搜索效率。

启发式搜索通常用于两种问题：正向推理和反向推理。正向推理一般用于状态空间的搜索。在正向推理中，推理从预定义的初始状态出发向目标状态方向执行。反向推理一般用于问题规约中。在反向推理中，推理是从给定的目标状态向初始状态执行的。前一类中使用启发式函数的搜索算法包括 OR 图算法或者最好优先算法，以及根据启发式函数的不同而得到的其他算法，如 A* 算法等。另一方面，启发式反向推理算法通常称为 AND-OR 图搜索算法，AO* 算法就是其中一种。

5.4.1　启发性信息和估价函数

启发式搜索方法依据的是问题自身的启发性信息，而启发性信息又是通过估价函数作用到搜索过程中的，因此在讨论启发式搜索方法之前，需要先了解启发性信息和估价函数的概念。

1. 启发性信息

启发性信息是指与具体问题求解过程有关的，可指导搜索过程朝着最有希望方向前进的控制信息。启发性信息一般有 3 种：① 有效地帮助确定扩展节点的信息；② 有效地帮助决定哪些后继节点应被生成的信息；③ 能决定在扩展一个节点时哪些节点应从搜索树上删除的信息。

一般来说，搜索过程使用的启发性信息的启发能力越强，扩展的无用节点就越少。

2. 估价函数

用来估计节点重要性的函数称为估价函数。估价函数 $f(n)$ 被定义为从初始节点 S_0 出发，约束经过节点 n 到达目标节点 S_g 的所有路径中最小路径代价的估计值。它的一般形式为

$$f(n) = g(n) + h(n) \tag{5.13}$$

式中，$g(n)$ 是从初始节点 S_0 到节点 n 的实际代价，$h(n)$ 是从节点 n 到目标节点 S_g 的最优路径的估计代价。对 $g(n)$ 的值，可以按指向父节点的指针，从节点 n 反向跟踪到初始节点 S_0，得到一条从初始节点 S_0 到节点 n 的最小代价路径，然后把这条路径上所有有向边的代价相加，就得到 $g(n)$ 的值。$h(n)$ 的值则需要根据问题自身的特性来确定，它体现的是问题自身的启发性信息，因此也称 $h(n)$ 为启发函数。

5.4.2　A 算法

在图搜索算法中通常需要用到以下两种数据结构：Open 表、Closed 表。其中，Open 表用来存放未扩展的节点，故称为未扩展节点表；Closed 表用来存放已扩展的节点，故称为已扩展节点表。如果在搜索的每一步都利用估价函数 $f(n) = g(n) + h(n)$ 对 Open 表中

的节点进行排序，则称该搜索算法为 A 算法。由于估价函数中带有问题自身的启发性信息，因此 A 算法也被称为启发式搜索算法。

根据搜索过程中选择扩展节点的范围，启发式搜索算法可分为全局择优搜索算法和局部择优搜索算法。其中，全局择优搜索算法每当需要扩展节点时，总是从 Open 表的所有节点中选择一个估价函数值最小的节点进行扩展。局部择优搜索算法每当需要扩展节点时，总是从刚生成的子节点中选择一个估价函数值最小的节点进行扩展。下面主要讨论全局择优搜索算法。

全局择优搜索算法的搜索过程可描述如下：

(1) 把初始节点 S_0 放入 Open 表中，$f(S_0)=g(S_0)+h(S_0)$。

(2) 如果 Open 表为空，则问题无解，失败退出。

(3) 把 Open 表的第一个节点取出放入 Closed 表，并记该节点为 n。

(4) 考察节点 n 是否为目标节点。若是，则找到了问题的解，成功退出。

(5) 若节点 n 不可扩展，则转第(2)步。

(6) 扩展节点 n，生成其子节点 $n_i(i=1,2,\cdots)$，计算每个子节点的估价值 $f(n_i)(i=1,2,\cdots)$，并为每个子节点设置指向父节点的指针，然后将它们放入 Open 表中。

(7) 根据各节点的估价函数值，对 Open 表中的全部节点按从小到大的顺序，重新进行排序。

(8) 转第(2)步。

由于上述算法的第(7)步要对 Open 表中的全部节点按其估价函数值从小到大重新进行排序，这样在算法第(3)步取出的节点一定是 Open 表的所有节点中估价函数值最小的。因此，它是一种全局择优的搜索方式。

对上述算法进一步分析还可以发现：如果取估价函数 $f(n)=g(n)$，则它将退化为代价树的广度优先搜索；如果取估价函数 $f(n)=d(n)$，则它将退化为深度优先搜索。可见，广度优先搜索和深度优先搜索是全局择优搜索的两个特例。

5.4.3　A* 算法

估价函数对搜索过程是十分重要的，如果选择不当，则有可能找不到问题的解，或者找到的不是问题的最优解。为此，需要对估价函数进行某些限制。A* 算法就是对估价函数加上一些限制后得到的一种启发式搜索算法。

1. A* 算法的概念

假设 $f^*(n)$ 为从初始节点 S_0 出发，约束经过节点 n 到达目标节点 S_g 的最小代价值。估价函数 $f(n)$ 则是 $f^*(n)$ 的估计值。显然，$f^*(n)$ 应由以下两部分组成：一部分是从初始节点 S_0 到节点 n 的最小代价，记为 $g^*(n)$；另一部分是从节点 n 到目标节点 S_g 的最小代价，记为 $h^*(n)$，当问题有多个目标节点时，应取其中代价最小的一个。因此有

$$f^*(n)=g^*(n)+h^*(n) \tag{5.14}$$

估价函数 $f(n)$ 与 $f^*(n)$ 对比，$g(n)$ 是对 $g^*(n)$ 的一个估计，$h(n)$ 是对 $h^*(n)$ 的一个估计。在这两个估计中，尽管 $g(n)$ 的值容易计算，但它不一定是从初始节点 S_0 到节点 n 的真正最小代价，很有可能从初始节点 S_0 到节点 n 的真正最小代价还没有找到，故 $g(n)\geqslant g^*(n)$。

有了 $g^*(n)$ 和 $h^*(n)$ 的定义，如果对 A 算法（全局择优的启发式搜索算法）中的 $g(n)$ 和 $h(n)$ 分别提出如下限制：

第一，$g(n)$ 是对 $g^*(n)$ 的估算，且 $g(n)>0$；

第二，$h(n)$ 是 $h^*(n)$ 的下界，即对任意节点 n 均有 $h(n)\leqslant h^*(n)$。

则称得到的算法为 A* 算法。

2. A* 算法的特性

有了 A* 算法的概念，下面来讨论该算法的有关特性。A* 算法的主要特征包括可采纳性、最优性和单调性。

1）A* 算法的可采纳性

一般来说，对任意一个状态空间图，当从初始节点到目标节点有路径存在时，如果搜索算法能在有限步内找到一条从初始节点到目标节点的最佳路径，并在此路径上结束，则称该搜索算法是可采纳的。A* 算法是可采纳的。下面分三步来证明这一结论。

【定理 5.1】 对有限图，如果从初始节点 S_0 到目标节点 S_g 有路径存在，则算法 A* 一定成功结束。

证明 首先证明算法必然结束。由于搜索图为有限图，如果算法能找到解，则成功结束；如果算法找不到解，则必然会由于 Open 表变空而结束。因此，A* 算法必然结束。

然后证明算法一定会成功结束。由于至少存在一条由初始节点到目标节点的路径，设此路径为

$$S_0=n_0, n_1, \cdots, n_k=S_g$$

算法开始时，节点 n_0 在 Open 表中，而且路径中任一节点 n_i 离开 Open 表后，其后继节点 n_i+1 必进入 Open 表，这样，在 Open 表变为空之前，目标节点必然出现在 Open 表中。因此，算法一定会成功结束。

引理 5.1 对无限图，如果从初始节点 S_0 到目标节点 S_g 有路径存在，且 A* 算法不终止，则从 Open 表中选出的节点必将具有任意大的 f 值。

证明 设 $d^*(n)$ 是 A* 算法生成的从初始节点 S_0 到节点 n 的最短路径长度，由于搜索图中每条边的代价都是一个正数，令这些正数中的最小的一个数是 e，则

$$g^*(n) \geqslant d^*(n) \cdot e \tag{5.15}$$

因为 $g^*(n)$ 是最佳路径的代价，所以有

$$g(n) \geqslant g^*(n) \geqslant d^*(n) \cdot e \tag{5.16}$$

又因为 $h(n) \geqslant 0$，所以有

$$f(n)=g(n)+h(n) \geqslant g(n) \geqslant d^*(n) \cdot e \tag{5.17}$$

如果 A* 算法不终止，从 Open 表中选出的节点必将具有任意大的 $d(n)$ 值，因此也将具有任意大的 f 值。

引理 5.2 在 A* 算法终止前的任何时刻，Open 表中总存在节点 n'，它是从初始节点 S_0 到目标节点的最佳路径上的一个节点，且满足 $f(n')\leqslant f^*(S_0)$。

证明 设从初始节点 S_0 到目标节点 S_g 的一条最佳路径序列为

$$S_0=n_0, n_1, \cdots, n_k=S_g$$

算法开始时，节点 S_0 在 Open 表中，当节点 S_0 离开 Open 表进入 Closed 表时，节点

n_1 进入 Open 表。因此，A* 算法没有结束以前，在 Open 表中必存在最佳路径上的节点。设这些节点中排在最前面的节点为 n'，则

$$f(n') = g(n') + h(n') \tag{5.18}$$

由于 n' 在最佳路径上，故 $g(n') = g^*(n')$，从而有

$$f(n') = g^*(n') + h(n') \tag{5.19}$$

又由于 A* 算法满足 $h(n') \leqslant h^*(n')$，故

$$f(n') \leqslant g^*(n') + h^*(n') = f^*(n') \tag{5.20}$$

因为在最佳路径上的所有节点的 f^* 值都应相等，所以

$$f(n') \leqslant f^*(S_0) \tag{5.21}$$

【定理 5.2】　对无限图，若从初始节点 S_0 到目标节点 S_g 有路径存在，则 A* 算法必然会结束。

证明　（反证法）假设 A* 算法不结束，由引理 5.1 知，Open 表中的节点有任意大的 f 值，这与引理 5.2 的结论相矛盾，因此 A* 算法只能成功结束。

推论 5.1　Open 表中任一具有 $f(n) < f^*(S_0)$ 的节点 n，最终都被 A* 算法选作为扩展的节点。

下面给出 A* 算法的可采纳性。

【定理 5.3】　A* 算法是可采纳的，即若存在从初始节点 S_0 到目标节点 S_g 的路径，则 A* 算法必能结束在最佳路径上。

证明　证明过程分以下两步进行。

（1）先证明 A* 算法一定能够终止在某个目标节点上。

由定理 5.1 和定理 5.2 可知，无论是对有限图还是无限图，A* 算法都能够找到某个目标节点而结束。

（2）再证明 A* 算法只能终止在最佳路径上（反证法）。

假设 A* 算法未能终止在最佳路径上，而是终止在某个目标节点 t 处，则

$$f(t) = g(t) > f^*(S_0) \tag{5.22}$$

但由引理 5.2 可知，在 A* 算法结束前必有最佳路径上的一个节点 n' 在 Open 表中，且

$$f(n') \leqslant f^*(S_0) < f(t) \tag{5.23}$$

这时，A* 算法一定会选择 n' 来扩展，而不可能选择 t，从而也不会去测试目标节点 t，这就与假设 A* 算法终止在目标节点 t 相矛盾。因此，A* 算法只能终止在最佳路径上。

推论 5.2　在 A* 算法中，对任何被扩展的节点 n，都有 $f(n) \leqslant f^*(S_0)$。

2）A* 算法的最优性

A* 算法的搜索效率很大程度上取决于估价函数 $h(n)$。一般来说，在满足 $h(n) \leqslant h^*(n)$ 的前提下，$h(n)$ 的值越大越好。$h(n)$ 的值越大，说明它携带的启发性信息越多，A* 算法搜索时扩展的节点就越少，搜索效率就越高。A* 算法的这一特性也称为信息性。下面通过一个定理来描述这一特性。

【定理 5.4】　设有两个 A* 算法 A_1^* 和 A_2^*：

$$A_1^*: f_1(n) = g_1(n) + h_1(n) \tag{5.24}$$

$$A_2^*: f_2(n) = g_2(n) + h_2(n) \tag{5.25}$$

如果 A_2^* 比 A_1^* 有更多的启发性信息，即对所有非目标节点均有 $h_2(n) > h_1(n)$，则在搜索过程中，被 A_2^* 扩展的节点必然被 A_1^* 扩展，即 A_1^* 扩展的节点不会比 A_2^* 扩展的节点少，即 A_2^* 扩展的节点集是 A_1^* 扩展的节点集的子集。

证明 （用数学归纳法）

（1）对深度 $d(n)=0$ 的节点，即 n 为初始节点 S_0，如果 n 为目标节点，则 A_1^* 和 A_2^* 都不扩展 n；如果 n 不是目标节点，则 A_1^* 和 A_2^* 都要扩展 n。

（2）假设对 A_2^* 搜索树中 $d(n)=k$ 的任意节点 n，结论成立，即 A_1^* 也扩展了这些节点。

（3）证明 A_2^* 搜索树中 $d(n)=k+1$ 的任意节点 n，也要由 A_1^* 扩展（用反证法）。

假设 A_2^* 搜索树上有一个满足 $d(n)=k+1$ 的节点 n，A_2^* 扩展了该节点，但 A_1^* 没有扩展它。根据第（2）条的假设，知道 A_1^* 扩展了节点 n 的父节点，因此 n 必定在 A_1^* 的 Open 表中。既然节点 n 没有被 A_1^* 扩展，则

$$f_1(n) \geqslant f^*(S_0) \tag{5.26}$$

即

$$g_1(n) + h_1(n) \geqslant f^*(S_0) \tag{5.27}$$

但由于 $d=k$ 时，A_2^* 扩展的节点 A_1^* 也一定扩展，故

$$g_1(n) \leqslant g_2(n) \tag{5.28}$$

因此

$$h_1(n) \geqslant f^*(S_0) - g_2(n) \tag{5.29}$$

另一方面，由于 A_2^* 扩展了 n，因此

$$f_2(n) \leqslant f^*(S_0) \tag{5.30}$$

即

$$g_2(n) + h_2(n) \leqslant f^*(S_0) \tag{5.31}$$

亦即

$$h_2(n) \leqslant f^*(S_0) - g_2(n) \tag{5.32}$$

所以

$$h_1(n) \leqslant h_2(n) \tag{5.33}$$

这与最初假设的 $h_1(n) < h_2(n)$ 矛盾，因此反证法的假设不成立。

3）A^* 算法的单调性

在 A^* 算法中，每当扩展一个节点时，都需要检查其子节点是否已在 Open 表或 Closed 表中。对于那些已在 Open 表中的子节点，需要决定是否调整指向其父节点的指针；对于那些已在 Closed 表中的子节点，除了需要决定是否调整其指向父节点的指针外，还需要决定是否调整其子节点的后继节点的父指针，增加了搜索的代价。如果能够保证，每当扩展一个节点时，就已经找到了通往这个节点的最佳路径，就没有必要再去检查其后继节点是否已在 Closed 表中，原因是 Closed 表中的节点都已经找到了通往该节点的最佳路径。为满足这一要求，需要对启发函数 $h(n)$ 增加单调性限制。

【定义 5.1】 如果启发函数满足以下两个条件：

（1）$h(S_g)=0$；

（2）对任意节点 n_i 及其任一子节点 n_j，都有

$$0 \leqslant h(n_i) - h(n_j) \leqslant c(n_i, n_j) \tag{5.34}$$

上式说明，从节点 n_i 到目标节点最小代价的估值不会超过从节点 n_i 到其子节点 n_j 的边代价加上从 n_j 到目标节点的最小代价估值。

【定理 5.5】　如果 h 满足单调条件，则当 A* 算法扩展节点 n 时，该节点已经找到了通往它的最佳路径，即 $g(n) = g^*(n)$。

证明　设 A* 正要扩展节点 n，而节点序列 $S_0 = n_0$，n_1，$\cdots$，$n_k = n$ 是由初始节点 S_0 到节点 n 的最佳路径。其中，n_i 是这个序列中最后一个位于 Closed 表中的节点，则上述节点序列中的 n_{i+1} 节点必定在 Open 表中，则

$$g^*(n_i) + h(n_i) \leqslant g^*(n_i) + c(n_i, n_{i+1}) + h(n_{i+1}) \tag{5.35}$$

由于节点 n_i 和 n_{i+1} 都在最佳路径上，故

$$g^*(n_{i+1}) = g^*(n_i) + c(n_i, n_{i+1}) \tag{5.36}$$

所以

$$g^*(n_i) + h(n_i) \leqslant g^*(n_{i+1}) + h(n_{i+1}) \tag{5.37}$$

一直推导下去可得

$$g^*(n_{i+1}) + h(n_{i+1}) \leqslant g^*(n_k) + h(n_k) \tag{5.38}$$

由于节点在最佳路径上，故

$$f(n_{i+1}) \leqslant g^*(n) + h(n) \tag{5.39}$$

因为这时 A* 扩展节点 n，而不扩展节点 n_{i+1}，则

$$f(n) = g(n) + h(n) \leqslant f(n_{i+1}) \leqslant g^*(n) + h(n) \tag{5.40}$$

即

$$g(n) \leqslant g^*(n) \tag{5.41}$$

但是，$g^*(n)$ 是最小代价值，应当有

$$g(n) \geqslant g^*(n) \tag{5.42}$$

所以

$$g(n) = g^*(n) \tag{5.43}$$

下面再讨论单调限制的一个性质。

【定理 5.6】　如果 $h(n)$ 满足单调限制，则 A* 算法扩展的节点序列 f 的值是非递减的，即 $f(n_i) \leqslant f(n_{i+1})$。

证明　假设节点 n_{i+1} 在节点 n_i 之后立即扩展，由单调限制条件可知

$$h(n_i) - h(n_{i+1}) \leqslant c(n_i, n_{i+1}) \tag{5.44}$$

即

$$f(n_i) - g(n_i) - f(n_{i+1}) + g(n_{i+1}) \leqslant c(n_i, n_{i+1}) \tag{5.45}$$

亦即

$$f(n_i) - g(n_i) - f(n_{i+1}) + g(n_i) + c(n_i, n_{i+1}) < c(n_i, n_{i+1}) \tag{5.46}$$

所以

$$f(n_i) - f(n_{i+1}) \leqslant 0 \tag{5.47}$$

即

$$f(n_i) \leqslant f(n_{i+1}) \tag{5.48}$$

以上两个定理都是在 $h(n)$ 满足单调性限制的前提下成立的。如果 $h(n)$ 不满足单调性限制，则它们不一定成立。在 $h(n)$ 满足单调性限制下的 A^* 算法常被称为改进的 A^* 算法。

5.4.4 与/或树的启发式搜索

与/或树的启发式搜索是与/或图的启发式搜索的一种特例。在多数人工智能教科书中，与/或树的启发式搜索是由与/或图的启发式搜索引入的。与/或图的启发式搜索算法也称为 AO^* 算法。要讨论 AO^* 算法，需要了解与/或图的有关概念，而与/或图是一种比与/或树更复杂的数据结构。为避开与/或图概念，我们直接讨论与/或树的启发式搜索问题。对 AO^* 算法有兴趣的读者，可查阅书后所附的有关参考文献。

在讨论与/或树的启发式搜索过程之前，先了解几个有关概念。

1. 解树的代价

要寻找最优解树，首先需要计算解树的代价。在与/或树的启发式搜索过程中，解树的代价可按如下方法计算：

（1）若 n 为终止节点，则其代价 $h(n)=0$。

（2）若 n 为或节点，且子节点为 $n_1, n_2, \cdots, n_k$，则 n 的代价为

$$h(n) = \min_{1 \leqslant i \leqslant k} \{c(n, n_i) + h(n_i)\} \tag{5.49}$$

式中，$c(n, n_i)$ 是节点 n 到其子节点 n_i 的边代价。

（3）若 n 为与节点，且子节点为 $n_1, n_2, \cdots, n_k$，则 n 的代价可用和代价法或最大代价法计算。若用和代价法，则其计算公式为

$$h(n) = \sum_{i=1}^{k} [c(n, n_i) + h(n_i)] \tag{5.50}$$

若用最大代价法，则其计算公式为

$$h(n) = \max_{1 \leqslant i \leqslant k} \{c(n, n_i) + h(n_i)\} \tag{5.51}$$

（4）若 n 是端节点，但不是终止节点，则 n 不可扩展，其代价定义为 $h(n)=\infty$。

（5）根节点的代价即为解树的代价。

2. 希望树

为了找到最优解树，搜索过程的任何时刻都应该选择那些最有希望成为最优解树一部分的节点进行扩展。由于这些节点及其父节点所构成的与/或树最有可能成为最优解树的一部分，因此称它为希望解树，简称希望树。注意，希望解树是会随搜索过程而不断变化的。下面给出希望树的定义。

【定义 5.2】 希望解树 T：

（1）初始节点 S_0 在希望解树 T 中；

（2）如果 n 是具有子节点 $n_1, n_2, \cdots, n_k$ 的或节点，则 n 的某个子节点 n_i 在希望解树 T 中的充分必要条件是

$$\min_{1 \leqslant i \leqslant k} \{c(n, n_i) + h(n_i)\} \tag{5.52}$$

（3）如果 n 是与节点，则 n 的全部子节点都在希望解树 T 中。

3. 与/或树的启发式搜索过程

与/或树的启发式搜索需要不断地选择、修正希望树，其搜索过程如下：

（1）把初始节点 S_0 放入 Open 表中，计算 $h(S_0)$。

（2）计算希望解树 T。

（3）依次在 Open 表中取出 T 的端节点，放入 Closed 表，并记该节点为 n。

（4）如果节点 n 为终止节点，则做下列工作：

① 标记节点 n 为可解节点；

② 在 T 上应用可解标记过程，对 n 的先辈节点中的所有可解节点进行标记；

③ 如果初始节点 S_0 能够被标记为可解节点，则 T 就是最优解树，成功退出；

④ 否则，从 Open 表中删去具有可解先辈的所有节点；

⑤ 转（2）。

（5）如果节点 n 不是终止节点，但可扩展，则做下列工作：

① 扩展节点 n，生成 n 的所有子节点；

② 把这些子节点都放入 Open 表中，并为每个子节点设置指向父节点 n 的指针；

③ 计算这些子节点及其先辈节点的 h 值；

④ 转（2）。

（6）如果节点 n 不是终止节点，且不可扩展，则做下列工作：

① 标记节点 n 为不可解节点；

② 在 T 上应用不可解标记过程，对 n 的先辈节点中的所有不可解节点进行标记；

③ 如果初始节点 S_0 能够被标记为不可解节点，则问题无解，失败退出；

④ 否则，从 Open 表中删去具有不可解先辈的所有节点；

⑤ 转（2）。

5.4.5　博弈树的启发式搜索

1. 博弈概述

博弈是一类富有智能行为的竞争活动，如下棋、打牌、摔跤等。博弈可分为双人完备信息博弈和机遇性博弈。双人完备信息博弈就是两位选手对垒，轮流走步，每方不仅知道对方已经走过的棋步，还能估计出对方未来的走步。对弈的结果是一方赢，另一方输，或者双方和局。这类博弈的实例有象棋、围棋等。机遇性博弈是指存在不可预测性的博弈，如掷币等。由于机遇性博弈不具备完备信息，因此不讨论。本节主要讨论双人完备信息博弈问题。

在双人完备信息博弈过程中，双方都希望自己能够获胜。因此，当任何一方走步时，都是选择对自己最有利而对另一方最不利的行动方案。假设博弈的一方为 MAX，另一方为 MIN。在博弈过程的每步，可供 MAX 和 MIN 选择的行动方案都可能有多种。从 MAX 方的观点看，可供自己选择的那些行动方案之间是"或"的关系，原因是主动权掌握在 MAX 手里，选择哪个方案完全是由自己决定的；而那些可供对方选择的行动方案之间是"与"的关系，原因是主动权掌握在 MIN 的手里，任何一个方案都有可能被 MIN 选中，MAX 必须防止那种对自己最为不利的情况的发生。

　　若把双人完备信息博弈过程用图表示出来，就可得到一棵与/或树，这种与/或树被称为博弈树。在博弈树中，那些下一步该 MAX 走步的节点称为 MAX 节点，而下一步该 MIN 走步的节点称为 MIN 节点。博弈树具有如下特点：

　　(1) 博弈的初始状态是初始节点。

　　(2) 博弈树中的"或"节点和"与"节点是逐层交替出现的。

　　(3) 整个博弈过程始终站在某一方的立场上，所有能使自己获胜的终局都是本原问题，相应的节点是可解节点，所有使对方获胜的终局都是不可解节点。例如，站在 MAX 方，所有能使 MAX 方获胜的节点都是可解节点，所有能使 MIN 方获胜的节点都是不可解节点。

2. 极大/极小过程

　　简单的博弈问题可以生成整个博弈树，找到必胜的策略。但复杂的博弈，如国际象棋，大约有 10^{120} 个节点，要生成整个搜索树是不可能的。一种可行的方法是用当前正在考察的节点生成一棵部分博弈树，由于该博弈树的叶节点一般不是哪一方的获胜节点，因此需要利用估价函数 $f(n)$ 对叶节点进行静态估值。一般来说，那些对 MAX 有利的节点，其估价函数取正值；那些对 MIN 有利的节点，其估价函数取负值；那些使双方利益均等的节点，其估价函数取接近于 0 的值。

　　为了计算非叶节点的值，必须从叶节点向上倒退。由于 MAX 方总是选择估值最大的走步，因此，MAX 节点的倒退值应该取其后继节点估值的最大值。由于 MIN 方总是选择使估值最小的走步，因此 MIN 节点的倒退值应取其后继节点估值的最小值。这样一步一步地计算倒退值，直至求出初始节点的倒退值为止。由于我们站在 MAX 的立场上，因此应选择具有最大倒退值的走步。这一过程称为极大/极小过程。

3. α-β 剪枝

　　(1) 任何 MAX 节点 n 的 α 值大于或等于它先辈节点的 β 值，则 n 以下的分支可停止搜索，并令节点 n 的倒退值为 α。这种剪枝称为 β 剪枝。

　　(2) 任何 MIN 节点 n 的 β 值小于或等于它先辈节点的 α 值，则 n 以下的分支可停止搜索，并令节点 n 的倒退值为 β。这种剪枝称为 α 剪枝。

【实践 5.1】　A* 算法求解 8 数码问题

　　设在 3×3 的方格棋盘上分别放置了 1、2、3、4、5、6、7、8 这 8 个数码，初始状态为 S_0，目标状态为 S_g，如图 5.5 所示。

S_0		
2	8	3
1		4
7	6	5

S_g		
1	2	3
8		4
7	6	5

图 5.5　八数码难题

若估价函数为：

$$f(n)=d(n)+W(n)$$

式中，$d(n)$ 表示节点 n 在搜索树中的深度，$W(n)$ 表示节点 n 中"不在位"的数码个数。求从 S_0 到 S_g 的最佳路径。

解　取一种启发函数 $h(n)=P(n)$，$P(n)$ 定义为每个数码与其目标位置之间距离（不考虑夹在其间的数码）的总和，同样可以断定至少要移动 $P(n)$ 步才能到达目标，因此 $P(n) \leqslant h^*(n)$，即满足 A^* 算法的限制条件。其搜索过程所得到的搜索树如图 5.6 所示，节点旁边虽然没有标出 $P(n)$ 的值 p，却标出了估价函数 $f(n)$ 的 f 值。对解路径，还给出了各节点的 $g^*(n)$ 和 $h^*(n)$ 的 g^* 值和 h^* 值。从这些值还可以看出，最佳路径上的节点都有 $f^*=g^*+h^*=4$。

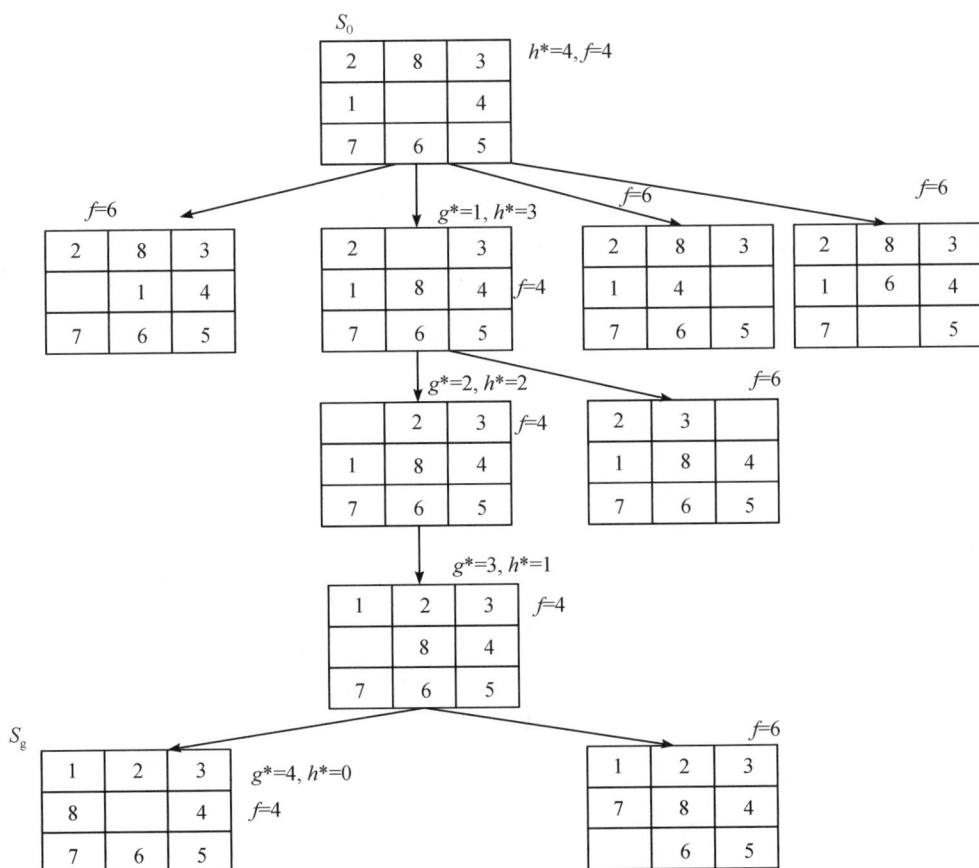

图 5.6　八数码难题 $h(n)=P(n)$ 的搜索树

【实践 5.2】　A^* 算法求解传教士和野人(MC)问题

设在河的左岸有三个野人、三个传教士和一条船，传教士想用这条船把所有的野人运到河对岸，但受以下条件的约束：一是传教士和野人都会划船，但每次船上至多可载两个人；二是在河的任一岸，如果野人数目超过传教士数目，传教士就会被野人吃掉。如果野人会服从任何一次过河安排，请规划一个确保传教士和野人都能过河，且没有传教士被野人吃掉的安全过河计划。

解 用 m 表示左岸的传教士人数，c 表示左岸的野人数，b 表示左岸的船数，用三元组(m,c,b)表示问题的状态。

对 A^* 算法，首先需要确定估价函数。设 $g(n)=d(n)$，$h(n)=m+c-2b$，则

$$f(n)=g(n)+h(n)=d(n)+m+c-2b$$

式中，$d(n)$为节点的深度。通过分析可知，$h(n) \leqslant h^*(n)$，满足 A^* 算法的限制条件。

MC 问题的搜索图如图 5.7 所示，每个节点旁边标出了该节点的 h 值和 f 值。

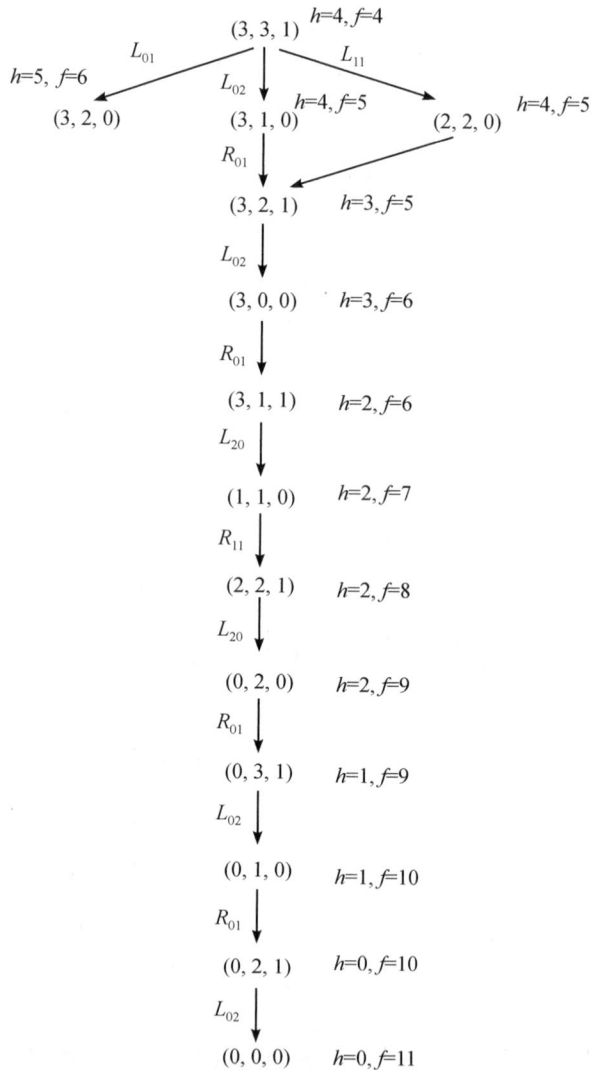

图 5.7　传教士和野人问题的搜索树

本 章 小 结

　　本章讨论的知识搜索策略是人工智能研究的一个核心问题。搜索是人工智能的一种问题求解方法，搜索策略决定着问题求解的一个推理步骤中知识被使用的优先关系。在搜索中，知识利用得越充分，求解问题的搜索空间就越小。和知识表示一样，知识的搜索与推理也有众多的方法，同一问题可能采用不同的搜索策略，而其中有的比较有效，有的则不适合具体问题。本章介绍的几种搜索策略主要适合解决不太复杂的问题。

　　本章首先介绍了基于状态空间图的搜索技术，给出了图搜索的基本概念，分析了状态空间搜索和一般图搜索算法。应用盲目搜索进行求解，一般是"盲目"穷举，即不运用特别信息。盲目搜索中最具代表的算法是宽度优先搜索和深度优先搜索。当状态空间比较大的时候，由于宽度优先搜索需要很大的存储空间，因此是不合适的。在很多典型的人工智能问题中，深度优先搜索有着很多应用。但它不是一种完备的方法。因此迭代加深搜索在这种情况下更适合。与 A^* 算法结合，迭代加深搜索算法转化为了 IDA^* 算法，该算法已经有了很多的研究，并且在并行结构上实现。

　　在本章给出的启发式搜索中，最流行的是 A^* 算法和 AO^* 算法。A^* 算法用于或图，AO^* 算法用于与/或图。A^* 算法用于在状态空间中寻找目标，以及从起始结点到目标结点的最优路径问题。AO^* 算法用于确定实现目标的最优路径。有人通过机器学习的方法增强状态空间中结点的启发式信息，对 A^* 算法进行了扩展。

　　本章还介绍了博弈问题，这可以看作一种特殊的与/或搜索问题。极大极小方法和 $\alpha\text{-}\beta$ 剪枝技术在博弈问题的解决中是必不可少的。

思考题或自测题

　　1. 什么是搜索？有哪两大类不同的搜索方法？两者的区别是什么？

　　2. 什么是状态空间？用状态空间表示问题时，什么是问题的解？什么是最优解？最优解唯一吗？

　　3. 理解一般图搜索算法。OPEN 表和 CLOSE 表的作用是什么？举例说明对三类子结点处理方式的差异。

　　4. 对比深度优先和宽度优先的搜索方法，为何说它们都是盲目搜索方法？

　　5. 简述有界深度搜索的步骤，并说明有界深度搜索与深度搜索的区别。

　　6. 启发性信息对搜索的指导作用体现在哪些方面？通过其使用的评价函数，理解启发式搜索 AO^* 算法。

　　7. 说明启发式函数 $h(n)$ 的强弱对搜索效率的影响。如何使图搜索更有效？

　　8. 在八数码问题中，如果移动一个将牌的耗散值为将牌的数值，请定义一个启发函数并说明该启发函数是否满足 AO^* 条件。

　　9. 阐述与/或图启发式搜索的 AO^* 算法。AO^* 算法的可采纳性条件是什么？为什么扩展局部解图时,不必选择 $h(n)$ 值最小的结点加以扩展?

10. 比较启发式搜索 AO^* 算法和 A^* 算法,并说明两者差异的理由。

11. 何谓估价函数?在估价函数中,$g(n)$ 和 $h(n)$ 各起什么作用?

12. 有一农夫带一头狼、一只羊和一筐菜,欲从河的左岸乘船到右岸,但受下列条件限制:

(1) 船太小,农夫每次只能带一样东西过河;

(2) 如果没有农夫看管,则狼要吃羊,羊要吃菜。

提示:① 用四元组(农夫,狼,羊,菜)表示状态,其中每个元素都为 0 或 1,用 0 表示左岸,用 1 表示右岸。② 把每次过河的一种安排作为一种操作,每次过河都必须有农夫,因为只有他可以划船。

13. 应用最新的方法表达传教士和野人问题,编写一个计算机程序,以求得安全渡过全部 6 个人的解答。(提示:在应用状态空间表示和搜索方法时,可用(N_m, N_c)来表示状态描述,其中 N_m 和 N_c 分别为传教士和野人的人数。初始状态为(3,3),而可能的中间状态为(0,1),(0,2),(0,3),(1,1),(2,1),(2,2),(3,0),(3,1)和(3,2)等。)

14. 图 5.8 是 5 个城市的交通图,城市之间的连线旁边的数字是城市之间路程的费用。要求从 A 城出发,经过其他各城市一次且仅一次,最后回到 A 城,请找出一条最优线路。

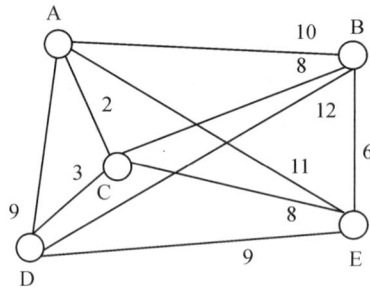

图 5.8 交通费用图

15. 设有如图 5.9 结构的移动将牌游戏:

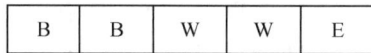

B	B	W	W	E

图 5.9 纸牌排列结构

其中,B 表示黑色将牌,W 表示白色将牌,E 表示空格。游戏的规定走法是:

(1) 任意一个将牌可移入相邻的空格,规定其代价为 1;

(2) 任意一个将牌可相隔 1 个其他的将牌跳入空格,其代价为跳过将牌的数目加 1。

游戏要达到的目标是把所有 W 都移到 B 的左边。对这个问题,请定义一个启发函数 $h(n)$,并给出用这个启发函数产生的搜索树。判别这个启发函数是否满足下界要求。在求出的搜索树中,对所有节点是否满足单调限制?

第6章
智能计算及其应用

受自然界和生物界规律的启迪，人们根据其原理模仿设计了许多求解问题的算法，包括人工神经网络、模糊逻辑、遗传算法、DNA 计算、模拟退火算法、禁忌搜索算法、免疫算法膜计算、量子计算、粒子群优化算法、蚁群算法、人工蜂群算法、人工鱼群算法以及细菌群体优化算法等，这些算法称为智能计算，也称为计算智能（Computational Intelligence，CI）。智能优化方法通常包括进化计算和群智能两大类方法，是一种典型的元启发式随机优化方法，已经广泛应用于组合优化、机器学习、智能控制、模式识别、规划设计、网络安全等领域，是 21 世纪有关智能计算的重要技术之一。

本章首先简要介绍进化算法的概念，详细介绍基本遗传算法，然后介绍粒子群优化算法的基本思想和参数分析，最后介绍蚁群算法及其应用。

6.1 进化算法的产生与发展

达尔文于 1859 年完成的科学巨著《物种起源》中，提出了自然选择学说，指出物种是在不断演变的，而且这种演变是一种由低级到高级、由简单到复杂的过程。1868 年，达尔文的第 2 部科学巨著《动物和植物在家养下的变异》问世，进一步阐述了他的进化论观点，提出了物种的变异和遗传、生物的生存斗争和自然选择的重要论点。生物种群的进化过程普遍遵循达尔文提出的"物竞天择，适者生存"的进化准则，即种群中的个体根据对环境的适应能力而被大自然所选择或淘汰。进化过程的结果反映在个体结构上，个体的染色体包含若干基因，相应的表现型和基因型的联系体现了个体的外部特性与内部机理间的逻辑关系。生物通过个体间的选择、交叉和变异来适应大自然环境。生物染色体用数学方式或计算机方式来体现就是一串数码，仍叫染色体，有时也叫个体；适应能力用对应染色体的数值来衡量；染色体的选择或淘汰问题是按求最大或是最小问题来进行的。为求解优化问题，人们试图从自然界中寻找灵感。优化是自然界进化的核心，每个物种都在随着自然界的进化而不断优化自身结构。20 世纪 60 年代以来，如何模仿生物来建立功能强大的算法，进而将它们运用于复杂的优化问题，越来越成为一个研究热点。对优化与自然界进化的深入观察和思考，导致了进化算法（Evolutionary Algorithms，EA）的诞生，并已发展成为一个重要的研究方向。

6.1.1　进化算法的生物学背景

进化算法类似于生物进化，需要经过长时间的成长演化，最后收敛到最优化问题的一个或者多个解。因此，了解生物进化过程，有助于理解进化算法的工作过程。

生物进化的基本过程如图 6.1 所示。以一个初始生物群体(population)为起点，经过竞争后，一部分群体被淘汰，无法再进入这个循环圈，而另一部分则成为种群。竞争过程遵循生物进化中"适者生存，优胜劣汰"的基本规律，所以存在一个竞争标准，或者生物适应环境的评价标准。适应程度高的并不一定进入种群，只是进入种群的可能性比较大；而适应程度低的并不一定被淘汰，只是进入种群的可能性比较小。这一重要特性保证了种群的多样性。

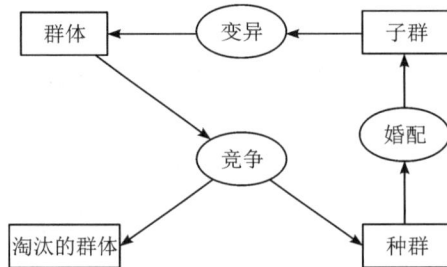

图 6.1　生物进化的基本过程

生物进化中种群经过婚配产生子代群体（简称子群）。在进化的过程中，可能会因为变异而产生新的个体。每个基因编码了生物机体的某种特征，如头发的颜色、耳朵的形状等。综合变异的作用使子群成长为新的群体而取代旧群体。在新的一个循环过程中，新的群体代替旧的群体而成为循环的开始。

6.1.2　进化算法的概念

进化算法是基于自然选择和自然遗传等生物进化机制的一种搜索算法，它是以达尔文的进化论思想为基础，通过模拟生物进化过程与机制来求解问题的自组织、自适应的人工智能技术，是一类借鉴生物界自然选择和自然遗传机制的随机搜索算法。这些方法本质上从不同的角度对达尔文的进化原理进行了不同的运用和阐述，非常适用于处理传统搜索方法难以解决的复杂和非线性优化问题。生物进化是通过繁殖、变异、竞争和选择实现的，而进化算法则主要通过选择、重组和变异这三种操作实现优化问题的求解。

进化算法是一个"算法簇"，包括遗传算法(Genetic Algorithms，GA)、遗传规划(Genetic Programming)、进化策略(Evolution Strategies)和进化规划(Evolution Programming)等。尽管它有很多的变化，有不同的遗传基因表达方式，不同的交叉和变异算子，特殊算子的引用，以及不同的再生和选择方法，但它们产生的灵感都来自于大自然的生物进化。

与普通搜索算法一样，进化算法也是一种迭代算法。不同的是在最优解的搜索过程中，普通搜索算法是从某个单一的初始点开始搜索，而进化算法是从原问题的一组解出发改进得到另一组较好的解，再从这组改进的解出发进一步改进。而且，进化算法不是直接对问题的具体参数进行处理，而是要求当原问题的优化模型建立后，还必须对原问题的解进行编码。

进化算法在搜索过程中利用结构化和随机性的信息，使最满足目标的决策获得最大的生存可能，是一种概率型的算法。进化搜索使用目标函数值的信息，可以不必用目标函数的导数信息或与具体问题有关的特殊知识，因而进化算法具有广泛的应用性、高度的非线性、易修改性和可并行性。因此，与传统的基于微积分的方法和穷举法等的优化算法相比，进化算法是一种具有高健壮性和广泛适用性的全局优化方法，具有自组织、自适应、自学习的特性，不受问题性质的限制，能适应不同的环境和不同的问题，有效地处理传统优化算法难以解决的大规模复杂优化问题。

6.1.3　进化算法的设计原则

一般来说，进化算法的求解包括以下几个步骤：给定一组初始解；评价当前这组解的性能；从当前这组解中选择一定数量的解作为迭代后的解的基础；再对其进行操作，得到迭代后的解；若这些解满足要求则停止，否则将这些迭代得到的解作为当前解重新操作。

设计进化算法的基本原则如下：

（1）适用性原则：一个算法的适用性是指该算法所能适用的问题种类，它取决于算法所需的限制与假定。优化问题的不同，则相应的处理方式也不同。

（2）可靠性原则：一个算法的可靠性是指算法对于所设计的问题，以适当的精度求解其中大多数问题的能力。因为演化计算的结果带有一定的随机性和不确定性，所以，在设计算法时应尽量经过较大样本的检验，以确认算法是否具有较大的可靠度。

（3）收敛性原则：指算法能否收敛到全局最优。在收敛的前提下，希望算法具有较快的收敛速度。

（4）稳定性原则：指算法对其控制参数及问题的数据的敏感度。如果算法对其控制参数或问题的数据十分敏感，则依据它们取值的不同，将可能产生不同的结果，甚至过早地收敛到某一局部最优解。所以，在设计算法时应尽量使得算法对一组固定的控制参数能在较广泛的问题的数据范围内求解问题，而且对一组给定的问题数据，算法对其控制参数的微小扰动不很敏感。

（5）生物类比原则：因为进化算法的设计思想是基于生物演化过程的，所以那些在生物界被认为是有效的方法及操作可以通过类比的方法引入到算法中，有时会带来较好的结果。

6.1.4　进化算法框架

如前所述，进化算法基于多点同时进行搜索。在进化算法中，这些点称为个体，所有的个体构成了一个群体。进化算法从选定的初始群体出发，通过不断迭代逐步改进当前群体，直至最后收敛于全局最优解或满意解。这种群体迭代进化的思想给优化问题的求解提供了一种全新思路。

进化算法一般用于求解具有以下形式的优化问题：

$$\max/\min f(\boldsymbol{x})\,,\ \boldsymbol{x}=(x_1,\cdots,x_D)\in S=\prod_{i=1}^{D}[L_i;U_i] \tag{6.1}$$

其中：$\boldsymbol{x}$ 为决策变量，x_i 为第 i 个决策变量，D 为决策变量的个数，$f(x)$ 为目标函数，S 为搜索空间（也称决策空间），L_i 和 U_i 分别为第 i 个决策变量的下界和上界。当优化问题只有一个决策变量时，$\boldsymbol{x}$ 可以直接表示为 x，也就是一个标量。

一般来说，在求解优化问题时，进化算法的整体框架如图 6.2 所示。在进化算法的迭代过程中，首先应产生一个包含 N 个个体(x_1, …, x_N)的群体，接着通过选择算子(selection operator)从群体中选择某些个体组成父代个体集(parent set)，然后利用交叉算子(crossover operator)和变异算子(mutation operator)对父代个体集进行相关操作(operation)产生子代个体集(offspring set)，最后将替换算子(replacement operator)应用于旧的群体和子代个体集，得到下一代群体。其中，初始

图 6.2　进化算法整体框架

群体一般在搜索空间中随机产生，交叉算子和变异算子用于发现新的候选解，选择算子和替换算子则用于确定群体的进化方向。

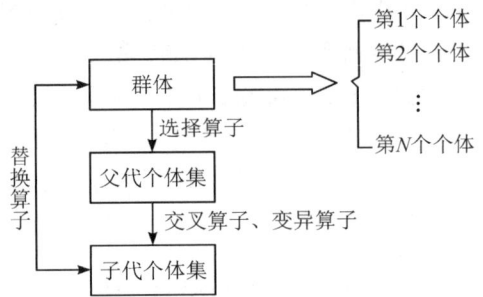

6.2　遗传算法及其应用

对于自然界中生物遗传与进化机理的模仿，针对不同的问题设计了许多不同的编码方法来表示问题的可行解，产生了多种不同的遗传算子来模仿不同环境下的生物遗传特性。这样，由不同的编码方法和不同的遗传算子构成了各种不同的遗传算法。但这些遗传算法都具有共同的特点，即通过对生物遗传和进化过程中选择、交叉、变异机理的模仿，来完成对问题最优解的自适应搜索过程。基于这个共同的特点，Goldberg 总结出了基本遗传算法(Simple Genetic Algorithms，SGA)，它只使用选择算子、交叉算子和变异算子三种基本遗传算子。其遗传进化操作过程简单，容易理解，给各种遗传算法提供了一个基本框架。20世纪 80 年代以后，遗传算法进入兴盛发展时期，无论是理论研究还是应用研究都成了十分热门的课题。现如今，遗传算法更是广泛应用于自动控制、生产计划、图像处理以及机器人等研究领域。

6.2.1　遗传算法的生物学背景

遗传算法的研究兴起在 20 世纪 80 年代末和 90 年代初，但它的历史起源可追溯到 20世纪 60 年代初期。早期的研究大多以对自然遗传系统的计算机模拟为主，其特点是侧重于对某些复杂操作的研究。虽然其中像自动博弈、生物模拟、模式识别和函数优化等给人以深刻的印象，但总的来说，这是一个无明确目标的发展时期，缺乏带有指导性的理论和计算工具的开拓。这种现象直到 20 世纪 70 年代中期，由于美国密歇根大学 Hollan 和 DeJong的创造性研究成果的发表才得到改变。当然，早期的研究成果对于遗传算法的发展仍然有一定的影响，尤其是其中一些有代表性的技术和方法已被后来的遗传算法所吸收和发展。

遗传算法的生物学背景同进化算法一样，主要借用大自然生物进化过程中"适者生存"的规律：最适合自然环境的群体往往产生了更大的后代群体。生物遗传物质的主要载体是染色体(chromosome)，DNA 是其中最主要的遗传物质。染色体中基因的位置称作基因座，而基因所取的值又叫做等位基因。基因和基因座决定了染色体的特征，也决定了生物个体

的性状。如头发的颜色是黑色、棕色或者金黄色等。

6.2.2　遗传算法的基本思想

在遗传算法中，染色体对应的是数据或数组，通常由一维的串结构数据表示。串上各个位置对应上述的基因座，而各位置上所取的值对应上述的等位基因。遗传算法处理的是染色体，或者称为基因型个体。一定数量的个体组成了群体，群体中个体的数量称为种群的大小，也叫种群的规模。各个个体对环境的适应程度叫适应度，适应度大的个体被选择进行遗传操作产生新个体，体现了生物遗传中适者生存的原理。选择两个染色体进行交叉产生一组新的染色体的过程，类似生物遗传中的婚配。编码的某一个分量发生变化的过程，类似生物遗传中的变异。遗传算法的基本流程如图 6.3 所示。

遗传算法包含两个数据转换的操作，一个是从表现型到基因型的转换，将搜索空间中的参数或解转换成遗传空间中的染色体或个体，这个过程称为编码(coding)；另一个是从基

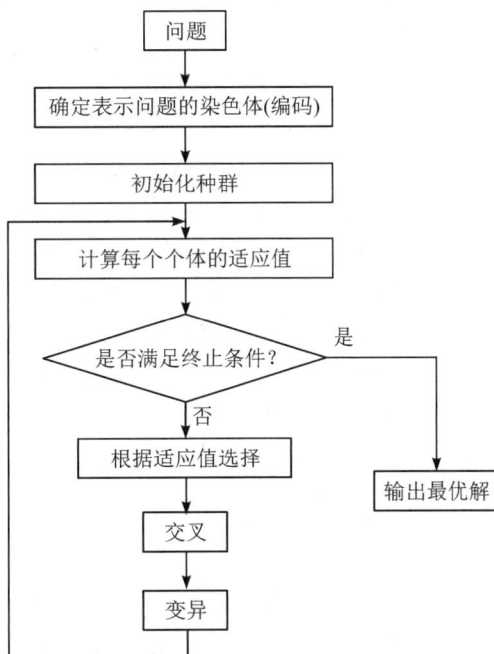

图 6.3　遗传算法的基本流程

因型到表现型的转换，即将个体转换成搜索空间中的参数，这个过程称为解码(decode)。

遗传算法在求解问题时从多个解开始，然后通过一定的法则进行逐步迭代以产生新的解。这多个解的集合称为一个种群，记为 $p(t)$。这里 t 表示迭代步，称为演化代。一般地，$p(t)$ 中元素的个数在整个演化过程中是不变的，可将群体的规模记为 N。$p(t)$ 中的元素称为个体或染色体，记为 $x_1(t), x_2(t), \cdots$，在进行演化时，要选择当前解进行交叉以产生新解。这些当前解称为新解的父解(parent)，产生的新解称为后代解(offspring)。

6.2.3　编码

遗传算法包含五个基本要素，即参数编码、初始群体的设定、适应度函数的设计、遗传操作设计和控制参数设定。

由于遗传算法不能直接处理问题空间的参数，因此必须通过编码将要求解的问题表示成遗传空间的染色体或者个体，它们由基因按一定结构组成。由于遗传算法的鲁棒性，其对编码的要求并不苛刻。对一个具体问题如何编码是应用遗传算法求解的首要问题，也是遗传算法应用的难点。事实上，还不存在一种通用的编码方法，特殊的问题往往采用特殊的方法。

1. 位串编码

将问题空间的参数编码为一维排列的染色体的方法，称为一维染色体编码方法。一维染色体编码中最常用的符号集是二值符号集{0，1}，即采用二进制编码(Binary Encoding)。

1）二进制编码

二进制编码是用若干二进制数表示一个个体，将原问题的解空间映射到位串空间 B＝{0，1}上，然后在位串空间上进行遗传操作。

（1）优点：

① 二进制编码类似于生物染色体的组成，从而使算法易于用生物遗传理论来解释，并使得遗传操作如交叉、变异等很容易实现。

② 采用二进制编码时，算法处理的模式数最多。

（2）缺点：

① 相邻整数的二进制编码可能具有较大的 Hamming 距离。例如，15 和 16 的二进制表示为 01111 和 10000，因此，算法要从 15 改进到 16 必须改变所有的位。这种缺陷造成了 Hamming 悬崖（Hamming Cliffs），将降低遗传算子的搜索效率。

② 二进制编码时，一般要先给出求解的精度。但求解的精度确定后，就很难在算法执行过程中进行调整，从而使算法缺乏微调（fine-tuning）的功能。若在算法一开始就选取较高的精度，那么串长就很大，这样也将降低算法的效率。

③ 在求解高维优化问题时，二进制编码串将非常长，从而使得算法的搜索效率很低。

2）Gray 编码

Gray 编码是将二进制编码通过一个变换进行转换得到的编码。设二进制串$<\beta_1\beta_2\cdots\beta_n>$对应 Gray 串$<\gamma_1\gamma_2\cdots\gamma_n>$，则从二进制编码到 Gray 编码的变换为

$$\gamma_k = \begin{cases} \beta_1 & k=1 \\ \beta_{k-1} \oplus \beta_k & k>1 \end{cases} \tag{6.2}$$

式中：$\oplus$表示模 2 的加法。从一个 Gray 串到二进制串的变换为

$$\beta_k = \sum_{i=1}^{k} \gamma_i(\bmod 2) = \begin{cases} \gamma_1 & k=1 \\ \beta_{k-1} \oplus \gamma_k & k>1 \end{cases} \tag{6.3}$$

Gray 编码的优点是克服了二进制编码的 Hamming 悬崖的缺点。

2. 实数编码

为克服二进制编码的缺点，对问题的变量是实向量的情形，可以直接采用实数编码。实数编码是用若干实数表示一个个体，然后在实数空间上进行遗传操作。

采用实数表达法不必进行数制转换，可直接在解的表现型上进行遗传操作。从而可引入与问题领域相关的启发式信息来增加算法的搜索能力。近年来，遗传算法在求解高维或复杂优化问题时一般使用实数编码。

3. 多参数级联编码

对于多参数优化问题的遗传算法，常采用多参数级联编码。其基本思想是把每个参数先进行二进制编码得到子串，再把这些子串连成一个完整的染色体。多参数级联编码中的每个子串对应各自的编码参数，所以，可以有不同的串长度和参数的取值范围。

6.2.4 群体设定

由于遗传算法是对群体进行操作的，所以必须为遗传操作准备一个由若干初始解组成

的初始群体。群体设定主要包括初始种群的产生和种群规模的确定两方面。

1. 初始种群的产生

遗传算法中，初始群体中的个体可以是随机产生的，但最好先随机产生一定数目的个体，然后从中挑选最好的个体纳入初始群体中。这种过程不断迭代，直到初始群体中的个体数目达到预先确定的规模。

2. 种群规模的确定

群体中个体的数量称为种群规模。种群规模影响遗传优化的结果和效率。当种群规模太小时，会使遗传算法的搜索空间范围有限，搜索有可能出现未成熟收敛现象，使算法陷入局部最优解。当种群规模太大时，适应度评估次数增加，会导致计算复杂；而且当种群中个体非常多时，少量适应度很高的个体会被选择生存下来，但大多数个体却被淘汰，影响配对库的形成，从而影响交叉操作。种群规模一般取 20～100。

6.2.5　适应度函数

遗传算法遵循自然界优胜劣汰的原则，在进化搜索中基本上不需要用到外部信息，而是用适应度值表示个体的优劣，作为遗传操作的依据。适应度是评价个体优劣的标准，个体的适应度高，则被选择的概率就高，反之就低。适应度函数（Fitness Function）是用来区分群体中的个体好坏的标准，是算法演化过程的驱动力，是进行自然选择的唯一依据。改变种群内部结构的操作都是通过适应度加以控制的。因此，适应度函数的设计非常重要。

在具体应用中，适应度函数的设计要结合求解问题本身的要求而定。一般而言，适应度函数是由目标函数变换得到的。下面讨论将目标函数变换成适应度函数的方法。

1. 将目标函数映射成适应度函数的方法

最直观的方法是直接将待求优化问题的目标函数作为适应度函数。

若目标函数为最大化问题，则适应度函数可以取为

$$Fit(f(x)) = f(x) \tag{6.4}$$

若目标函数为最小化问题，则适应度函数可以取为

$$Fit(f(x)) = \frac{1}{f(x)} \tag{6.5}$$

2. 适应度函数的尺度变换

在遗传算法中，将所有妨碍适应度值高的个体的产生，从而影响遗传算法正常工作的问题统称为欺骗问题（Deceptive Problem）。

在设计遗传算法时，群体的规模一般在几十至几百，与实际群体的规模相差很远。因此，个体繁殖数量的调节在遗传操作中就显得比较重要。如果群体中出现了超级个体，即该个体的适应值大大超过群体的平均适应值，则按照适应值比例进行选择时，该个体很快就会在群体中占有绝对的比例，从而导致算法较早地收敛到一个局部最优点，这种现象称为过早收敛，是一种欺骗问题。在这种情况下，应该缩小这些个体的适应度，以降低这些超级个体的竞争力。另一方面，在搜索过程的后期，虽然群体中存在足够的多样性，但群体的平均适应值可能会接近群体的最优适应值。在这种情况下，群体中实际上已不存在竞争，

从而搜索目标也难以得到改善，会出现停滞现象，这也是一种欺骗问题。在这种情况下，应该改变原始适应值的比例关系，以提高个体之间的竞争力。

对适应度函数值域的某种映射变换称为适应度函数的尺度变换（Fitness Scaling）或者定标。

1）线性变换

设原适应度函数为 f，定标后的适应度函数为 f'，则线性变换可采用下式表示为

$$f' = af + b \tag{6.6}$$

式中：系数 a 和 b 可以有多种途径设定，但要满足两个条件：

（1）变换后的适应度的平均值 f'_{avg} 要等于原适应度平均值 f_{avg}，以保证适应度为平均值的个体在下一代的期望复制数为 1，即

$$f'_{avg} = f_{avg} \tag{6.7}$$

（2）变换后适应度函数的最大值 f'_{max} 要等于原适应度函数平均值 f_{avg} 的指定倍数，以控制适应度最大的个体在下一代中的复制数，即

$$f'_{max} = C_{mult} \cdot f_{avg} \tag{6.8}$$

式中：C_{mult} 是所期待的最优群体个体的复制数。实验表明，对于不太大的群体（$n = 50 \sim 100$），C_{mult} 可在 $1.2 \sim 2.0$ 范围内取值。

根据上述条件，可以确定线性变换的系数为：

$$a = \frac{(C_{mult} - 1) f_{avg}}{f_{max} - f_{avg}} \tag{6.9a}$$

$$b = \frac{(f_{max} - C_{mult} f_{avg}) f_{avg}}{f_{max} - f_{avg}} \tag{6.9b}$$

线性变换法变换了适应度之间的差距，保持了种群的多样性，计算简便，易于实现。如果种群里某些个体适应度远远低于平均值，有可能出现变换后适应度值为负的情况。为满足最小适应度值非负的条件，可以进行如下变换：

$$a = \frac{f_{avg}}{f_{avg} - f_{min}} \tag{6.10a}$$

$$b = \frac{-f_{min} f_{avg}}{f_{avg} - f_{min}} \tag{6.10b}$$

2）非线性变换

幂函数变换法变换公式为

$$f' = f^k \tag{6.11}$$

式中：幂指数 k 与求解问题有关，而且在算法过程中可按需要修正。

指数变换法变换公式为

$$f' = e^{-af} \tag{6.12}$$

这种变换方法的基本思想来源于模拟退火过程，式中的系数 a 决定了复制的强制性，其值越小，复制的强制性就越趋向于那些具有最大适应度的个体。

6.2.6　选择

选择操作也称为复制（reproduction）操作，是从当前群体中按照一定概率选出优良的个

体,使它们有机会作为父代繁殖下一代子孙的过程。判断个体优良与否的准则是各个个体的适应度值。显然这一操作借鉴了达尔文适者生存的进化原则,即个体适应度越高,其被选择的机会就越多。

需要注意的是:如果总挑选最好的个体,遗传算法就变成了确定性优化方法,使种群过快地收敛到局部最优解。如果只作随机选择,则遗传算法就变成完全随机方法,需要很长时间才能收敛,甚至不收敛。因此,选择方法的关键是寻找一个策略,既要使得种群较快地收敛,也要维持种群的多样性。

选择操作的实现方法很多,这里介绍几种常用的选择方法。

1. 个体选择概率分配方法

在遗传算法中,哪个个体会被选择进行交叉是按照概率进行的。适应度大的个体被选择的概率大,但并不一定能够被选上。同样,适应度小的个体被选择的概率小,但也有可能被选上。所以,首先要根据个体的适应度确定被选择的概率。个体选择概率的常用分配方法有以下两种。

1) 适应度比例方法

适应度比例方法(Fitness Proportional Model)也称为蒙特卡罗法(Monte Carlo),是目前遗传算法中最基本也是最常用的选择方法。适应度比例方法中,各个个体被选择的概率和其适应度值成比例。设群体规模大小为 M,个体 i 的适应度值为 f_i,则这个个体被选择的概率为

$$p_{si}=\frac{f_i}{\sum_{i=1}^{M}f_i} \tag{6.13}$$

2) 排序方法

排序方法(Rank-Based Model)是计算每个个体的适应度后,根据适应度大小顺序对群体中个体进行排序,然后把事先设计好的概率排序分配给个体,作为各自的选择概率。选择概率仅仅取决于个体在种群中的序位,而不是实际的适应度值。排在前面的个体有较多的被选择的机会。

它的优点是克服了适应值比例选择策略的过早收敛和停滞现象,而且对于极大值或极小值问题,不需要进行适应值的标准化和调节,可以直接使用原始适应值进行排名选择。排序方法比比例方法具有更好的健壮性,是一种比较好的选择方法。

(1) 线性排序。线性排序选择最初是由 Baker 提出的,他首先假设群体成员按适应值大小从好到坏依次排列为 $x_1,x_2,\cdots,x_M$,然后根据一个线性函数给第 i 个个体 x_i 分配选择概率 p_i,即

$$p_i=\frac{a-bi}{M(M+1)} \tag{6.14}$$

式中:a、b 是常数。然后按类似于转盘式选择的方式选择父体以进行遗传操作。

(2) 非线性排序。Michalewicz 提出将群体成员按适应值从好到坏依次排序,并按下式分配选择概率为

$$p_i=\begin{cases}q(1-q)^{i-1} & i=1,2,\cdots,M-1\\(1-q)^{M-1} & i=M\end{cases} \tag{6.15}$$

式中：i 为个体排序序号。q 是一个常数，表示最好的个体的选择概率。

也可使用其他非线性函数来分配选择概率 p_i，只要满足以下条件：

① 若 $P = \{x_1, x_2, \cdots, x_M\}$ 且 $f(x_1) \geqslant f(x_2) \geqslant \cdots \geqslant f(x_M)$，则分配的概率 p_i 满足 $p_1 \geqslant p_2 \geqslant \cdots \geqslant p_M$。

② $\sum\limits_{i=1}^{M} P_i = 1$。

2. 选择个体方法

选择操作是根据个体的选择概率确定哪些个体被选择进行交叉、变异等操作。基本的选择方法如下。

1) 轮盘赌选择

轮盘赌选择(Roulette Wheel Selection)策略在遗传算法中使用得最多。

在轮盘赌选择方法中先按个体的选择概率产生一个轮盘，轮盘每个区的角度与个体的选择概率对应成比例，然后产生一个随机数，它落入转盘的哪个区域就选择相应的个体进行交叉。

显然，选择概率大的个体被选中的可能性大，获得交叉的机会就大。

在实际计算时，可以按照个体顺序求出每个个体的累积概率，然后产生一个随机数，它落入累积概率的哪个区域就选择相应的个体交叉。例如，表 6.1 展示了 11 个个体的适应度、选择概率和累积概率。为了选择交叉个体，需要进行多轮选择。例如，第 1 轮产生一个随机数为 0.81，落在第 5 个和第 6 个个体之间，则第 6 个个体被选中。第 2 轮产生一个随机数为 0.32，落在第 1 个和第 2 个个体之间，则第 2 个个体被选中。依此类推。

表 6.1　个体适应度、选择概率和累积概率

个体	1	2	3	4	5	6	7	8	9	10	11
适应度	2.0	1.8	1.6	1.4	1.2	1.0	0.8	0.6	0.4	0.2	0.1
选择概率	0.18	0.16	0.15	0.13	0.11	0.09	0.07	0.05	0.03	0.02	0.01
累积概率	0.18	0.34	0.49	0.62	0.73	0.82	0.89	0.94	0.97	0.99	1.00

2) 锦标赛选择方法

锦标赛选择方法(Tournament Selection Model)是从群体中随机选择 k 个个体，将其中适应度最高的个体保存到下一代。这一过程反复执行，直到保存到下一代的个体数达到预先设定的数量为止。参数 k 称为竞赛规模。

锦标赛选择方法的优点是克服了基于适应值比例选择和基于排序的选择在群体规模很大时，其额外计算量(如计算总体适应值或排序)很大的问题。它常常能比轮盘赌选择方法得到更加多样化的群体。

显然，这种方法也使得适应值好的个体具有较大的生存机会。同时，由于它只使用适应值的相对值作为选择的标准，而与适应值的数值大小不成直接比例，从而也能避免超级个体的影响，一定程度上避免了过早收敛和停滞现象的发生。

作为锦标赛选择方法的一种特殊情况，随机竞争方法(Stochastic Tournament)是每次按轮盘赌选择方法选取一对个体，然后让这两个个体进行竞争，适应度高者获胜。如此反复，直到选满为止。

3）最佳个体保存方法

最佳个体保存方法，或称为精英选拔方法（Elitist Model），是把群体中适应度最高的一个或者多个个体不进行交叉而直接复制到下一代中，保证遗传算法终止时得到的最后结果一定是历代出现过的最高适应度的个体。使用这种方法能够明显提高遗传算法的收敛速度，但可能使种群过快收敛，从而只找到局部最优解。实验结果表明：保留种群个体总数的2‰～5‰的适应度最高的个体，效果最为理想。

在使用其他选择方法时，一般同时使用最佳个体保存方法，以保证不会造成最优个体的丢失。

6.2.7 交叉

当两个生物机体配对或者复制时，它们的染色体相互混合，产生一对由双方基因组成的新的染色体。这一过程称为交叉（crossover）或者重组（recombination）。

举个简单的例子：假设雌性动物仅仅青睐大眼睛的雄性，这样眼睛越大的雄性就越容易受到雌性的青睐，生出更多的后代。可以说动物的适应性正比于它的眼睛的直径。因此，从一个具有不同大小眼睛的雄性群体出发，当动物进化时，在同位基因中能够产生大眼睛雄性动物的基因相对于产生小眼睛雄性动物的基因就更有可能复制到下一代。当进化几代以后，大眼睛雄性群体将会占据优势。生物逐渐向一种特殊遗传类型收敛。

一般来说，交叉得到的后代可能继承了上代的优良基因，后代会比它们父母更加优秀；但也可能继承了上代的不良基因，后代会比它们父母差，难以生存，甚至不能再复制自己。越能适应环境的后代越能继续复制自己并将其基因传给后代，由此形成一种趋势——每一代总是比其父母一代生存和复制得更好。

遗传算法中起核心作用的是交叉算子，也称为基因重组。采用的交叉方法应能够使父串的特征遗传给子串，子串应能够部分或者全部地继承父串的结构特征和有效基因。最简单、常用的交叉算子是一点或多点交叉。

1. 基本的交叉算子

1）一点交叉

一点交叉（Single-point Crossover）又称为简单交叉。其具体操作是：在个体串中随机设定一个交叉点，实行交叉时，该点前或后的两个个体的部分结构进行互换，并生成两个新的个体。

2）二点交叉

二点交叉（Two-point Crossover）的操作与一点交叉类似，只是设置了两个交叉点（仍然是随机设定），将两个交叉点之间的码串相互交换。类似于二点交叉，可以采用多点交叉（Multiple-point Crossover）。

2. 修正的交叉方法

由于交叉，可能出现不满足约束条件的非法染色体。为解决这一问题，可以采取构造惩罚函数的方法，但试验效果不佳，使得本已复杂的问题更加复杂。另一种处理方法是对交叉、变异等遗传操作作适当的修正，使其自动满足优化问题的约束条件。例如，在 TSP 问题中采用部分匹配交叉（Partially Matched Crossover，PMX）、顺序交叉（Order Crossover，OX）和循环交叉（Cycle Crossover，CX）等。这些方法对于其他一些问题也同样适用。

下面简单介绍部分匹配交叉 PMX。PMX 是由 Goldberg 和 Lingle 提出的。在 PMX 操作中，先依据均匀随机分布产生两个位串交叉点，定义这两点之间的区域为一匹配区域，并使用位置交换操作交换两个父串的匹配区域。例如，在任务排序问题中，两父串及匹配区域为

$$A = 9 \quad 8 \quad 4 \quad | \quad 5 \quad 6 \quad 7 \quad | \quad 1 \quad 3 \quad 2$$
$$B = 8 \quad 7 \quad 1 \quad | \quad 2 \quad 3 \quad 9 \quad | \quad 5 \quad 4 \quad 6$$

首先交换 A 和 B 的两个匹配区域，得到

$$A' = 9 \quad 8 \quad 4 \quad | \quad 2 \quad 3 \quad 9 \quad | \quad 1 \quad 3 \quad 2$$
$$B' = 8 \quad 7 \quad 1 \quad | \quad 5 \quad 6 \quad 7 \quad | \quad 5 \quad 4 \quad 6$$

显然，A' 和 B' 中出现重复的任务，所以是非法的调度。解决的方法是将 A' 和 B' 中匹配区域外出现的重复任务，按照匹配区域内的位置映射关系进行交换，从而使排列成为可行调度，即

$$A'' = 7 \quad 8 \quad 4 \quad | \quad 2 \quad 3 \quad 9 \quad | \quad 1 \quad 6 \quad 5$$
$$B'' = 8 \quad 9 \quad 1 \quad | \quad 5 \quad 6 \quad 7 \quad | \quad 2 \quad 4 \quad 3$$

交叉概率是用来确定两个染色体进行局部的互换以产生两个新的子代的概率。采用较大的交叉概率 P_c 可以增强遗传算法开辟新的搜索区域的能力，但高性能模式遭到破坏的可能性会增加。采用太低的交叉概率会使搜索陷入迟钝状态。P_c 一般取值为 $0.25 \sim 1.00$。实验表明交叉概率通常取 0.7 左右是理想的。每次从群体中选择两个染色体，同时生成 0 和 1 之间的一个随机数，然后根据这个随机数确定这两个染色体是否需要交叉。如果这个随机数低于交叉概率 0.7，就进行交叉。然后沿着染色体的长度随机地选择一个位置，并把此位置之后的所有的位进行互换。

6.2.8 变异

如果生物繁殖仅仅是上述交叉过程，那么即使经历成千上万代，适应能力最强的成员的眼睛尺寸也只能同初始群体中的最大眼睛一样。而根据对自然的观察可以看到，人类的眼睛尺寸实际存在一代比一代大的趋势。这是因为在基因传递给子孙后代的过程中会有很小的概率发生差错，从而使基因发生微小的改变，这就是基因变异。发生变异的概率通常很小，但在经历许多代以后变异就会很明显。

一些变异对生物是不利的，另一些对生物的适应性可能没有影响，但也有一些可能会给生物带来好处，使它们超过其他同类生物。例如前面的例子，变异可能会产生眼睛更大的生物。当经历许多代以后，眼睛会越来越大。

进化机制除了能够改进已有的特征，也能够产生新的特征。例如，可以设想某个时期动物没有眼睛，而是靠嗅觉和触觉来躲避捕食者。然而，两个动物在某次交配时一个基因突变发生在它们后代的头部皮肤上，发育出一个具有光敏效应的细胞，使它们的后代能够识别周围环境是亮还是暗。它能够感知捕食者的到来，能够知道现在是白天还是夜晚等信息，有利于它的生存。这个光敏细胞会进一步突变逐渐形成一个区域，从而成为眼睛。

在遗传算法中，变异是将个体编码中的一些位进行随机变化。变异的主要目的是维持群体的多样性，为选择、交叉过程中可能丢失的某些遗传基因进行修复和补充。变异算子的基本内容是对群体中的个体串的某些基因座上的基因值做变动。变异操作是按位进行的，即把某一位的内容进行变异。变异概率是在一个染色体中将位进行变化的概率。主要变异方法如下。

1. 位点变异

位点变异是指对群体中的个体码串，随机挑选一个或多个基因座，并对这些基因座的基因值以变异概率 P_m 作变动。对于二进制编码的个体来说，若某位原为 0，则通过变异操作就变成了 1，反之亦然。对于整数编码，将被选择的基因变为以概率选择的其他基因。为了消除非法性，将其他基因所在的基因座上的基因变为被选择的基因。

2. 逆转变异

在个体码串中随机选择两点（称为逆转点），然后将两个逆转点之间的基因值逆向排序插入到原位置中。

3. 插入变异

在个体码串中随机选择一个码，然后将此码插入随机选择的插入点中间。

4. 互换变异

随机选取染色体的两个基因进行简单互换。

5. 移动变异

随机选取一个基因，向左或者向右移动一个随机位数。

在遗传算法中，变异属于辅助性的搜索操作。变异概率 P_m 一般不能太大，以防止群体中重要的、单一的基因被丢失。事实上，变异概率太大将使遗传算法趋于纯粹的随机搜索。通常取变异概率 P_m 为 0.001 左右。

6.2.9　遗传算法的特点

比起其他优化搜索，遗传算法采用了许多独特的方法和技术。归纳起来，主要有以下几个方面：

（1）遗传算法的编码操作使它可以直接对结构对象进行操作。所谓结构对象，泛指集合、序列、矩阵、树、图、链和表等各种一维、二维甚至三维结构形式的对象。因此，遗传算法具有非常广泛的应用领域。

（2）遗传算法采用群体搜索策略，即采用同时处理群体中多个个体的方法，同时对搜索空间中的多个解进行评估，从而使遗传算法具有较好的全局搜索性能，减少了陷于局部最优解的风险，但还是不能保证每次都得到全局最优解。遗传算法本身也十分易于并行化。

（3）遗传算法仅用适应度函数值来评估个体，并在此基础上进行遗传操作，使种群中个体之间进行信息交换。特别是遗传算法的适应度函数不仅不受连续可微的约束，而且其定义域也可以任意设定。对适应度函数的唯一要求是能够算出可以比较的正值，遗传算法的这一特点使其应用范围大大扩展，非常适合于传统优化方法难以解决的复杂优化问题。

6.2.10 遗传算法的应用

下面以生产调度这个典型的大规模优化求解问题为例,介绍遗传算法的应用。由于生产调度问题的解容易进行编码,而且遗传算法可以处理大规模问题,所以遗传算法成为求解生产调度问题的重要方法之一。

1. 流水车间调度问题

流水车间调度问题(Flow-shop Scheduling Problem,FSP)一般可以描述为:n 个工件要在 m 台机器上加工,每个工件需要经过 m 道工序,每道工序要求不同的机器,n 个工件在 m 台机器上的加工顺序相同。工件在机器上的加工时间是给定的,设为 t_{ij}($i=1,\cdots,n$;$j=1,\cdots,m$)。问题的目标是确定 n 个工件在每台机器上的最优加工顺序,使最大流程时间达到最小。

对该问题常常做如下假设:

(1)每个工件在机器上的加工顺序是给定的;

(2)每台机器同时只能加工一个工件;

(3)一个工件不能同时在不同的机器上加工;

(4)工序不能预定;

(5)工序的准备时间与顺序无关且包含在加工时间中;

(6)工件在每台机器上的加工顺序相同且是确定的。

令 $c(j_i,k)$ 表示工件 j 在机器 k 上的加工完工时间,$\{j_1,j_2,\cdots,j_n\}$ 表示工件的调度,那么,对于无限中间存储方式,n 个工件、m 台机器的流水车间调度问题的完工时间可表示为

$$c(j_1,1)=t_{j_11} \tag{6.16}$$

$$c(j_1,k)=c(j_1,k-1)+t_{j_1k} \quad k=2,\cdots,m \tag{6.17}$$

$$c(j_i,1)=c(j_{i-1},1)+t_{j_11} \quad i=2,\cdots,n \tag{6.18}$$

$$c(j_i,k)=\max\{c(j_{i-1},k),c(j_i,k-1)\}+t_{j_1k} \quad i=2,\cdots,n;k=2,\cdots,m \tag{6.19}$$

最大流程时间为

$$c_{\max}=c(j_n,m) \tag{6.20}$$

调度目标为确定 $\{j_1,j_2,\cdots,j_n\}$,使 $c_{\max}$ 最小。

2. 求解流水车间调度问题的遗传算法设计

遗传算法所固有的全局搜索与收敛特性使由它得到的次优解往往优于传统方法得到的局部极值解,加之搜索效率比较高,因而被认为是一种切实有效的方法并得到了日益广泛的研究。

下面介绍遗传算法求解流水车间调度问题的编码与适应度函数的设计。

(1)FSP 的编码方法。对于调度问题,通常不采用二进制编码,而使用实数编码。将各个生产任务编码为相应的整数变量。一个调度方案是生产任务的一个排列,其排列中每个位置对应于每个带编号的任务。根据一定评价函数,用遗传算法求出最优的工件加工排列。对于 FSP,最自然的编码方式是用染色体表示工件的顺序,如对于有四个工件的 FSP、第 k

个染色体 $v=[1,2,3,4]$，表示工件的加工顺序为 j_1,j_2,j_3,j_4。

（2）FSP 的适应度函数。令 $c_{\max}$ 表示 k 个染色体 v_k 的最大流程时间，调度的目标是使最大流程时间最小，所以这是一个最小化问题，因此，FSP 的适应度函数取为：

$$eval(v_k)=\frac{1}{c_{\max}^k} \tag{6.21}$$

3．求解流水车间调度问题的遗传算法实例

【例 6.1】　由 Ho 和 Chang 给出的 5 个工件、4 台机器问题的加工时间如表 6.2 所示。

表 6.2　加 工 时 间 表

工件 j	t_{j_1}	t_{j_2}	t_{j_3}	t_{j_4}
1	31	41	25	30
2	19	55	3	34
3	23	42	27	6
4	13	22	14	13
5	33	5	57	19

为了便于比较，选取这个小规模的车间调度问题，可以先用穷举法求得最优解为 4-2-5-1-3，加工时间为 213 单位；最劣解为 1-4-2-3-5，加工时间为 294 单位；所有可能的加工顺序的平均加工时间为 265 单位。

下面用遗传算法求解。选择交叉概率 $p_c=0.6$，变异概率 $p_m=0.1$，种群规模为 20，迭代次数 $N=50$。运算结果如表 6.3 所示。

表 6.3　遗传算法运行的结果

总运行次数	最好解	最坏解	平均	最好解的频率	最好解的平均代数
20	213	221	213.95	0.85	12

可见，用遗传算法求解绝大部分都能够得到最优解。即使有时候没有找到最优解，也能够找到比较好的解。在上面的例子中，用遗传算法找到的解中最差的也有 221 单位，比起平均解 265 单位要好很多。

6.3　粒子群优化算法

粒子群优化（Particle Swarm Optimization，PSO）算法是美国普渡大学的 Kennedy 和 Eberhart 受到他们早期对鸟类群体行为研究结果的启发，于 1995 年在 IEEE International Conference on Neural Networks 国际会议上提出的一种仿生优化算法，利用并改进了生物学家的生物群体模型，使粒子能够飞向解空间，并在最优解处降落。其核心思想是利用个体的信息共享促使群体在问题解空间从无序到有序演化，最终得到问题的最优解。

6.3.1　粒子群优化算法基本思想

我们可以利用如下经典描述直观理解粒子群优化算法。设想这么一个场景：一群鸟在寻找食物,在远处有一片玉米地,所有的鸟都不知道玉米地到底在哪里,但是它们知道自己当前的位置距离玉米地有多远。那么,找到玉米地的最优策略就是搜寻目前距离玉米地最近的鸟群的所在区域。粒子群优化算法就是从鸟群食物的觅食行为中得到启示,从而构建形成的一种优化方法。粒子群优化算法将每个问题的解类比为搜索空间中的一只鸟,称之为"粒子",问题的最优解对应为鸟群要寻找的"玉米地"。每个粒子设定一个初始位置和速度向量,根据目标函数计算当前所在位置的适应度值(Fitness Value),可以将其理解为距离"玉米地"的距离。粒子在迭代过程中,根据自身的"经验"和群体中的最优粒子的"经验"进行学习,从而确定下一次迭代时飞行的方向和速度。通过迭代,整个群体逐步趋于最优解。

6.3.2 粒子群优化算法基本框架

粒子群优化算法将每个个体初始化为 n 维搜索空间中一个没有体积质量以一定速度飞行的粒子,其中速度决定粒子飞行的方向和距离,目标函数决定粒子的适应度值,通过迭代寻优获取问题的最优解。其数学模型描述如下。

在 n 维连续搜索空间中,$\boldsymbol{x}^i(k)=[x_1^i, x_2^i, \cdots, x_n^i]^T$ 表示搜索空间中粒子 i 的当前位置;$\boldsymbol{v}^i(k)=[v_1^i, v_2^i, \cdots, v_n^i]^T$ 表示该粒子 i 的速度向量;$\boldsymbol{p}^i(k)=[p_1^i, p_2^i, \cdots, p_n^i]^T$ 表示粒子 i 当前经过的局部最优位置(P_{best});$\boldsymbol{p}^g(k)=[p_1^g, p_2^g, \cdots, p_n^g]^T$ 表示所有粒子当前经过的全局最优位置(G_{best}),则早期的粒子群优化算法速度和位置向量更新公式如下。

速度向量公式:
$$\boldsymbol{v}_j^i(k+1)=v_j^i(k)+c_1 r_1(p_j^i(k)-v_j^i(k))+c_2 r_1(p_j^g(k)-x_j^i(k)) \tag{6.22}$$
位置向量公式:
$$\boldsymbol{x}_j^i(k+1)=x_j^i(k)+v_j^i(k+1) \tag{6.23}$$
其中:$i=1, 2, \cdots, m$;$j=1, 2, \cdots, n$;c_1、c_2 为速度因子,且均为非负值;r_1 为 $[0, 1]$ 范围内的随机数。

在式(6.22)中由于 $v_j^i(k)$ 的更新过于随机,使得粒子群优化算法具有较强的全局寻优能力,但是局部寻优能力较差。为保证算法具有全局寻优能力的同时,提高其局部寻优能力,1998 年 Shi 和 Eberhart 在算法中引入惯性权重(inertia weight)系数 w,修正了速度向量更新公式:
$$v_j^i(k+1)=wv_j^i(k)+c_1 r_1(p_j^i(k)-x_j^i(k))+c_2 r_1(p_j^g(k)-x_j^i(k)) \tag{6.24}$$
其中:参数 w 取值范围为 $[0, 1]$。与物理中的惯性相似,w 反映了粒子历史运动状态对当前运动的影响。如果 w 取值较小,历史运动状态对当前运动影响较小,粒子的速度能够很快地改变;相反,如果 w 取值较大,虽然提高了搜索空间范围,但是粒子运动方向不易改变,难于向较优位置收敛。因此 w 设置较大时,能够提高算法全局寻优能力;w 设置较小时,则能够加快算法局部寻优。实际工程应用中 w 可采取自适应取值方式。

粒子群优化算法流程如下:

(1)算法初始化,随机设置每个粒子的初始位置和速度。

(2)根据目标函数,计算每个粒子的适应度值。

(3)计算每个粒子的局部最优值 p^i。将每个粒子当前的适应度值与其历史最优值 p^i 进行比较,将二者最佳结果作为该粒子的局部最优值 p^i。

（4）计算群体的全局最优值 p^g。将每个粒子局部最优值 p^i 与群体的历史最优值 p^g 进行比较，将二者最佳结果作为该粒子的局部最优值 p^g；

（5）分别根据式(6.23)、式(6.24)更新粒子的速度和位置。

（6）检查算法终止条件。如果未达到设定误差范围或者迭代次数，则返回(2)。

6.3.3　粒子群优化算法的参数分析

1. PSO 算法的参数

PSO 算法的参数包括：群体规模 m，惯性权重 ω，加速度 φ_1、φ_2，最大速度 V_{max}，最大代数 G_{max}。

1）最大速度 V_{max}

对速度 v_i，算法中有最大速度 V_{max} 作为限制，如果当前粒子的某维速度大于最大速度 V_{max}，则该维的速度就被限制为最大速度 V_{max}。

最大速度 V_{max} 决定当前位置与最好位置之间的区域的分辨率（或精度）。如果 V_{max} 太高，粒子可能会飞过好的解；如果 V_{max} 太小，粒子容易陷入局部优值。

2）权重因子

在 PSO 算法中有 3 个权重因子：惯性权重 ω，加速度 φ_1、φ_2。

惯性权重 ω 使粒子保持运动惯性，使其有扩展搜索空间的趋势，并有能力搜索新的区域。

加速度常数 φ_1 和 φ_2 代表将每个粒子推向 p^i 和 p^g 位置的统计加速度项的权重。低的值允许粒子在被拉回之前可以在目标区域外徘徊，而高的值则导致粒子突然冲向或者越过目标区域。

2. 参数设置

早期的实验将 ω 固定为 1.0，φ_1 和 φ_2 固定为 2.0，因此 V_{max} 成为唯一需要调节的参数，通常设为每维变化范围 10% ～20%。Suganthan 的实验表明，φ_1 和 φ_2 为常数时可以得到较好的解，但不一定必须为 2。

这些参数也可以通过模糊系统进行调节。Shi 和 Eberhart 提出一个模糊系统来调节 ω，该系统包括 9 条规则，有两个输入和一个输出。一个输入为当前代的全局最好适应值，另一个输入为当前的 ω，输出为 ω 的变化。每个输入和输出定义了 3 个模糊集，结果显示该方法能显著提高平均适应值。

粒子群优化算法初始群体的产生方法与遗传算法类似，可以随机产生，也可以根据问题的固有知识产生。群体的初始化虽然也是影响算法性能的一个方面，但 Angeline 对不对称的初始化进行了实验，发现 PSO 只是略微受影响。粒子群优化算法的种群的大小根据问题的规模而定，同时要考虑运算的时间。

粒子的适应度函数根据具体问题而定，将目标函数转换成适应度函数的方法与遗传算法类似。

在基本的粒子群优化算法中，粒子的编码使用实数编码方法。这种编码方法在求解连续的函数优化问题时十分方便，同时对粒子的速度求解与粒子的位置更新也很自然。

6.3.4　粒子群优化算法的应用示例

粒子群优化算法自提出至今，被广泛应用于神经网络训练、机器人、经济、通信、医学等多种领域。本节示例为粒子群优化算法在车辆路径问题（Vehicle Routing Problem，VRP）中的应用。

【例 6.2】　假设配送中心最多可以用 $k(k=1,2,\cdots,K)$ 辆车对 $l(i=1,2,\cdots,L)$ 个客户进行运输配送，$i=0$ 表示仓库。每个车辆载重为 $b_k(k=1,2,\cdots,K)$，每个客户的需求为 $d_i(i=1,2,\cdots,L)$，客户 i 到客户 j 的运输成本为 c_{ij}（可以是距离、时间、费用等）。

定义如下变量：

$$y_{ik}=\begin{cases}1 & \text{客户 } i \text{ 由车辆 } k \text{ 配送}\\0 & \text{其他}\end{cases}\tag{6.25a}$$

$$x_{ijk}=\begin{cases}1 & \text{车辆 } k \text{ 从 } i \text{ 访问 } j\\0 & \text{其他}\end{cases}\tag{6.25b}$$

解答如下：

（1）建立车辆路径问题的数学模型。

$$\min\sum_{k=1}^{K}\sum_{i=0}^{L}\sum_{j=0}^{L}c_{ij}x_{ijk}\tag{6.26}$$

每辆车的能力约束：

$$\sum_{i=1}^{L}d_iy_{ik}\leqslant b_k \quad \forall k\tag{6.27}$$

保证每个客户都被服务：

$$\sum_{i=1}^{K}y_{ik}=1 \quad \forall i\tag{6.28}$$

保证客户仅被一辆车访问：

$$\sum_{i=1}^{L}x_{ijk}=y_{ik} \quad \forall j,k\tag{6.29}$$

保证客户仅被一辆车访问：

$$\sum_{j=1}^{L}x_{ijk}=y_{ik} \quad \forall i,k\tag{6.30}$$

消除子回路：

$$\sum_{i,j\in S\times S}x_{ijk}\leqslant |S|-1 \quad S\in\{1,2,\cdots,L\} \quad \forall k\tag{6.31}$$

表示变量的取值范围：

$$x_{ijk}=0\text{ 或 }1 \quad \forall i,j,k\tag{6.32}$$

表示变量的取值范围：

$$x_{ik}=0\text{ 或 }1 \quad \forall i,k\tag{6.33}$$

（2）编码与初始种群。

对这类组合优化问题，编码方式和初始解的设置对问题的求解都有很大的影响。

本问题采用常用的自然数编码方式。对于 K 辆车和 L 个客户的问题，用从 1 到 L 的自然数随机排列来产生一组解 $X=(x_1,x_2,\cdots,x_L)$，然后分别用节约法或者最近插入法构造初始解。

（3）实验结果。

粒子群优化算法的各参数设置如下：种群规模 $m=50$，迭代次数 $G_{max}=1000$，w 的初始值为 1，随着迭代的进行，线性减小到 0，$c_1=c_2=1.4$，$|V_{max}|\leqslant100$。

优化结果及其比较如表 6.4 所示。

表 6.4　优化结果及其比较

实例	PSO		GA	
	best	dev/%	best	dev/%
A-n32-k5	829	5.73	818	4.34
A-n33-k5	705	6.65	674	1.97
A-n34-k5	832	6.94	821	5.52
A-n39-k6	872	6.08	866	5.35
A-n44-k6	1016	8.49	991	5.76
A-n46-k7	977	6.89	957	4.7
A-n54-k7	1205	3.26	1203	3.08
A-n60-k9	1476	9.01	1410	4.13
A-n69-k9	1275	10	1243	7.24
A-n80-k10	1992	12.98	1871	6.12

6.4　蚁群算法

众所周知蚂蚁是一种群居性小昆虫，单只蚂蚁很难完成复杂的任务，但是蚁群却拥有巨大的能量。人们知道它能够预报暴雨和洪涝气象，也听说它能够毁坏河堤和水坝，引起水患。这种个体甚微的小生灵，作为群体表现出十分独特的生物特征和生命行为。1992 年，意大利学者 Dorigo 在他的博士论文中提出了蚁群算法。1999 年，Dorigo 和 DiCaro 给出了蚁群算法的一个通用框架，对蚁群算法的发展具有重要意义。同年，Maniezzo 和 Colorni 从生物进化和仿生学角度出发，研究蚂蚁寻找路径的自然行为，并用该方法求解 TSP 问题、二次分配问题和作业调度问题等，取得较好结果。蚁群算法目前已显示出它在求解复杂优化问题特别是离散优化问题方面的优势，是一种很有发展前景的计算智能方法。

6.4.1　蚁群算法概述

蚁群算法，又称为蚂蚁算法，1992 年 Dorigo 受自然界中真实蚁群的群体觅食行为启发提出，是最早的群智能优化算法，起初被用来求解旅行商（Total Suspended Particulate，TSP）问题。

蚂蚁是一种社会性生物，在寻找食物时，会在经过的路径上释放一种信息素，一定范围内的蚂蚁能够感觉到这种信息素，并移动到信息素浓度高的方向，因此蚁群通过蚂蚁个体的交互能够表现出复杂的行为特征。蚁群的群体性行为能够看作是一种正反馈现象，因此蚁群行为又可以被理解成增强型学习系统（Reinforcement Learning System）。

图 6.4 为 Dorigo 所举的例子，借此来介绍蚁群发现最短路径的原理和机制。

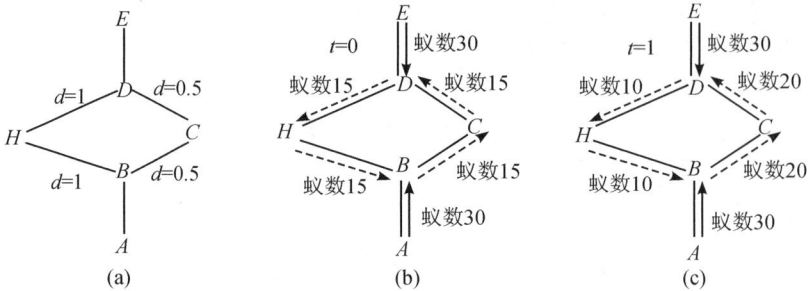

图 6.4　蚁群路径搜索实例

假设 D-H、B-H、B-D（通过 C，C 位于 B-D 的中央）的距离为 1，如图 6.4(a)所示。在等间隔等离散时间点（$t=0,1,2,\cdots,n$）情况下，假设每单位时间有 30 只蚂蚁从 A 行走到 B，另有 30 只蚂蚁从 E 行走到 D，行走速度都为 1，且在行走时，一只蚂蚁可在时刻 t 留下浓度为 1 的信息素。为简化计算模型，设信息素在时间区间（$t+1$，$t+2$）的中点（$t+1.5$）时刻瞬时全部挥发。$t=0$ 时刻，分别有 30 只蚂蚁在 B、30 只蚂蚁在 D 等待出发，无任何信息素。出发时它们随机进行路径选择，在两个节点上蚁群各自一分为二，向两个方向分别出发。$t=1$ 时刻时，从 A 行走到 B 的 30 只蚂蚁在通向 H 的路径上，如图 6.4(b)所示，发现由 15 只从 B 走向 H 的先行蚂蚁留下来的浓度为 15 的信息素；在通向 C 的路径上，如图 6.4(c)所示，发现由 15 只 B 走向 C 的路径的蚂蚁和 15 只从 D 经 C 到达 B 留下的浓度为 30 的信息素，由于信息素的浓度不同，此时选择路径的概率就有了指向性，选择向 C 走的蚂蚁数量将是向 H 走的蚂蚁数量的 2 倍。从 E 走向 D 来的蚂蚁同样依照这个原理。

该过程将一直持续下去，直到所有的蚂蚁都选择了最短路径为止。因此，蚁群算法的基本思想可以理解为：如果在给定点，一只蚂蚁要在多条路径中进行选择，信息素留存浓度更高，在被先行蚂蚁大量选择的路径中，被选中的概率就更大。路径中的信息素浓度越高意味着距离越短，最短的路径也就是问题的最优答案。

6.4.2　蚁群算法的数学模型

蚁群算法数学模型可作如下描述：假设蚂蚁总数量为 m，结点 i 和结点 j 之间的距离用 $d_{ij}(i,j=0,1,\cdots,n-1)$ 表示，t 时刻结点 i 与 j 连线 ij 上的信息素浓度用 $\tau_{ij}(t)$ 表示。初始时刻，各路径上的初始信息素浓度相等，随机放置 m 只蚂蚁。那么在 t 时刻，蚂蚁 k 从结点 i 移动到结点 j 的状态转移概率为

$$p_{ij}^{k}=\begin{cases}\dfrac{\tau_{ij}^{\alpha}(t)\eta_{ij}^{\beta}(t)}{\displaystyle\sum_{j\in allowed_{k}(i)}\tau_{ij}^{\alpha}(t)\eta_{ij}^{\beta}(t)}&j\in allowed_{k}(i)\\[2mm]0&\text{其他}\end{cases} \quad (6.34)$$

其中：$allowed_{k}(i)=\{c-tabu_{k}\}$ 表示蚂蚁 k 下一步可以选择的所有结点；$tabu_{k}(k=1,2,\cdots,m)$ 用来保存蚂蚁 k 当前已走过的所有结点；α 为信息素启发式因子，表示轨迹的相对重要程度，用来反映路径上的信息素对蚂蚁选择路径时的影响程度，值越大，说明蚂蚁

间的协作性就越强；β 表示期望值启发式因子；η_{ij} 是一种启发函数，通常取 $\eta_{ij}=1/d_{ij}$，表示蚂蚁由结点 i 转移到结点 j 的期望程度。

在蚂蚁运动过程中，为减少路径上的信息素残留，保留启发信息，在每只蚂蚁遍历完成后，需要对残留信息进行更新。其中蚂蚁完成一次循环，各路径上的信息素浓度挥发规则如式(6.35)所示，蚁群的信息素浓度更新规则如式(6.36)所示：

$$\tau_{ij}(t+1)=(1-\rho)\times\tau_{ij}(t)+\Delta\tau_{ij}(t) \tag{6.35}$$

$$\Delta\tau_{ij}(t)=\sum_{k=1}^{m}\Delta\tau_{ij}^{k}(t) \tag{6.36}$$

其中：$1-\rho$ 表示信息素残留因子；常数 $\rho\in(0,1)$ 为信息素挥发因子，表示路径上信息素的损耗程度；ρ 的大小关系到算法的全局搜索能力和收敛速度；$\Delta\tau_{ij}(t)$ 表示一次寻优结束后路径 (i,j) 的信息素增量，在初始时刻 $\Delta\tau_{ij}(0)=0$；$\Delta\tau_{ij}^{k}(t)$ 表示第 k 只蚂蚁在完成本次遍历后留在路径 (i,j) 的信息素增量。

根据信息素更新策略不同，Dorigo 提出了 3 种基本蚁群算法模型求解 $\Delta\tau_{ij}^{k}(t)$，分别为"蚁周系统"(Ant-Cycle System)模型、"蚁量系统"(Ant-Quantity System)模型及"蚁密系统"(Ant-Density System)模型。

1. "蚁周系统"(Ant-Cycle System)模型

$$\Delta\tau_{ij}^{k}(t)=\begin{cases}\dfrac{Q}{L_{k}} & 第\,k\,只蚂蚁在\,t\,和\,t+1\,之间走过\\0 & 其他\end{cases} \tag{6.37}$$

2. "蚁量系统"(Ant-Quantity System)模型

$$\Delta\tau_{ij}^{k}(t)=\begin{cases}\dfrac{Q}{d_{k}} & 第\,k\,只蚂蚁在\,t\,和\,t+1\,之间走过\\0 & 其他\end{cases} \tag{6.38}$$

3. "蚁密系统"(Ant-Density System)模型

$$\Delta\tau_{ij}^{k}(t)=\begin{cases}Q & 第\,k\,只蚂蚁在\,t\,和\,t+1\,之间走过\\0 & 其他\end{cases} \tag{6.39}$$

这 3 种模型的主要区别是："蚁量系统"模型和"蚁密系统"模型利用的是局部信息，蚂蚁每行走一步都要更新路径中的信息素浓度；而"蚁周系统"模型应用的是整体信息，蚂蚁完成一个循环后才更新路径中的信息素浓度。通过对标准测试问题求解得出"蚁周系统"模型的性能优于"蚁量系统"模型和"蚁密系统"模型。

6.4.3　蚁群算法的参数选择

从蚁群搜索最短路径的机理不难看出，算法中有关参数的不同选择对蚁群算法的性能有至关重要的影响，但其选取的方法和原则，目前尚没有理论上的依据，通常都是根据经验而定。

信息素启发式因子 α 的大小反映了蚁群在路径搜索中随机性因素作用的强度，其值越大，蚂蚁选择以前走过的路径的可能性越大，搜索的随机性减弱。α 过大会使蚁群的搜索过早陷入局部最优。

期望值启发式因子 β 的大小反映了蚁群在路径搜索中先验性、确定性因素作用的强度,其值越大,蚂蚁在某个局部点上选择局部最短路径的可能性越大。虽然搜索的收敛速度得以加快,但蚁群在最优路径的搜索过程中随机性减弱,易于陷入局部最优。蚁群算法的全局寻优性能首先要求蚁群的搜索过程必须有很强的随机性;而蚁群算法的快速收敛性能又要求蚁群的搜索过程必须要有较高的确定性。因此,α 和 β 对蚁群算法性能的影响和作用是相互配合、密切相关的。

蚁群算法与遗传算法等各种模拟进化算法一样,也存在着收敛速度慢、易于陷入局部最优等缺陷。而信息素挥发度 $1-\rho$ 直接关系到蚁群算法的全局搜索能力及其收敛速度。由于信息素挥发度 $1-\rho$ 的存在,当要处理的问题规模比较大时,会使那些从来未被搜索到的路径(可行解)上的信息量减小到接近于 0,因而降低了算法的全局搜索能力。当 $1-\rho$ 过大时,以前搜索过的路径被再次选择的可能性也会过大,这会影响算法的随机性能和全局搜索能力。反之,减小信息素挥发度 $1-\rho$ 虽然可以提高算法的随机性能和全局搜索能力,但又会使算法的收敛速度降低。

对于旅行商问题,单个蚂蚁在一次循环中所经过的路径,表现为问题的可行解集中的一个解,k 个蚂蚁在一次循环中所经过的路径,则表现为问题的可行解集中的一个子集。显然,子集越大(即蚁群数量多)可以提高蚁群算法的全局搜索能力以及算法的稳定性。但蚂蚁数目增大后,会使大量的曾被搜索过的解(路径)上的信息素量的变化比较平均,信息素正反馈的作用不明显,搜索的随机性虽然得到了加强,但收敛速度减慢。反之,子集较小(即蚁群数量少),特别是当要处理的问题规模比较大时,会使那些从来未被搜索到的解(路径)上的信息素量减小到接近于 0,搜索的随机性减弱,虽然收敛速度加快,但会使算法的全局性能降低,算法的稳定性差,容易出现过早停滞现象。

在 Ant-Cycle 模型中,总信息素量 Q 为蚂蚁循环一周时释放在所经过的路径上的信息素总量。总信息素量 Q 越大,则在蚂蚁已经走过的路径上信息素的累积越快,可以加强蚁群搜索时的正反馈性能,有助于算法的快速收敛。由于在蚁群算法中各个算法参数的作用实际上是紧密结合的,其中对算法性能起主要作用的应该是信息素启发式因子 α、期望值启发式因子 β 和信息素残留常数 ρ 这三个参数。总信息素量 Q 对算法性能的影响则有赖于上述三个参数的配置,以及算法模型的选取。例如,在 Ant-Cycle 模型和 Ant-Density 模型中,总信息素量 Q 对算法性能的影响情况显然有较大的差异。同时,信息素的初始值 τ_0 对算法性能的影响不是很大。

6.4.4 蚁群算法的应用实例

蚁群算法最早被用来解决旅行商问题,随后陆续被用于解决图着色问题、二次分配问题、大规模集成电路设计、通讯网络中的路由问题以及负载平衡问题、车辆调度问题、数据聚类问题、武器攻击目标分配和优化问题、区域性无线电频率自动分配问题等。

【例 6.3】 柔性作业车间调度问题:某加工系统有 6 台机床,要加工 4 个工件,每个工件有 3 道工序,如表 6.5 所示。比如工序 p_{11} 代表第一个工件的第一道工序,可由机床 1 用 2 个单元时间完成,或由机床 2 用 3 个单元时间完成,或由机床 3 用 4 个单元时间完成。

表 6.5　柔性作业车间调度事例

工序选择		加工机床及加工时间					
		1	2	3	4	5	6
J_1	p_{11}	2	3	4			
	p_{12}		3		2	4	
	p_{13}	1	4	5			
J_2	p_{21}	3		5		2	
	p_{22}	4	3		6		
	p_{23}			4		7	11
J_3	p_{31}	5	6				
	p_{32}		4		3	5	
	p_{33}			13		9	12
J_4	p_{41}	9		7	9		
	p_{42}		6		4		5
	p_{43}	1		3			3

　　算法运行 300 代后，得到最优解为 17 个单元时间。甘特图如图 6.5 所示，可以看出，机器 6 并没有加工任何工件。其原因在于它虽然可以加工工序 p_{23}、p_{33}、p_{42}、p_{43}，但从表 6.5 可知机器 6 的加工时间大于其他可加工机器，特别是 p_{23}、p_{33} 的加工时间，因此机器 6 并未分到任何加工任务。

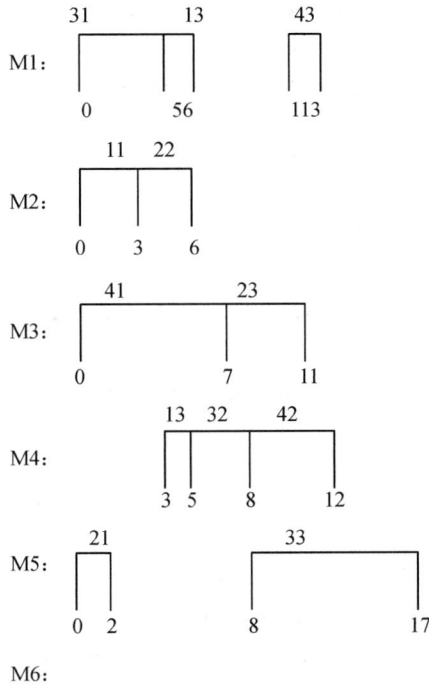

图 6.5　最优解甘特图

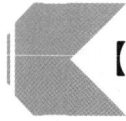

【实践 6.1】 遗传算法求函数最大值

用遗传算法求单变量函数 $f(x)=-x^2+4$ 的最大值。

代码如下：

```
1. import numpy as np
2.
3. # 定义目标函数，这里以一个简单的单变量函数为例
4. def fitness_function(x):
5.     return -(x * * 2) + 4
6.
7. # 定义遗传算法参数
8. population_size=50
9. num_generations=100
10. mutation_rate=0.1
11.
12. # 初始化种群
13. def initialize_population(population_size):
14.   return np.random.uniform(low=-10, high=10, size=(population_size,))
15.
16. # 选择操作：轮盘赌选择
17. def select_parents(population, fitness_values):
18.     fitness_probs=fitness_values / np.sum(fitness_values)
19.     selected_indices=np.random.choice(np.arange(len(population)), =len(population),
replace=True, p=fitness_probs)
20.     return population[selected_indices]
21.
22. # 交叉操作：单点交叉
23. def crossover(parent1, parent2):
24.     crossover_point=np.random.randint(1, len(parent1) - 1)
25.     child1=np.concatenate((parent1[:crossover_point], parent2[crossover_point:]))
26.     child2=np.concatenate((parent2[:crossover_point], parent1[crossover_point:]))
27.     return child1, child2
28.
29. # 变异操作：简单随机变异
30. def mutate(individual):
31.     if np.random.rand() < mutation_rate:
32.         mutation_point=np.random.randint(0, len(individual))
33.         individual[mutation_point] +=np.random.uniform(-0.5, 0.5)
34.     return individual
35.
```

```
36.  # 主要遗传算法过程
37.  def genetic_algorithm():
38.      population=initialize_population(population_size)
39.      for generation in range(num_generations):
40.          # 计算种群的适应度值
41.          fitness_values=np.array([fitness_function(individual)for individual in population])
42.          # 选择父代
43.          parents=select_parents(population, fitness_values)
44.          # 生成子代
45.          next_generation=[]
46.          for i in range(0, len(parents), 2):
47.              child1, child2=crossover(parents[i], parents[i+1])
48.              child1=mutate(child1)
49.              child2=mutate(child2)
50.              next_generation.extend([child1, child2])
51.          population=np.array(next_generation)
52.
53.      # 找出最优个体
54.      best_individual=population[np.argmax([fitness_function(individual)for individual in
population])]
55.      return best_individual, fitness_function(best_individual)
56.
57.  # 运行遗传算法
58.  best_solution, best_fitness=genetic_algorithm()
59.  print("最优解：", best_solution)
60.  print("最大值：", best_fitness)
```

【实践 6.2】　粒子群算法求函数最小值

用粒子群算法求单变量函数 $f(x)=(x-2)^2+3$ 的最小值。

代码如下：

```
1.  import numpy as np
2.  # 定义目标函数，这里以一个简单的单变量函数为例
3.  def objective_function(x):
4.      return (x-2)**2 + 3
5.
6.  # 粒子群算法的实现
7.  def particle_swarm_optimization(objective_function, num_particles=20, num_iterations=100,
    inertia_weight=0.5, cognitive_weight=1.5, social_weight=1.5, search_range=(-10, 10)):
8.      # 初始化粒子位置和速度
```

```
9.      particles_position = np. random. uniform(low = search_range[0], high = search_range
[1], size = num_particles)
10.     particles_velocity = np. zeros(num_particles)
11.     personal_best_position = np. copy(particles_position)
12.     personal_best_value = np. array([objective_function(x)for x in particles_position])
13.     global_best_index = np. argmin(personal_best_value)
14.     global_best_value = personal_best_value[global_best_index]
15.
16.    # 开始迭代
17.    for iteration in range(num_iterations):
18.        for i in range(num_particles):
19.            # 更新速度和位置
20.            r1, r2 = np. random. rand(), np. random. rand()
21.            cognitive_velocity = cognitive_weight * r1 * (personal_best_position[i] -
particles_position[i])
22.            social_velocity = social_weight * r2 * (particles_position[global_best_
index] - particles_position[i])
23.            particles_velocity[i] = inertia_weight * particles_velocity[i] + cognitive_veloc-
ity + social_velocity
24.            particles_position[i] += particles_velocity[i]
25.
26. # 确保粒子位置在搜索范围内
27.            particles_position[i] = np. clip(particles_position[i], search_range[0], search_
range[1])
28.
29.            # 更新个体最优解
30.            current_value = objective_function(particles_position[i])
31.            if current_value < personal_best_value[i]:
32.            personal_best_value[i] = current_value
33.            personal_best_position[i] = particles_position[i]
34.
35. # 更新全局最优解
36.            if current_value < global_best_value:
37.            global_best_value = current_value
38.            global_best_index = i
39.
40.            print(f"Iteration {iteration + 1}: Best Value = {global_best_value}, Best Posi-
tion = {personal_best_position[global_best_index]}")
41.            return personal_best_position[global_best_index], global_best_value
42.
43. # 运行粒子群算法
44. best_position, best_value = particle_swarm_optimization(objective_function)
45. print("最优解:", best_position)
46. print("最小值:", best_value)
```

本 章 小 结

　　进化计算遵循自然界优胜劣汰、适者生存的进化准则，模仿生物群体的进化机制，并被用于处理复杂系统的优化问题。

　　遗传算法是模仿生物遗传学和自然选择机理，人工构造的一类搜索算法，是对生物进化过程的一种数学仿真，也是进化计算的最重要形式。本章分析了遗传算法的原理与框架、遗传算法的编码与解码、遗传算法的遗传算子、遗传算法的执行过程和执行实例。

　　粒子群优化算法是一种基于群体搜索的算法，它是建立在模拟鸟群社会的基础上的。在粒子群优化算法中，被称为粒子的个体是通过超维搜索空间"流动"的。粒子在搜索空间中的位置变化是以个体成功地超过其他个体的社会心理意向为基础的。一粒子的搜索行为受到群体中其他粒子的搜索行为的影响。由此可见，粒子群优化是一种共生合作算法。建立这种社会行为模型的结果是：在搜索过程中，粒子随机地回到搜索空间中一个原先成功的区域。粒子群优化算法有个体最佳算法、全局最佳算法和局部最佳算法三种。近年来的研究使这些算法得以改进，其中包括改善其收敛性和提高其适应性。

　　从生物进化和仿生学角度出发，研究蚂蚁寻找食物路径的自然行为，由此 Dorigo 提出了蚁群算法。

思考题或自测题

　　1. 遗传算法的基本步骤和主要特点是什么？

　　2. 在遗传算法中，适应度函数的作用是什么？

　　3. 遗传算法常用的编码方式有哪些？

　　4. 遗传算法可以解决哪些问题？

　　5. 用遗传算法求解下列函数的最大值：

$$f(x) = 0.4 + \mathrm{sinc}(4x) + 1.1\mathrm{sinc}(4x+2) + 0.8\mathrm{sinc}(x-2) + 0.7\mathrm{sinc}(6x-4), \quad x \in [-2, 2]$$

其中：$\mathrm{sinc}(x) = \begin{cases} 1 & x = 0 \\ \dfrac{\sin(\pi x)}{\pi x} & x \neq 0 \end{cases}$。

　　（提示：函数解用一个 16 位二进制数表示，种群规模 30，$P_c = 0.3$，$P_m = 0.01$，迭代次数 $N = 400$，最大值为 $f(-0.507179) = 1.501564$）

　　6. 编写遗传算法的计算程序，具体求解一个优化问题。记录算法结束时的迭代次数，画出最优个体的适应度变化曲线和群体适应度的平均值变化曲线。

　　7. 说明进化算法与遗传算法的异同。

　　8. 举例说明粒子群算法的搜索原理，并简要叙述粒子群算法有哪些特点。

　　9. 简述粒子群算法的流程。

10. 简述粒子群算法位置更新方程中各部分的影响。

11. 粒子群算法中的参数如何选择？

12. 举例说明蚁群算法的搜索原理，并简要叙述蚁群算法的特点。

13. 蚁群算法的寻优过程包含哪几个阶段？寻优的准则有哪些？

14. 蚁群算法中的参数如何选择？

15. 与遗传算法相比，蚁群算法为什么能取得更优的结果？

第7章
机 器 视 觉

机器视觉作为人工智能领域中的核心技术之一，正以其强大的功能和广泛的应用引起越来越多人的关注。机器视觉的目标是让机器能够通过摄像头和3D视觉传感器，像人类一样理解和处理图像、视频等数据。在这一章中，读者将会深入了解机器视觉的基本原理、核心技术和应用实践。

7.1 机器视觉的诞生及发展史

机器视觉的发展史可以追溯到20世纪初。随着计算机科学、图像处理技术和算法的不断进步，机器视觉逐渐成为一个重要的研究领域。早期的机器视觉研究集中于图像处理和特征提取，随着时间的推移，人们开始关注如何使计算机能够模仿人类视觉系统进行高级的图像分析和理解。

总的来说，机器视觉的发展是一个持续演进的过程。到目前为止，机器视觉的应用已十分广泛，涵盖了各个领域。从自动驾驶到医疗影像，从智能交通到工业自动化，从安防监控到虚拟现实，机器视觉正在不断地改变我们的生产和生活方式。

7.1.1 机器视觉的定义

机器视觉(Machine Vision，MV)也叫计算机视觉，旨在赋予机器与计算机类似于人类视觉系统的认知能力。计算机视觉使用计算机及其算法来模拟人的视觉功能以实现对视觉信息的理解和利用。传统机器视觉主要从摄像头、相机等传感器获得图像或是数据流组成的视频数据中提取信息，经过一系列处理并进一步加以分析、理解，最终用于生产生活中实际的物体或目标跟踪、识别、检测和重建等。现代机器视觉技术还包括结合激光雷达、RGB-D扫描仪等三维传感器获取多模态信息，以实现更精准更优越的性能。机器视觉技术涉及图像处理、模式识别和机器学习在内的人工智能科学，以及神经生物学、心理物理学、计算机科学等诸多学科。经过几十年的发展，并伴随计算机硬件、GPU并行计算以及现场总线技术的飞速发展，部分机器视觉分支技术如数字图像处理和基于图像的识别检测已愈加成熟并在自动驾驶、智能安防、增强显示、医学图像处理、自动化生产等各行各业获得了广泛而深入的运用。机器视觉技术强调实用性，具有非接触性、实时性、自动化、智能化和可移植性等优点，有着广泛的应用前景。

机器视觉通过模拟人类的视觉功能来观察和识别客观世界,可用于图像采集、图像处理和特征识别。机器视觉通常用于工业领域,为自动检测、过程控制和机器人导航等应用提供基于图像的自动检测和分析。随着信息集成技术的飞速发展,机器视觉已经成为自动化、机器人、自动驾驶、安防监控等领域不可缺少的一部分。现如今,新的应用场景和不断增加的数据量对具有更快并行处理、更高能效、更小体积和更低价格的机器视觉技术提出了需求。

7.1.2 机器视觉的发展历史

机器视觉技术是计算机学科的一个重要分支,自起步发展至今,已有数十年的历史,早期机器视觉影像如图 7.1 所示。作为一种应用系统,机器视觉的功能以及应用范围随着工业自动化的发展逐渐完善和推广。机器视觉发展于 20 世纪 50 年代对二维图像的模式识别,包括字符识别、工件表面缺陷检测、航空图像解译等。1965 年,美国麻省理工学院 Roberts 通过计算机程序从数字图像中提取出诸如立方体、楔形体、棱柱体等多面体的三维结构,并对物体形状及物体的空间关系进行描述,开创了面向三维场景理解的立体视觉研究。20 世纪 70 年代中,麻省理工学院人工智能实验室正式开设"机器视觉"课程;1977 年,Marr 提出了不同于"积木世界"分析方法的计算机视觉理论,即著名的 Marr 视觉理论,该理论在 20 世纪 80 年代成为机器视觉研究领域中一个十分重要的理论框架和模式化基础。20 世纪 80 年代,全球性的机器视觉研究热潮开启,不仅出现了基于感知特征群的物体识别理论框架、主动视觉理论框架、视觉集成理论框架等概念,而且产生了很多新的研究方法和理论,无论是对一般二维信息的处理,还是针对三维图像的模型及算法研究,都有了很大进步。机器视觉蓬勃发展,新概念、新理论不断涌现。20 世纪 90 年代后,机器视觉理论得到进一步发展,同时开始在工业领域得到应用,在多视图几何领域的应用也得到快速发展。人们设想开发无需手动设计特征、不挑选分类器的机器视觉系统,并且期待机器视觉系统能同时学习特征和分类器。

(a) 在编码纸带上产生的早期数字图片   (b) 在穿孔纸带上产生的数字图片

(c) 1929年通过电缆传输的早期照片   (d) 1964年美国航天器传回的月球影像

图 7.1 早期机器视觉影像

随着深度学习的迅猛发展，卷积神经网络（Convolutional Neural Networks，CNN）的出现，使得该设想得以实现。2012 年，"神经网络之父"和"深度学习鼻祖"Hinton 的课题组开发出的 CNN 网络 AlexNet 在 ImageNet 图像识别比赛中一举夺得冠军。2014 年，英国牛津大学几何视觉组的 VGG（Visual Geometry Group）网络在 ImageNet 图像识别比赛中获得定位结果的冠军，GoogLeNet 获得分类和检测结果的冠军。2015 年，ResNet 在 ImageNet 图像识别比赛中获得分类、定位和检测三项冠军。2016 年，欧洲计算机视觉大会上，南京大学魏秀参的 DAN＋（Deep Averaging Network）模型在短视频表象性格分析竞赛（Apparent Personality Analysis）中夺冠，基于卷积神经网络的机器视觉已充分展现了其发展成果。

机器视觉早期发展于欧美和日本等国家和地区，并诞生了许多业内著名的机器视觉相关技术公司，包括光源供应商日本 Moritex，镜头公司美国 Navitar、德国 Schneider、德国 Zeiss、日本 Computar 等，工业相机公司德国 AVT、美国 DALSA、日本 JAI、德国 Basler、瑞士 AOS、德国 Optronis 等，视觉分析软件公司德国 MVTec、美国康耐视（Cognex）、加拿大 Adept 等，以及传感器公司日本松下（Panasonic）、日本基恩士（Keyence）、德国西门子（Siemens）、日本欧姆龙（Omron）、美国迈思肯（Microscan）等。尽管近 10 年来，全球机器视觉产业向中国转移，但欧美等发达国家在机器视觉相关技术上仍处于主导地位，其中美国康耐视（Cognex）与日本基恩士（Keyence）几乎垄断了全球 50% 的市场份额，全球机器视觉行业呈现两强对峙状态。2019 年，全球机器视觉市场规模达到 102 亿美元，增长 27% 以上；2020 年由于新冠疫情影响，全球机器视觉市场规模下滑至 96 亿美元，预计未来全球机器视觉市场规模会持续增长。

相比发达国家，我国机器视觉产业起步较晚，1990 年以前，仅仅在大学和研究所中有一些研究图像处理和模式识别的实验室。20 世纪 90 年代初，一些来自这些研究机构的技术人员成立了少数的视觉公司，开发出第一代图像处理产品，这些产品可以开展一些基本的图像处理和分析工作。1998 至 2002 年为机器视觉概念引入期。越来越多的电子和半导体工厂落户珠三角和长三角，带有机器视觉技术的整套生产线和高级设备被引入中国。伴随着这股潮流，一些厂商和制造商开始希望发展自己的视觉检测设备，这是真正的机器视觉市场需求的开始。设备制造商或 OEM（Orignal Equipment Manufacturer）厂商需要更多来自外部的技术开发支持和产品选型指导，一些自动化公司抓住了这个机遇，走了不同于上面提到的图像公司的发展道路——做国际机器视觉供应商的代理商和系统集成商。他们从美国和日本引入最先进的成熟产品，给终端用户提供专业培训咨询服务，有时也和他们的商业伙伴一起开发整套视觉检测设备。经过长期的市场开拓和培育，不仅仅是在半导体和电子行业，在汽车、农产品、包装等行业中，很多厂商也开始认识到机器视觉对提升产品品质的重要作用。在此阶段，许多著名视觉设备供应商，如美国 Cognex、德国 Basler、美国 Data Translation、日本 SONY 等，开始接触中国市场，寻求本地合作伙伴。2002 至 2007 年为机器视觉发展初期。在各个行业，越来越多的客户开始寻求机器视觉解决方案，为了实现精确的测量，更好地提高产品质量，一些客户甚至建立了自己的机器视觉部门。越来越多的本地公司开始在他们的业务中引入机器视觉，一些是普通工控产品代理商，一些是自动化系统集成商。随后，一些有几年实际经验的公司逐渐强化自己的定位，以便更好地发展机器视觉业务。他们或者继续提高采集卡、图像软件开发能力，或者试图成为提供工业现场方案或视觉检查设备的主导公司。随着人们日益增长的产品品质需求，国内很多传统产业，如棉纺、农作物、焊接等行业开始尝试用视觉技术取代人工来提升质量和效率。2007 至 2012 年为机器视觉发展中期。期间出现了许多从事工业相机、镜头、光源到图像处理软件等核心产品研发的厂商，大量中国制造的产品步入市场。相关企业的机器视觉产品设计、开发与应用能力也在不断实践中得到提升。同时，机器视觉在农业、制药、烟草等多个行业得到深度广泛的应用，培养了一大批技术人员。2012 年至今为机器视觉高速发展期。得益于相关政策的扶持和引导，我国机器视觉行业的投入与产出显著增长，市场规模快速扩大。目前，我国共有关键词为"机器视觉"的现存企业 3000 多家，如海康威视、大华股份、大恒科技、奥普特、万讯自控、矩子科技、商汤科技、旷视科技、云从科技等。2020 年注册机器视觉企业 365 家，同比减少 17%，2021 年上半年的注册量为 174 家。据统计，机器视觉在我国消费电子行业中的应用最为成熟，2023 年我国机器视觉市场规模提升至200 亿元。

虽然近十年来，我国机器视觉技术已经在消费电子、汽车制造、光伏半导体等多个行业应用，涵盖了国民经济中的大部分领域，但总体来说，大型跨国公司仍占据了行业价值链的顶端，拥有较为稳定的市场份额和利润水平。2019 年占据我国机器视觉市场前三名的企业为：日本基恩士（Keyence）、美国康耐视（Cognex）、广东奥普特（OPT），其市场份额分别约为 37%、7%、5%。由此可见，我国机器视觉公司规模较小。尤其是许多机器视觉基础技术和器件，如图像传感器芯片、高端镜头等仍全部依赖进口，国内企业主要以产品代理、系统集成、设备制造，以及上层二次应用开发为主，底层开发商较少，产品创新性不强，处于中低端市场，利润水平偏低。

7.1.3 机器视觉系统的组成

笼统说来，一个典型的机器视觉应用系统包括光源、光学成像系统、图像捕捉系统、图像采集与数字化模块、数字图像处理模块与智能判断决策模块、机械控制执行模块，如图7.2 所示。首先采用图像拍摄装置将目标转换成图像信号，然后转变成数字化信号传送给专用的图像处理系统，根据像素分布、亮度和颜色等信息进行各种运算来抽取目标的特征，最后基于预设的容许度和其他条件输出相应的判断结果。

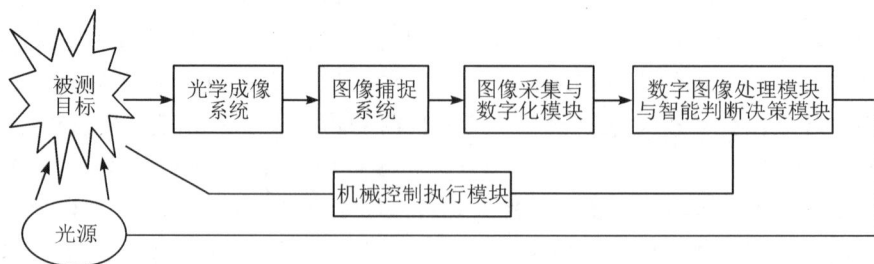

图 7.2 典型机器视觉系统组成

按组成单元来看，机器视觉系统的主要组成单元包括照明、镜头、图像传感器、视觉信息处理模块和通信模块等。照明可以照亮要检测的零件，使其特征突出，从而可通过相机被清晰地看到；镜头采集图像并以光的形式将其传送给图像传感器；图像传感器将此光转换为数字图像，然后将其发送至处理器进行分析；视觉处理包括检查图像和提取所需信息的算法，运行必要的检查并做出决定；最后通过离散 I/O 信号或串行连接，将数据发送到记录信息或使用信息的设备，从而完成通信。

1. 照明

照明的主要作用是将外部光源以合适的方式照射到被测目标物体，以突出图像的特定特征，并抑制外部干扰等，从而实现图像中目标与背景的最佳分离，提高系统检测精度与运行效率。机器视觉光源主要包括卤素灯、荧光灯、氙灯、LED(Light Emitting Diode)、激光、红外、X 射线等。其中，卤素灯和氙灯具有宽的频谱范围和高能量，但属于热辐射光源，发热多，功耗相对较高；荧光灯属于气体放电光源，发热相对较低，调色范围较宽；LED 发光是半导体内部的电子迁移产生的发光，属于固态电光源，发光过程不产生热，具有功耗低、寿命长、发热少、可以做成不同外形等优点，LED 光源已成为机器视觉的首选光源；而红外光源与 X 射线光源应用领域较为单一。

视觉系统可基于环境和应用、光源的照射方式，提供 6 种不同的照明选项组合，包括背光式、轴向漫射式、结构光式、暗场式、明场式、漫射穹顶式等，如图 7.3 所示。

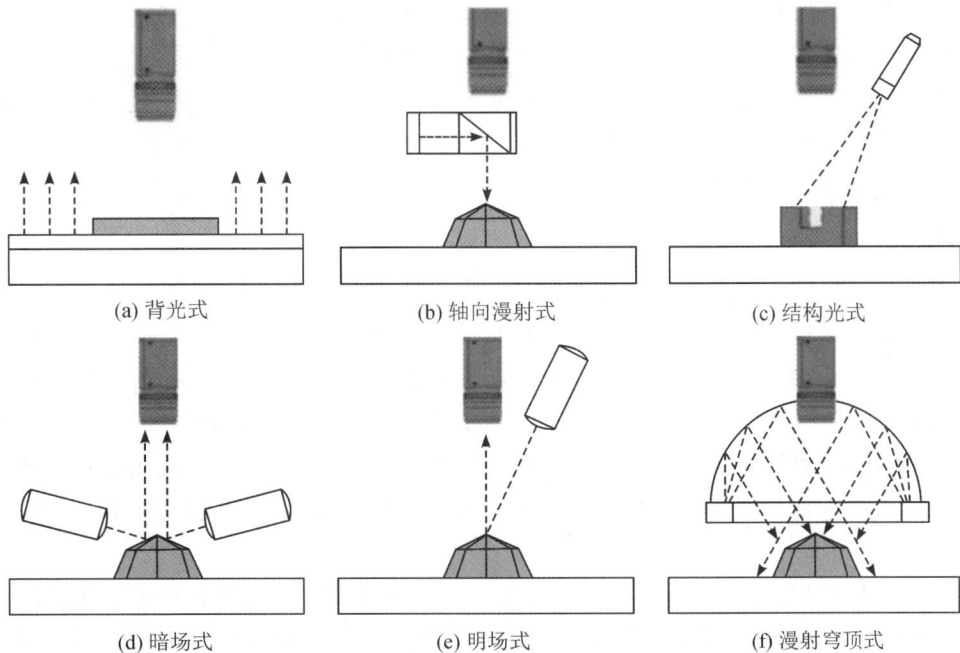

图 7.3　6 种不同照明方式

（1）背光照明。背光照明从目标后侧投射均匀的光线，从而突出目标的轮廓。该照明类型用于检测孔或间隙存在与否、测量或验证目标轮廓的形状，以及增强透明目标部件上的裂缝、气泡和刮擦。但是，此种照明方式可能会丢失物件的表面细节信息。

（2）轴向漫射照明。轴向漫射照明将光从侧面（同轴）耦合到光程中。一个半透明的镜子从侧面照亮，将光线以 90°向下投射到物件上。此种照明方式通过半透明镜将光线反射回相机，可减少阴影，并且眩光较少，从而形成照明均匀且外观均匀的图像。此种方式适合检测反光、平坦表面上的缺陷，测量或检查有反光的物体，以及检查透明包装。

（3）结构光照明。结构光照明以已知角度将光图案（平面、栅格或更复杂的形状）以已知角度投影到物件上。此种照明方式非常适用于与对比度无关的表面检测、获取尺寸信息和计算体积等场景。

（4）暗场照明。暗场照明技术以小角度光照射目标，镜面反射光从相机反射出去，来自物件表面的所有纹理特征（如刮擦、边线、印记、凹口等）被反射到摄影机中，使这些表面功能特征显得明亮，而其余部分则显暗。此种照明方式通常优先用于低对比度的场景。

（5）明场照明。此种照明方式常用于高对比度应用。然而，高定向光源（如高压钠灯和石英卤素灯等）可能会产生尖锐的阴影，并且通常不会在整个视野中提供一致的照明。因此，发光或反射表面上的热点和镜面反射可能需要更多的漫射光源，以在亮场中提供均匀的照明。

（6）漫射穿顶照明。此种照明方式可为物件的表面特征提供最均匀的照明，并且能够遮掩无关的且可能会混淆场景信息的特征。

此外，光源颜色也会对图像对比度产生显著影响，一般来说，波长越短，穿透性就越强，反之则扩散性越好。因此，光源选择需要考虑光源波长特性，如红色光源多用于半透明等物体检测。美国加利福尼亚大学 Vriesenga 等通过控制光源的颜色来改善图像的对比度。同时，光源旋转需要考虑光源与物体的色相性，通过选择色环上相对应的互补颜色来提高目标与背景间的颜色对比度。因此，在实际应用中，需考虑光源与物体颜色的相关性，选择合适的光源来过滤掉干扰，如对于某特定颜色的背景，常采用与背景颜色相近的光源来提高背景的亮度，以改善图像对比度。

2. 镜头

机器视觉系统中，镜头作为机器的眼睛，主要作用是捕捉目标物件的图像，并将其传到图像传感器的光敏器件上，从而使机器视觉系统能够从图像中提取目标物件的信息。镜头决定了拍摄图像的质量和分辨率，直接影响到机器视觉系统的整体性能。合理地选择和安装镜头，是设计机器视觉系统的重要环节。常见的以成像为目的的镜头，可以分为透镜和光阑两部分，透镜侧重于光束的变换，光阑侧重于光束的取舍约束。镜头的种类繁多，按照变焦与否可分为定焦镜头和变焦镜头。镜头选择也非常重要，通常会根据放大率、焦距、靶面直径、视场角来选择。

镜头的其他物理参数包括光圈、景深、视野、视角等，各参数之间相互关联。其中焦距越小，视角越大；最小工作距离越短，视野越大；光圈和焦距的大小直接影响到景深，光圈越大，景深越短；焦距越大，景深也越短。除此之外，镜头的接口类型与相机的安装方式分为 F 型、C 型、CS 型三种。F 型接口是通用型接口，适用于焦距大于 25 mm 的镜头；而当焦距小于 25 mm 时，常采用 C 型或 CS 型接口。

3. 图像传感器

相机捕捉被检物件图像的能力不仅取决于镜头，还取决于相机内的图像传感器。图像传感器通常使用电荷耦合器件（Charge-CoupledDevice，CCD）或互补金属氧化物半导体（Complementary Metal Oxide Semiconductor，CMOS）技术，以将光信号（光子）转换为电信号（电子）。CCD 是一种半导体器件，其作用就像胶片一样能够把光学影像转化为电信号。CCD 上植入的微小光敏物质称作像素(pixel)，一块 CCD 上包含的像素数越多，其提供的画面分辨率也就越高。CMOS 则是通过外界光照射像素阵列，发生光电效应，在像素单元内产生相应的电荷，行选择逻辑单元根据需要选择相应的行像素单元，最后转换成数字图像信号输出。

4. 视觉信息处理器

视觉信息处理器可称为机器视觉的"大脑"，通常是集成了图像感知算法的具有运算存储功能的硬件，能对相机采集的图像进行处理分析，以实现对特定目标的检测、分析与识别，并做出相应决策，是机器视觉系统的"觉"的部分。视觉信息处理是从数字图像中提取信息的机制，可以在基于 PC 的外部计算机系统中进行，也可以在独立的机器视觉系统内部进行。视觉信息处理由软件执行，包括三个步骤。首先，从图像传感器获取目标物件的图像信息，在某些情况下，可能还需要进行预处理，以优化图像并确保能突出所有必要的特征；然后，软件定位给定特征，执行测量，并将其与既定规范进行比较；最后，做出决策并传达结果。视觉信息处理一般包括图像预处理、图像定位与分割、图像特征提取、模式分类、图像语义理解等层次。

5. 通信模块

在完成目标物体图像的采集和处理后，需要将视频图像信号和处理结果传输至上位机显示出来，同时还要与上位机连通以获取指令，这部分功能由通信模块完成。由于机器视觉通常使用各种现成的组件，所有这些部件必须能够快速、方便地协调，并连接到其他元件，通常都是通过离散 I/O 信号或串行连接，将数据发送到记录信息或使用信息的设备来完成的。

离散 I/O 点可连接至可编程逻辑控制器(Programmable Logic Controller，PLC)，然后 PLC 使用该信息控制工作单元或指示灯(如堆栈指示灯)，或直接连接至控制阀，以用于触发拒绝机制；通过串行连接进行的数据通信可以采用常规 RS-232 串行或以太网(Ethernet)的形式输出。部分系统采用了更高级别的工业协议，如以太网/IP(Ethernet/IP)，可连接到监视器或其他操作员接口等设备，以提供与应用相关的操作员界面接口，方便实时过程监控。

6. 显示操作模块

国外研究学者和机构较早地开展了机器视觉软件的研究，并在此基础上开发了许多成熟的机器视觉软件，主要包括美国 Intel 开发的开源图像处理库 OpenCV、德国 MVTec 开发的机器视觉算法包 HALCON、美国 Cognex 开发的机器视觉软件 VisionPro、美国 Adept 开发的机器视觉软件开发包 HexSight、比利时 Euresys 开发的 EVision、美国 Dalsa 开发的 SherLock、加拿大 Matrox 开发的 Matrox Imaging Library(MIL)等。相对而言，我国机器视觉软件系统发展较晚，国内公司主要代理国外同类产品，然后在此基础上提供机器视觉的系统集成方案。目前，国内机器视觉软件有广东奥普特(OPT)的 SciVision 机器视觉开发包、北京凌云光的 VisionWARE 机器视觉软件、陕西维视数字图像的 Visionbank 机器视觉软件、深圳市精浦科技的 Opencv Real ViewBench(RVB)等。其中，SciVision 定制化开发应用能力比较强，在 3C 行业优势较大；VisionWARE 在印刷品检测方面优势较大，应用于复杂条件下印刷品的反光和拉丝等方面比较可靠；Visionbank 的测量和缺陷检测功能易于操作，不需要任何编程基础，能非常简单快捷地进行检测。

7.2　数字图像与处理基础

数字图像是机器视觉的处理对象。数字图像在各个领域中得到了广泛应用。从个人娱乐到商业营销，再到医疗诊断和科学研究，都离不开数字图像的支持。数字图像技术的诞生和发展，极大地改变了我们对世界的认识和理解方式，开启了一个崭新的视觉时代。本节将深入探索数字图像的基础概念、图像获取和表示、图像处理和分析等关键内容。

7.2.1　数字图像基础

图像是人通过眼睛对外界的一种视觉感受，它可以存在于人们的脑海里，也可以通过某种介质（如照片或数码照片）保存下来，本书主要讨论的是计算机对图像的处理，所以明白计算机怎么看待图像是非常重要的。

如前所述，计算机中所有文件都用数字表示，图像也不例外。在计算机中，图像的最基本组成单元为像素，图片是包含很多个像素的集合。像素一般就是图片中某个位置的颜色，很多个像素点排列起来就可以组成一个二维平面点阵，这就是图像。图像分两类：模拟图像和数字图像。两者之间最大的区别是像素的值域，模拟图像像素的值域是连续的，是人类所认识感受到的；而数字图像的值域则是离散的、有限的，是计算机等电子设备所认知的事物。本书所讨论的就是计算机所认知的图像，即数字图像，比如电脑桌面背景，如果是 1920px×1080px 的大小，那就意味着有 1920×1080(2 073 600) 个像素：1920 列，1080 行。通常图像表达会用色彩空间的概念，常见的有 RGB、LAB、HSL 和灰度等，本书主要关注 RGB 和灰度这两种，其他色彩空间可查阅相关资料。RGB 图像又称为三通道彩色图，灰度图相对应就可以叫作单通道图。通道数可简单理解为表示单个像素所需要的数字的个数。

数字灰度图像中的像素通常用 0～255 之间的一个整数数字表示，0 表示黑色，255 表示白色，数字从 0 变到 255 表示颜色由黑变白的一个过程。颜色越黑越接近 0，越白则越接近 255，如图 7.4 所示。

图 7.4　灰度图渐变表示

RGB 彩色空间则使用三个整数数字来代表一个像素，如 (0，100，200)，分别代表红色部分的颜色值为 0，绿色部分为 100，蓝色部分为 200。RGB 分别代表英文单词 Red、Green 和 Blue，其对应的取值范围都是 0～255，数值越大表示颜色越浅，越小则越饱和。所以 RGB 像素不同的组合总数为：256×256×256＝16 777 216，其中 (0，0，0) 表示黑色，(255，255，255) 表示白色。基于以上认识，像素点阵就可以使用矩阵来表示，差异就是不同空间表示像素的方法不同。灰度图可简单理解为一个二维矩阵，里面填满了 $0\sim255$ 间的整数；而彩色图则是三维矩阵，维度分别代表图像的高、宽和通道数。如图 7.5 所示，左图是 4×4 的灰度图像矩阵，右图是 4×4 的 RGB 彩色图像矩阵。

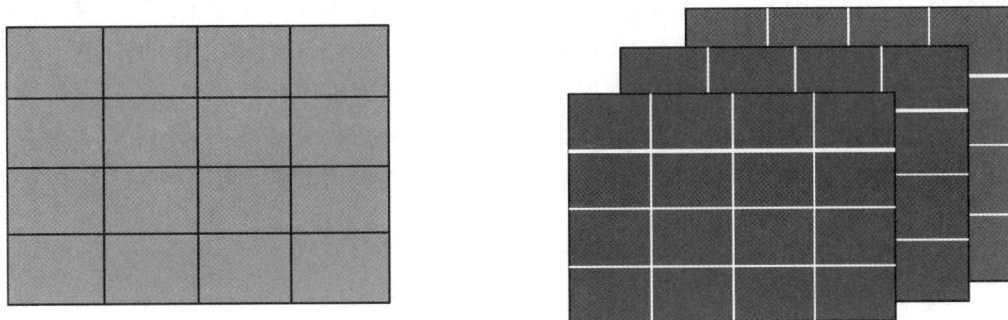

图 7.5　灰度图与 RGB 彩图

数字图像可由数码相机、扫描仪、摄像头、医学成像设备（X 射线机器、核磁共振成像（MRI）、计算机断层扫描（CT）等）获取。获取过程通常涉及模拟摄像机或类似设备，如传统相机和摄像机。这些设备通过光学镜头捕捉现实世界的场景，并将其转换为模拟信号。在传统摄像机中，光线通过镜头投射到感光底片或摄像管（在模拟摄像机中使用），底片或摄像管上的感光物质将光线转换成模拟电信号。这一过程中，光的强弱和颜色信息都会转化成模拟信号。然后，这些模拟信号可以通过连接电视或显示器来展示或记录下来。模拟图像数字化的过程通常包括以下步骤。

1. 采样

模拟图像数字化的首要步骤是采样，即在时间和空间上对模拟信号进行间隔性的测量。在图像采样中，通常会将模拟图像在水平和垂直方向上分割成像素格点，并且对于每个像素（或子像素）会测量其模拟数值。采样过程中的水平和垂直间隔被称作采样率，通常以每英寸点数（DPI）或每厘米点数（DPCM）来表示。

2. 量化

模拟图像经过采样后，在空间上离散化为像素，但像素的灰度值仍然是连续的量。需要对其进行量化（Quantization）使其离散化。量化后每个像素的灰度值用二进制的 bit 数表示，决定了幅度分辨率。最简单的量化是用黑（0）白（1）两个数值来表示，称为二值化图像。量化越细致，灰度级数表现越丰富。计算机中一般用 8bit（256 级）来量化，这意味着像素的灰度是 $0\sim255$ 之间的数值。可见，图像的量化级数一定时，采样点数越多，图像质量越好；当采样点数减少时，图像块状效应就逐渐明显。同理，当采样点数一定时，量化级数越多，图像质量越好；量化级数越少，图像质量越差。

3. 编码

当信号经过采样和量化后，就需要进行编码，将其转换为数字形式以便存储、传输和处理。在数字图像处理中，编码通常指的是将量化后的像素值转换为特定的数字格式以表示图像。以下是一些常见的数字图像编码方式。

无损编码(Lossless Compression)：无损编码是一种压缩图像数据的方式，它可以确保在解压缩后得到与原始图像完全一样的像素值。其中最常见的无损编码方式是无损压缩算法中的 Lempel-Ziv-Welch(LZW)和预测编码(Predictive Coding)。Run-Length Encoding是一种简单的无损编码方式，它基于相邻像素值的重复性。如果一系列像素具有相同的值，该值将被编码并存储为值及其重复次数的形式，从而减少数据存储和传输的开销。

有损编码(Lossy Compression)：有损编码是另一种压缩图像数据的方式，它在压缩过程中会牺牲图像的一些细节以获得更高的压缩比。有损编码可以大幅减小图像文件的体积，但在解压后无法完全还原原始图像。其中最著名的有损编码方式是 JPEG(Joint Photographic Experts Group)。

7.2.2　数字图像处理

数字图像处理作为图像预处理和增强的技术，是机器视觉的基础。数字图像处理技术利用计算机算法和技术对数字图像进行处理和分析，旨在改善图像的质量、增强图像的特征以及提取图像中的有用信息。图像变换与增强是数字图像处理的主要任务。

1. 图像变换

图像变换(Image Transformation)包括空间变换和频域变换。空间变换可以看成图像中物体(或像素)空间位置改变，如对图像进行缩放、旋转、平移、镜像翻转等。经采样得到的数字图像为了保证空间和幅度分辨率，图像阵列很大，直接在空间域中进行处理，需要较高的计算量和存储空间。因此，往往采用各种图像变换的方法，如傅里叶变换、沃尔什变换、离散余弦变换等间接处理技术，将空间域的处理转换为变换域处理，这样做不仅可减少计算量，而且可以更有效地进行运算。目前新兴研究的小波变换因其在时域和频域中都具有良好的局部化特性而得到广泛应用。

1) 空间变换

图像空间变换是指对图像进行几何变换以改变其空间位置、方向、尺度和角度的过程。这些变换可以帮助调整图像的外观，使其更适合特定的显示设备、分析处理需要或美化效果。图像空间变换在图像处理中是一项基础操作，用于调整和优化图像以满足特定需求，同时也为许多图像处理算法和应用提供了必要的前处理环节。常见的图像空间变换包括：

(1) 缩放(Scaling)：缩放是通过拉伸或收缩图像的像素来改变图像的尺寸。同尺度缩放只改变原有像素点的坐标，不改变原有像素的值，由后面章节的仿射变换来完成。不同尺度缩放则改变了图像的像素点个数，放大会增加图像的像素数量，而缩小则会减少像素数量。当一个图像的大小增加之后，组成图像的像素的可见度将会变得更高，图片更加模糊。相反地，缩小一个图像将会增强它的平滑度和清晰度。常见的图像缩放方法有最近邻插值、双线性插值和双三次插值等插值方法。

① 最近邻插值(Nearest Neighbor Interpolation)：最近邻插值是一种简单而快速的插值方法。对于缩小图像，它选择最接近目标像素位置的原始图像像素值作为新的像素值。对于放大图像，它会复制原始像素值到目标像素位置的若干个像素上，如图 7.6 左所示。

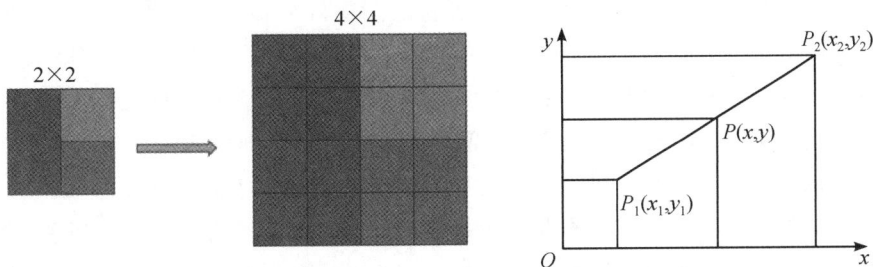

图 7.6　最近邻插值(左)和双线性插值(右)

② 双线性插值(Bilinear Interpolation):双线性插值是一种常用的插值方法,它使用原始图像中最接近目标像素位置的四个像素值,根据其在目标像素位置的距离进行加权平均。这种方法可以较好地保持图像的平滑性和细节。对于右图,P 点的像素值计算如下:

$$f(P) = \frac{y_2 - y}{y_2 - y_1} f(P_1) + \frac{y - y_1}{y_2 - y_1} f(P_2) \tag{7.1}$$

③ 双三次插值(Bicubic Interpolation):双三次插值是一种更精细的插值方法。它使用原始图像中最接近目标像素位置的 16 个像素值,并根据其在目标像素位置的距离进行加权平均。这种方法在保持平滑性的同时,可以更好地保留图像的细节。根据比例关系 $x/X = m/M = 1/K$,我们可以得到 $B(X,Y)$ 在 A 上的对应坐标为 $A(x,y) = A(X(m/M), Y(n/N)) = A(X/K, Y/K)$。如图 7.7 所示,$P$ 点就是目标图像 B 在 (X,Y) 处对应于源图像 A 中的位置,P 的坐标位置会出现小数

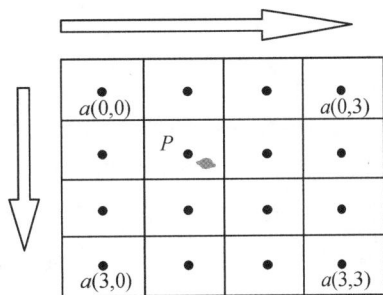

图 7.7　双三次插值

部分,所以我们假设 P 的坐标为 $P(x+u, y+v)$,其中 x,y 分别表示整数部分,u,v 分别表示小数部分。那么就可以得到如图所示的最近 16 个像素的位置,在这里用 $a(i,j)(i,j = 0,1,2,3)$ 来表示,如图 7.7 所示。

$$W(x) = \begin{cases} (a+2)|x|^3 - (a+3)|x|^2 + 1, & \text{当} \quad |x| \leqslant 1 \\ a|x|^3 - 5a|x|^2 + 8a|x| - 4a, & \text{当} \quad 1 < |x| < 2 \\ 0 & \text{其他} \end{cases} \tag{7.2}$$

我们要做的就是求出 Bicubic 函数中的参数 x,Bicubic 函数的解析式如式(7.2)所示,图像如图 7.8 所示。它的基函数是一维的,而像素是二维的,所以我们将像素点的行与列分开计算。Bicubic 函数中的参数 x 表示该像素点到 P 点的距离。例如 a_{00} 距离 $P(x+u, y+v)$ 的距离为 $(1+u, 1+v)$,因此 a_{00} 的纵坐标权重为 $W(1+v)$,横坐标权重为 $W(1+u)$。获得上面所说的 16 个像素所对应的权重 $W(x)$,然后加权求和,如式(7.3)所示。

$$B(X,Y) = \sum_{i=0}^{3} \sum_{j=0}^{3} a_{ij} * W(i) * W(j) \tag{7.3}$$

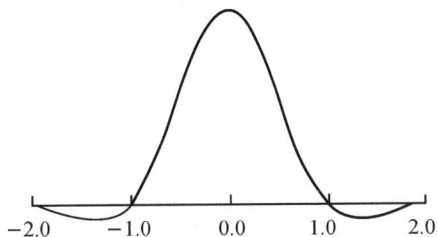

图 7.8　Bicubic 函数图像($a=0.5$ 时)

双三次曲线插值方法计算量最大，但处理后的图像效果最好。这种算法是一种很常见的算法，普遍用在图像编辑软件、打印机驱动和数码相机上。需要注意的是，图像缩放通常会导致图像质量的损失。在放大图像时，原始图像中的细节会被放大并变得模糊；在缩小图像时，细微的细节可能会丢失。因此，根据应用的需求，选择合适的插值方法和缩放倍数非常重要。图像缩放也可以通过使用硬件加速技术和优化算法来提高处理速度和图像质量。

（2）仿射与透视变换：仿射或透视变换是空间直角坐标系的变换，从一个二维坐标变换到另一个二维坐标，其中仿射变换是一个线性变换，他保持了图像的"平行性"和"平直性"，即图像中原来的直线和平行线，变换后仍然保持原来的直线和平行线，仿射变换比较常用的特殊变换有平移（Translation）、缩放（Scale）、翻转（Flip）、旋转（Rotation）和剪切（Shear）。

与仿射变换相比，透视变换不保留信息的平行度、长度和角度。但它们确实保留了共线性和关联性。这意味着即使在变换之后直线仍将保持直线。三维透视变换矩阵表示如下：

$$
\begin{bmatrix} y_1 \\ y_2 \\ y_3 \end{bmatrix} = \begin{bmatrix} a_{11} & a_{12} & a_{13} \\ a_{21} & a_{22} & a_{23} \\ a_{31} & a_{32} & a_{33} \end{bmatrix} \begin{bmatrix} x_1 \\ x_2 \\ x_3 \end{bmatrix} + \begin{bmatrix} a_{14} \\ a_{24} \\ a_{34} \end{bmatrix} \tag{7.4}
$$

2）频域变换

频域变换是将图像从时域（空域）转换到频域的过程，通过该过程可以获取到图像的频率特征。频域变换的核心思想是将原始信号分解为最简单的表示形式。这种最简单的表示形式被称为基。在向量空间中，基是一组彼此无关的向量，可用于表示空间中的任意向量。同样，在函数空间中，基是一组彼此无关的函数，可用于表示空间中的任何函数。我们可以将基看作是向量空间和函数空间中的构建模块。举个例子，我们知道计算机中的任意文件都是由 0 和 1 这两个数字组成的。因此，我们可以将 0 和 1 称为文件空间的基。

以下是常用的图像频域变换方法。频域变换的基础为傅里叶变换（Fourier Transform）。傅里叶变换将信号表示为无数个正弦信号的叠加，是将一个信号从时域表示转换为频域表示的数学工具。在图像处理中，傅里叶变换能够将图像表示为频域中的幅度和相位谱，从而提供了图像的频率信息。

（1）快速傅里叶变换（Fast Fourier Transform，FFT）：FFT 是一种高效计算傅里叶变换的算法，能够快速计算大规模信号的频谱分析。在图像处理中，FFT 常用于频域滤波、频域运算和频域特征提取。对于一个二维的离散信号 $F(x, y)$，它的快速傅里叶变换：

$$
F(x, y) = \sum_{m=0}^{M-1} \sum_{n=0}^{N-1} f(m, n) e^{-in\frac{2\pi}{N}x} e^{-im\frac{2\pi}{M}y} \tag{7.5}
$$

（2）离散小波变换（Wavelet Transform）：小波变换是一种多分辨率的频域变换方法，它使用一组称为小波基函数的函数族，通过对信号进行局部化分析来获取信号的时频信息。它是时间和频率的局部变换，具有局部化和时频局部性特点，可同时在时域和频域中对数据进行多尺度联合分析，具有多尺度细化分析的功能。它能够捕捉图像的不同频率和尺度上的特征，用于图像压缩、边缘检测和纹理分析等领域。

和离散傅里叶变换相比，傅里叶变换是将信号完全放在频率域中分析，但无法给出信号在每一个时间点的变化情况，并且时间轴上任何点的突变都会影响整个频率的信号；而小波变换与傅里叶变换不同，它在时间和频率上都有局部化的特性，因此，我们可以在不同的分解层上和不同的小波基函数对信号进行有效的分析，同时，小波变换可以更好地处理非平稳信号，并提供对信号在不同时间和频率上的局部特征的分析。小波变换对信号中突变和窄带特征的响应更为敏感，可以提供更精细的频率信息。

（3）离散余弦变换（Discrete Cosine Transform，DCT）：DCT 是一种频域变换方法，它通过将信号表示为一组余弦函数的线性组合来提取信号的频域信息。与傅里叶变换不同的是，DCT 只包含实数部分，没有虚数部分，因此，DCT 的计算比傅里叶变换更快且更容易实现。离散余弦变换可以分为类型 Ⅰ 到类型 Ⅷ 等多种形式，其中最常见的是第二类离散余弦变换（DCT-Ⅱ），它被广泛应用于 JPEG 图像压缩标准中，常用于图像和视频压缩。它能够将图像的能量集中在低频部分，使得高频部分可以被舍弃或量化，从而实现图像的高压缩比。二维图像 $F(u, v)$ 的第二类离散余弦变换可表达如下：

$$F(u, v) = c(u)c(v) \sum_{i=0}^{N-1} \sum_{j=0}^{N-1} f(i, j) \cos\left[\frac{(i+0.5)\pi}{N}u\right] \cos\left[\frac{(j+0.5)\pi}{N}v\right] \tag{7.6}$$

其中：$c(u) = \begin{cases} \sqrt{\dfrac{1}{N}}, & u = 0 \\ \sqrt{\dfrac{2}{N}}, & u \neq 0 \end{cases}$。

2. 图像增强

图像增强旨在突出图像中突出的特征，或是去除图中的多余噪声。图像增强的方法是通过一定手段对原图像附加一些信息或变换数据，有选择地突出图像中感兴趣的特征或者抑制（掩盖）图像中某些不需要的特征，使图像与视觉响应特性相匹配。在图像增强过程中，不分析图像降质的原因，处理后的图像不一定逼近原始图像。图像增强根据所期望达到的目的，可以使用如上提到的一些频域变换方法，也可以使用直方图均衡化、图像形态学操作、平滑和锐化等方法。

1）直方图均衡化

在一张图像中，像素的分布可能会导致图像的对比度不均匀，某些区域可能过亮或过暗，使得细节难以观察或丢失。直方图均衡化通过重新分配图像的像素值，使得图像的直方图变得更加均匀，从而改善图像的对比度和细节。

图像直方图是一种用来表现图像中亮度分布的直方图（示例如图 7.9 所示），给出的是图像中某个亮度或者某个范围亮度下共有几个像素，即统计一幅图某个亮度像素数量。图像直方图由于其计算代价较小，且具有图像平移、旋转、缩放不变性等众多优点，广泛地应用于图像处理的各个领域，特别是灰度图像的阈值分割、基于颜色的图像检索以及图像分类。直方图均衡化的原理是将原始图像的像素值映射到一个新的像素值，使得新的像素值在整个亮度范围内均匀分布。这样做可以扩展图像的亮度范围，增加图像的动态范围，并提高图像的对比度。以下是对灰度图像的直方图均衡化实例。

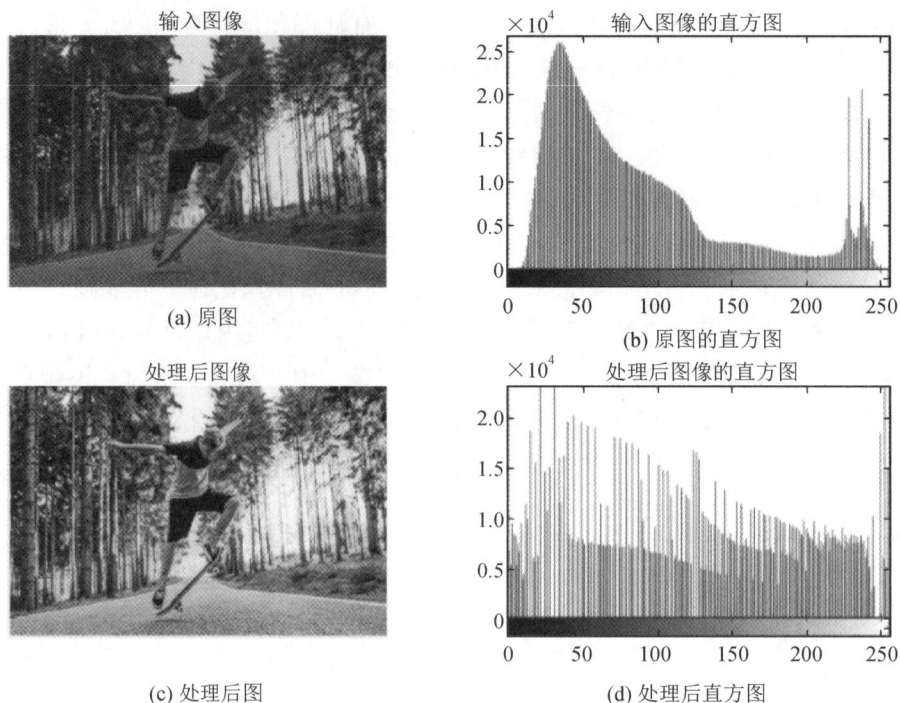

图 7.9　直方图均衡化

2) 图像形态学操作

图像形态学操作是一种基于图像形状和结构的处理技术，主要应用于分析和处理图像中的形态特征，包括目标的大小、形状、连接性和位置等。常见的图像形态学操作包括腐蚀、膨胀、开运算、闭运算、形态学梯度、顶帽运算和黑帽运算等。

腐蚀操作通过将图像中的目标区域边界向内部"侵蚀"，从而使目标区域变得更加紧凑，如图 7.10(b)所示。腐蚀可以用于去除小的噪声、分离相邻目标，或者减小目标的尺

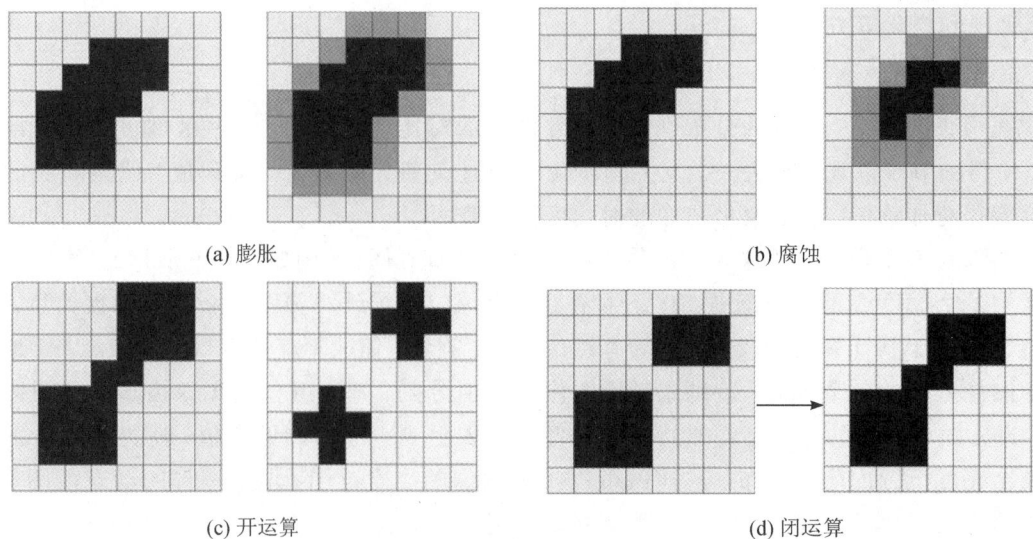

(a) 膨胀

(b) 腐蚀

(c) 开运算

(d) 闭运算

图 7.10　膨胀与腐蚀、开闭运算

寸。膨胀操作通过将图像中的目标区域边界向外扩张，使目标区域变得更加连通，如图 7.10(a)所示。膨胀可以用于填充小孔、连接相邻目标，或者增加目标的尺寸。

　　开运算(Opening)先对图像进行腐蚀操作，然后再进行膨胀操作，如图 7.10(c)所示。它常用于去除图像中的小噪声，平滑目标区域的边界，或者分离相邻目标。闭运算(Closing)先对图像进行膨胀操作，然后再进行腐蚀操作，如图 7.10(d)所示。它常用于填充图像中的小洞、连接相邻目标，或者平滑目标区域的边界。

　　形态学梯度(Morphological Gradient)是通过计算膨胀图像和腐蚀图像之间的差异来获取图像中目标边界的强度信息，计算公式如式(7.7)所示。形态学梯度可以显示目标区域边缘的位置信息，并可以在边缘检测和分割中使用。

$$Gradient = dilate(src, element) - erode(src, element) \tag{7.7}$$

　　顶帽运算(Top Hat)用于提取图像中的小目标或明亮细节，它是通过原图像与开运算之间的差异来计算的。黑帽运算(Black Hat)用于提取图像中的大目标或暗色细节，它是通过闭运算与原图像之间的差异来计算的。顶帽运算和黑帽运算可以用于图像增强、纹理分析和特征提取等任务，计算公式分别如式(7.8)、式(7.9)所示。

$$dst_{top} = src - open(src, element) \tag{7.8}$$

$$dst_{black} = close(src, element) - src \tag{7.9}$$

3) 平滑和模糊

　　滤波算子分为平滑滤波和锐化滤波两种。滤波运算的原理同 9.6 节卷积神经网络中提到的卷积运算原理。平滑滤波，也称为模糊滤波，主要有以下几种。

　　(1) 均值滤波(Mean Filtering)：一种简单的线性平滑滤波方法，通过取邻域内像素的平均值来替代中心像素的值。它能够有效地去除高斯噪声等随机噪声，但也会导致图像的细节丢失。

　　(2) 中值滤波(Median Filtering)：一种非线性滤波方法，通过将邻域内像素的中值赋给中心像素来实现。它在去除椒盐噪声等脉冲噪声上表现良好，能够保留图像细节。

　　(3) 高斯滤波(Gaussian Filtering)：一种基于高斯函数的线性平滑滤波方法，通过将图像与高斯核进行卷积来实现。它可以有效地平滑图像并去除高斯噪声，同时保留边缘信息。高斯滤波的效果取决于高斯核的大小和标准差。

　　(4) 双边滤波(Bilateral Filtering)：一种非线性滤波方法，同时考虑像素在空间上的距离和像素值相似性。它通过权衡两个因素来保留边缘信息的同时平滑图像，适用于去除噪声的同时保持图像细节。

　　各滤波方法实例对比如图 7.11 所示。

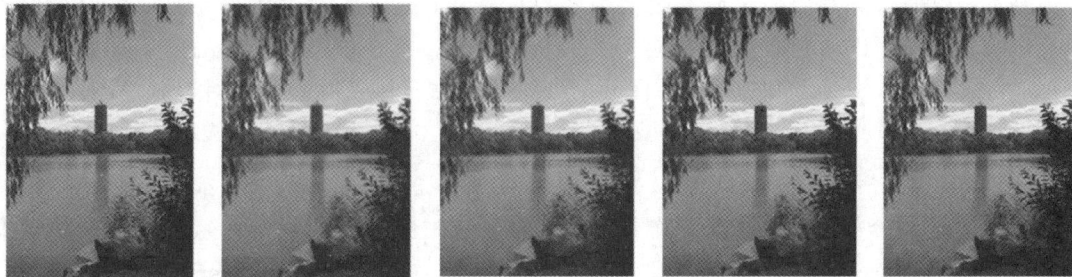

图 7.11　滤波方法对比(从左至右依次为原图、均值、中值、高斯和双边滤波)

4）锐化

边缘通常对应着图像中灰度值的快速变化，因此边缘检测算子的原理是基于对图像进行导数运算，以找到灰度值变化显著的位置。导数可以帮助找到图像中的局部极值点，而图像中的边缘通常对应着这些局部极值点。锐化可以突出图片的高频分量，使物体的轮廓更加清晰。常见的锐化的算子有 Laplacian 算子、Sobel 算子、Prewitt 算子、Robert 算子、Scharr 算子、Canny 算子等，如图 7.12 所示。

$$\begin{bmatrix} -1 & 0 \\ 0 & 1 \end{bmatrix} \quad \begin{bmatrix} 0 & -1 \\ 1 & 0 \end{bmatrix} \quad \begin{bmatrix} -1 & 0 & -1 \\ -1 & 0 & 1 \\ -1 & 0 & 1 \end{bmatrix} \quad \begin{bmatrix} -1 & -1 & -1 \\ 0 & 0 & 0 \\ 1 & 1 & 1 \end{bmatrix} \quad \begin{bmatrix} -1 & 0 & 1 \\ -2 & 0 & 2 \\ -1 & 0 & 1 \end{bmatrix} \quad \begin{bmatrix} -1 & -2 & -1 \\ 0 & 0 & 0 \\ 1 & 2 & 1 \end{bmatrix}$$

$$\begin{bmatrix} -3 & 0 & 3 \\ 10 & 0 & 10 \\ -3 & 0 & 3 \end{bmatrix} \quad \begin{bmatrix} -3 & 10 & -3 \\ 0 & 0 & 0 \\ 3 & 10 & 3 \end{bmatrix} \quad \begin{bmatrix} 0 & -1 & 0 \\ -1 & 4 & -1 \\ 0 & -1 & 0 \end{bmatrix} \quad \begin{bmatrix} -1 & -1 & -1 \\ -1 & 8 & -1 \\ -1 & -1 & -1 \end{bmatrix}$$

图 7.12 常见锐化（边缘检测）算子（从左至右依次为 Robert、Prewitt、Sobel、Scharr、Laplacian）

Laplacian 算子不依赖于边缘方向的二阶微分算子，对图像中的阶跃型边缘点定位准确，该算子对噪声非常敏感，它使噪声成分得到加强，这两个特性使得该算子容易丢失一部分边缘的方向信息，造成一些不连续的检测边缘，同时抗噪声能力比较差，由于其算法可能会出现双像素边界，常用来判断边缘像素位于图像的明区或暗区，很少用于边缘检测。Roberts 利用局部差分算子寻找边缘，边缘定位精度较高，但容易丢失一部分边缘，不具备抑制噪声的能力。该算子对具有陡峭边缘且含噪声少的图像效果较好，尤其是边缘正负 45 度较多的图像，但定位准确率较差。Prewitt 算子对灰度渐变的图像边缘提取效果较好，而没有考虑相邻点的距离远近对当前像素点的影响。Canny 算子能够检测出细节较好的边缘，对噪声具有较强的抑制能力。缺点是算法复杂，计算较为耗时。LoG 算子将高斯滤波和拉普拉斯算子相结合，对细节边缘有较强的检测能力，且具有一定的抗噪声能力，不过计算复杂度高，需要调节合适的参数。Sobel 算子考虑了综合因素，对噪声较多的图像处理效果更好，边缘定位效果不错，但检测出的边缘容易出现多像素宽度。Scharr 算子是对 Sobel 算子差异性的增强，可以提取图像中的微弱边缘信息。

3. 图像分割

图像分割，即将图像划分为具有意义的区域，每个区域内部具有相似或接近的某种特性或特征，以便将分割后的区域与图像中的目标物体（或背景）相对应。随后，可以提取出目标区域的特征，进而判断图像中是否存在感兴趣的目标。对图像分割的度量准则不是唯一的，它取决于应用场景和目的。图像分割的特征信息包括亮度、色彩、纹理、结构、温度、频谱、运动、形状、位置、梯度和模型等。

1）基于边缘的分割

基于边缘的分割是一种常见的图像分割方法，它主要利用图像中像素灰度值的快速变化来定位图像中的边缘，并据此将图像分割成不同的区域。边缘在图像中代表着灰度值、颜色或纹理等特征发生突变的位置，因此边缘在很大程度上反映了物体在图像中的形状和结构。常用的边缘检测算法包括 Sobel 算子、Prewitt 算子、Canny 边缘检测等。这些算法根据图像中像素值的梯度来确定边缘的位置,通过检测梯度的极大值来找到边缘。

基于边缘的分割方法对噪声敏感,并且对图像中的纹理和颜色变化不够敏感,因此在实际应用中可能需要与其他分割方法结合使用,以获得更准确的分割结果。例如,基于区域的方法可以与基于边缘的方法结合,以克服单一方法的局限性,提高分割的准确性和鲁棒性。

2)基于阈值的分割

基于阈值的分割是一种简单而有效的图像分割方法,它基于像素的灰度值与设定的阈值之间的关系,将图像分为不同的区域。这种方法适用于图像中具有明显灰度差异的目标物和背景,或者需要根据灰度值进行二值化的场景。图 7.13 是几种基于阈值的分割算法对于灰度图的分割效果。

图 7.13 不同阈值分割方法的效果对比

基于阈值的分割方法的优点在于简单易懂,计算效率高。然而,它对图像中目标和背景的灰度差异要求比较高,对光照变化和噪声比较敏感。

3)基于区域的分割

基于区域的分割是一种常用的图像分割方法,它将图像分割为相互连通的区域,每个区域具有一致的特征,如颜色、纹理或灰度。该方法基于区域内部像素之间的相似性,而不是基于像素间的边缘或灰度差异。它通过将图像划分成具有独立特征的区域,实现目标的识别和分割。该方法基于相似性准则,通过区域合并或区域生长的方式来实现图像分割。基于区域的图像分割方法在目标检测、图像编辑、医学影像分析等领域有着广泛的应用。了解基于区域的图像分割方法对于理解和应用计算机视觉算法具有重要意义。基于区域的分割方法又可分为区域增长、区域分裂合并法以及分水岭法。

基于区域的分割方法相对于基于边缘的分割方法,在处理复杂场景、光照变化、噪声等方面具有更好的鲁棒性。

4)基于聚类的分割

基于聚类分析和模糊集的图像分割方法是一种常见的图像分割技术,它结合了聚类分析和模糊集合理论,能够有效地处理图像中的复杂纹理、光照变化和噪声等问题。聚类分析是一种将数据划分为类别或群集的技术,它通过计算特征之间的相似性将像素分为不同的类别。在图像分割中,聚类分析可以根据像素的特征(如颜色、纹理、灰度等)来将图像分割为不同的区域或物体。使用聚类的思想设计图像分割算法时,经常借鉴模糊理论描述事物模糊性和不确定性的特点处理图像中像素特征的模糊性,从而更好地描述像素之间的隶属关系。在图像分割中,模糊集合理论可以用于计算像素属于不同类别的隶属度,从而实现像素的模糊分割。常用的聚类算法包括 K 均值聚类、期望最大化(EM)聚类、模糊 C 均值聚类(FCM)等。K 均值聚类和 FCM 聚类案例如图 7.14 所示。

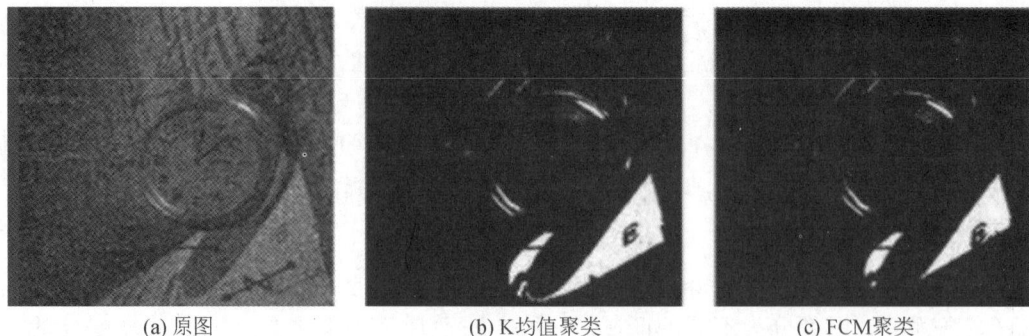

(a) 原图　　　　　　　　(b) K均值聚类　　　　　　　(c) FCM聚类

图 7.14　K 均值聚类和 FCM 聚类结果

7.3　数字图像特征提取与理解

图像识别和检测是计算机视觉领域中的重要任务，旨在使计算机能够理解和解释图像内容，并从中提取有用信息。能准确理解数字图像中表达的信息是机器视觉的主要目的。

7.3.1　传统图像特征及其提取方法

常用的图像特征有颜色特征、纹理特征、形状特征、空间关系特征。首先介绍图像特征的分类，再介绍传统的图像特征提取方法。

1. 颜色特征

颜色特征是图像中最基本、最直观、最显著的全局物理特征。图像的颜色特征具有旋转不变性，平移不变性和尺度不变性。由于颜色对于图像或图像区域的旋转、平移、尺度等变化不敏感，因此颜色特征无法很好地捕捉图像中对象的局部特征。常见的颜色特征表示方法包括颜色直方图、颜色矩、颜色集、颜色聚合向量以及颜色相关图等。

2. 纹理特征

纹理是指存在于图像中某一范围内的形状很小的、半周期性或有规律的排列图案，图 7.15 展示了紫檀木的纹理特征。纹理特征是一种全局特征，与颜色特征不同，纹理特征不是基于像素点的特征，纹理特征是指图像灰度等级的变化，变化与空间的统计特性相关。在模式匹配中，这种区域性的特征具有较大的优越性，不会由于局部的偏差而无法匹配成功。

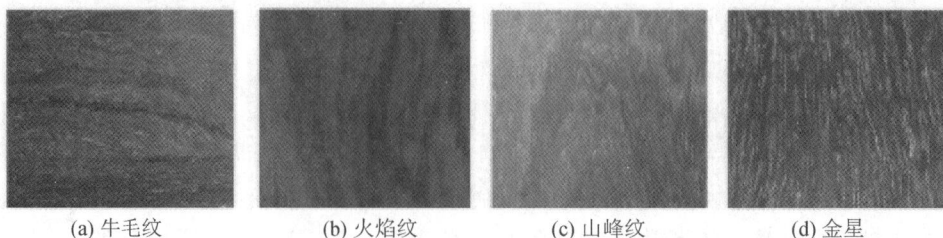

(a) 牛毛纹　　　　　　(b) 火焰纹　　　　　　(c) 山峰纹　　　　　　(d) 金星

图 7.15　紫檀木纹理特征

灰度共生矩阵(Gray Level Co-occurrence Matrix，GLCM)是一种通过研究灰度的空间相关特性来描述纹理的常用方法，是统计方法分析纹理特性的典型代表。求解灰度共生矩阵的基本原理如下：

(1) 取图像中任意一点$(x，y)$及另一点$(x+a，y+b)$，该点对应的灰度值记为$(f_1，f_2)$。若移动点$(x，y)$覆盖整个图像，则得到不同的灰度值对。

(2) 设灰度值的级数为k，则$(f_1，f_2)$的组合共有k^2种。对于整个图像，统计出每一种$(f_1，f_2)$值出现的次数，计算$(f_1，f_2)$出现的概率$P(f_1，f_2)$，就将$(x，y)$的空间坐标转化为灰度对$(f_1，f_2)$的描述，形成了灰度共生矩阵，表示为矩阵G。

描述灰度共生矩阵常用的特征有以下几种：

(1) 角二阶矩(Angular Second Momemt，ASM)。角二阶矩为灰度共生矩阵元素值的平方和，反映了图像灰度分布均匀程度和纹理粗细度。如果灰度共生矩阵G中的值呈现不均匀的分布，则 ASM 有较大值，若G中的值分布较均匀(如噪声严重的图像)，则 ASM 有较小的值。

(2) 对比度(Contrast，CON)。对比度反映了图像的清晰度和纹理沟纹深浅的程度。纹理沟纹越深，其对比度越大，图像越清晰；反之，对比度小，则沟纹浅，图像较为模糊。如果灰度共生矩阵G中偏离对角线的元素有较大值，即图像亮度值变化很快，则对比度也会有较大取值。灰度共生矩阵中远离对角线的元素越多，值越大，对比度越大。

(3) 逆差矩(Inverse Different Moment，IDM)。逆差矩反映图像纹理的同质性，度量图像纹理局部变化的大小。其值大则说明图像不同区域间纹理缺少变化，局部非常均匀。所以如果灰度共生矩阵G的对角元素有较大值，IDM 就会取较大的值。因此连续灰度的图像会有较大 IDM 值。

(4) 熵(Entropy)。熵是图像所具有的信息量的度量，是一个随机性的度量，当共生矩阵中所有元素有最大的随机性、空间共生矩阵中所有值几乎相等时，共生矩阵中元素分散分布时，熵较大。它表示了图像中纹理的非均匀程度或复杂程度。若灰度共生矩阵值分布均匀，也即图像近于随机或噪声很大，熵会有较大值。图像的一维熵可以表示图像灰度分布的聚集特征，却不能反映图像灰度分布的空间特征。为了表征这种空间特征，可以在一维熵的基础上引入能够反映灰度分布空间特征的特征量来组成图像的二维熵。选择图像的邻域灰度均值作为灰度分布的空间特征量，与图像的像素灰度组成特征二元组，记为$(i，j)$，其中i表示像素的灰度值$(0 \leqslant i \leqslant 255)$，$j$表示邻域灰度均值$(0 \leqslant j \leqslant 255)$：

$$P_{i,j} = \frac{f(i，j)}{N^2} \tag{7.10}$$

式(7.10)反应了某像素位置上的灰度值与其周围像素灰度分布的综合特征，其中$f(i，j)$为特征二元组$(i，j)$出现的频数，N为图像的尺度。

图像二维熵的定义：

$$H = \sum_{i,j}^{255} P_{i,j} \log P_{i,j} \tag{7.11}$$

3. 形状特征

形状特征的描述主要可以分为基于轮廓形状(Congtour-based Shape)与基于区域形状(Region-based shape)两类，形状特征可以作为区分不同物体的依据，在机器视觉系统中起着十分重要的作用。通常情况下,形状特征有两类表示方法:一类是轮廓特征;另一类是区域特征。图像的轮廓特征主要针对物体的外边界,而图像的区域特征则关系到整个形状区域。本节给出两种常用的形状特征,即几何参数法和傅里叶形状表示法。

1) 几何参数法

几何参数法(Shape factor)是有关形状定量测度,如面积、欧拉数、偏心率、周长、圆形度(如图 7.16 所示)、偏心率、主轴方向和代数不变矩等。

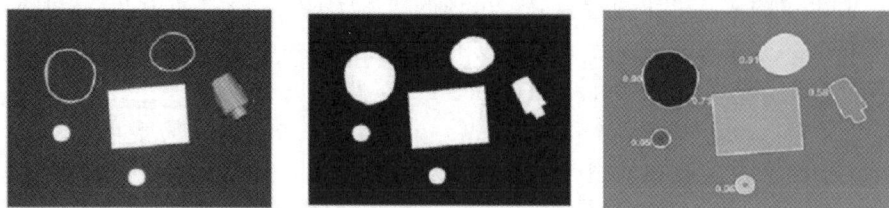

图 7.16　提取圆形度特征参数

2) 傅里叶形状描述符法

傅里叶形状描述符(Fourier Shape Deors)基本思想是用物体边界的傅里叶变换作为形状描述,利用区域边界的封闭性和周期性,将二维问题简化为了一维问题。

4. 空间关系特征

图像空间关系是指图像中分割出来的多个目标相互的空间位置或相对方向关系,这些关系也可分为连接/邻接关系、交叠/重叠关系和包含/包容关系等。表 7.2 给出了 MapGuide 所支持的 11 种空间关系。

表 7.2　**MapGuide 所支持的 11 种空间关系**

空间关系	中文名称	OGC 标准	解　　释
Contains	包含	是	几何图形的内部完全包含了另一个几何图形的内部和边界
Covered By	覆盖	否	几何图形被另一个几何图形所包含,并且它们的边界相交。Point 和 MultiPoint 不支持此空间关系,因为它们没有边界
Crosses	交叉	是	几何图形的内部和另一个几何图形的边界和内部相交,但是它们边界不相交
Disjoint	分离	是	两个几何图形的边界和内部不相交
Envelope Intersects	封套相交	否	两个几何图形的外接矩形相交
Equal	相等	是	两个几何图形具有相同的边界和内部
Inside	内部	否	一个几何图形在另一个几何图形的内部,但是和它的边界不接触
Intersects	相交	是	两个几何图形没有分离(Non-DisJoint)
Overlaps	重叠	是	两个几何图形的边界和内部相交(Intersect)
Touch	接触	是	两个几何图形的边界相交,但是内部不相交
Within	包含于	是	一个几何图形的内部和边界完全在另一个几何图形的内部

在深度学习兴起之前，传统的图像特征提取方法如 SIFT、HOG 等应用较广。

1. SIFT(尺度不变特征变换)

SIFT 由加拿大教授 David 提出，实质是在不同的尺度空间上查找关键点(特征点)，并计算出关键点的方向。SIFT 所查找到的关键点是一些十分突出、不会因光照、仿射变换和噪音等因素而变化的点，如角点、边缘点、暗区的亮点及亮区的暗点等。SIFT 在人脸识别中应用较广。

2. HOG(方向梯度直方图)

HOG 最早是由法国研究员 Dalal 等在 CVPR-2005 上提出的，通过计算和统计图像局部区域的梯度方向直方图来构成特征。HOG 特征结合 SVM 分类器已经被广泛应用于图像识别中，尤其在行人检测中获得了极大的成功。

7.3.2　基于深度学习的数字图像理解

数字图像理解为计算机视觉的高级阶段。本节主要介绍深度学习在计算机视觉应用方面的四大重要任务(如图 7.17 所示)以及常用的基于深度学习的模型。

(a) 图像识别　　　　　　　　　　　　　(b) 目标与检测

(c) 语义分割　　　　　　　　　　　　　(d) 实例分割

图 7.17　计算机视觉四大任务

1. 图像识别(Image Recognition)

图像识别是指根据图像内容的特征，将图像分类为预定义的多个类别之一。它可以用于识别图像中的物体、场景、人脸等，并对其进行分类。基于机器学习的图像识别通常需要经过训练，使用机器学习算法(如支持向量机、随机森林、深度神经网络等)从输入图像的特征中学习图像类别的模式。随着深度学习的出现，图像分类与识别取得了显著的进展。

尤其是卷积神经网络的引入，为领域内的研究和实际应用带来了革命性的改变，从 LeNet、AlexNet、GoogleNet 到 ResNet（如图 7.18 所示）、SENet、DenseNet（如图 7.19 所示），深度学习模型进行图像识别的性能已经远远超越人类。

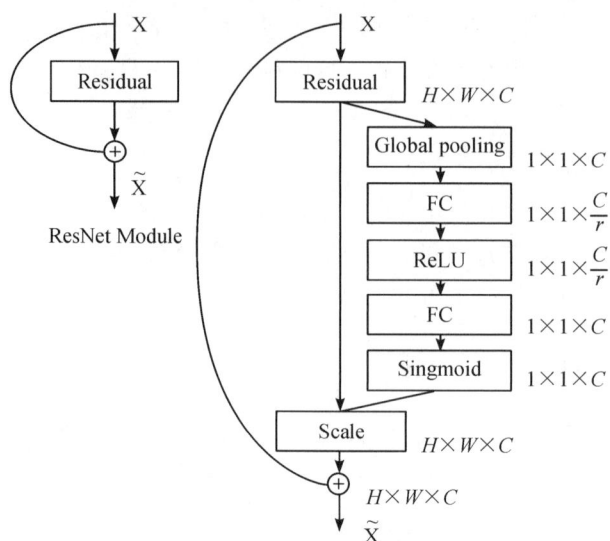

图 7.18　ResNet 问世后性能首次超越人眼

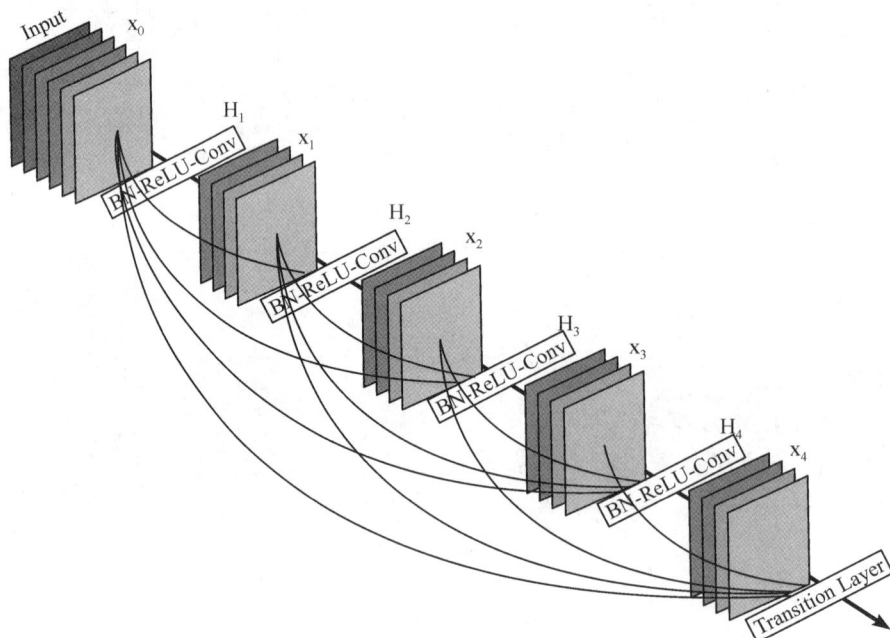

图 7.19　以 0.8M 参数量打败 ResNet 的 DenseNet

2. 目标检测(Object Detection)

目标检测的任务是在图像或是一个视频帧中准确地找出特定目标，将其划分为指定的类别，然后使用边界框来标注每个目标的位置。目标检测在各个领域都有广泛的应用。

目标检测通常结合了目标分类和位置定位的过程，可以使用传统的计算机视觉方法（如 Haar 特征和级联分类器、HOG＋SVM 等），也可以使用基于深度学习的方法。目前，深度学习在目标检测领域中的方法主要可以分为两类：两阶段目标检测算法和单阶段目标检测算法。两阶段目标检测算法首先生成一系列候选框作为样本，然后通过卷积神经网络来对这些候选框进行分类。一些常见的两阶段算法包括 R-CNN、Fast R-CNN、Faster R-CNN 等。而单阶段目标检测算法则直接将目标框定位的问题转化为回归问题来处理，无需生成候选框。一些常见的单阶段算法有 YOLO 系列算法（如图 7.20 所示）、SSD 算法等。

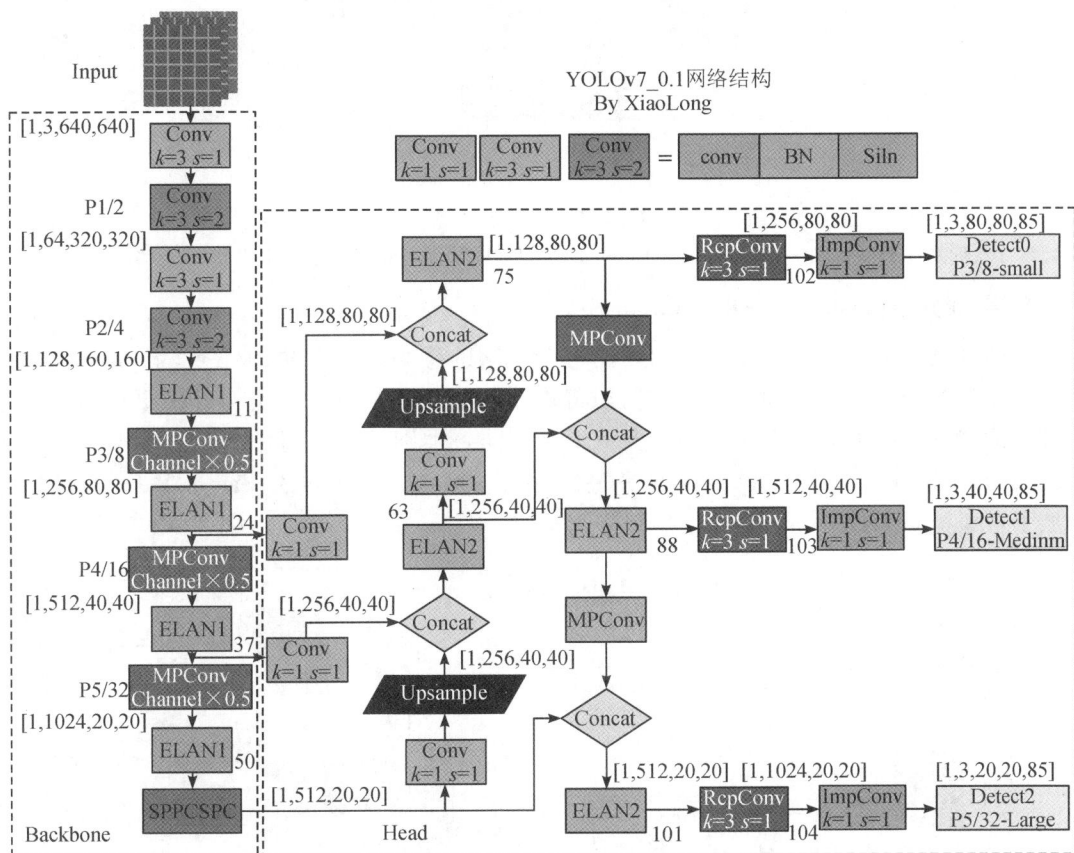

图 7.20　YOLO-v7 网络框架

（原图来自于 https://blog.csdn.net/weixin_43799388/article/details/126164288）

3. 语义分割（Semantic Segmentation）

语义分割是将图像划分为多个语义类别的区域，每个像素被分配到特定的语义类别，但是不需要划分不同的目标实例。图 7.21 所示将每个像素分为"是羊的像素"和"不是羊的像素"两类。当将羊的像素部分以特定颜色表示时，这种像素级别的分割称为二进制掩码，即一个由 0 和 1 组成的矩阵，其中羊的像素部分取值为 1，非羊的像素部分取值为 0。因此，如果对上述图片应用语义分割算法进行图像分割，得到的二进制掩码将清晰展示出羊在图像中的像素分布情况。FCN（全卷积网络）是语义分割的开创性工作之一。而 U-Net 通过对称的编码器和解码器结构，实现了精确的医学图像分割。

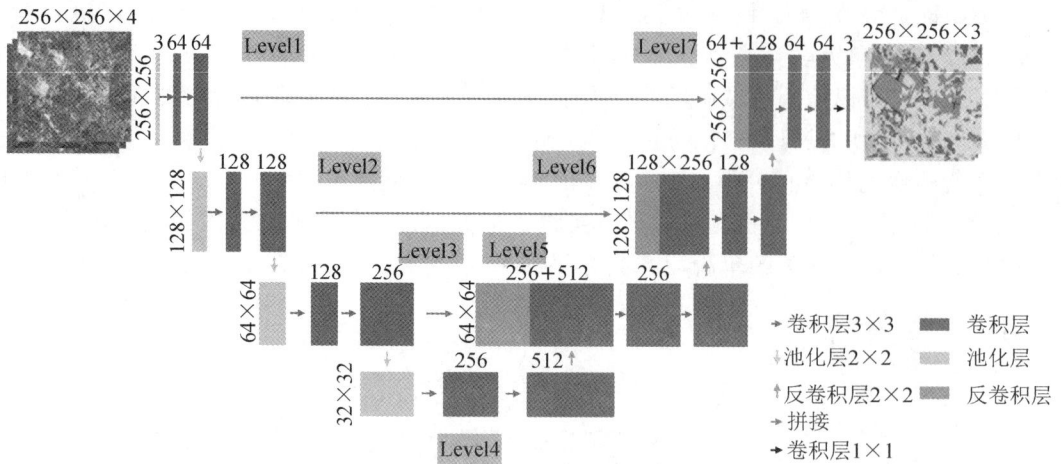

图 7.21　U-Net 架构

（原图来自于 http://www.rsta.ac.cn/CN/10.11873/j.issn.1004-0323.2021.2.0285）

4. 实例分割（Instance Segmentation）

实例分割是检测和划定图像中出现的每个不同的感兴趣的对象的任务。语义分割的目标是将同一类的东西划分到一组中，例如将汽车与建筑物分开；而实例分割更进一步，它的目标是将图像中的实例识别出来，进一步区分同一类别的不同对象实例。学术界经典研究成果为 Mask R-CNN，它的架构如图 7.22 所示。Mask R-CNN 在 Faster R-CNN 基础上增加了对象掩码生成分支，实现了实例分割。

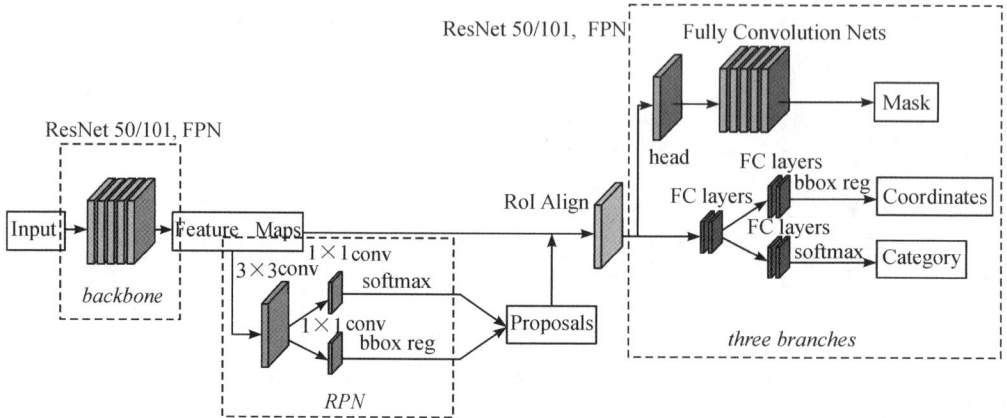

图 7.22　Mask R-CNN 架构

（原图来自于 http://www.uml.org.cn/ai/201903011.asp?artid=21716?weiid=2980）

7.4　三维视觉

图像处理特征提取与图像理解方法的发展使计算机在理解二维图像方面取得了突破性

进展并逐渐趋于成熟。而我们现实中生活在三维世界，仅靠单一角度的二维数字图像无法对我们生活的场景提供精确的描述与感知。于是三维计算机视觉应运而生。早期三维视觉的实现方式主要为基于双目（多目）相机的立体视觉感知，随着结构光扫描仪、激光雷达等三维传感器的发展，RGB-D 图像、三维点云等真实三维场景数据得以越来越便捷、快速地被获得，基于三维点云等真实三维场景数据的特征提取研究也取得了突破性进展并逐渐运用于自动驾驶、遥感、农产品监测甚至智能安防等领域。

7.4.1 双目立体视觉

双目立体视觉是基于视差原理，由多幅图像获取物体三维几何信息的方法。在机器视觉系统中，双目立体视觉一般由双摄像机从不同角度同时获取周围景物的两幅数字图像或由单摄像机在不同时刻从不同角度获取周围景物的两幅数字图像，并基于视差原理恢复出物体三维几何信息，重建周围景物的三维形状并确定其位置。图 7.23 体现了单目和双目视觉系统在具体配置上的区别。

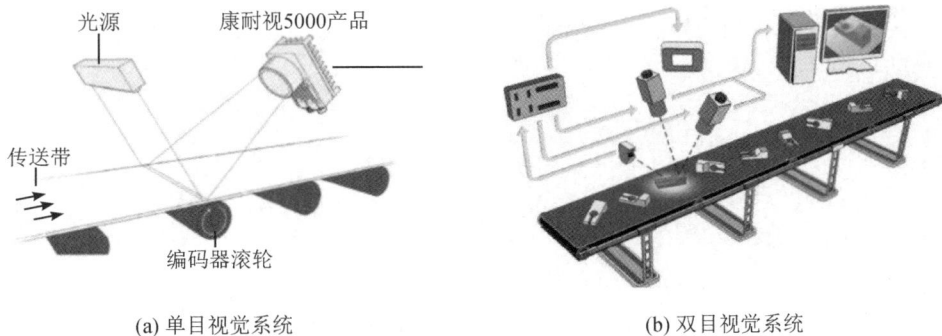

(a) 单目视觉系统　　　　　　　　　　　　　(b) 双目视觉系统

图 7.23　单目与双目视觉系统区别

双目立体视觉有时简称体视，是人类利用双眼获取环境三维信息的主要途径。随着机器视觉理论的发展，双目立体视觉在机器视觉研究中发挥了越来越重要的作用，具有广泛的适用性。本节将介绍双目立体视觉原理、数学模型、系统结构、对应点匹配及系统标定等问题。

双目立体视觉是基于视差，由三角法原理进行三维信息的获取，三角法原理即由两个摄像机的图像平面（或单摄像机在不同位置的图像平面）和被测物体之间构成一个三角形，已知两摄像机的位置关系，便可以获取两摄像机公共视场内物体的三维尺寸及空间物体特征点的三维坐标。双目立体视觉系统一般由两个摄像机或者由一个运动的摄像机构成。

1. 双目立体视觉三维测量原理

双目立体视觉三维测量是基于视差原理，图 7.24(a) 为简单的平视双目立体成像原理图，两摄像机的投影中心连线的距离，即基线距为 B。两摄像机在同一时刻观看空间物体的同一特征点 $P(x_c, y_c, z_c)$，分别在"左眼"和"右眼"上获取了点 P 的图像，它们的图像坐标分别为 $p_{\text{left}} = (X_{\text{left}}, Y_{\text{left}})$，$p_{\text{right}} = (X_{\text{right}}, Y_{\text{right}})$。假定两摄像机的图像在同一个平面上，则特征点 P 的图像坐标的 Y 坐标相同，即 $Y_{\text{left}} = Y_{\text{right}} = Y_u$，则由三角几何关系得到：

$$\begin{cases} X_{\text{left}} = f\dfrac{x_c}{z_c} \\[2mm] X_{\text{right}} = f\dfrac{(x_c - B)}{z_c} \\[2mm] Y_u = f\dfrac{y_c}{z_c} \end{cases} \tag{7.12}$$

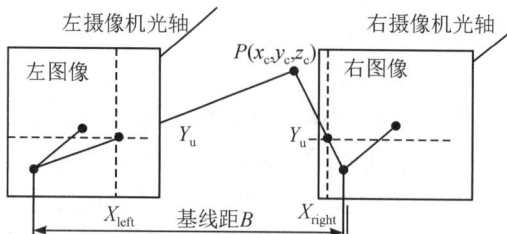

(a) 双目立体视觉成像原理　　　　　(b) 双目立体视觉中空间点三维重建

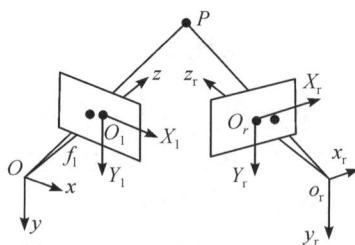

图 7.24　双目立体成像原理及空间点三维重建

视差为：$Disparity = X_{\text{left}} - X_{\text{right}}$。由此可计算出特征点 P 在摄像机坐标系下的三维坐标为

$$\begin{cases} x_c = \dfrac{B \cdot X_{\text{left}}}{Disparity} \\[2mm] y_c = \dfrac{B \cdot Y_u}{Disparity} \\[2mm] z_c = \dfrac{B \cdot f}{Disparity} \end{cases} \tag{7.13}$$

因此，左摄像机像面上的任意一点只要能在右摄像机像面上找到对应的匹配点（二者是空间同一点在左、右摄像机像面上的点），就可以确定出该点的三维坐标。这种方法是点对点的运算，像面上所有点只要存在相应的匹配点，就可以参与上述运算，从而获取其对应的三维坐标。

2. 双目立体视觉数学模型

在分析了最简单的平视双目立体视觉的三维测量原理基础上，现在考虑一般情况，对两个摄像机的摆放位置不做特别要求。如图 7.24(b)所示，设左摄像机 $O\text{-}xyz$ 位于世界坐标系的原点处且无旋转，图像坐标系为 $O_1\text{-}X_1Y_1$，有效焦距为 f_1，右摄像机坐标系为 $o_r\text{-}x_ry_r$，图像坐标系为 $O_r\text{-}X_rY_r$，有效焦距为 f_r，令 $\boldsymbol{R} = \begin{bmatrix} r_1 & r_2 & r_3 \\ r_4 & r_5 & r_6 \\ r_7 & r_8 & r_9 \end{bmatrix}$，$\boldsymbol{T} = \begin{bmatrix} t_x \\ t_y \\ t_z \end{bmatrix}$ 分别为 $O\text{-}xyz$ 坐标系中的空间点，两摄像机面点之间的对应关系为：

$$\rho_r \begin{bmatrix} X_r \\ Y_r \\ 1 \end{bmatrix} = \begin{bmatrix} f_r r_1 & f_r r_2 & f_r r_3 & f_r t_x \\ f_r r_4 & f_r r_5 & f_r r_6 & f_r t_y \\ f_r r_7 & f_r r_8 & f_r r_9 & t_z \end{bmatrix} \begin{bmatrix} zX_1/f_1 \\ zY_1/f_1 \\ z \\ z \\ 1 \end{bmatrix} \tag{7.14}$$

　　因此，已知焦距 f_1、f_r 和空间点在左右摄像机中的图像坐标，只要求出旋转矩阵 $\boldsymbol{R}$ 和平移矢量 $\boldsymbol{T}$ 就可以得到被测物体点的三维空间坐标。

　　如果用投影矩阵表示，空间点三维坐标可以由两个摄像机的投影模型表示，即

$$\begin{cases} s_1 p_1 = \boldsymbol{M}_1 X_w \\ s_r p_r = \boldsymbol{M}_r X_w \end{cases} \tag{7.15}$$

其中 p_1、p_r 分别为空间点在左右摄像机中的图像坐标，M_1，M_r 分别为左右摄像机的投影矩阵，X_w 为空间点在世界坐标系中的三维坐标。实际上，双目立体视觉是匹配左右图像平面上的特征点并生成共轭对集合 $\{(p_{1,i}, p_{r,i})\}$ $(i = 1, 2, \cdots, n)$。每一个共轭对定义的两条射线，相交于空间中某一场景点。空间相交的问题就是找到相交点的三维空间坐标。

3. 双目立体视觉系统的结构

　　双目立体视觉系统一般采用两个摄像机来组成双目立体视觉系统，利用视差原理来实现三维测量，如图 7.25 所示，由观测点到被测点的连线在空间有唯一的交点。如图 7.25(a)所示，以往的双目立体视觉系统的结构是两个摄像机斜置于基座上，中间放电路板，照明灯放在中间前部。这种传统的设计有许多不合理的地方：由于基线距是两摄像机头中心的距离，因此，实际的基线距比视觉系统的横向宽度要小许多；照明系统是固定的，对于某些测量对象不适用(如浅盲孔)；电路板用螺丝固定在基座上，维修时要拆下整个视觉系统，使得维修后需要重新标定。

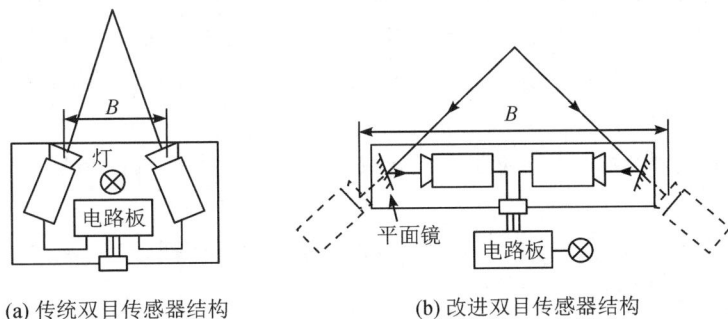

(a) 传统双目传感器结构　　　　　　(b) 改进双目传感器结构

图 7.25　基于两个摄像机的双目系统结构

　　如图 7.25(b)所示，两个摄像机反向放置，在摄像机前面各摆放一个平面反射镜，用来调整摄像机的测量角度，这种结构实际上在有限的空间内增大了系统基线距 B 的值，而系统的体积并不发生显著变化。同时照明系统采用分体式设计，可以固定在系统外面任何位置，以任意角度为测量提供照明。同传统的设计相比，在系统横向尺寸保持不变的情况下，改进结构有更大的基线距 B，能得到更高的测量精度，而且纵向尺寸大大缩短，整个系统的体积更小，重量更轻，便于固定。

4. 双目立体视觉中的对应点匹配

　　双目立体视觉是建立在对应点的视差基础之上，因此左右图像中各点的匹配关系成为双目立体视觉技术的一个极其重要的问题。然而，对于实际的立体图像对，求解对应问题极富挑战性。人们已经建立了许多约束来减少对应点误匹配，并最终得到正确的对应。在

双目立体视觉系统中，对应点匹配问题主要关心两幅图像中点、边缘或者区域等几何基元的相似程度。由于噪声、光照变化、遮挡和透视畸变等因素的影响，空间向一点投影到两个摄像机的图像平面上形成的对应点的特性可能不同，对在一幅图像中的一个特征点或者小块子图像，在另一幅图像中可能存在好几个相似的候选匹配。因此，需要另外的信息或者约束作为辅助判据，以便能得到唯一准确的匹配。采用的约束有：

（1）极线约束。在此约束下，匹配点定位于两幅图像中相应的极线上。

（2）唯一性约束。两幅图像中的对应的匹配点应该有且仅有一个。

（3）视差连续性约束。除了遮挡区域和视差不连续区域外，视差的变化应该都是平滑的。

（4）顺序一致性约束。位于一幅图像极线上的系列点，在另一幅图像中的极线上具有相同的顺序。

双目立体视觉中，图像匹配的目的是给定在一幅图像上的已知点（或称为源匹配点）后在另一幅图像上寻找与之相对应的目标匹配点（或称为同名像点）。图像匹配方法通常有基于图像灰度区域的匹配、基于图像特征和基于解释的匹配或者多种方法相结合的匹配。

基于图像灰度的区域匹配方法，其基本原理是在其中一幅图像中选取一个子窗口图像，然后在另一幅图像中一个区域内，根据某种匹配准则，寻找与子窗口图像最为相似的子图像。目前常用的匹配准则有最大互相关准则、最小均方差准则等。区域匹配常常需要进行相关计算，主要用于表面非常平滑的如卫星、航空照片的匹配，以及具有明显纹理特征的立体图像的匹配。区域匹配能够直接获得稠密偏差图，但缺乏纹理特征或者图像深度不连续时，容易出错。这种方法的计算量很大，且误匹配概率较高，匹配精度较差。

单纯的区域匹配不能简单明确地完成全局匹配任务。大多数区域匹配系统都受到如下限制：

（1）区域匹配要求在每个窗口中都存在可探测的纹理特征，对于较弱特征和存在重复特征的情况，匹配容易失败。

（2）如果相关窗口中存在表面不连续特征，匹配容易混淆。

（3）区域匹配对绝对光强、对比度和照明条件敏感。

（4）区域匹配不适用于深度变化剧烈的场合。

基于以上原因，区域匹配系统往往需要人为介入，指导正确匹配。

基于图像特征的匹配方式是基于抽象的几何特征（如边缘轮廓、拐点、几何基元的形状及参数化的几何模型等），而不是基于简单的图像纹理信息进行相似度的比较。由于几何特征本身具有稀疏性和不连续性，因此特征匹配方式只能获得稀疏的深度图，需要各种内插方法才能完成整幅深度图的提取工作。特征匹配方式需要对两幅图像进行特征提取，相应地会增加计算量。特征匹配具有如下优点：

（1）参与匹配的点（或特征）少于区域匹配所需要的点，因此速度较快。

（2）几何特征提取可达到"子像素"级精度，因此特征匹配精度较高。

（3）匹配元素为物体的几何特征，因此特征匹配对照明变化不敏感。

基于解释的匹配方法是根据各点的先验知识或固有约束，从可能的候选点中进行筛选实验，从中选出最符合固有约束的位置作为匹配点。常用的约束有几何约束（如距离、角度）、拓扑约束（如邻接关系）等，这种匹配的精度不高，通常用于定性识别和判断。

此外，还有其他类型的立体匹配方式，如像素特征法（Birchfield 1999），采用小波变换法（Kim 1997），相关位相分析法（Porr 1998）以及滤波分析法（Jones 1992）等。

由前面的讨论可知，双目立体视觉系统经过参数标定之后，两个摄像机的内部参数以及视觉系统的结构参数已知，可以直接利用这些参数计算出基本矩阵或者本质矩阵，即能够获得该视觉系统的极线约束关系。双目立体视觉系统的测量对象为具有明显几何特征的一些工件（或构件），如棱线的交点，圆孔的中心或者圆孔几何尺寸。这些测量对象中，有些特征点的对应关系比较明确，而有些特征点的对应关系则未知，如圆孔边缘。因此，对这类未知对应关系的特征，在进行测量之前，需要建立准确的对应关系。

7.4.2　三维点云及其感知

随着三维传感技术的迅猛发展和激光雷达、RGB-D 相机、结构光扫描仪等三维传感器的问世，我们可以愈加方便地获得三维数据，三维点云是其中最具代表性的一类。在逆向工程中通过测量仪器得到的产品外观表面的点数据集合称为点云，比如机载激光雷达向地面发射激光信号，地面反射的激光信号按其具体方位以点的形式收集起来，然后通过联合解算、偏差校正，便可以计算出这些点的准确空间信息。每一个点都包含了三维坐标信息，也是我们常说的 X、Y、Z 三个元素，有时还包含颜色信息、反射强度信息、回波次数信息等。三维点云比光学图像更能真实反映我们所生活的世界，它包含了比光学图像丰富得多的场景细节，如环境的空间位置和形状信息。三维点云相比较光学图像和其他三维数据形式而言具有以下优势：

（1）精确的几何信息：由大量的点集组成，点云能够准确地描述物体表面的细节、复杂的几何结构和曲面形状；

（2）独立于光照条件：由于点云是通过传感器主动发射和接收光线来获取的，无论是在明亮的环境还是低光照的情况下，点云都能够提供一致的信息。

（3）大规模场景表示：相比于传统的二维或三维网格和体素化表示（具体内容见以下"2. 经典模型"部分），点云可以非常紧凑地表示大型场景的三维信息，从而大大减小了数据存储和传输的负担。

因此，可以说三维点云的横空出世使得计算机视觉领域迈入新的纪元。三维点云感知在实际应用中有着重要的价值和意义。在自动驾驶与机器人领域，通过激光雷达实时感知周围的环境，帮助自动驾驶系统或是机器人作出相应的决策和规划；工业质量控制领域，用三维传感器取代光学摄像头可以更准确地检测和区分工件缺陷，实现自动化的质量监测和控制；在虚拟现实领域，三维点云感知可以帮助将现实世界的三维场景与虚拟元素进行交互和融合，并将虚拟对象与真实世界进行精确的对齐，从而提供更逼真和沉浸式的体验。三维点云感知技术成为三维视觉领域一个极具研究价值的课题。

1. 三维点云分类及特点

根据不同的数据采集原理和方法，点云大致可分为三种类型：图像衍生点云、光探测和测距点云和其他点云。图像衍生点云主要是通过使用飞行时间谱(ToF)、结构光和其他技术对从深度传感器获取的 RGB-D 图像进行立体匹配获得的。光探测和测距点云是通过激光脉冲发射和其反射回接收器之间的时间延迟来获得的，用于测量物体表面的距离，并将其与位置和姿态信息相结合。根据激光雷达系统的不同载体，可分为固定式、手持式、车载式、机载式等。在传感器技术快速发展和应用需求的推动下，人们提出了新的点云，如多源融合点云和干涉合成孔径雷达(InSAR)点云。图 7.26 为各种类型的点云。

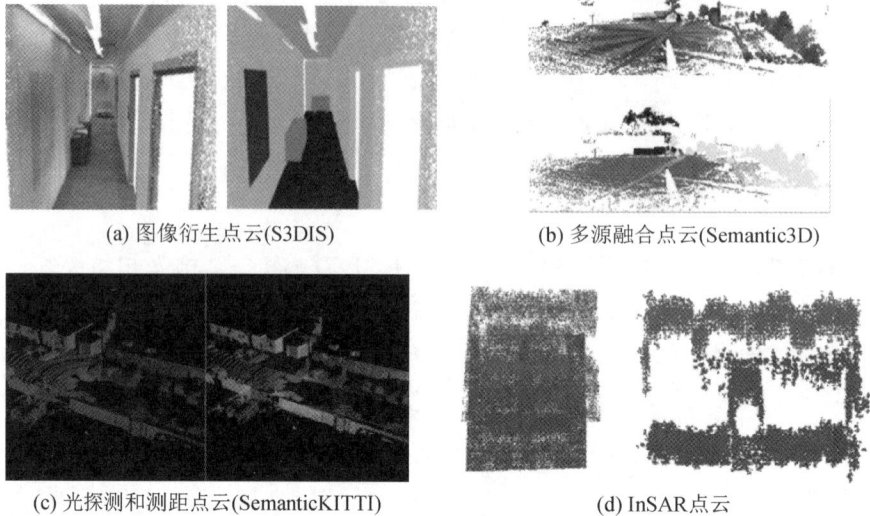

(a) 图像衍生点云(S3DIS)　　　　(b) 多源融合点云(Semantic3D)

(c) 光探测和测距点云(SemanticKITTI)　　　　(d) InSAR点云

图 7.26　点云种类

点云按照采集区域可分为室内点云和室外点云。室内点云由于其空间隔离不好由激光雷达直接感知，所以目前主要使用结构光传感器扫描后生成重建 3D 纹理网格和 RGB-D 图像，并通过对网格进行采样来制作成点云，属于图像衍生点云。业界基准数据集包括 S3DIS 和 ScannetV2 等。室内点云由于采集方式和范围较窄等原因，采集到的数据比较密集和均匀。室内点云包含的结构特征较为细粒度，例如家具、墙壁、地板等；室外点云由于所处环境开阔，一般由激光雷达直接采集，具有较大尺度的结构特征，例如建筑物、道路和地形等。室外点云在较大范围内进行采集，由此需要考虑更高的数据稀疏性和较大的数据量。业内主要基准数据集包括 SemanticKITTI、Nuscenes、Waymo、Semantic3D 等。

2. 经典模型

在早期阶段，基于深度学习的方法不能有效地处理三维数据，由于点云的稀疏无序特性，传统卷积神经网络不能直接应用于三维点云，于是有学者开始考虑通过降维的方式解决该问题。Su 等将原始点云在多个视点上进行投影，得到不同视点的二维图像，然后使用所提出的网络 MV-CNN 提取特征并在池化层进行聚合，最后将聚合后的特征重新映射回点云进行分割。该方法具有较好的精度，是解决点云非结构化问题的先驱。然而多视图只是物体的近似表示，物体本身可能存在部分遮挡和缺陷，基于多视图图像的方法难以覆盖大尺度场景中的所有物体。因此，在最近的研究中，这种方法很少用于点云语义感知。体素化的方法不改变物体本身的三维特性，而将非结构化的点云转换为结构化的三维网格。体素化的过程是将一个对象表示为最接近该对象的体素。VoxNet 首先使用体素化方法将非结构化点云转换为规则体素，然后使用 3D-CNN 通过标准卷积操作预测被占用体素的语义标签。该方法虽然解决了非结构化点云的问题，但具有较高的计算复杂度。

Qi 等人发明的 PointNet(如图 7.27 所示)是直接提取点云特征这一流派的先驱，该网络以原始点云为输入，通过对称函数对每个点的特征求和，提取每个维度上的最大值的特征向量，利用 1×1 的卷积层制造共享的逐点 MLP 来独立提取每个点的特征，最后利用最大池化来对所有的点特征进行归纳，最终得到一个全局表示。PointNet 有效地解决了点云的排列不变性和旋转不变性问题。然而，PointNet 只关注了单点特征而没有在局部小范围层面考虑深层信息的获取。

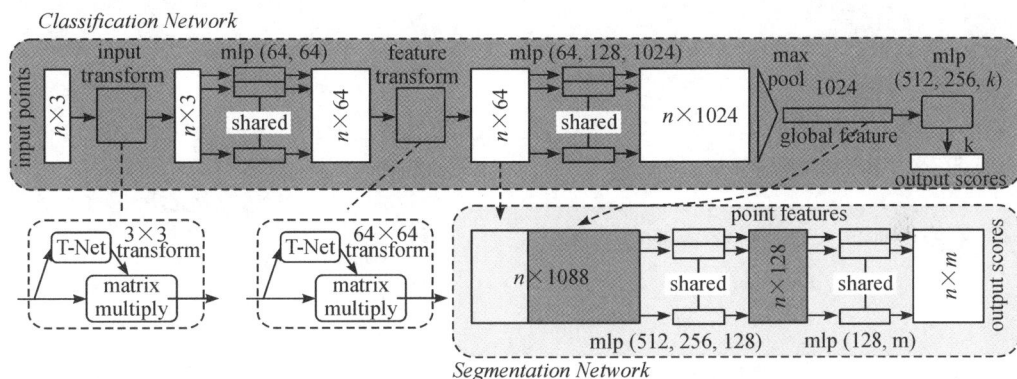

图 7.27 PointNet 模型框架

共享 MLP 的意思是每一个点都共享同一组权重，这样网络参数量只与特征通道数相关而与点云的数量级以及局部范式中邻域的个数无关。接着在特征图代表邻域维度的 n 进行最大池化操作来聚合局部特征。最大池化即为在点云的局部域维度，对每个通道选取最大值作为最终的输出结果。对于一个 n 个点的邻域来说，特征提取的过程如图 7.28 所示。

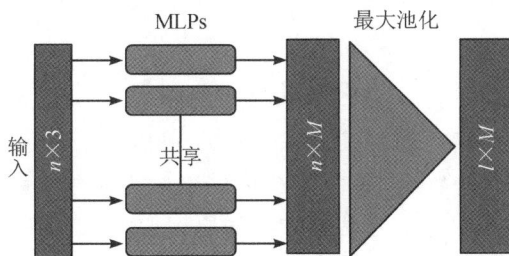

图 7.28 局部特征提取示意图

Qi 等人通过提出深度分层网络 PointNet++ 改进了 PointNet，该网络由采样层、分组层和 PointNet 骨干网组成。首先，采用最远点采样(Farthest Points Sampling，FPS)算法采样一组点集作为局部区域的中心，在保持几何结构的同时降低点云的尺度分辨率，然后利用分组模块构建局部区域。最后，利用骨干网递归学习局部区域的特征。该网络解决了对大场景点云的局部特征的提取问题，自 PointNet++ 开始，业界开始真正意义上实现对三维点云的感知与理解，PointNet++ 对三维点云理解领域的影响尤其深远。

PointNet++的网络结构如图 7.29 所示。PointNet++基于局部关系构建了一个层次化的架构，整体可分为两部分，即编码层和解码层，左边为编码层，右边为解码层，编码层主要由多级的集合抽取（Set Abstraction，SA）层构成。解码层主要由多级的特征传播层（Feature Propagation layer，FP）构成。接下来将重点介绍集合抽取层和特征传播层。

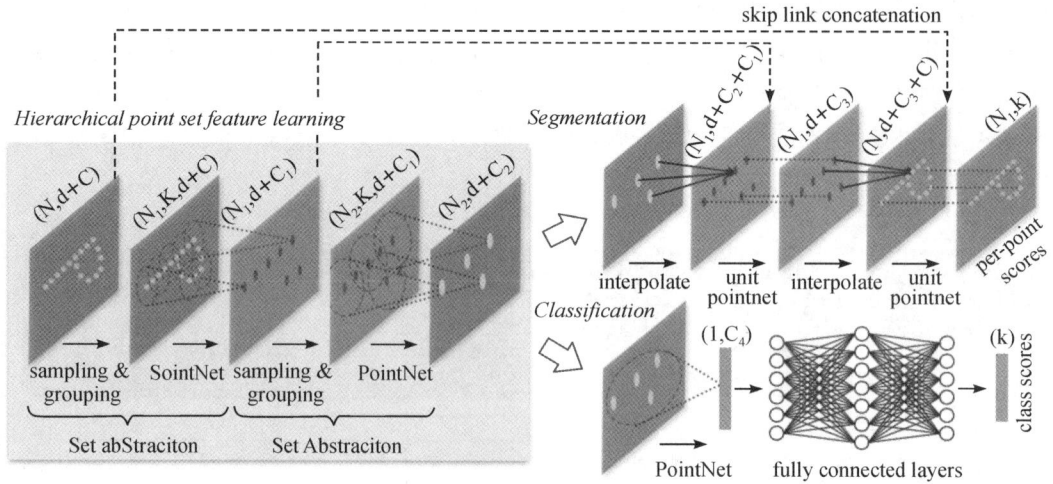

图 7.29　PointNet++模型框架

PointNet++集合抽取层（SA）主要实现特征提取功能。SA 层又分为采样 & 分组层、PointNet 层和最大池化层。

采样 & 分组层的功能是为模型的特征提取提供基本的范式。采样操作的目的是确定输出的特征层的尺度，论文中采用的是 FPS 方法，这种采样方法能最大程度地保留点云内部的稀疏信息与形状特性。FPS 的实现步骤具体如图 7.30 所示。

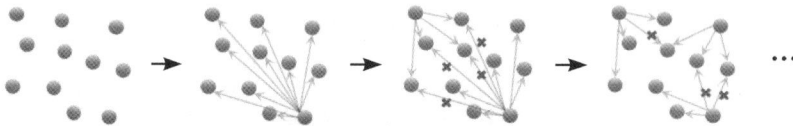

图 7.30　FPS 示意图

分组操作采用的是球空间查询法（Ball Query），确定点云特征查找的局部范式，具体原理为找到中心点后，以中心点为圆心，将半径内的点归为一组。可替代的算法是 K 近邻算法（K-Nearest Neighbors，KNN）。这两种方法的原理如图 7.31 所示。

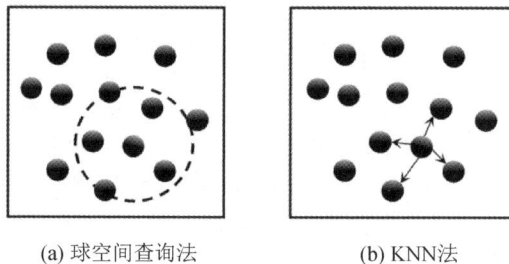

(a) 球空间查询法　　　　　　　(b) KNN法

图 7.31　两种查找局部范式的方法

之后 PointNet 层在已经确定好局部范式的点云上进行共享的逐点 MLP 操作提取特征。特征传播层(FP)的目的是将经过逐层下采样的点云特征恢复到原始尺度,以便于网络分类器为点云中的每个点进行打分和预测类别。FP 层分为插值层、PointNet 层和跨层跳链接层。插值层采用基于 K 近邻的逆距离加权平均插值法。已知第 l 个 FP 层的已知特征图尺度为 $N_l \times (d+c)$,待传播特征层的尺度为 N_{l-1}($N_l \leqslant N_{l-1}$),通过 KNN 算法找到待传播层每个未知特征点 A 周围 k 个最近的已知特征点,以点 A 到它们之间的距离的倒数为权重来加权这 k 个已知特征点的分数并加权求和作为点 A 的插值特征。以待插值点 x 为例,$f_i^{(j)}$ 为其搜索域上第 i 个点 x_i 的第 j 个通道的特征值,则 x 的第 j 个通道的插值特征 $f^{(j)}(x)$ 计算如下:

$$f^{(j)}(x) = \frac{\sum_{i=1}^{k} w_i(x) f_i(j)}{\sum_{i=1}^{k} w_i(x)} \tag{7.16}$$

其中 $w_i(x) = \dfrac{1}{d(x, x_i)^p}$,$j = 1, \cdots, C$。

PointNet 层又包括共享的逐点 MLP 层和激活函数层,它的作用是将插值好的点特征进一步进行感知并映射到所需维度。

PointNet++ 作为一个优秀的点云特征提取器,在 ModelNet40 分类数据集上达到了 91.9% 的 mIoU,在 ShapeNet 部件分割数据集上则达到了 85.1%。PointNet++ 作为早期的点云特征提取器,已经具备了相当可观的特征提取能力,当然也存在几何信息利用不够充分、对几何信息与语义信息之间的关系的挖掘不够深层、泛化能力不足等诸多问题,尤其是 SA 层中使用最大池化来聚合特征,作为局部特征的突出描述,导致大多数信息被丢弃而只考虑了每个通道中最大的元素,这些都有待研究者去探索和完善。

【实践 7.1】 图像基础空间变换、频域变换的 Python 实现

强大的 OpenCV 库支持便捷的 Python 编程语言,使用简单的代码就能实现大部分的图像基础变换和平滑滤波、边缘提取等操作。具体实现如下:

```
1. import numpy as np
2. import cv2
3. import matplotlib. pyplot as plt
4. img=cv2. imread('cat. png')
5. img=cv2. cvtColor(img, cv2. COLOR_BGR2RGB)
6. ♯ 缩放
7. res=cv2. resize(img, (400, 500))♯ 按照指定的宽高缩放图片
8. ♯ 基于邻域 4x4 像素的三次插值
9. res2=cv2. resize(img, None, fx=2, fy=2, interpolation=cv2. INTER_LINEAR)
10. dst=cv2. flip(img, 1)♯ 翻转
11. rows, cols=img. shape[: 2]
12. ♯ 平移
```

```
13.  M=np. float32([[1, 0, 100], [0, 1, 500]])  ♯ x 轴平移 100，y 轴平移 500
14.  dst=cv2. warpAffine(img, M, (cols, rows))
15.  ♯ 仿射变换
16.  src_img=cv2. imread("./lena. bmp")
17.  rows, cols=src_img. shape[: 2]
18.  src_p=np. float32([[0, 0], [cols−1, 0], [0, rows−1]])
19.  dst_p=np. float32([[0, rows * 0.33], [cols * 0.85, rows * 0.25], [cols * 0.15, rows *
0.7]])
20.  M=cv2. getAffineTransform(src_p, dst_p)
21.  dst_img=cv2. warpAffine(src_img, M, (cols, rows))
22.  ♯ 傅里叶变换
23.  dft=cv2. dft(np. float32(img), flags=cv2. DFT_COMPLEX_OUTPUT)
24.  dft_shift=np. fft. fftshift(dft)
25.  magnitude_spectrum1=20 * np. log(cv2. magnitude(dft_shift[: , : , 0], dft_shift[: , : , 1]))
26.  ♯ 离散余弦变换
27.  img_dct=cv2. dct(img)
28.  ♯ 均值平滑
29.  img_mean=cv. blur(img, (27, 27), borderType=cv. BORDER_DEFAULT)
30.  cv. imshow('mean', img_mean)
31.  ♯ 双边滤波
32.  img_bilateral=cv. bilateralFilter(img, 27, 80, 5, borderType=cv. BORDER_DEFAULT)
33.  ♯ 高斯滤波
34.  gauss=cv. GaussianBlur(img, (5, 5), 1, borderType=cv. BORDER_DEFAULT)
35.  ♯ 图片显示
36.  cv. imshow
```

【实践 7.2】 实现平滑滤波和 Canny 边缘检测算子

Canny 边缘检测步骤如下：

（1）高斯模糊；

（2）计算梯度大小和方向；

（3）非最大化抑制，每条边理应只有一个响应；

（4）双阈值，分离强边缘和弱边缘；

（5）连接弱边缘。

代码实现起来很简洁，如下所示：

```
1.  import cv2 as cv
2.  import matplotlib. pyplot as plt
3.  import numpy as np
4.  src=cv. imread("E:\\qi. png", 0)   ♯ 直接以灰度图方式读入
5.  img=src. copy()
```

```
6. # Canny 边缘检测
7. threshold1, threshold2＝0, 160
8. img_Canny＝cv.Canny(img, threshold1, threshold2)
9. # 显示图像
10. fig, axes＝plt.subplots(nrows=1, ncols=2, figsize=(10, 8), dpi=100)
11. axes[0].imshow(img, cmap=plt.cm.gray)
12. axes[0].set_title("原图")
13. axes[1].imshow(img_Canny, cmap=plt.cm.gray)
14. axes[1].set_title("Canny 检测后结果")
15. plt.show()
```

【实践 7.3】 Python 与 OpenCV 实现基于区域的图像分割

在许多图像中，单个区域内的灰度值不是完全恒定的，因此需要更复杂的算法来进行图像分割。其中最好的算法是那些基于如下假设的算法，即图像可以划分成区域，而区域可以用简单函数模型化。

可由分割问题导出如下算法：寻找初始区域核，并从区域核开始，逐渐增长核区域，形成满足一定约束的较大的区域。区域增长的算法步骤如下：

(1) 把图像划分成初始区域核；

(2) 用平面模型拟合每一个区域核；

(3) 对每一个区域，通过区域模型向邻接区域外插，求取与该区域兼容的所有点；

(4) 如果没有兼容点，则增加模型阶数。如果模型阶数大于最大的模型阶数，停止区域增长；否则，回到第(3)步，继续区域增长；

(5) 形成新的区域，重新用相同阶数的模型拟合新区域，计算拟合最佳度；

(6) 计算区域模型的新老拟合最佳度之差；

(7) 如果新老拟合最佳度之差小于某一给定阈值，回到第(3)步，继续区域增长；

(8) 增加模型阶数，如果模型阶数大于最大的模型阶数，停止区域增长；

(9) 用新的模型阶数再拟合区域模型。如果拟合误差增加，接收新的模型阶数，回到第(3)步，继续区域增长，否则，停止区域增长。

算法为 Python 实现，代码较长，不在这里列出，下面给出代码思路，有兴趣的同学根据思路自己设计代码实现。

(1) 全局阈值：

① 首先将图片转换成灰度图进行操作，先进行全局阈值的计算，最适合的全局阈值计算使用 otsu(大津法)；

② 先计算图像的直方图，即将图像所有的像素点按照 0~255 共 256 个 bin 分类，统计落在每个 bin 的像素点数量；

③ 归一化直方图，即将每个 bin 中像素点数量除以总的像素点；

④ i 表示分类的阈值，即一个灰度级，从 0 开始迭代；

⑤ 通过归一化的直方图，统计 $0\sim i$ 灰度级的像素（设像素值在此范围的像素叫作前景像素）假设所占整幅图像的比例 w_0，并统计前景像素的平均灰度 u_0；统计 $i\sim255$ 灰度级的像素（假设像素值在此范围的像素叫作背景像素）所占整幅图像的比例 w_1，并统计背景像素的平均灰度 w_1；

⑥ 计算前景像素和背景像素的方差；

⑦ $i++$，直到 i 为 256 时结束迭代；

⑧ 将最大 g 对应的 i 值作为图像的全局阈值。

（2）动态阈值：对原灰度图片，按照几等分的切割规律，将每一个小方格里的像素取出来，存到一个列表里，之后再进行取出，重复操作。然后按照阈值来进行二值化。几块图形中第一块为 0。

（3）动态生长：

① 对图像顺序扫描，找到第 1 个还没有归属的像素，设该像素为 (x_0, y_0)；

② 以 (x_0, y_0) 为中心，考虑 (x_0, y_0) 的 4 邻域像素 (x, y)。如果 (x_0, y_0) 满足生长准则，将 (x, y) 与 (x_0, y_0) 合并（在同一区域内），同时将 (x, y) 压入堆栈；

③ 从堆栈中取出一个像素，把它当作 (x_0, y_0) 返回到步骤②；

④ 当堆栈为空时，返回到步骤①；

⑤ 重复步骤①~④直到图像中的每个点都有归属。生长结束。

一些可视化图分割的例子如图 7.32 所示。

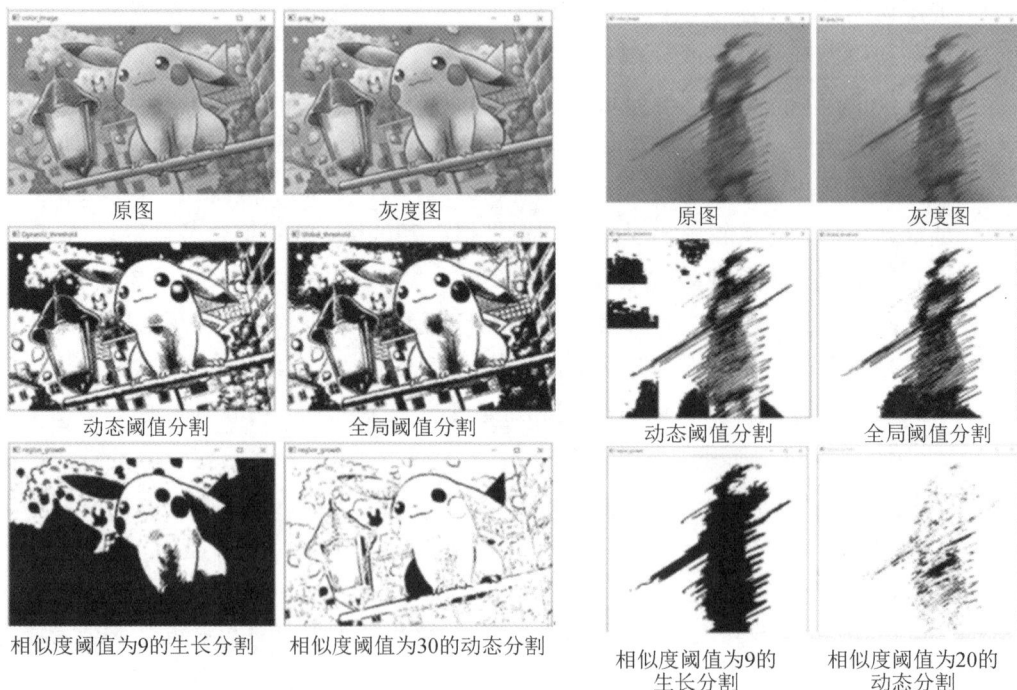

原图　　　　　　　　灰度图　　　　　　　　　原图　　　　　　　　灰度图

动态阈值分割　　　　全局阈值分割　　　　动态阈值分割　　　　全局阈值分割

相似度阈值为9的生长分割　相似度阈值为30的动态分割　　相似度阈值为9的生长分割　相似度阈值为20的动态分割

图 7.32　分割可视化图

【实践 7.4】　基于 YOLO V5 的工件表面缺陷视觉检测

显著性缺陷（如黑点、白点、边缘）在图像上的表征明显，有严格的尺寸要求；非显著性缺陷（如麻点、坏线）与背景的差异小，无明确的尺寸定义，主要以人眼能否明显观测出来为依据。对于显著性缺陷，先采用图像处理的方法得到存在潜在缺陷点的区域子图，然后通过深度网络提取特征实现对潜在缺陷区域的尺寸测量。若该尺寸超过了给定阈值，则将该潜在区域标记为缺陷区域；否则将该潜在区域标记为无缺陷区域。对于非显著性缺陷，由于没有明确的尺寸定义，只需根据其表征进行判断即可。即直接将原图压缩至指定大小，当原始图像长宽与压缩图像尺寸不匹配时，图像会自动填充灰度值为零的像素，然后将该压缩图输入深度网络中进行目标检测。

对于图像处理方法无法检测的麻点缺陷，本项目采用深度学习方法进行检测。使用的框架是 YOLO v5，代码实现可参考 https://github.com/ultralytics/yolov5，参照 Readme 文档进行系统环境配置。

训练网络之前需要制作产品膜片的数据集，用到的标签制作工具是 Labeling（见图7.33）。在制作时像图中那样提出代表缺陷的麻点。

YOLO v5 网络使用的是 txt 标签格式，在制作前设定好即可。本项目制作了数据量为2440 的麻点数据集，包括使用了翻转、旋转和裁剪等数据增强方法增加的数据。数据集制作好后即可进行网络训练，由于本项目网络的实现是参数化的，即网络的结构、网络针对的数据、网络参数等都可以通过参数文件进行设置，故网络的训练和针对本产品膜片的调整都较为方便。网络训练完成后，模型参数将以.pt 文件的格式保存，后续进行检测时只需将训练好的 pt 文件加载到检测网络即可。

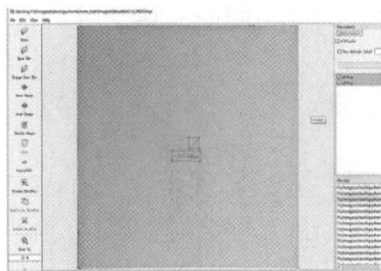

图 7.33　数据集制作

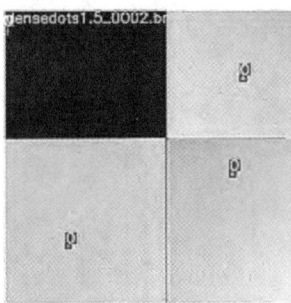

图 7.34　Mosaic 结果

在数据输入网络之前，YOLO v5 网络默认会对数据采用 Mosaic 进行数据增强，具体是将 4 张原图像随机进行缩放、裁剪、排布，然后将 4 张图拼接在一起，具体拼接结果如图7.34 所示。通过 Mosaic 数据增强，可以大大提高数据背景的复杂度，从而提高网络对检测目标的识别能力。YOLO v5 的损失函数包括三部分，分别是分类损失（classification loss）、定位损失（localization loss）和置信度损失（confidence loss），总的损失为三者之和。分类损失反映的是网络对类别识别的准确度；定位损失反映的是目标物体预测边界框和真实边界框的偏差；置信度损失反映的是预测框中是否存在检测目标。分类损失计算如下：

$$L_{\text{class}} = -\sum_{i=0}^{S^2} I_{ij}^{\text{obj}} \sum_{C \in \text{classes}} \left[\hat{P}_i^j \log(P_i^j) + (1 - \hat{P}_i^j) \log(1 - P_i^j) \right] \tag{7.17}$$

式中，S^2 为图像划分的网格数；I_{ij}^{obj} 为预测框是否有目标，有目标时，$I_{ij}^{\text{obj}} = 1$，否则 $I_{ij}^{\text{obj}} = 0$；$\hat{P}_i^j$ 为预测类别概率；P_i^j 为真实类别概率。定位损失计算如下：

$$L_{\text{local}} = 1 - \left(\text{IoU} - \frac{\text{Dis}}{\text{Dis\_C}^2} - \frac{\nu^2}{(1 - \text{IoU}) + \nu} \right) \tag{7.18}$$

$$\nu = \frac{4}{\pi^2} \left(\arctan \frac{w^{\text{gt}}}{h^{\text{gt}}} - \arctan \frac{w^{\text{p}}}{h^{\text{p}}} \right)^2 \tag{7.19}$$

式中，IoU 为预测边界框和真实框的交并比；Dis 为框中心距离；Dis_C 为预测框和真实框外接矩形的对角距离；w^{gt}、h^{gt} 为真实框的宽高；w^{p}、h^{p} 为预测框的宽高。置信度损失计算如下：

$$L_{\text{conf}} = (1 - \lambda_{\text{noobj}}) \sum_{i=0}^{S^2} \sum_{j=0}^{B} I_{ij}^{\text{obj}} \left[\hat{C}_i^j \log(C_i^j) + (1 - \hat{C}_i^j) \log(1 - C_i^j) \right] \tag{7.20}$$

式中，B 为网络模型设置的每个网格的边界框数量；$\hat{C}_i^j$ 为预测置信度；C_i^j 为真实置信度（0 或 1）；λ_{noobj} 为背景的权重系数。

在实现 YOLO v5 网络之后，使用制作好的数据集进行训练，训练结果可以通过 Tensorboard 进行可视化，可视化结果如图 7.35 和图 7.36 所示。图中，val 为在验证集上的测试结果，mAP 为检测平均精度，是在多个类别时，以召回率为横轴，准确率为纵轴所得到的曲线（P-R 曲线）下方的面积均值，用于综合衡量模型的检测准确率。

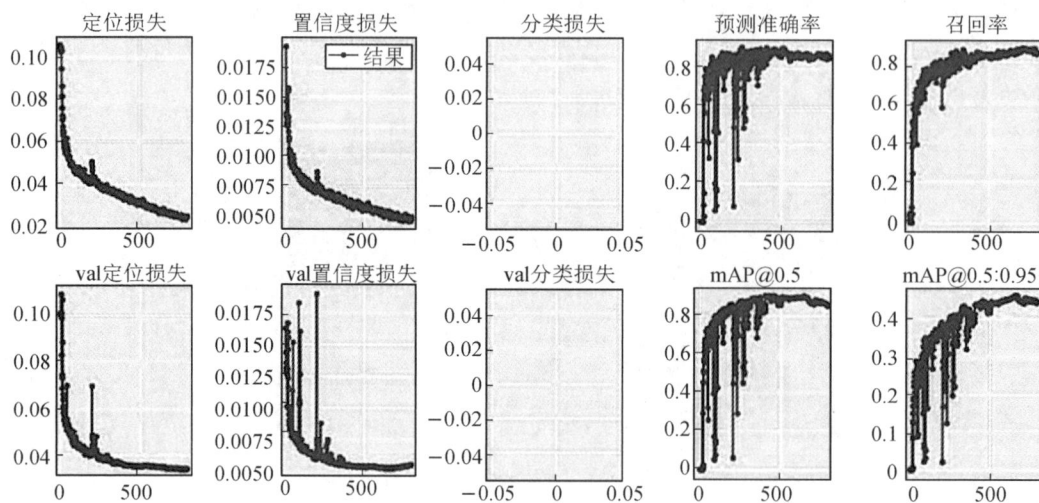

图 7.35　网络训练结果

由图 7.35 可以看到，网络在训练集定位损失收敛到 0.02，置信度损失收敛到 0.005。在验证集上也达到了同样的收敛效果。而训练集上的预测准确率和召回率也将近达到 0.9。这说明网络的性能相当不错。在验证集上的 mAP@0.5 也达到 0.9。需要说明的是，本项目对产品膜片的检测缺陷只有一类，故不存在分类损失，图中显示为无数据。图 7.36 所示为网络的 P-R 曲线。

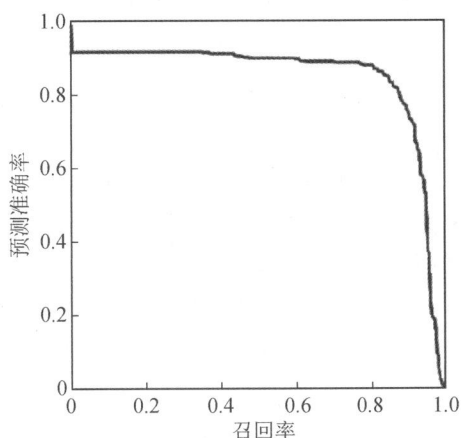

图 7.36　P-R 曲线

P-R 曲线是以召回率为横轴，预测准确率为纵轴，可以看到在平衡点（$x=y$）处，召回率和预测准确率都非常高，均达到 0.9 左右，可以说明此网络模型性能非常不错。使用训练好的模型进行实际检测，检测效果如图 7.37 所示，对于存在的麻点缺陷，不管尺度大小，模型都能检测出来，仅存在个别误检（图中箭头），此框的预测置信度也比较低。总体来说，深度学习方法在本项目的应用是非常成功的。

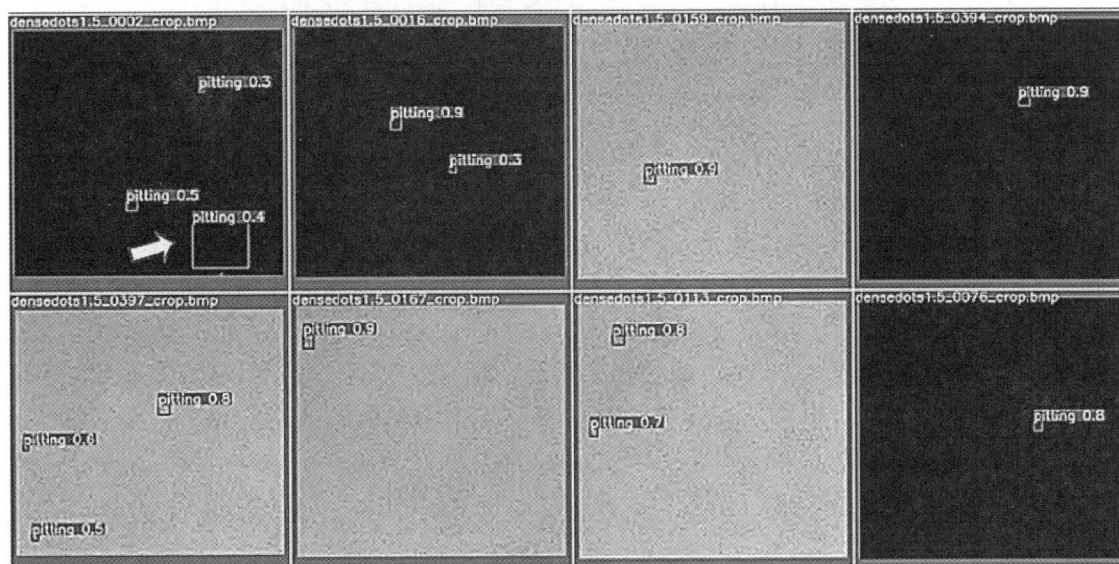

图 7.37　YOLO v5 网络麻点检测效果

【实践 7.5】　Python 与 Pytorch 实现三维点云物体识别

1. 编写代码实现 PointNet++：使用 Python 语言，灵活运用深度学习知识和编程技巧实现 PointNet＋＋算法，自行确定实现算法所基于的深度学习框架（Tensorflow、Pytorch），按照选定的框架编写数据集预处理与训练、测试文件。或者在网站 http：//www.github.com/上寻找大神的相关工作，根据 readme 文件准确配置环境。如果使用开源代码，则下载开源项目中公测数据集进行配置、训练、优化模型，使其达到最优性能。

2. 制作自己的数据集：使用激光雷达扫描所在实验室及周边办公区域，待取得达到深度学习训练要求的数据点后，使用开源的点云标注工具进行标注。好的标注方法会让我们的工作变得更加高效。这里介绍一种较为方便的点云标注工具。代码的开源地址：https：//github.com/MR-520DAI/semantic-segmentation-editor，使用教程可参照：https：//blog.csdn.net/lemonxiaoxiao/article/details/112948824。手动标记保存之后，得到的 pcd 文件如图 7.38 所示。

```
1   # .PCD v0.7 - Point Cloud Data file format
2   VERSION 0.7
3   FIELDS x y z intensity
4   SIZE 4 4 4 4
5   TYPE F F F F
6   COUNT 1 1 1 1
7   WIDTH 122412
8   HEIGHT 1
9   VIEWPOINT 0 0 0 1 0 0 0
10  POINTS 122412
11  DATA ascii
12  64.890999 3.9130001 2.4070001 0
13  64.964996 4.02 2.4100001 0
```

图 7.38　得到标注信息的点云 pcd 文件

标注完后进一步处理所得数据，使用网格采样的方法将点云划分为等大小的 k 个区域，其中 $k-l$ 个为训练集，l 个为测试集（验证集），k 和 l 根据实际需要酌情调整。注意，数据集不要进行去噪和规范化措施，因为这样可能会对模型的泛化性能有所不利。将处理好的数据打包为文件夹，并编写数据集文件以建立数据到模型的通道。

将数据路径与网络模型相连，运行相关指令，即可实现三维点云识别和语义分割、目标检测等工作。图 7.39 和图 7.40 是部分实验结果截图和可视化展示（以语义分割为例）。

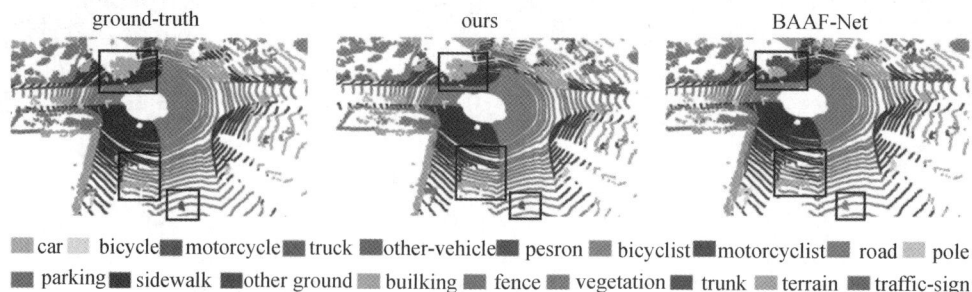

图 7.39　可视化

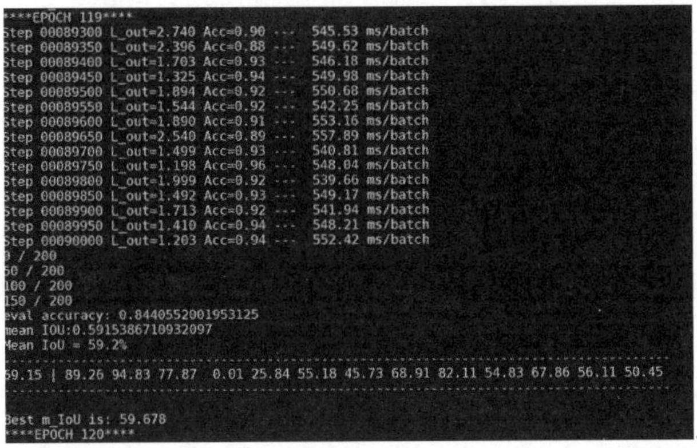

图 7.40　训练过程截图

本 章 小 结

　　本章系统介绍了机器视觉的相关知识。首先介绍了机器视觉的定义、发展历史和系统组成。接着，在本章主体部分采用理论与案例并行的方式，对图像处理、传统图像特征提取、深度学习图像特征提取和三维立体视觉的原理及应用进行了介绍。

思考与自测题

　　1. 简述机器视觉与计算机视觉的异同。

　　2. 对图 7.41 中的图像分别利用 Roberts 算子和 Prewitt 算子进行边缘提取，给出边缘图像。

12	20	0	1	56
14	43	212	42	2
123	0	0	32	13
14	41	13	1	141
153	14	41	61	33

图 7.41　题 2、3、4、6 图

　　3. 用区域增长法对图 7.41 进行分割，描绘出具体区域增长步骤，并给出分割结果。

　　4. 计算图 7.41 的灰度共生矩阵，并根据其灰度共生矩阵分析其角二阶矩、对比度、逆差矩和熵。

　　5. 使用 Python 或 OpenCV 对图 7.42 实现基本的图像空间变换、频域变换。

　　6. 计算图 7.41 的高斯平滑与双边平滑。

7. 如图 7.42 所示的场景光线较为昏暗，请使用直方图均衡化的方法使其变得明亮。

图 7.42　题 5、7 图

8. 什么叫图像的纹理特征？自行调研图像形状特征的提取方法。

9. 哪种边缘提取算子的效果最好？为什么？

10. 使用 Python 或 OpenCV，用基于聚类的方法将图 7.43 的两种水果区分开来，给出实现代码。

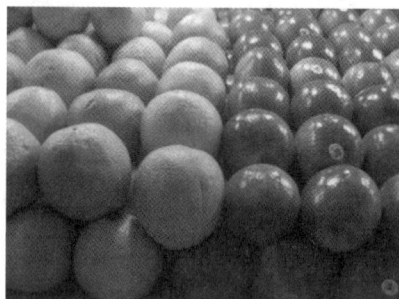

图 7.43　题 10 图

11. 用自己的话总结图像感知任务中图像识别、目标检测、语义分割、实例分割之间的区别。

12. 自行设计算法对 KITTI 行人识别数据集中的行人进行检测，要求平均准确率达到 90% 以上。

13. 对坐标系为 O-xyz 的图像 1 上的一点 (x,y)，给出坐标系为 O_r-$x_r y_r z_r$ 的图像 2 上的对应点的坐标推导。

14. 双目立体视觉与基于三维传感器的三维视觉实现原理的区别是什么？

15. 写出最远点采样的算法步骤及其优缺点。

16. 简述 PointNet++，并指出它基于 PointNet 做了哪些改进，解决了什么问题？

第8章
机 器 学 习

学习是人类获取知识的重要途径和人类智能的重要标志，相应地，机器学习是计算机获取知识的重要途径和人工智能的重要标志。在人工智能系统中，知识获取一直是一个"瓶颈"问题，解决这个问题的关键在于提高计算机的学习能力。因此，机器学习是人工智能最活跃的研究和应用领域之一。尤其是最近几年，人工智能的一些重大成功和进展都与机器学习密切相关，例如，智能汽车、图像识别、语音识别、机器翻译等。

本章将介绍机器学习的基本知识和目前主要的机器学习策略，包括归纳学习、决策树学习、基于实例的学习和强化学习，以及一个典型的、具体的学习方法：支持向量机。

8.1 机器学习概述

机器学习致力于研究如何通过计算的手段，利用经验改善系统自身的性能。其根本任务是数据的智能分析与建模，进而从数据里面挖掘出有用的价值。随着计算机、通信、传感器等信息技术的飞速发展以及互联网应用的日益普及，人们能够以更加快速、容易、廉价的方式来获取和存储数据资源，使得数字化信息以指数方式迅速增长。但是，数据本身不能自动呈现出有用的信息。机器学习技术是从数据当中挖掘出有价值信息的重要手段，它通过对数据建立抽象表示并基于表示进行建模，然后估计模型的参数，从而从数据中挖掘出对人类有价值的信息。

8.1.1 定义

机器学习是定义在学习之上的，由于目前学习尚无统一定义，因此对机器学习也不可能给出一个严格的定义。如图 8.1 所示，从直观上理解，机器学习就是让机器（计算机）来模拟人类的学习功能。机器学习作为一门研究如何用机器来模拟或实现人类学习功能的学

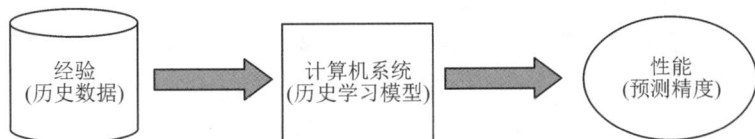

图 8.1　机器学习定义

科，是人工智能中最具有智能特征的前沿研究领域之一。

目前，机器学习的研究主要集中在以下 3 方面：

（1）认知模拟。主要目的是通过对人类学习机理的研究和模拟，从根本上解决机器学习方面存在的种种问题。

（2）理论性分析。主要目的是从理论上探索各种可能的学习方法，并建立起独立于具体应用领域的学习算法。

（3）面向任务的研究。主要目的是根据特定任务的要求，建立相应的学习系统。

8.1.2　发展历史

机器学习的发展过程可以划分为若干阶段，有不同的划分方法。例如，按照机器学习的发展形势，分为热烈时期、冷静时期、复兴时期及蓬勃发展时期 4 个阶段；按照机器学习的研究途径和目标，分为神经元模型研究、符号概念获取、知识强化学习、连接学习与混合型学习、大规模学习与深度学习 5 个阶段。下面讨论后一种划分方法。

1. 神经元模型研究

这一阶段为 20 世纪 50 年代中期到 20 世纪 60 年代初期，也被称为机器学习的热烈时期，所研究的是"没有知识"的学习，依据的主要理论基础是早在 20 世纪 40 年代就开始研究的神经网络模型。其最具代表性的工作是 Rosenblatt 于 1957 年提出的感知器模型。该模型试图利用感知器网络来模拟人脑的感知及学习能力。但遗憾的是，大多数想用它来产生某些复杂智能系统的企图都失败了。再加上明斯基 1969 年在其著名论著《Perceptron》中对感知器所做的悲观结论，以及感知器模型自身存在的缺陷，使得基于神经元模型的机器学习研究落入了低谷。

2. 符号概念获取

这一阶段为 20 世纪 60 年代中期到 20 世纪 70 年代初期。其主要研究目标是模拟人类的概念学习过程，即通过分析一些概念的正例和反例构造出这些概念的符号表示。概念的符号表示方法可采用逻辑表达式、决策树、产生式规则或语义网络等形式。这一阶段的代表性工作有 Winston 的结构学习系统和 Hayes、Roth 等人的基于逻辑的归纳学习系统。

虽然这类学习系统取得了较大的成功，但它们只能学习单一概念，且未能投入实际应用。再加上神经元模型研究的低落，使得不少人对机器学习感到失望，因此也有人把这一阶段称为机器学习的冷静时期。

3. 知识强化学习

这一阶段为 20 世纪 70 年代中期到 20 世纪 80 年代初期。其主要特点有以下三方面：第一，人们开始从学习单个概念的研究扩展到学习多个概念的研究；第二，各种机器学习过程一般都建立在大规模知识库的基础上，实现知识的强化学习；第三，开始把机器学习与各种实际应用相结合，尤其是专家系统在知识获取方面的需求，极大地刺激了机器学习的研究和发展，示例归纳学习系统是当时的研究主流，自动知识获取是当时的应用研究目标。

这一阶段的代表性工作有 MoStow 的指导式学习、Winston 等人的类比学习、Mitchell 等人的解释学习等。此外，机器学习方面的另一件大事是 1980 年在美国卡内基·梅隆大学(CMU)召开的第一届机器学习国际研讨会，标志着机器学习的研究已经在全世界兴起。因此，也有人称这一阶段为机器学习的复兴时期。

4. 连接学习与混合型学习

这一阶段为 20 世纪 80 年代中期至 21 世纪初，连接学习的再度兴起和符号学习、统计学习的蓬勃发展，使得这一时期的机器学习研究异常活跃。在连接学习方面，神经网络经过十几年的沉寂后，1986 年，Rumelhart 等提出了具有误差反向传播功能的多层前馈网络(简称 BP 网络)学习算法，并且在很多现实问题上得到了成功应用，成为使用最广泛的机器学习算法之一。在符号学习方面，20 世纪 80 年代出现的决策树学习方法至今仍然是十分有用的机器学习算法之一。在统计学习方面，20 世纪 90 年代中期出现的支持向量机等一直占据着机器学习的主流舞台。

5. 大规模学习与深度学习

这一阶段开始于 21 世纪初。在连接学习方面，由于 BP 网络的训练过程受到网络层数的制约，使得其在图像、视频、音频等方面的应用十分有限。随着深度学习的提出，机器学习又掀起了一个以深度学习为标志的热潮。同时，随着大数据时代的到来，基于大数据的大规模机器学习也给机器学习带来了新的挑战和机遇。

机器学习进入新阶段着重表现在下列方面：

(1) 机器学习已成为新的边缘学科并在高校形成了一门课程。它综合应用心理学、生物学和神经生理学以及数学、自动化和计算机科学形成机器学习的理论基础。

(2) 结合各种学习方法，取长补短的多种形式的集成学习系统研究正在兴起。例如，连接学习与符号学习的结合可以更好地解决连续性信号处理中知识与技能的获取与求精问题。

(3) 机器学习与人工智能各种基础问题的统一性观点正在形成。例如，学习与问题求解结合进行，知识表达便于学习的观点产生了通用智能系统 SOAR 的组块学习，类比学习与问题求解结合的基于案例的方法已成为经验学习的重要方向。

(4) 各种学习方法的应用范围不断扩大，一部分已商用。归纳学习的知识获取工具已在诊断分类型专家系统中广泛使用。连接学习在声图文识别中占优势。分析学习已用于设计综合型专家系统。遗传算法与强化学习在工程控制中有较好的应用前景。与符号系统耦合的神经网络连接学习将在企业的智能管理与智能机器人运动规划中发挥作用。

(5) 数据挖掘和知识发现的研究已形成热潮，并在生物医学、金融管理、商业销售等领域得到成功应用，给机器学习注入新的活力。

(6) 与机器学习有关的学术活动空前活跃。国际上除每年一次的机器学习研讨会外，还有计算机学习理论会议以及遗传算法会议。

8.1.3　分类

机器学习的类型可以有多种划分方法。例如，根据有无导师指导，可以分为有导师指导的机器学习和无导师指导的机器学习；根据人工智能的不同学派，可以分为基于符号主义的机器学习和基于连接主义的神经学习(或直接叫连接学习)；根据学习策略，即学习过程中使用的推理策略，可以分为机械学习、传授学习、演绎学习、归纳学习和类比学习，归纳学习又可分为实例学习、观察发现学习等。并且，每种学习方法可以继续细分。例如，基于符号主义的机器学习可根据其发展过程和采用的主流方法，分为基于样例的符号学习和基于概率统计的统计学习；基于连接主义的连接学习，又可分为基于浅层神经网络的浅层连接学习和基于深层神经网络的深度学习等。

本书对机器学习的结构安排采用两级分类方式。首先根据人工智能的不同学派，把机器学习分为基于符号主义的机器学习和基于连接主义的机器学习。

1. 符号学习

符号学习就是采用符号表达的机制，使用相关的知识表示方法及学习策略，实施机器学习。根据机器学习使用的策略、表示方法及应用领域的不同，符号学习具体又可分为记忆学习、示教学习、演绎学习、类比学习、示例学习、发现学习，解释学习等类型。

2. 连接学习

连接学习即基于神经元网络的机器学习。神经计算连接的模型由一些相同单元及单元间带权的连接组成，通过训练实例来调整网络中的连接权。这种连接机制是一种非符号的、并行的、分布式的处理机制。比较有名的神经网络模型和学习算法有感知机、Hopfield 模型和反向传播 BP 网络算法等。

8.2　归纳学习

从本节起，我们将逐一讨论几种比较常用的学习方法。这一节首先研究归纳学习的方法。

8.2.1　归纳学习的基本概念

归纳(induction)是人类拓展认识能力的重要方法，是一种从个别到一般、从部分到整体的推理行为。归纳推理是应用归纳方法，从足够多的具体事例中归纳出一般性知识，提取事物的一般规律，它是一种从个别到一般的推理。在进行归纳时，一般不可能考察全部相关事例，因而归纳出的结论无法保证其绝对正确，但又能以某种程度相信它为真。这是归纳推理的一个重要特征。例如，由"麻雀会飞""鸽子会飞""燕子会飞"……这样一些已知事实，有可能归纳出"有翅膀的动物会飞""长羽毛的动物会飞"等结论。这些结论一般情况下都是正确的，但当发现鸵鸟有羽毛、有翅膀，可是不会飞时，就动摇了上面归纳出的结论。这说明上面归纳出的结论不是绝对为真的，只能以某种程度相信它为真。

归纳学习(induction learning)是应用归纳推理进行学习的一种学习方法，旨在从大量的经验数据中归纳抽取出一般的判定规则和模式，是从特殊情况推导出一般规则的学习方法，其目标是形成合理的能解释已知事实和预见新事实的一般性结论。比如为系统提供各种动物的例子，并且告诉系统哪些是鸟，哪些不是鸟，系统通过归纳学习可以总结出识别鸟的一般规则，将鸟与其他动物区分。

归纳学习依赖于经验数据，因此被称为经验学习(Empirical Learning，EL)，由于依赖于数据间的相似性，因此也被称为基于相似性的学习(Similarity-Based Learning，SBL)。

8.2.2　归纳学习的双空间模型

归纳学习使用训练实例来引导出一般规则。全体可能的实例构成实例空间，全体可能的规则构成规则空间。基于规则空间和实例空间的学习就是在规则空间中搜索要求的规则，并从实例空间中选出一些示教的例子，以便解决规则空间中某些规则的二义性问题。学习的过程就是完成实例空间和规则空间之间同时、协调的搜索，最终找到要求的规则。用于归纳学习的双空间模型如图 8.2 所示。

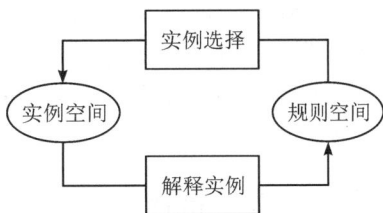

图 8.2　归纳学习的双空间模型

依据双空间模型建立的归纳学习系统，其执行过程可以大致描述为：首先由施教者给实例空间提供一些初始示教例子，由于示教例子在形式上往往与规则形式不同，因此需要对这些例子进行转换，解释为规则空间接受的形式，然后利用解释后的例子搜索规则空间。由于一般情况下不能一次性从规则空间中搜索到要求的规则，因此还要寻找一些新的示教例子，这个过程就是实例选择。程序会选择对搜索规则空间最有用的例子，对这些示教例子重复上述循环。如此循环多次，直到找到所要求的例子。

8.2.3　归纳学习的分类

归纳学习按其有无教师指导可分为示例学习和观察与发现学习。示例学习，又称为实例学习或概念获取，是指给定某个概念的一系列已知的正例和反例，其任务是从中归纳出一般性的概念描述。因此示例学习是有教师学习。观察与发现学习没有教师的帮助，目标是产生解释所有或大多数观察的规律和规则，包括概念聚类、发现定理、形成理论等，是无教师学习。

另一种分类方法是按所学习的概念的类型分，可以将归纳学习分为单概念学习和多概念学习两类。这里，概念是指用某种描述语言表示的谓词。应用于概念的正实例时，谓词为真；应用于概念的负实例时，谓词为假。从而，概念谓词将实例空间划分为正、反两个子集。对于单概念学习，学习目的是从概念空间（即规则空间）中寻找某个与实例空间一致的概念；对于多概念学习，学习目的是从概念空间中找出若干概念描述，对于每个概念描述，实例空间中均有相应的空间与之对应。

典型的单概念学习系统包括 Mitchell 的基于数据驱动的变型空间法、Quinlan 的 ID3 方法、Dietterich 和 Michalski 提出的基于模型驱动的 Induce 算法。典型的多概念学习方法和系统有 Michalski 的 AQ11、DENDRAL 和 AM 程序等。多概念学习任务可以分为多个单概念学习任务来完成。与单概念学习相比，多概念学习方法必须解决概念之间的冲突问题。

8.3　决策树学习

决策树学习是离散函数的一种树型表示，表示能力强，可以表示任意的离散函数，是一种重要的归纳学习方法,有着广泛的应用场景。决策树是实现分治策略的数据结构,通过把实例从根结点排列到某叶结点来分类实例,可用于分类和回归。决策树代表实例属性值约束的合取的析取式,从根结点到叶结点的每条路径对应一组属性测试的合取,树本身对应这些合取的析取。

在现有的各种决策树学习算法中,影响力较大的有处理离散属性的 ID3 算法和可以处理连续属性的 C4.5 算法。本书主要讨论 ID3 算法。

8.3.1 决策树的概念

决策树是一种由节点和边构成的用来描述分类过程的层次数据结构。该树的根节点表示分类的开始,叶节点表示一个实例的结束,中间节点表示相应实例中的某一属性,而边则代表某一属性可能的属性值。

在决策树中,从根节点到叶节点的每条路径都代表一个具体的实例,并且同一路径上的所有属性之间为合取关系,不同路径(即一个属性的不同属性值)之间为析取关系。决策树的分类过程是从树的根节点开始,按照给定实例的属性值去测试对应的树枝,并依次下移,直至到达某个叶节点为止。

图 8.3 是一个简单的鸟类识别决策树。根节点包含了各种鸟类,叶节点是所能识别的各种鸟的名称,中间节点是不同鸟类的一些属性,边是鸟的某一属性的属性值。从根节点到叶节点的每条路径都描述了一种鸟,包括该种鸟的一些属性及相应的属性值。

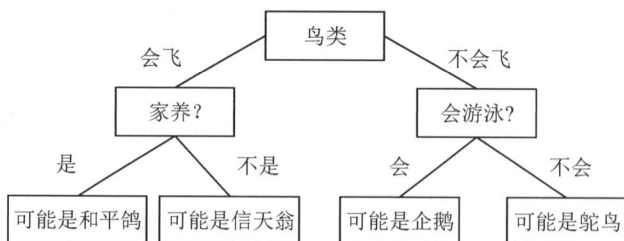

图 8.3   鸟类识别决策树

决策树还可以表示成规则的形式。如图 8.3 所示的决策树可表示为如下规则集:

IF 鸟类会飞 AND 是家养的 THEN 该鸟类是和平鸽

IF 鸟类会飞 AND 不是家养的 THEN 该鸟类是信天翁

IF 鸟类不会飞 AND 会游泳 THEN 该鸟类是企鹅

IF 鸟类不会飞 AND 不会游泳 THEN 该鸟类是鸵鸟

决策树学习过程实际上是一个构造决策树的过程。其学习前提是必须有一组训练实例,学习结果是由这些训练实例构造出来的一棵决策树。当学习完成后,就可以利用这棵决策树对未知事物进行分类。

8.3.2 决策树的构造算法

Hunt 于 1966 年研制了一个概念学习系统(Concept Learning System,CLS),可以学习单个概念,并用此学到的概念分类新的实例。这是一种早期的基于决策树的归纳学习系统。Quinlan 于 1983 年对此进行了发展，研制了 ID3 算法。该算法不仅能方便地表示概念属性-值信息的结构，还能从大量实例数据中有效地生成相应的决策树模型。在 CLS 决策树中，结点对应待分类对象的属性，由某个结点引出的弧对应该属性可能取的值，叶结点对应分类的结果。

为了构造 CLS 算法，现假设如下：给定训练集 TR，其元素由特征向量及其分类结果表示，分类对象的属性表（Attribute List）为 $[A_1, A_2, \cdots, A_n]$，全部分类结果构成的集合（Class）为 $\{C_1, C_2, \cdots, C_m\}$，一般 $n \geqslant 1$，$m \geqslant 2$。对每个属性 A_i，其值域为 ValueType(A_i)，可以是离散的或者连续的。这样，决策树 TR 的元素可表示成 $\langle X, C \rangle$ 形式，其中 $X = (a_1, a_2, \cdots, a_n)$，$a_i$ 对应实例第 i 个属性的取值，$C \in$ Class 为实例 X 的分类结果。

$V(X, A_i)$ 记为特征向量 X 属性 A_i 的值，决策树的构造算法 CLS 可递归描述如下。

【算法 8.1】 决策树构造算法 CLS。

(1) 如果 TR 中所有实例分类结果均为 C_i，则返回 C_i。

(2) 从属性表中选择某一属性 A_i 作为检测属性。

(3) 不妨假设 $|\text{ValueType}(A_i)| = k$，根据 A_i 值的不同，TR 分为 k 个训练集 TR_1，$TR_2, \cdots, TR_k$。其中：

$TR_i = \{\langle X, C \rangle | \langle X, C \rangle \in TR$ 且 $V(X, A)$ 为属性 A 的第 i 个值$\}$

(4) 从属性表中去掉已做检测的属性。

(5) 对每个 $i(1 \leqslant i \leqslant k)$，用 TR_i 和新的属性表递归调用 CLS 生成分枝决策树 DTR_i。

(6) 返回以属性 A_i 为根、以 $DTR_1, \cdots, DTR_k$ 为子树的决策树。

【例 8.1】 考虑鸟是否能飞的实例，如表 8.1 所示。

表 8.1 训 练 实 例

Instances	No. of Wings	BrokenWings	Living status	Area/Weight	Fly
1	2	0	alive	2.5	T
2	2	1	alive	2.5	F
3	2	2	alive	2.6	F
4	2	0	alive	3.0	T
5	2	0	dead	3.2	F
6	0	0	alive	0	F
7	1	0	alive	0	F
8	2	0	alive	3.4	T
9	2	0	alive	2.0	F

在该例中，属性表为

Attribute List＝{No. of Wings，Broken Wings，Status，Area/Weight}。

各属性的值域为

ValueType(No. of Wings)＝{0，1，2}；

ValueType(Broken Wings)＝{0，1，2}；

ValueType(Status)＝{alive，dead}；

ValueType(Area/Weight)∈实数且大于等于0。

系统分类结果集合为 Class＝{T，F}，训练集共 9 个实例。

据 CLS 构造算法，*TR* 的决策树如图 8.4 所示。每个叶结点表示鸟是否能飞。

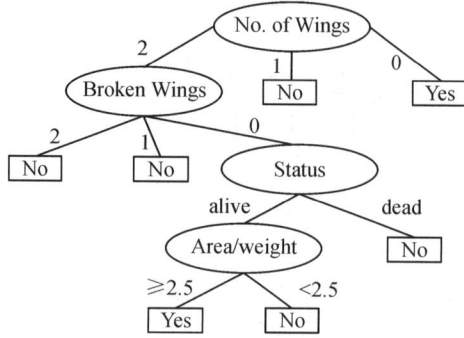

图 8.4　鸟飞的决策树

从该决策树可以看出：

Fly＝(No. of Wings＝2)∧(Broken Wings＝0)∧(Status＝alive)∧(Area/Weight≥2.5)

8.3.3　ID3 算法

ID3 算法是 Quinlan 于 1979 年提出的一种以信息熵(information entropy)下降速度最快作为属性选择标准的一种学习算法。其输入是一个用来描述各种已知类别的例子集，学习结果是一棵用于分类的决策树。

1. 信息熵和信息增益

信息熵和信息增益是 ID3 算法的重要数学基础，为更好地理解和掌握 ID3 算法，下面先简单讨论这两个概念。

1) 信息熵

信息熵是对信源整体不确定性的度量。假设 S 为样本集，S 中所有样本的类别有 k 种，如 y_1，y_2，$\cdots$，y_k，各种类别样本在 S 上的概率分别为 $P(y_1)$，$P(y_2)$，$\cdots$，$P(y_k)$，则 S 的信息熵可定义为：

$$E(S)=-P(y_1)\log P(y_1)-P(y_2)\log P(y_2)-\cdots-P(y_k)\log P(y_k)$$

$$=\sum_{j=1}^{k}-P(y_j)\log P(y_j) \tag{8.1}$$

其中，概率 $P(y_j)(j=1,2,\cdots,k)$，实际上是类别为 y_j 的样本在 S 中所占的比例；对数可以是以各种数为底的对数，在 ID3 算法中采用以 2 为底的对数。$E(S)$ 的值越小，S 的不确定性越小，即其确定性越高。

2) 信息增益

信息增益(information gain)是对两个信息量之间的差的度量。其讨论涉及样本集 S 中样本的结构。

对 S 中的每个样本，从其结构看，除了刚才提到的样本类别，还有其条件属性，或简称为属性。假设 S 中的样本有 m 个属性，其属性集为 $X=\{x_1,x_2,\cdots,x_m\}$，且每个属性均有 r 种取值，则可以根据属性的不同取值，将样本集 S 划分成 r 个不同的子集 S_1，S_2，$\cdots$，S_r。在此结构下，可得到由属性 x_i 的不同取值对样本集 S 进行划分后的加权信息熵

$$E(S,x_i)=\frac{\sum\limits_{t=1}^{r}|S_t|}{|S|}\times E(S_t) \tag{8.2}$$

其中，t 为条件属性 x_i 的属性值；S_t 为 $x_i=t$ 时的样本子集；$E(S_t)$ 为样本子集 S_t 信息熵；S 和 S_t 分别为样本集 S 和样本子集 S_t 的大小，即 S 和 S_t 中的样本个数。

有了信息熵和加权信息熵，就可以计算信息增益。信息增益是指 $E(S)$ 和 $E(S,x_i)$ 之间的差，即

$$G(S,x_i)=E(S)-E(S,x_i)=E(S)-\frac{\sum\limits_{t=1}^{r}|S_t|}{|S|}\times E(S_t) \tag{8.3}$$

可见，信息增益描述的是信息的确定性，其值越大，信息的确定性越高。

2. ID3 算法的描述

ID3 算法的学习过程实际上是一个以整个样本集为根节点，以信息增益最大为原则，选择条件属性进行扩展，逐步构造出决策树的过程。若假设 $S=\{s_1,s_2,\cdots,s_n\}$ 为整个样本集，$X=\{x_1,x_2,\cdots,x_m\}$ 为全体属性集，$Y=\{y_1,y_2,\cdots,y_k\}$ 为样本类别，则 ID3 算法过程可描述如下：

(1) 初始化样本集 $S=\{s_1,s_2,\cdots,s_n\}$ 和属性集 $X=\{x_1,x_2,\cdots,x_m\}$，生成仅含根节点 (S,X) 的初始决策树。

(2) 如果节点样本集中的所有样本都属于同一类别，则将该节点标记为叶节点，并标出该叶节点的类。算法结束。否则执行下一步。

(3) 如果属性集为空或者样本集中的所有样本在属性集上都取相同值，即所有样本都具有相同的属性值（无法进行划分），则同样将该节点标记为叶节点，并根据各类别的样本数量，按照少数服从多数的原则，将该叶节点的类别标记为样本数最多的那个类别。算法结束。否则执行下一步。

(4) 计算每个属性的信息增益，选出信息增益最大的属性对当前决策树进行扩展。

(5) 对选定属性的每个属性值，重复执行如下操作，直到所有属性值全部处理完：

为每个属性值生成一个分支，并将样本集中与该分支有关的所有样本放到一起，形成该新生分支节点的样本子集；

若样本子集为空，则将此新生分支节点标记为叶节点，其节点类别为原样本集中最多的类别；

否则，若样本子集中的所有样本均属于同一类别，则将该节点标记为叶节点，并标出该叶节点的类别。

(6) 从属性集中删除所选定的属性，得到新的属性集。

(7) 转第(3)步。

　　ID3 算法的优点是分类和测试速度快，特别适用于大数据库的分类问题。其缺点是：第一，决策树的知识表示没有规则易于理解。第二，两棵决策树是否等价问题是子图匹配问题，是 NP 完全问题。第三，不能处理未知属性值的情况，另外，对噪声问题也没有好的处理方法。

8.3.4　决策树的偏置

　　如果给定一个训练样例的集合，那么通常有很多决策树与这些样例一致，ID3 的搜索策略为选择那些信息增益高的属性离根结点较近的树，就是优先选择较小的树。寻找最小的树实际上是决策树的重要偏置方法，在众多能够拟合给定训练例子的决策树中，树越小，其预测能力越强。树的大小用树中的结点数量和决策结点的复杂性度量。

　　构造好的决策树的关键在于选择好的属性，属性选择依赖于信息增益、信息增益比、Gini-index、距离度量、J-度量、最小描述长度、正交法度量等。比如，上述 ID3 算法优先选取信息增益最大的属性作为扩展属性。

　　决策树还可以通过剪枝来寻找最小的树。通常，如果到达一个结点的训练实例数小于训练集的某个百分比（如 5%），则无论是否不纯或是否有错误，该结点都不会进一步分裂。因为基于过少实例的决策树导致较大方差，从而导致较大泛化误差。在树完全构造出来之前提前停止构造，称为树的先剪枝。

　　得到较小树的另一种可能做法是后剪枝。树完全增长，直到所有的树叶都是纯的并且其训练误差为零，则找出导致过分拟合的子树并剪掉它们。从最初的被标记的数据集中保留一个剪枝集，在训练阶段不使用，对于每棵子树，用一个被该子树覆盖的训练实例标记的叶结点替换它，如果该叶结点在剪枝集上的性能不比该子树差，则剪掉该子树并保留叶结点，因为子树的附加的复杂性是不必要的，否则保留子树。

　　剪枝还可以依据最小长度等其他准则。先剪枝较快，后剪枝通常更准确。

8.4　基于实例的学习

　　基于实例的学习采用保存实例本身的方法来表达从实例集里提取出的知识，并将类未知的新实例与现有的类已知的实例联系起来进行操作。这种方法直接在样本上工作，不需要建立规则。基于实例的学习方法包括最近邻法、局部加权回归法和基于范例的推理法等。基于实例的学习只是简单地把训练样例存储起来，从这些实例中泛化的工作被推迟到必须分类新的实例时，所以有时被称为消极学习法。

8.4.1　K-近邻算法

　　最近邻法通过距离函数来判定训练集中的某个实例与某位置的测试实例最靠近。一旦找到最靠近的训练实例，那么最靠近实例所属的类就被预测为测试实例的类。即实质性的工作在对新的实例进行分类时进行，通过距离衡量将每个新实例与现有实例进行比较，利用最接近的现存实例赋予新实例类别，这就是最近邻分类方法。有时使用多个最近邻实例，并且用最近的 K 个邻居所属的多数类(如果类是数值型,就是经距离加权的平均值)赋予新的实例,这就是 K-近邻算法。

基于实例的机器学习方法把实例表示为 n 维欧式空间 R^n 中的实数点,使用欧氏距离函数,把任意的实例 x 表示为这样的特征向量:

$\langle a_1(x), a_2, (x), \cdots, a_r(x), \cdots, a_n(x) \rangle$,两个实例 x_i 和 x_j 之间的距离定义为

$$d(x_i, x_j) = \sqrt{\sum_{r=1}^{n} (a_r(x_i) - a_r(x_j))^2} \tag{8.4}$$

在最近邻学习中,目标函数值可以是离散值,也可以是实值。针对离散目标函数 $f: R^n \rightarrow V(V = \{v_1, v_2, \cdots, v_s\})$,下面给出了逼近离散值函数 $f: R^n \rightarrow V$ 的 K-近邻算法。

【算法 8.2】 逼近离散值函数 $f: R^n \rightarrow V$ 的 K-近邻算法。

训练算法:将每个训练样例 $\langle x, f(x) \rangle$ 加到列表 training examples。

分类算法:

(1) 给定一个要分类的实例 x_q;

(2) 在 training examples 中选出最靠近 x_q 的 k 个实例,并用 x_1、$\cdots$、x_k 表示;

(3) 返回

$$\hat{f}(x_q) \leftarrow \underset{v \in V}{\text{argmax}} \sum_{i=1}^{k} \delta(v, f(x_i)) \tag{8.5}$$

其中

$$\delta(a, b) = \begin{cases} 1 & a = b \\ 0 & a \neq b \end{cases}$$

算法返回值是对 $f(x_q)$ 的估计,它是距离 x_q 最近的 k 个训练样例中最普遍的 f 值,结果与 k 的取值相关。如果选择 $k=1$,那么"1-近邻算法"就是把 $f(x_i)$ 赋给估计值,其中 x_i 是最靠近 x_q 的训练实例。对于较大的 k 值,这个算法返回前 k 个最靠近训练实例的最普遍的值。

离散的 k-近邻算法简单修改后,可用于逼近连续值的目标函数。即计算 k 个最接近样例的平均值,而不是计算其中的最普遍的值,为逼近 $f: R^n \rightarrow V$,计算式如下:

$$\hat{f}(x_q) \leftarrow \frac{\sum_{i=1}^{k} f(x_i)}{k} \tag{8.6}$$

8.4.2 距离加权最近邻法

对 K-近邻算法的一个改进是对 k 个近邻的贡献加权,越近的距离赋予越大的权值。比如:

$$\hat{f}(x_q) \leftarrow \underset{v \in V}{\text{argmax}} \sum_{i=1}^{k} w_i \delta(v, f(x_i)) \tag{8.7}$$

其中

$$w_i = \frac{1}{d(x_q, x_i)^2} \tag{8.8}$$

为了处理查询点 x_q 恰好匹配某个训练样例 x_i,从而导致 $d(x_q, x_i)$ 为 0 的情况,令这

种情况下的 $f(x_q)$ 等于 $f(x_i)$，如果有多个这样的训练样例，我们使用它们占多数的分类。也可以用类似的方式对实值目标函数进行距离加权，用式（8.6）代替式（8.9）中的计算式，w_i 的定义与前相同：

$$\hat{f}(x_q) \leftarrow \frac{\sum_{i=1}^{k} w_i f(x_i)}{\sum_{i=1}^{k} w_i} \tag{8.9}$$

K-近邻算法的所有变体都只考虑 k 个近邻的分类查询点，如果使用按距离加权，那么可以允许所有的训练样例影响 x_q 的分类，因为非常远的实例的影响很小。考虑所有样例的唯一不足是会使分类运行得更慢。如果分类一个新实例时，考虑所有的训练样例，我们称之为全局法；如果仅考虑靠近的训练样例，则称之为局部法。当式（8.9）应用于全局法时，我们称之为 Shepard 法。

8.4.3 基于范例的学习

人们为了解决一个新问题，先是进行回忆，从记忆中找到一个与新问题相似的范例，再把该范例中的有关信息和知识复用到新问题的求解之中。

基于范例的学习采用更复杂的符号表示，因此检索实例的方法也更加复杂。在基于范例的推理（Case-Based Reasoning，CBR）中，把当前所面临的问题或情况称为目标范例（target case），而把记忆的问题或情况称为源范例（base case）。基于范例的推理就是由目标范例的提示而获得记忆中的源范例，并由源范例来指导目标范例求解的一种策略。

基于范例的推理是人工智能领域的一种重要的基于知识的问题求解和学习的方法。基于范例的推理中，知识表示是以范例为基础，范例的获取比规则的获取要容易，大大简化了知识获取。对过去的求解结果进行复用，而不是再次从头推导，可以提高对新问题的求解效率。过去求解成功或失败的经历可以指导当前求解时该怎样走向成功或避开失败，这样可以改善求解的质量。对于那些目前没有或根本不存在的可以通过计算推导来解决的问题，基于范例推理能很好地发挥作用。

1. 基于范例的推理的一般过程

1）联想记忆

在基于范例的推理中，最初是由于目标范例的某些特殊性质使我们能够联想到记忆中的源范例。但它是粗糙的，不一定正确。在最初的检索结束后，我们需证实它们之间的可类比性，从而进一步检索两个类似体的更多细节，探索它们之间的更进一步的可类比性和差异。这个阶段已经初步进行了一些类比映射的工作，只是映射是局部的、不完整的。这个过程结束后，获得的源范例集已经按与目标范例的可类比程度进行了优先级排序。

2）类比映射

从源范例集中选择最优的一个源范例，建立它与目标范例之间的一一对应。

3）获得求解方案

利用一一对应关系，转换源范例的完整的（或部分的）求解方案，从而获得目标范例的完整的（或部分的）求解方案。若目标范例得到部分解答，则把解答的结果加到目标范例的初始描述中，从头开始整个类比过程。若获得的目标范例的求解方案不能提供给目标范例正确的解答，则需解释方案失败的原因，调用修补过程修改所获得的方案。系统应该记录失败的原因，避免以后出现同样错误。

4）评价

类比求解的有效性应得到评价。

基于范例的推理的结构如图 8.5 所示。基于范例的推理有两种：问题求解型和解释型。前者利用范例给出问题的答案，后者把范例用作辩护的证据。

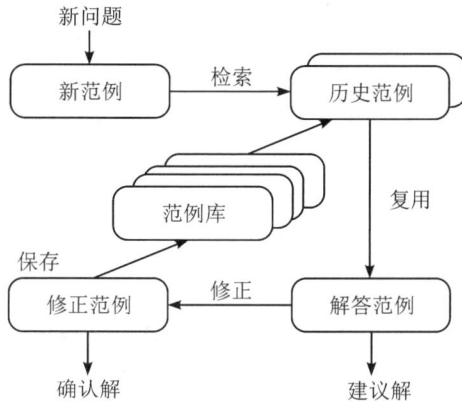

图 8.5　基于范例的推理的结构

在基于范例的学习中要解决的主要问题如下：

（1）范例表示：基于范例推理方法的效率与范例表示紧密相关。范例表示涉及这些问题：选择什么信息存放在一个范例中；如何选择合适的范例内容描述结构；范例库如何组织和索引。对于那些数量达到成千上万而且十分复杂的范例而言，组织和索引问题尤其重要。

（2）分析模型：分析模型用于分析目标范例，从中识别和抽取检索源范例库的信息。

（3）范例检索：利用检索信息从源范例库中检索并选择潜在可用的源范例。基于范例的推理方法与人类解决问题的方式很相近。碰到一个新问题时，首先是从记忆或范例库中回忆出与当前问题相关的最佳范例。后面所有工作能否发挥出应有的作用，很大程度上依赖于这个阶段得到的范例质量的高低，因此这个步骤非常关键。一般，范例匹配不是精确的，只能是部分匹配或近似匹配，因此要求有一个相似度的评价标准。该标准定义得好，会使得检索出的范例十分有用，否则会严重影响后面的过程。

（4）类比映射：寻找目标范例与源范例之间的对应关系。

（5）类比转换：转换源范例中与目标范例相关的信息，以便应用于目标范例的求解过程中，其中涉及对源范例的求解方案的修改。把检索到的源范例的解答复用于新问题或新范例中要考虑以下两个问题：源范例与目标范例有何不同；源范例中的哪些部分可以用于目标范例。简单的分类问题只需把源范例的分类结果直接用于目标范例，不需考虑它们之间的差别，因为实际上范例检索已经完成了这项工作。而问题求解之类的问题则需要根据它们之间的不同而对复用的解进行调整。

（6）解释过程：对把转换过的源范例的求解方案应用到目标范例时所出现的失败做出

解释，给出失败的因果分析报告。有时对成功也需做出解释。基于解释的索引也是一种重要的方法。

（7）范例修补：类似类比转换，区别在于，修补过程的输入是解方案和失败报告，也许还包含一个解释，然后修改这个解方案，以排除失败的因素。

（8）类比验证：验证目标范例和源范例进行类比的有效性。

（9）范例保存：新问题得到了解决，则可能用于将来情形与之相似的问题，这时有必要把它加入范例库中。此过程涉及选取哪些信息保留，如何把新范例有机集成到范例库中，以及修改和精化源范例库，其中包括泛化和抽象等过程。

在决定选取范例的哪些信息进行保留时，一般要考虑以下几点：与问题有关的特征描述，问题的求解结果，以及成功或失败的原因及解释。

把新范例加入范例库中，需要给它建立有效的索引，这样以后才能对其做出有效的回忆。索引应使得与该范例有关时能回忆得出，与它无关时不应回忆出。为此，可能要对范例库的索引内容甚至结构进行调整，如改变索引的强度或特征权值。

2. 范例的表示

我们所记忆的知识彼此之间并不是孤立的，而是通过某种内在的因素，相互之间紧密地或松散地有机联系成的一个统一的体系。我们使用记忆网来概括知识的这个特点。一个记忆网便是以语义记忆单元（Semantic Memory Unit，SMU）为结点，以语义记忆单元间的各种关系为连接建立起来的网络。

SMU＝{SMU name slot

　　　　　Constraint slots

　　　　　Taxonomy slots

　　　　　Causality slots

　　　　　Similarity slots

　　　　　Partonomy slots

　　　　　Case slots

　　　　　Theory slots}

（1）SMU name slot：简记为 SMU 槽，是语义记忆单元的概念性描述，通常是一个词汇或者一个短语。

（2）Constraint slots：简记为 CON 槽，是对语义记忆单元施加的某些约束。通常，这些约束并不是结构性的，而只是对语义记忆单元描述本身所加的约束。

（3）Taxonomy slots：简记为 TAX 槽，定义了与该语义记忆单元相关的分类体系中的父类和子类。因此，它描述了网络中结点间的类别关系。

（4）Causality slots：简记为 CAU 槽，定义了与该语义记忆单元有因果联系的其他语义记忆单元，或者是其他语义记忆单元的原因，或者是其他语义记忆单元的结果。因此，它描述了网络中结点间的因果联系。

（5）Similarity slots：简记为 SIM 槽，定义了与该语义记忆单元相似的其他语义记忆单元，描述网络中结点间的相似关系。

（6）Partonomy slots：简记为 PAR 槽，定义了与该语义记忆单元具有部分整体关系的其他 SMU。

（7）Case slots：简记为 CAS 槽，定义了与该语义记忆单元相关的范例集。

（8）Theory slots：简记为 THY 槽，定义了关于该语义记忆单元的理论知识。

上述 8 类槽可以分成三大类。第一类反映各语义记忆单元之间的关系，包括 TAX 槽、CAU 槽、SIM 槽和 PAR 槽；第二类反映语义记忆单元自身的内容和特性，包括 SMU 槽和 THY 槽；第三类反映与语义记忆单元相关的范例信息，包括 CAS 槽和 CON 槽。

3. 范例组织

范例组织由两部分组成：一是范例的内容，范例应该包含哪些有关的东西才能对问题的解决有用；二是范例的索引，与范例的组织结构和检索有关，反映了不同范例间的区别。

1）范例内容

（1）问题或情景描述——对要求解的问题或要理解的情景的描述，一般包括当范例发生时推理器的目标，完成该目标要涉及的任务，周围世界或环境与可能解决方案相关的所有特征。

（2）解决方案的内容——问题如何在某个特定情形下得到解决，可能是对问题的简单解答，也可能是得出解答的推导过程。

（3）结果——记录了实施解决方案后的结果情况，是失败还是成功。有了结果内容，CBR(Content-Based Retrieval，即基于内容的检索)在给出建议解时就能给出曾经成功的工作范例，同时能利用失败的范例来避免可能发生的问题。当对问题还缺乏足够的了解时，在范例的表示上加上结果部分能取得较好的效果。

2）范例索引

建立范例索引有以下 3 个原则：

（1）索引与具体领域有关。数据库中的索引是通用的，目的只是追求索引能对数据集合进行平衡划分，从而使得检索速度最快；而范例索引要考虑是否有利于将来的范例检索，决定了针对某个具体的问题哪些范例会被复用。

（2）索引应该有一定的抽象或泛化程度。这样才能灵活处理以后可能遇到的各种情景，太具体则不能满足更多的情况。

（3）索引应该有一定的具体性。这样才能在以后被容易识别，太抽象则各范例之间的差别将被消除。

4. 范例检索

范例检索是指从范例库(case base)中找到一个或多个与当前问题最相似的范例。CBR 系统中的知识库不是以前专家系统中的规则库，由领域专家以前解决过的一些问题组成。范例库中的每个范例包括以前问题的一般描述，即情景和解法。一个新范例并入范例库时，同时建立了关于这个范例的主要特征的索引。当接受了一个求解新问题的要求后，CBR 利用相似度知识和特征索引，从范例库中找到与当前问题相关的最佳范例。该范例回忆的内容即得到的范例质量和数量直接影响问题的解决效果，所以此项工作比较重要。范例检索通过三个子过程即特征辨识、初步匹配、最佳选定来实现。

1）特征辨识

特征辨识是指对问题进行分析，提取有关特征的过程。特征提取方式如下：

（1）从问题的描述中直接获得问题的特征，如用自然语言对问题进行描述并输入系统，系统可以对语句进行关键词提取，这些关键词就是问题的某些特征。

（2）对问题经过分析理解后导出的特征，如图像分析中涉及的特征提取。

（3）根据上下文或知识模型的需要，通过交互方式从用户获取的特征。系统向用户提问，以缩小检索范围，使检索范例更加准确。

2）初步匹配

初步匹配是指从范例库中找到一组与当前问题相关的候选范例。这是通过使用上述特征作为范例库的索引来完成的。由于一般不存在完全精确的匹配，因此要对范例之间的特征关系进行相似度估计，可以是基于上述特征的与领域知识关系不大的表面估计，也可以是对问题进行深入理解和分析后的深层估计，在具体做法上，可以通过对特征赋予不同的权值体现不同的重要性。相似度评价方法有最近邻法、归纳法等。

3）最佳选定

最佳选定是指从初步匹配获得的一组候选范例中选取一个或几个与当前问题最相关的范例。这与领域知识关系密切。例如，由领域知识模型或领域知识工程师对范例进行解释，然后对这些解释进行有效测试和评估，最后依据某种度量标准对候选范例进行排序，得分最高的就成为最佳范例，如最相关的或解释最合理的范例可选定为最佳范例。

5. 范例的复用

通过将所给问题与范例库中的范例比较，得到新旧范例间的不同，然后确定哪些解答部分可以复用到新范例中。问题求解型的 CBR 系统必须修正过去的问题解答以适应新的情况，因为过去的情况不可能与新情况完全一样。一般来说，修正方法有下列几种：

（1）替换法。替换法是把旧解中的相关值做相应替换而形成新解，如重新例化、参数调整、局部搜索、查询、特定搜索、基于范例的替换等。

（2）转换法。常识转换法（Common-Sense Transformation，CST）是使用明白易懂的常识性启发式从旧解中替换、删除或增加某些组成部分。模型制导修补法（Model-Guided Repair，MGR）是另一种转换法，通过因果模型来指导如何转换。故障诊断中就经常使用这种方法。

（3）特定目标驱动法。特定目标驱动的修正启发式知识一般通过评价近似解作用，并通过使用基于规则的产生式系统来控制。

（4）派生重演。重演方法是使用原先推导出旧解的方法来推导出新解，关心的是解如何求出。同前面的基于范例替换相比，派生重演使用的是基于范例的修正手段。

8.5　强 化 学 习

强化学习要解决的问题为：主体怎样通过学习选择能达到其目标的最优动作。当主体在其环境中做出每个动作时，施教者应提供奖励或惩罚信息，以表示结果状态的正确与否。例如，在训练主体进行棋类对弈时，施教者可在游戏胜利时给出正回报，在游戏失败时给出负回报，其他时候给出零回报。主体的任务是从这个非直接的、有延迟的回报中学习，以便后续动作产生最大的累积回报。在计算机领域,第一个强化学习问题是利用奖惩手段学习迷宫策略。20 世纪 80 年代中后期,强化学习才逐渐引起人们广泛的研究。最简单的强化学习采用的是学习自动机(learning automata)。近年来,根据反馈信号的状态,提出了 Q 学习和时差学习等增强学习方法。

8.5.1　强化学习模型

强化学习模型如图 8.6 所示,主体通过与环境的交互进行学习。主体与环境的交互包括行动、奖励和状态。交互过程可以表述为如下形式:每一步的主体根据策略选择一个行动执行,然后感知下一步的状态和立即回报,再通过经验修改自己的策略。主体的目标就是最大化累积奖励。

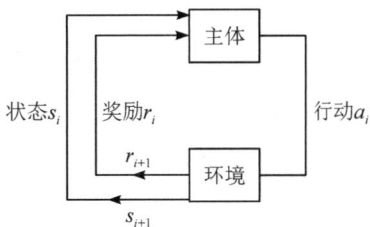

图 8.6　强化学习模型

假设主体生存的环境被描述为某可能的状态集 S,可以执行任意的可能动作集合 A。强化学习系统接受环境状态的输入 s,根据内部的推理机制,系统输出相应的行为动作 a,环境在系统动作 a 下变迁到新的状态 s'。系统接受环境新状态的输入,同时得到环境对于系统的瞬时奖惩反馈,也就是立即回报 r。每次在某状态 s_t 下执行动作 a_t,主体会收到一个立即回报 r_t,环境变迁到新的状态 s_t。如此产生了一系列的状态 s_i、动作 a_i 和立即回报 r_i 的集合,如图 8.7 所示。

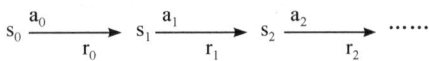

图 8.7　强化学习示意

强化学习系统的目标是学习一个行为策略 $\pi: S \to A$,使系统选择的动作能够获得环境奖励的累积值最大。换言之,系统要最大化 $r_0 + \gamma r_1 + \gamma^2 r_2 + \cdots (0 \leqslant \gamma < 1)$,其中 γ 为折扣因子。

强化学习技术的基本原理是:如果系统某个动作导致环境正的奖励,那么系统以后产生这个动作的趋势便会加强;反之,系统产生这个动作的趋势便会减弱。这与生理学中的条件反射原理是接近的。

8.5.2　马尔可夫决策过程

基于马尔可夫决策过程(Markov Decision Process,MDP)定义学习控制策略问题的一般形式为:主体可感知到其环境的不同状态集合 S,可执行的动作集合 A,在每个离散时间 t,主体感知到当前状态 s_t,选择当前动作 a_t,环境给出回报函数 $r_t = r(s_t, a_t)$,并产生后继状态函数 $s_{t+1} = \delta(s_t, a_t)$,此函数也叫状态转移函数。在马尔可夫决策过程中,函数 $\delta(s_t, a_t)$ 和 $r(s_t, a_t)$ 只依赖于当前动作和状态,这里先考虑它们为确定性的情形。

主体的任务是学习一个策略 $\pi: S \to A$,基于当前的状态 s_t 选择下一步动作 a_t,即 $\pi(s_t) = a_t$,要求此策略对主体产生最大的累积回报。

【定义 8.1】　策略 π 从初始状态 s_t 获得的累积值为

$$V^\pi(s_t) = r_t + \gamma r_{t+1} + \gamma^2 r_{t+2} + \cdots = \sum_{i=0}^{\infty} \gamma^i r_{t+i} \tag{8.10}$$

其中，回报序列 r_{t+i} 的生成是通过由状态 s_t 开始并重复使用策略来选择上述的动作（如 $a_t = \pi(s_t)$，$a_{t+1} = \pi(s_{t+1})$ 等）实现的。这里，$0 \leqslant \gamma < 1$ 为一常量，它确定了延迟回报与立即回报的相对比例。确切地讲，在未来的第 i 时间收到的回报被因子 γ^i 以指数级折算。由式 (8.10)定义的量 $V^\pi(s_t)$ 常被称为策略 π 从初始状态 s_t 获得的折算累积回报。

【**定义 8.2**】 学习控制策略的任务是，要求主体学习到一个策略 π，使得对于所有状态 s，$V^\pi(s)$ 为最大，此策略称为最优策略，表示为

$$\pi^* = \arg\max_\pi V^\pi(S), \quad \forall S \tag{8.11}$$

为简化表示，最优策略的值 $V^{\pi^*}(s)$ 记作 $V^*(s)$。$V^*(s)$ 给出了当主体从状态 s 开始时可获得的最大折算累积回报，即从状态 s 开始遵循最优策略时获得的折算累积回报。

图 8.8(a)给出了一个简单的格状环境，每个箭头代表主体可采取的动作，从一个状态移动到另一个。与每个箭头相关联的数值表示，如果主体执行相应的状态动作转换可收到的立即回报 $r(s,a)$。注意，在这个特定环境下，所有的状态动作转换，除了导向状态 G，都被定义为 0。状态 G 看成目标状态，主体可接收到回报的唯一方法是进入此状态。主体一旦进入状态 G，它可选的动作只能是留在该状态中。

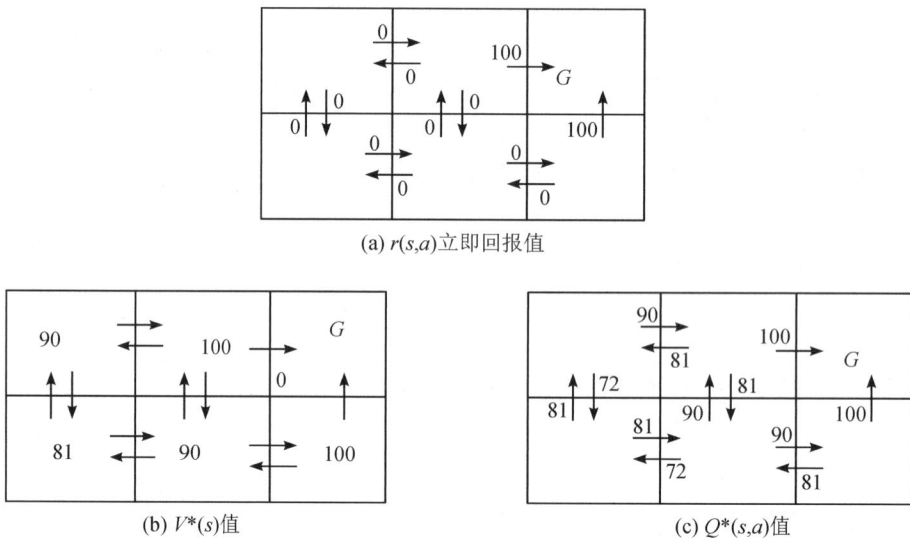

(a) $r(s,a)$立即回报值

(b) $V^*(s)$值

(c) $Q^*(s,a)$值

图 8.8　MDP 的格状环境

图 8.8(b)显示了每个状态的 $V^*(s)$ 的值。假设 $\gamma = 90$，考虑图 8.8(b)右下角的状态，此状态的 V^* 的值为 100，因为在此状态下最优策略会选择"向上"的动作，从而得到立即回报 100，然后主体会留在吸收状态，不再接收更多的回报。同样，中下方状态的 V^* 的值为 90。这是因为最优策略会使主体从这里向右移动（得到为 0 的立即回报），然后向上（生成为 100 的立即回报）。当然，先向上再向右是一样的。这样，此状态的折算累积回报为：

$$0 + \gamma \times 100 + \gamma^2 \times 0 + \gamma^3 \times 0 + \cdots = 90 \tag{8.12}$$

8.5.3　Q 学习

主体在任意的环境中直接学习最优策略很难，因为没有形式为 $\langle s, a \rangle$ 的训练样例。作

为替代，唯一可用的训练信息是立即回报序列 $r(s_i，a_i)(i=0，1，2\cdots)$，这时更容易学习一个定义在状态和动作上的数值评估函数，然后实现最优策略。

可以将 V^* 作为待学习的评估函数，由于状态 s 下的最优动作是使立即回报 $r(s，a)$ 加上立即后继状态的 V^* 值最大的动作 a，即

$$\pi^*(s)=\operatorname*{argmax}_{\pi}[r(s，a)+\gamma V^*(\delta(s，a))]\tag{8.13}$$

因此，如果具有回报函数和状态转移函数的完美知识，就可以计算出任意状态下的最优动作。但在实际问题中，无法知道回报函数和状态转移函数的完美知识，这种情况一般用 Q 函数来评估。

1. Q 函数

【定义 8.3】　评估函数 $Q(s，a)$ 的值是从状态 s 开始并使用 a 作为第一个动作时的最大折算累积回报，即从状态 s 执行动作 a 的立即回报加上以后遵循最优策略的值（用 γ 折算）。

$$Q(s，a)=r(s，a)+\gamma V^*(\delta(s，a))\tag{8.14}$$

$Q(s，a)$ 正是式(8.13)中为选择状态 s 上的最优动作 a 应最大化的量，因此可将式(8.13)重写如下：

$$\pi^*(s)=\operatorname*{argmax}_{a}Q(s，a)\tag{8.15}$$

式(8.15)表明，如果学习 Q 函数而不是 V^* 函数，即使在缺少回报函数和状态转移函数的知识时，主体也能选择最优动作。主体只需考虑其当前的状态 s 下每个可用的动作 a，并选择其中使 $Q(s，a)$ 最大化的动作。

图 8.8(c)显示了每个状态和动作的 Q 值。注意每个状态动作的转换的 Q 值等于此转换的 r 值加上结果状态的 V^* 值（用 γ 折算）。图中显示的最优策略对应选择最大 Q 值的动作。

2. Q 学习的算法

注意到 $V^*(s)=\max Q(s，a')$，那么式(8.14)可重写为

$$Q(s，a)=r(s，a)+\gamma\max_{a'}Q'(s'，a')\tag{8.16}$$

这个 Q 函数的递归定义提供了迭代逼近 Q 算法的基础。为了描述此算法，使用符号 Q' 表示对实际 Q 的估计，算法中用一个表存储所有状态-动作对的 Q' 值，一般以状态为行，动作为列。一开始所有表项填充为初始的随机值，主体观察其当前的状态 s，选择某动作 a，执行此动作，然后观察结果回报 $r=r(s，a)$ 的值和新状态 $s'=\delta(s，a)$，再利用式(8.17)更新表项，直到这些值收敛。

$$Q'(s，a)\leftarrow r+\gamma\max_{a'}Q'(s'，a')\tag{8.17}$$

此训练法则使用主体对新状态 s' 的当前 Q' 值来精化其对前一状态 s 的 $Q'(s，a)$ 估计。此训练规则是从式(8.16)得到的，不过此训练值考虑主体的近似 Q'，而式(8.16)应用的是实际的 Q 函数。注意，式(8.16)以函数 $r=r(s，a)$ 和 $s'=\delta(s，a)$ 的形式描述 Q，但主体不需知道这些一般函数来应用式(8.17)的训练规则，相反，它在其环境中执行动作，并观察结果状态 s' 和回报 r。这样，它可被看作在 s 和 a 的当前值上进行采样。

在确定性回报和动作假定下的 Q 学习算法如下。

【算法 8.3】 Q 学习算法。

(1) 对每个 s、a，初始化表项；

(2) 观察当前状态 s，一直重复；

(3) 选择一个动作 a 并执行它；

(4) 接收到立即回报 r；

(5) 观察新状态 s'；

(6) 对 $Q'(s, a)$，按照 $s \leftarrow s'$ 更新表项 $Q'(s, a) \leftarrow r + \gamma \max\limits_{a'} Q'(s', a')$。

图 8.9 是某个主体采取的一个动作和对应 Q' 的精化。本例中，主体在格子环境中向右移动一个单元格，并收到此转换的立即回报为 0，然后应用训练规则式(8.17)来对刚执行的状态-动作转换，精化其 Q' 的估计。

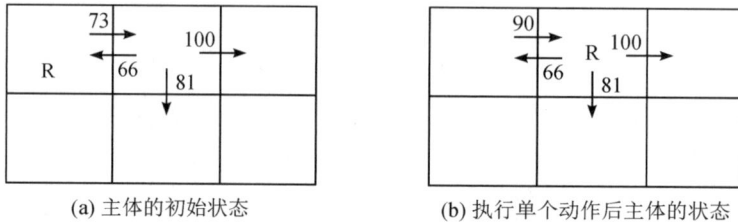

(a) 主体的初始状态   (b) 执行单个动作后主体的状态

图 8.9　执行单个动作后 Q' 的精化

按照训练规则，此转换的新 Q' 估计为收到的回报 0 与用 γ(0.9)折算的与结果状态相关联的最高 Q' 值(100)的和。

图 8.9(a)是主体的初始状态 s_1 和初始假设中几个相关的 Q' 值，如 $Q'(s_1, a_{\text{right}}) = 73$，其中 a_{right} 指代主体向右移动的动作。主体执行动作 a_{right} 后，收到立即回报为 0，并转换到下一状态 s_2，然后它基于其对新状态 s_2 的 Q' 估计更新其 $Q'(s_1, a_{\text{right}})$，这里 $\gamma = 0.9$。

$$Q'(s, a) \leftarrow r + \gamma \max_{a'} Q'(s_2, a')$$

$$\leftarrow 0 + 0.9 \max\{66, 81, 100\}$$

$$\leftarrow 90 \tag{8.18}$$

每次主体从旧状态前进到新状态，Q 学习会从新状态到旧状态向后传播其 Q' 估计值。同时，主体收到的此转换的立即回报被用于扩大这些传播的 Q' 值，可以证明 Q' 值在训练中永远不会下降。

Q 的演化过程如下：因为初始的 Q' 值都为 0，算法不会改变任何 Q' 表项，直到它恰好到达目标状态并且收到非零回报，这导致通向目标状态的转换的 Q' 值被精化；在下一个情节中，如果经过这些与目标状态相邻的状态，那么其非零的 Q' 值会导致与目的相差两步的状态中值的变化；以此类推，最终得到一个 Q' 表。

如果系统是一个确定性的 MDP，则立即回报值都是有限的，主体选择动作的方式为它无限、频繁地访问所有可能的状态-动作对，那么算法 8.3 会收敛到一个等于真实 Q 函数值的 Q'。

8.6　支持向量机

支持向量机是一种基于统计学习理论，以 VC 维理论为基础，利用最大间隔算法近似地实现结构风险最小化原理的新型通用机器学习方法。该方法不仅可以很好地解决线性可分问题，还可以利用核函数有效地解决线性不可分问题。

8.6.1　线性可分与最优分类超平面

线性可分问题的分类是支持向量机学习方法的基础。对线性可分问题，支持向量机是通过最优分类超平面来实现其分类的。

1. 最优分类超平面的概念

假定有以下 n 个独立、同分布且线性可分的训练样本 $(x_1, y_1), (x_2, y_2), \cdots, (x_n, y_n)$。其中，$x_i \in R^n$，$n$ 为输入空间的维数；$y_i \in \{-1, +1\}$，表示仅有两类不同的样本。支持向量机学习的目标是找到一个最优超平面 $W \cdot x + b = 0$ 将两类不同的样本完全分开。式中，W 是权重向量，"·"是向量的点积，x 是输入向量，b 是一个阈值。

图 8.10 是对最优分类超平面的一个说明。其中，H 为分类超平面，H_1 和 H_2 分别为两个不同类的边界分割平面，它们均与 H 平行，且 H_1 和 H_2 分别通过相应类中离 H 最近的样本点。对分类超平面 H，若能满足 H 与两个类边界分割平面 H_1 和 H_2 等距，使两个类边界分割平面 H_1 和 H_2 之间的分类间隔最大，则称该分类超平面为最优分类超平面。

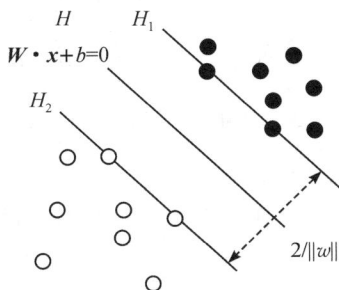

图 8.10　线性可分的最优超平面

两个类边界分割平面之间的分类间隔（margin）是指它们之间的距离。稍后将看到，每个类边界分割平面到最优分类超平面的距离均为 $1/\|w\|$，因此两个类边界分割平面的间隔为 $2/\|w\|$，其中 $\|w\|$ 是欧氏模函数。

从图 8.10 中还可以看出，最优超平面仅与在 H_1 和 H_2 上的训练样本点有关，而与其他训练样本点无关。这些分布在 H_1 和 H_2 上的样本点被称为支持向量。因此，支持向量是指那些分布在两个类边界分割平面上的样本点。

2. 最优分类超平面的分类间隔

最优分类超平面作为使分类间隔最大的超平面，可以实现期望风险函数及结构化风险的最小化。对上面给出的类边界分割平面到最优分类超平面的距离，进一步讨论如下。

对线性分类问题，其分类超平面方程的一般形式为

$$w \cdot x + b = 0 \tag{8.19}$$

由该方程可以得到一般形式的判别函数

$$g(x) = w \cdot x + b \tag{8.20}$$

利用该判别函数，通过对 w 和 b 的调整，可以将样本空间的样本点分为如下两类：

$$y_i = \begin{cases} +1 & w \cdot x_i + b \geqslant 0 \\ -1 & w \cdot x_i + b < 0 \end{cases} \tag{8.21}$$

为使两个不同类中的所有样本都满足 $|g(x)| \geqslant 1$，且只有那些离最优分类超平面最近的样本点才有 $|g(x)| = 1$，需要对判别函数进行归一化处理，使它满足

$$y_i(w \cdot x_i + b) \geqslant 1 \quad (i=1,2,\cdots,n) \tag{8.22}$$

事实上，由于一个样本点到判别式的距离为

$$\frac{|w \cdot x + b|}{\|w\|} \text{ 且 } y_i \in \{-1,+1\} \tag{8.23}$$

因此，一个样本点到判别式的距离可改写为如下形式：

$$y_i \frac{|w \cdot x + b|}{\|w\|} \tag{8.24}$$

对线性可分的样本空间，至少应该有一个常数 D，满足

$$y_i \frac{|w \cdot x + b|}{\|w\|} \geqslant D \tag{8.25}$$

我们希望 D 能够最大化。D 越大，说明样本点到分类超平面的距离越大。

改变 w，可以得到 D 的无穷多个解。为了得到唯一解，约定 $D\|w\|=1$ 或 $D=\frac{1}{\|w\|}$。此时，要使 D 最大化，就需要使 $\|w\|$ 最小化。它可归结为如下二次优化问题：

$$\min \frac{1}{2}\|w\|^2 \tag{8.26}$$

其约束条件为 $y_i(w \cdot x_i + b) \geqslant 1 (i=1,2,\cdots,n)$。

求解上述二次优化问题，即可得到相应的 w、b 以及最优分类超平面到类边界分割平面的距离 $1/\|w\|$。

事实上，对 n 维空间中的线性可分问题，人们已经证明：若输入向量 x 位于一个半径为 r 的超球内，则对于满足 $\|w\| \leqslant A$ 的指示函数集 $\{f(x,w,b)=\text{sgn}(w \cdot x + b)\}$，能够推出其 VC 维 h 满足如下上界，即

$$h \leqslant \min(r^2 A^2, n) + 1 \tag{8.27}$$

由于 r 和 n 已经确定，因此当 $\|w\|^2/2$ 最小时，会有 A 最小，从而使 VC 维 h 的上界最小。这一结论实际上是支持向量机对结构风险最小化原理的近似实现。

3. 求解最优分类超平面

求解最优分类超平面，就是要解决式(8.26)给出的二次优化问题，可通过求解拉格朗日函数的鞍点来实现。为此，引入如下拉格朗日函数：

$$L(w,b,a) = \frac{1}{2}\|w\|^2 - \sum_{i=1}^{n} a_i(y_i(w \cdot x + b) - 1) \tag{8.28}$$

式中，a_i 为拉格朗日乘子，$a_i \geqslant 0 (i=1,2,\cdots,n)$。该问题存在唯一的最优解。

在鞍点上，该最优解必须满足对 w 和 b 的偏导数为 0，即

$$\frac{\partial L}{\partial w} = w - \sum_{i=1}^{n} a_i y_i x_i = 0 \tag{8.29}$$

$$\frac{\partial L}{\partial b} = \sum_{i=1}^{n} a_i y_i = 0 \tag{8.30}$$

将式(8.29)和式(8.30)代入式(8.28)，消去 w、b，则

$$
\begin{aligned}
L(w,b,a) &= \frac{1}{2}\parallel w \parallel^2 - \sum_{i=1}^{n} a_i y_i (w \cdot x) - \sum_{i=1}^{n} a_i y_i b + \sum_{i=1}^{n} a_i \\
&= \frac{1}{2}\Big(\sum_{i=1}^{n} a_i y_i x_i\Big)^2 - \sum_{i=1}^{n} a_i y_i \Big(\Big(\sum_{i=1}^{n} a_i y_i x_i\Big) \cdot x\Big) + \sum_{i=1}^{n} a_i \\
&= \sum_{i=1}^{n} a_i - \frac{1}{2}\sum_{i=1}^{n}\sum_{j=1}^{n} a_i a_j y_i y_j (x_i \cdot y_j)
\end{aligned} \tag{8.31}
$$

即可得到原问题式(8.26)的对偶问题：

$$\max W(a) = \sum_{i=1}^{n} a_i - \frac{1}{2}\sum_{i=1}^{n}\sum_{j=1}^{n} a_i a_j y_i y_j (x_i \cdot x_j) \tag{8.32}$$

并满足约束条件

$$\sum_{i=1}^{n} a_i y_i = 0, \ a_i \geqslant 0 \quad (i=1,2,\cdots,n) \tag{8.33}$$

满足此约束条件的上述函数的解就是原始问题的最优解。

从上述函数可以看出，那些使 $a_i=0$ 的样本点对 $\max W(a)$ 函数没有影响，即对分类问题不起作用。只有那些可以使 $a_i>0$ 的样本点才会对分类问题起作用，而这些样本点正是所定义的支持向量。从支持向量开始求最优超平面的主要过程如下：

首先，从支持向量的样本点中取出任意一个 x_i，根据式(8.22)，求出参数 b：

$$b = y_i - w_i x \tag{8.34}$$

通常，为了保证稳定性，可对所有支持向量按上式计算，以其平均值作为参数 b 的值。

然后，求出分类判别函数

$$f(x) = \mathrm{sgn}(w \cdot x + b) = \mathrm{sgn}\Big(\sum_{i=1}^{m} a_i y_i (x_i \cdot x) + b\Big) \tag{8.35}$$

式中，m 为支持向量的个数。

这就是线性可分问题的支持向量机。由于由支持向量机所实现的分类超平面具有最大的分类间隔，故相应算法也被称为最大间隔算法。

8.6.2　非线性可分与核函数

尽管上述支持向量机可以有效解决线性可分问题，但它对非线性可分问题却无能为力。为有效解决非线性可分问题，支持向量机采用特征空间映射的方式，将非线性可分的样本集映射到高维空间，使其在高维空间中被转变为线性可分。支持向量机实现这一技巧的方法是核函数。

1. 核函数的概念

核函数(kernel function)是一种可以采用非线性映射方式，将低维空间的非线性可分

问题映射到高维空间进行线性求解的基函数。支持向量机利用核函数实现非线性映射的思路如下。

在前面对分类超平面的讨论中，无论是寻优目标函数式（8.32）还是判别函数式（8.35），都仅涉及样本点之间的点积运算，如 $x_i \cdot x_j$。设 R^d 是输入空间，H 是高维空间，映射 $\Phi: R^d \rightarrow H$ 是由输入空间到高维空间的非线性映射。当由 Φ 把输入空间 R^d 中的样本映射到 H 后，在高维空间 H 中构造最优超平面的训练算法，就可以仅使用 H 中的点积运算，如 $\Phi(x_i) \cdot \Phi(x_j)$。假设函数 K 可以在 H 中实现点积运算 $K(x_i, x_j) = \Phi(x_i) \cdot \Phi(x_j)$，则函数 $K(x_i, x_j)$ 称为核函数。

2. 核函数的使用

根据泛函理论，可以构造满足上述高维空间 H 中点积运算要求的核函数，稍后讨论。这里先讨论高维空间 H 中的寻优目标函数和分类判别函数。

在高维空间 H 中，用核函数 $K(x_i, x_j)$ 代替输入空间的点积运算 $x_i \cdot x_j$ 后，由式（8.32）描述的输入空间的寻优目标函数，在高维空间 H 中将转化为

$$\max W(a) = \sum_{i=1}^{n} a_i - \frac{1}{2} \sum_{i=1}^{n} \sum_{j=1}^{n} a_i a_j y_i y_j K(x_i \cdot x_j) \tag{8.36}$$

同样，由式（8.35）描述的输入空间的分类判别函数，在高维空间 H 中将转化为

$$f(x) = \mathrm{sgn}(w \cdot x + b) = \mathrm{sgn}\left(\sum_{i=1}^{m} a_i y_i K(x_i \cdot x) + b \right) \tag{8.37}$$

这就是非线性可分问题的支持向量机。

综上所述，支持向量机是一种用点积函数定义的非线性变换，将非线性可分问题从输入空间变换到高维空间，并在高维空间中求取最优分类面的学习机器。

3. 核函数的类型

核函数作为一种基函数，可以有多种构造方法。常用的核函数主要有多项式核函数、径向基核函数、S 型核函数等。

多项式核函数：

$$K(x, x_i) = [(x, x_i) + 1]^d \tag{8.38}$$

该支持向量机为一个 d 阶多项式分类器。

径向基核函数：

$$K(x, x_i) = \exp\left(-\frac{\| x - x_i \|^2}{\sigma^2} \right) \tag{8.39}$$

它定义了一个球形核，中心为 x，半径 σ 由用户提供。该支持向量机为一种径向基分类器。

S 型核函数：

$$K(x, x_i) = \tanh(v(x, x_i) + c) \tag{8.40}$$

它采用 S 函数作为点积，实际上是定义了一种包含隐含层的多层感知器，其隐含层节点的数目由算法自动确定。

8.6.3　支持向量机的结构与实现

1. 支持向量机的结构

根据前面的讨论，支持向量机是一种基于支持向量构造分类判别函数的学习机器，结构如图 8.11 所示。其核心是核函数，因此该结构的复杂度主要由支持向量的数目决定，并非由输入空间的维数决定。

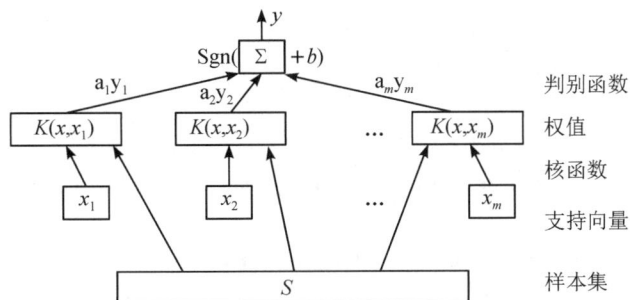

图 8.11　支持向量机的结构示意

从结构上看，支持向量机类似于三层神经网络，包括输入层、输出层和隐含层，但支持向量机与三层神经网络的隐含层节点含义不同。在三层神经网络中，其隐含层节点是神经元，这些神经元的理论意义和作用过程还不太清楚；而在支持向量机中，其隐含层节点是支持向量，每个支持向量机的理论意义和作用过程非常清楚，就是要实现由样本空间到高维空间的非线性映射。

2. 支持向量机的实现

一般而言，支持向量机可用任何一种程序设计语言来实现，但考虑到其实现效率，采用专门的开发工具会更好。Lib SVM 是一个通用的支持向量机开源软件包，提供线性函数、多项式函数、径向基函数和 S 型函数 4 种常用的核函数，可有效解决分类等问题。

目前，支持向量机已经在手写数字识别、文本分类、语音识别、人脸检测等领域得到成功应用。但它仍处在发展阶段，还有许多理论和应用问题需要解决。

【实践 8.1】　一个简单的专家系统

这个简单的专家系统询问用户关于天气和预算的问题，然后根据事先定义的规则进行推理，给出是否购买衣服的建议。

程序代码如下：

```
1. class ExpertSystem:
2.   def __init__(self):
3.     self.rules={
4.       'weather':{
5.         'sunny':'yes',
```

```
6.            'rainy': 'no'
7.          },
8.        'budget': {
9.          'high': 'yes',
10.          'low': 'no'
11.        }
12.      }
13.    def ask_question(self, question):
14.      answer=input(question +" ")
15.      return answer.lower()
16.    def infer(self):
17.      weather=self.ask_question("Is the weather sunny or rainy today?")
18.      budget=self.ask_question("Do you have a high or low budget?")
19.
20.      if weather in self.rules['weather'] and budget in self.rules['budget']:
21.        decision=self.rules['weather'][weather]
22.        if decision==self.rules['budget'][budget]:
23.          print("You should consider buying the clothes.")
24.        else:
25.          print("You might want to reconsider buying the clothes.")
26.      else:
27.        print("Sorry, I cannot provide a recommendation based on the given information.")
28. if __name__=="__main__":
29.    expert_system=ExpertSystem()
30.    expert_system.infer()
```

【实践 8.2】 一个房屋预测系统

假设有一个包含房屋特征和对应价格的数据集。通过这些数据,训练一个模型来预测未来房屋的价格。假定这个数据集包含以下特征:

(1) 面积(平方英尺)。

(2) 房间数量。

(3) 房龄(年)。

(4) 对应的目标值是房价(美元)。

程序代码如下:

```
1.  import numpy as np
2.  import pandas as pd
3.  from sklearn.model_selection import train_test_split
4.  from sklearn.linear_model import LinearRegression
5.  from sklearn.metrics import mean_squared_error
6.  import matplotlib.pyplot as plt
```

```
7.
8.    # 生成模拟数据集
9.    np. random. seed(42)
10.   n_samples=100
11.
12.   # 特征
13.   area=np. random. randint(500，3500，n_samples)
14.   rooms=np. random. randint(1，8，n_samples)
15.   age=np. random. randint(1，30，n_samples)
16.
17.   # 目标值：房价(假设房价与这些特征呈线性关系，加上一些噪声)
18.   price=(area * 300+rooms * 5000-age * 200+np. random. randint(-10000，10000，n_samples))
19.
20.   # 创建 DataFrame
21.   data=pd. DataFrame({
22.       'Area'：area,
23.       'Rooms'：rooms,
24.       'Age'：age,
25.       'Price'：price
26.   })
27.
28.   # 分割特征和目标值
29.   X=data[['Area'，'Rooms'，'Age']]
30.   y=data['Price']
31.
32.   # 分割训练集和测试集
33.   X_train, X_test, y_train, y_test=train_test_split(X，y，test_size=0. 2，random_state=42)
34.
35.   # 创建线性回归模型
36.   model=LinearRegression()
37.
38.   # 训练模型
39.   model. fit(X_train, y_train)
40.
41.   # 预测
42.   y_pred=model. predict(X_test)
43.
44.   # 评估模型
45.   mse=mean_squared_error(y_test, y_pred)
46.   print(f"Mean Squared Error：{mse}")
47.
48.   # 可视化
49.   plt. scatter(y_test, y_pred)
```

```
50. plt.xlabel('Actual Prices')
51. plt.ylabel('Predicted Prices')
52. plt.title('Actual vs Predicted Prices')
53. plt.show()
```

以上代码训练了一个简单的线性回归模型来预测房价。读者可以根据实际需求调整特征和数据预处理步骤，以提升模型的性能。

本 章 小 结

机器学习是研究如何使计算机具有学习能力的一个研究领域，其最终目标是使计算机能像人一样进行学习，并且通过学习获取知识和技能，不断改善性能，实现自我完善。机器学习使用实例数据或过去的经验来训练，以优化性能标准。当人们不能直接编写计算机程序解决给定的问题，而是需要借助实例数据或经验时，就需要机器学习。

决策树学习是应用信息论中的方法对一个大的例子集合做出分类概念的归纳定义。ID3 算法是基本的决策树学习算法。寻找最小的树实际上是决策树的重要偏置方法，常用的属性选择依据是信息增益。由于归纳推理通常是在实例不完全的情况下进行的，因此归纳推理是一种主观不充分置信的推理。强化学习方法通过与环境的试探性交互来确定和优化动作序列，以实现序列决策任务。

思考题或自测题

1. 什么是学习？什么是机器学习？
2. 机器学习经历了哪几个阶段？
3. 试说明归纳学习的模式和学习方法。
4. 简要介绍决策树学习的结构。
5. 什么是决策树？决策学习是如何利用决策树进行学习的？
6. 设训练例子集如表 8.2 所示。请用 ID3 算法完成其学习过程。

表 8.2 训练例子集

序 号	属性		分 类
	X_1	X_2	
1	T	T	+
2	T	T	+
3	T	F	−
4	F	F	+
5	F	T	−
6	F	T	−

7. 假设你正在学习如何使用 KNN 算法来进行手写数字识别。你已经准备了一个包含手写数字图像和相应标签的数据集。你的数据集中有 1000 张手写数字图像，每张图像的尺寸是 28×28 像素，标签是 0 到 9 之间的一个数字。现在，你需要使用 KNN 算法来构建一个简单的手写数字识别系统。

（1）使用 Python 编写一个函数，该函数接受一个手写数字图像（28×28 像素）作为输入，然后使用 KNN 算法来识别图像中的数字。你可以选择适当的距离度量方法来衡量图像之间的相似度。

（2）从数据集中随机选择一些图像，并使用你编写的函数来识别它们的数字。

（3）评估你的 KNN 算法在识别手写数字方面的准确率。你可以将数据集分成训练集和测试集，然后使用测试集来评估你的算法的性能。

8. 假设你正在学习如何使用基于范例的学习（Exemplar-Based Learning）来进行文本分类。你有一个包含文本和相应标签的数据集，其中标签表示文本所属的类别。

表 8.3 是一个简化的数据集示例。

表 8.3　数 据 集 示 例

文　　本	标　　签
这是一个很好的产品，我非常满意。	积极
服务质量很差，我不会再来这家店了。	消极
这个餐厅的菜肴非常美味，我会推荐给朋友们。	积极
这本书很有趣，我读得很开心。	积极
我们在这里度过了一个愉快的周末，服务很好。	积极
这家酒店的房间太脏了，我很失望。	消极

（1）使用这些数据，实现一个基于范例的学习模型来进行文本分类。你可以选择适当的特征表示方法和相似度度量方法。

（2）编写一个 Python 函数，它可以接受一个新的文本作为输入，并返回该文本所属的类别。

（3）使用你的模型对一些新的文本进行分类，并评估模型的性能。你可以将数据集分成训练集和测试集，然后使用测试集来评估你的模型的准确率。

9. 增强学习有何特点？学习自动机的学习模式是怎样的？

10. 什么是 Q 学习？它有何优缺点？

11. 什么是支持向量？什么是支持向量机？

12. 什么是 VC 维？它是如何影响学习性能的？

13. 什么是最优分类超平面？求解最优分类超平面的基本思路是什么？

14. 什么是核函数？核函数有几种主要类型？

15. 对一维空间 R，假设给定的样本空间 S 为 R 上的两个实数点，指示函数 H 为实数轴上的区间集合，问 H 能打散 S 吗？

第 9 章
神经网络与深度学习

人工神经网络用来模拟人脑神经系统的结构和机能，是人工智能研究和应用的重要领域之一，并且在众多领域都有着广泛的应用。深度学习作为连接学习的子领域，其出发点是模拟人脑神经系统的深层结构和人脑认知过程的逐层抽象、逐次迭代机制。目前，深度学习的研究和应用领域十分广泛，尤其是对视频、音频、语言等数据的处理。

9.1 神经元与神经网络的基本概念

神经元是神经网络的基本构建单元，人工神经元是受生物神经元启发而设计的数学模型。神经网络是由许多神经元组成的计算模型。人工神经网络是对生物神经网络的模拟，人工神经网络的基本工作单元是人工神经元。

9.1.1 人工神经元基本概念

人工神经元是对生物神经元的抽象与模拟，所谓抽象，是从数学角度而言的；所谓模拟，是从其结构和功能角度而言的。下面从这两方面对人工神经元进行讨论。

1. 人工神经元的结构

1943 年，美国神经学家 McCulloch 和数学家 Pitts 根据生物神经元的功能和结构，提出了一个将神经元看成二进制阈值元件的简单模型，即 MP 模型，如图 9.1 所示。可知，人工神经元是一个具有多输入、单输出的非线性器件。

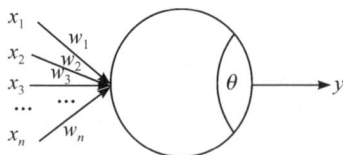

图 9.1　MP 神经元模型

它的输入为：

$$\sum_{i=1}^{n} w_i x_i \tag{9.1}$$

式中：w_i 表示第 i 个输入的连接强度，称为连接权值；x_i 表示神经元的第 i 个输入。

它的输出为：

$$y = f(\sigma) = f\left(\sum_{i=1}^{n} w_i x_i - \theta \right) \tag{9.2}$$

式中：θ 表示神经元的阈值；y 表示神经元的输出；f 表示神经元激发函数或作用函数。

2. 常用的人工神经元模型

激发函数 f 是表示神经元输入与输出之间关系的函数，根据激发函数的不同，可以得到不同的神经元模型。常用的神经元模型有以下几种。

（1）阈值型。这种模型的神经元没有内部状态，激发函数 f 是一个阶跃函数：

$$f(\sigma) = \begin{cases} 1, & \sigma \geqslant 0 \\ 0, & \sigma < 0 \end{cases} \tag{9.3}$$

阈值型神经元的输入/输出特性如图 9.2 所示。

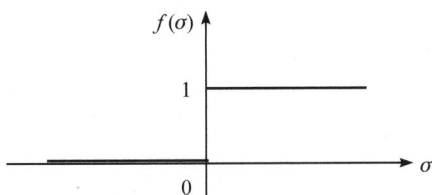

图 9.2　阈值型神经元的输入/输出特性

阈值型神经元是一种最简单的人工神经元，也是前面提到的 MP 模型，它的两个输出值 1 和 0 分别代表神经元的兴奋和抑制状态。任一时刻，神经元的状态由激发函数 $f(\sigma)$ 来决定。当激活值 $\sigma \geqslant 0$，即神经元输入的加权总和达到或超过给定的阈值时，该神经元被激活，进入兴奋状态，其激发函数 $f(\sigma)$ 的值为 1；否则，当 $\sigma < 0$，即神经元输入的加权总和不超过给定的阈值时，该神经元不被激活，其激发函数 $f(\sigma)$ 的值为 0。

（2）分段线性型。这种模型又称为伪线性，其激发函数是一个分段线性函数：

$$f(\sigma) = \begin{cases} 1, & \sigma \geqslant \dfrac{1}{k} \\ k\sigma, & 0 \leqslant \sigma < \dfrac{1}{k} \\ 0, & \sigma < 0 \end{cases} \tag{9.4}$$

式中：k 表示放大系数。

该函数的输入和输出在一定范围内满足线性关系，一直延续到输出最大值 1 为止，当达到最大值后，输出就不再增大，如图 9.3 所示。

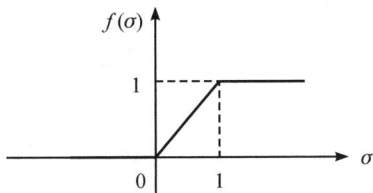

图 9.3　分段线性型神经元的输入/输出特性

（3）S型（Sigmoid）。这是一种连续的神经元模型，其激发函数也是一个有最大输出值的非线性函数，输出值是在某个范围内连续取值的，这种模型的激发函数常用指数、对数或双曲正切等S型函数表示，反映的是神经元的饱和特性，如图9.4所示。

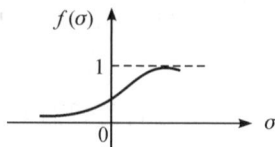

图 9.4　S型神经元的输入/输出特性

（4）子阈累积型。这种模型的激发函数也是一个非线性函数，当产生的激活值超过 T 时，该神经元被激活并产生一个响应。在线性范围内，系统的响应是线性的，如图9.5所示。其作用是抑制噪声，即对小的随机输入不产生响应。

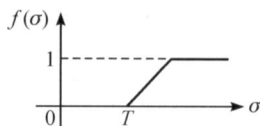

图 9.5　子阈累积型神经元的输入/输出特性

9.1.2　人工神经网络基本概念

人工神经网络是对人类神经系统的一种模拟。尽管人类神经系统规模宏大、结构复杂、功能神奇，但其最基本的处理单元只有神经元。人类神经系统的功能实际上是通过大量生物神经元的广泛并行互连，以规模宏大的并行运算来实现的。

基于对人类生物系统的这一认识，人们也试图通过人工神经元的广泛并行互连来模拟生物神经系统的结构和功能。人工神经元之间通过互连形成的网络称为人工神经网络。在人工神经网络中，神经元之间互连的方式称为连接模式或连接模型，它不仅决定了神经网络的互连结构，也决定了神经网络的信号处理方式。

目前，已有的人工神经网络模型至少有几十种，分类方法也有多种，如：按网络的拓扑结构，可分为前馈网络和反馈网络；按网络的学习方法，可分为有导师的学习网络和无导师的学习网络；按网络的性能，可分为连续型网络与离散型网络，或分为确定型网络与随机型网络；按突触连接的性质，可分为一阶线性关联网络与高阶非线性关联网络；按网络层数，可分为浅层网络和深层网络。

9.2　BP学习算法及其应用

9.2.1　BP网络模型

BP网络是误差反向传播网络的简称，是美国加州大学的 Rumelhart 和 McClelland 在研究并行分布式信息处理方法，探索人类认知微结构的过程中，于 1985 年提出的一种网络模型。BP 网络的网络拓扑结构是多层前馈网络，如图 9.6 所示。在 BP 网络中，同层节点之间不存在相互连接，层与层之间多采用全互连方式，且各层的连接权值可调。BP 网络实现了明斯基的多层网络的设想，是神经网络模型中使用最广泛的一种。

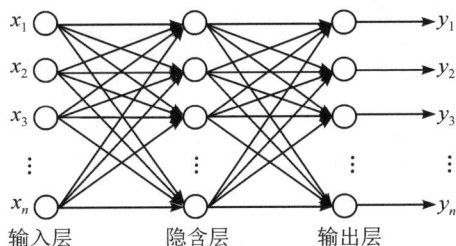

图 9.6　多层 BP 网络的结构

在 BP 网络中，每个处理单元均为非线性输入/输出关系，其激发函数通常采用可微的 Sigmoid 函数，如 $f(x) = 1/(1 + e^{-x})$。

BP 网络的学习过程是由工作信号的正向传播和误差信号的反向传播组成的。正向传播过程是指输入模式从输入层传给隐含层，经隐含层处理后传给输出层，再经输出层处理后产生一个输出模式的过程。如果正向传播过程得到的输出模式与期望的输出模式有误差，那么网络将转为误差反向传播过程。误差反向传播过程是指从输出层开始反向把误差信号逐层传送到输入层，同时修改各层神经元的连接权值，使误差信号最小。重复上述正向传播和反向传播过程，直至得到期望的输出模式为止。

9.2.2　BP 学习算法

BP 网络是一种误差反向传播网络，其学习算法称为 BP 学习算法，或简称 BP 算法。本小节主要讨论 BP 算法的传播公式、BP 算法的描述以及 BP 网络学习的有关问题。

1. BP 网络学习的基础

1）三层 BP 网络

BP 网络学习的网络基础是具有多层前馈结构的 BP 网络。为方便讨论，本书采用如图 9.7 所示的三层 BP 网络。

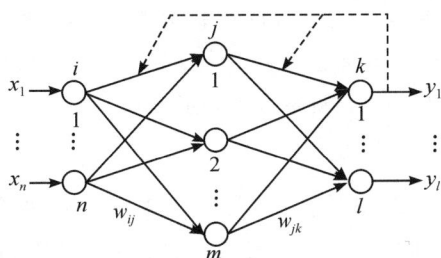

图 9.7　三层 BP 网络

2）网络节点的输入/输出关系

在图 9.7 所示的三层 BP 网络中，分别用 i、j、k 表示输入层、隐含层、输出层节点，且有以下符号表示：

（1）O_i、O_j、O_k 表示输入层节点 i、隐含层节点 j、输出层节点 k 的输出。

（2）I_i、I_j、I_k 表示输入层节点 i、隐含层节点 j、输出层节点 k 的输入。

（3）w_{ij}、w_{jk} 表示从输入层节点 i 到隐含层节点 j、从隐含层节点 j 到输出层节点 k 的连接权值。

（4）θ_j、θ_k 表示隐含层节点 j、输出层节点 k 的阈值。

对输入层节点 i，有

$$I_i = O_i = x_i \quad (i = 1, 2, \cdots, n) \tag{9.5}$$

对隐含层节点 j，有

$$I_j = \sum_{i=1}^{n} w_{ij} O_i = \sum_{i=1}^{n} w_{ij} x_i \quad (j = 1, 2, \cdots, m) \tag{9.6}$$

$$O_j = f(I_j - \theta_j) \quad (j = 1, 2, \cdots, m) \tag{9.7}$$

对输出层节点 k 有

$$I_k = \sum_{j=1}^{m} w_{jk} O_j \quad (k = 1, 2, \cdots, l) \tag{9.8}$$

$$O_k = f(I_k - \theta_k) \quad (k = 1, 2, \cdots, l) \tag{9.9}$$

3）BP 网络的激发函数

BP 网络的激发函数通常采用连续可微的 Sigmoid 函数，包括单极性 Sigmoid 函数和双极性 Sigmoid 函数。例如，$f(x) = 1/(1 + e^{-x})$ 就是一个单极性 Sigmoid 函数，其一阶导数为

$$f'(x) = f(x)[1 - f(x)] \tag{9.10}$$

4）BP 网络学习的方式

BP 网络的学习过程实际上是用训练样本对网络进行训练的过程。网络的训练有两种方式：顺序方式和批处理方式。顺序方式是指每输入一个训练样本，就根据该样本所产生的误差，对网络的权值和阈值进行修改。批处理方式是指将样本集中的所有训练样本一次性全部输入网络后，再针对总的平均误差 E 去修改网络的连接权值和阈值。

顺序方式的优点是所需的临时存储空间较小，且采用随机输入样本的方法，可在一定程度上避免局部极小现象；缺点是收敛条件比较复杂。批处理方式的优点是能够精确计算梯度向量，收敛条件比较简单，且易于并行计算；缺点是学习算法理解比较困难。因此，对 BP 网络学习算法的讨论主要集中于顺序学习方式。

2. BP 算法的传播公式

BP 网络学习的传播公式是 BP 网络学习中用来调整网络连接权值和阈值的公式。BP 网络学习过程是一个对给定训练模式，利用传播公式，沿着减小误差的方向不断调整网络连接权值和阈值的过程。由于 BP 网络学习是一种有导师指导的学习方法，因此训练模式应包括相应的期望输出。

在 BP 学习算法中，对样本集中的第 r 个样本，其输出层节点 k 的期望输出用 d_{rk} 表

示，实际输出用 y_{rk} 表示。其中，d_{rk} 由训练模式给出，O_{rk} 由式(9.11)计算得出，y_{rk} 由式(9.12)计算得出，即

$$O_{rk} = f(I_{rk} - \theta_{rk}) \quad (k=1,2,\cdots,l) \tag{9.11}$$

$$y_{rk} = O_{rk} \tag{9.12}$$

如果仅针对一个输入样本，其实际输出与期望输出的误差定义为

$$E = \frac{1}{2}\sum_{k=1}^{l}(d_k - y_k)^2 \tag{9.13}$$

对上述仅针对单个训练样本的误差计算公式，只适用于网络的顺序学习方式，若采用批处理学习方式，需要定义其总体误差。

假设样本集中有 R 个样本，则对整个样本集的总体误差定义为：

$$E_R = \sum_{r=1}^{R}E_r = \frac{1}{2}\sum_{r=1}^{R}\sum_{k=1}^{l}(d_{rk} - y_{rk})^2 \tag{9.14}$$

顺序学习方式的连接权值的调整公式为：

$$w_{jk}(t+1) = w_{jk}(t) + \Delta w_{jk} \tag{9.15}$$

式中：$w_{jk}(t)$ 表示第 t 次迭代时，从节点 j 到节点 k 的连接权值；$w_{jk}(t+1)$ 表示第 $t+1$ 次迭代时，从节点 j 到节点 k 的连接权值；Δw_{jk} 表示连接权值的变化量。

为了使连接权值能沿着 E 的梯度下降的方向逐渐改善，网络逐渐收敛，权值变化量 Δw_{jk} 的计算公式如下：

$$\Delta w_{jk} = -\eta \frac{\partial E}{\partial w_{jk}} \tag{9.16}$$

式中：η 为增益因子，取$[0,1]$区间的一个正数，其取值与算法的收敛速度有关。

$\frac{\partial E}{\partial w_{jk}}$ 由下式计算：

$$\frac{\partial E}{\partial w_{jk}} = \frac{\partial E}{\partial I_k} \times \frac{\partial I_k}{\partial w_{jk}} \tag{9.17}$$

根据式(9.8)，可得到输出层节点 k 的 I_k 为

$$I_k = \sum_{j=1}^{m}w_{jk}O_j \tag{9.18}$$

对该式求偏导数有

$$\frac{\partial I_k}{\partial w_{jk}} = \frac{\partial}{\partial w_{jk}}\sum_{j=0}^{m}w_{jk}O_j = O_j \tag{9.19}$$

令局部梯度为

$$\delta_k = -\frac{\partial E}{\partial I_k} \tag{9.20}$$

将式(9.17)、式(9.18)和式(9.19)代入式(9.16)，有

$$\Delta w_{jk} = -\eta \frac{\partial E}{\partial w_{jk}} = -\eta \frac{\partial E}{\partial I_k} \times \frac{\partial I_k}{\partial w_{jk}} = \eta \delta_k O_j \tag{9.21}$$

需要说明的是，在计算 δ_k 时，必须区分节点 k 是输出层节点还是隐含层节点。下面分别进行讨论。

1）节点 k 为输出层节点

如果节点 k 是输出层节点，则 $O_k = y_k$，因此

$$\delta_k = -\frac{\partial E}{\partial I_k} = -\frac{\partial E}{\partial y_k} \times \frac{\partial y_k}{\partial I_k} \tag{9.22}$$

由式（9.13）有：

$$\frac{\partial E}{\partial y_k} = \frac{\partial \left(\frac{1}{2} \sum_{k=1}^{l} (d_k - y_k)^2 \right)}{\partial y_k} = \frac{1}{2} \times 2 \times (d_k - y_k) \times \frac{\partial (-y_k)}{\partial y_k} = -(d_k - y_k) \tag{9.23}$$

即

$$\frac{\partial E}{\partial y_k} = -(d_k - y_k) \tag{9.24}$$

而

$$\frac{\partial y_k}{\partial I_k} = f'(I_k) \tag{9.25}$$

将式（9.24）、式（9.25）代入式（9.22），有

$$\delta_k = (d_k - y_k) f'(I_k) \tag{9.26}$$

由于 $f'(I_k) = f(I_k)[1 - f(I_k)]$，且 $f(I_k) = y_k$，因此

$$\delta_k = (d_k - y_k) y_k (1 - y_k) \tag{9.27}$$

再将式（9.27）代入式（9.21），有

$$\Delta w_{jk} = \eta (d_k - y_k)(1 - y_k) y_k O_j \tag{9.28}$$

根据式（9.15），对输出层有

$$w_{jk}(t+1) = w_{jk}(t) + \Delta w_{jk} = w_{jk}(t) + \eta(d_k - y_k)(1 - y_k) y_k O_j \tag{9.29}$$

2）节点 k 是隐含层节点

如果节点 k 不是输出层节点，表示连接权值是作用于隐含层上的节点，此时有 $\delta_k = \delta_j$，δ_j 按下式计算：

$$\delta_j = \frac{\partial E}{\partial I_j} = \frac{\partial E}{\partial O_j} \times \frac{\partial O_j}{\partial I_j} \tag{9.30}$$

由式（9.7）有

$$\delta_j = -\frac{\partial E}{\partial O_j} f'(I_j) \tag{9.31}$$

其中，$\dfrac{\partial E}{\partial O_j}$ 是一个隐函数求导问题，其推导过程为

$$-\frac{\partial E}{\partial O_j} = \sum_{k=1}^{l} \left(-\frac{\partial E}{\partial I_k} \right) \times \frac{\partial}{\partial O_j} \left(\sum_{j=1}^{m} w_{jk} O_j - \theta_k \right) = \sum_{k=1}^{l} \left(-\frac{\partial E}{\partial I_k} \right) w_{jk} \tag{9.32}$$

由式（9.20）有

$$-\frac{\partial E}{\partial O_j} = \sum_{k=1}^{l} \delta_k w_{jk} \tag{9.33}$$

将式（9.33）代入式（9.31），有

$$\delta_j = f'(I_j) \sum_{k=1}^{l} \delta_k w_{jk} \tag{9.34}$$

上式说明，低层节点的 δ 值是通过上一层节点的 δ 值来计算的。因此可以先计算输出层上的 δ 值，然后把它返回到较低层上，并计算各较低层上节点的 δ 值。

由于 $f'(I_j) = f(I_j)[1-f(I_j)]$，由式(9.26)可得：

$$\delta_j = f(I_j)[1-f(I_j)] \sum_{k=1}^{l} \delta_k w_{jk} \tag{9.35}$$

再将式(9.35)代入式(9.21)，并将其转化为隐函数的变化量，有

$$\Delta w_{ij} = \eta f(I_j)[1-f(I_j)] \left(\sum_{k=1}^{l} \delta_k w_{jk} \right) O_i \tag{9.36}$$

再由式(9.5)和式(9.7)，有

$$\Delta w_{ij} = \eta O_j (1-O_j) \left(\sum_{k=1}^{l} \delta_k w_{jk} \right) x_i \tag{9.37}$$

根据式(9.15)，对隐含层有

$$w_{ij}(t+1) = w_{ij}(t) + \Delta w_{ij} = w_{ij}(t) + \eta O_j (1-O_j) \left(\sum_{k=1}^{l} \delta_k w_{jk} \right) x_i \tag{9.38}$$

3. BP 网络学习算法

下面仍以前述三层 BP 网络为例，基于顺序学习方式讨论其学习算法。

假设 w_{ij} 和 w_{jk} 分别是输入层到隐含层和隐含层到输出层的连接权值；R 是训练集中训练样本的个数，其计数器为 r；T 是训练过程的最大迭代次数，其计数器为 t。BP 网络学习算法可描述如下：

(1) 初始化网络及学习参数。将 w_{ij}、w_{jk}、θ_j、θ_k 均赋以较小的一个随机数；设置学习增益因子 η 为 $[0,1]$ 区间的一个正数；设置训练样本计数器 $r=0$，误差 $E=0$，误差阈值 ε 为很小的正数。

(2) 随机输入一个训练样本，$r=r+1$，$t=0$。

(3) 对输入样本，按照式(9.5)~式(9.9)计算隐含层神经元的状态和输出层每个节点的实际输出 y_k，按照式(9.13)计算该样本实际输出与期望输出的误差 E。

(4) 检查 $E > \varepsilon$？若是，执行下一步，否则转(8)。

(5) $t = t+1$。

(6) 检查 $t \leqslant T$？若是，执行下一步，否则转(8)。

(7) 按照式(9.27)计算输出层节点 k 的 δ_k，按照式(9.35)计算隐含层节点 j 的 δ_j，按照式(9.29)计算 $w_{jk}(t+1)$，按照式(9.38)计算 $w_{ij}(t+1)$，返回到(3)。其中，对阈值可按照连接权值的学习方式进行修正，只是要把阈值设想为神经元的连接权值，并假定其输入信号总为单位值 1 即可。

(8) 检查 $r=R$？若是，执行下一步，否则转(3)。

(9) 结束。

BP 网络的上述学习算法可用图 9.8 所示的流程图来描述。

236 人工智能原理及应用

初始化网络及学习参数: $w_{ij}, w_{jk}, \theta_j, \theta_k, \eta, \varepsilon, R, T$, 设置 $E=0, r=0$

随机输入一个训练样本, 设置 $r=r+1$, $t=0$

对输入样本, 计算该样本的每一个 y_k, 计算该样本的误差 E

$E > \varepsilon$?

是 → $t=t+1$

$t \leqslant T$?

是 → 计算输出层结点 k 并修正各层的 $\delta_k, w_{jk}(t), w_{ij}(t)$

否 → $r=R$?

是 → 结束

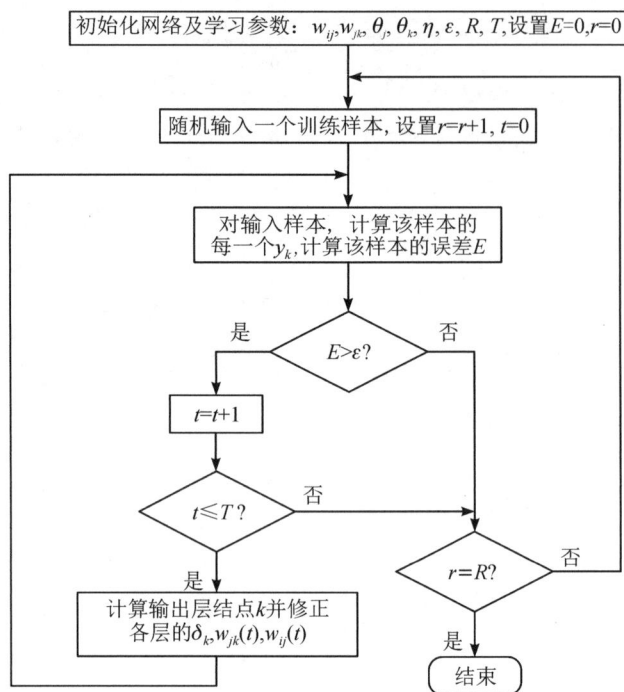

图 9.8　BP 网络学习算法的流程图

4. BP 网络学习的讨论

BP 网络模型是目前使用较多的一种神经网络, 它有自己的优点, 也存在一些缺点。其主要优点如下:

(1) 算法推导清楚, 学习精度较高。

(2) 从理论上说, 多层前馈网络可学会任何可学习的东西。

(3) 经过训练后的 BP 网络运行速度极快, 可用于实时处理。

其主要缺点如下:

(1) 它的数学基础是非线性优化问题, 因此可能陷入局部最小区域。

(2) 学习算法收敛速度很慢, 通常需要数千步或更长, 甚至可能不收敛。

(3) 网络中隐含层节点的设置无理论指导。

为了解决陷入局部最小区域问题, 通常需要采用模拟退火算法或遗传算法。关于这两种算法, 请参考有关文献。

算法收敛慢的主要原因在于误差是时间的复杂非线性函数。为了提高算法收敛速度, 可采用逐次自动调整增益因子, 或修改激励函数的方法来解决。

9.2.3　BP 神经网络在模式识别中的应用

模式识别主要研究用计算机模拟生物的感知, 对模式信息(如图像、文字、语音等)进行识别和分类。传统人工智能研究部分地显示了人脑的归纳、推理等智能。但是, 对于人类底层的智能, 如视觉、听觉、触觉等方面, 现代计算机系统的信息处理能力还不如一个幼儿园的孩子。

神经网络模型模拟了人脑神经系统的特点——处理单元的广泛连接,并行分布式信息储存、处理和自适应学习能力等。神经元网络研究为模式识别开辟了新的研究途径。与模式识别的传统方法相比,神经网络方法具有较强的容错能力、自适应学习能力和并行信息处理能力。

9.3 Hopfield 神经网络及其应用

9.3.1 Hopfield 网络模型

Hopfield 网络是由美国加州工学院物理学家 Hopfield 于 1982 年提出来的一种单层全互连的对称反馈网络模型,可分为离散 Hopfield 网络和连续 Hopfield 网络。本节重点讨论离散 Hopfield 网络。

1. 离散 Hopfield 网络的结构

离散 Hopfield 网络是在非线性动力学的基础上,由若干基本神经元构成的一种单层全互连网络,其任意神经元之间均有连接,并且是一种对称连接结构。离散 Hopfield 网络的典型结构如图 9.9 所示。

离散 Hopfield 网络模型是一个离散时间系统,每个神经元只有 0 和 1(或 −1 和 1)两种状态,任意神经元 i 和 j 之间的连接权值为 w_{ij}。神经元之间为对称连接,且神经元自身无连接,因此

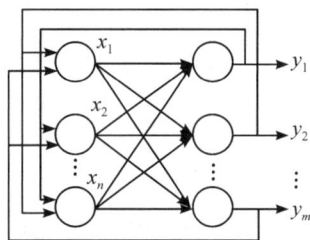

图 9.9 离散 Hopfield 网络的典型结构

$$w_{ij} = \begin{cases} w_{ji}, & i \neq j \\ 0, & i = j \end{cases} \tag{9.39}$$

由该连接权值构成的连接矩阵是一个零对角的对称矩阵。

在 Hopfield 网络中,虽然神经元自身无连接,但是每个神经元都与其他神经元相连,即每个神经元的输出都将通过突触连接权值传递给别的神经元,同时每个神经元都接收其他神经元传来的信息。对每个神经元来说,其输出经过其他神经元后,又有可能反馈给自己,因此 Hopfield 网络是一种反馈网络。

Hopfield 网络的输入层不做任何计算,直接将输入信号分布式地传送给输出层的各神经元。如果用 $y_j(t)$ 表示输出层神经元 j 在时刻 t 的状态,则该神经元在 $t+1$ 时刻的状态由式(9.40)确定:

$$y_j(t+1) = \text{sgn}\left(\sum_{\substack{i=1 \\ i \neq j}}^n w_{ij} y_i(t) - \theta_j\right) = \begin{cases} 1, & \sum_{\substack{i=1 \\ i \neq j}}^n w_{ij} y_i(t) - \theta_j \geq 0 \\ 0(-1), & \sum_{\substack{i=1 \\ i \neq j}}^n w_{ij} y_i(t) - \theta_j < 0 \end{cases} \tag{9.40}$$

式中:函数 sgn() 表示符号函数;θ_j 表示神经元 j 的阈值。

离散 Hopfield 网络中的神经元与生物神经元的差别较大,原因是生物神经元的输入/输出是连续的,并且生物神经元存在延时。为此,Hopfield 后来又提出了一种连续时间的神经网

络，即连续 Hopfield 网络模型。在该网络中，神经元的状态可取 0～1 之间的任一实数值。

2. 离散 Hopfield 模型的稳定性

在离散 Hopfield 网络中，网络的输出要反复地作为输入重新传送到其输入层，这就使得网络的状态处在不断改变中，因此需要考虑网络的稳定性问题。一个网络是稳定的，是指从某一时刻开始，网络的状态不再改变。

设 $x(t)$ 表示网络在 t 时刻的状态。例如，当 $t=0$ 时，网络的状态就是由输入模式确定的初始状态。如果在某 t 时刻，存在一个有限的时间 Δt，使得从该时刻开始，网络的状态不再发生变化，即 $x(t+\Delta t)=x(t)(\Delta t>0)$，则称该网络是稳定的。如果将神经网络的稳定状态看成记忆，则神经网络由任一初始状态向稳定状态的变化过程实质上是模拟了生物神经网络的记忆功能。

9.3.2　Hopfield 网络学习算法

Hopfield 网络学习的过程实际上是一个从网络初始状态向其稳定状态过渡的过程。而网络的稳定性又是通过能量函数来描述的。这里主要针对离散 Hopfield 网络讨论其能量函数和学习算法。

1. Hopfield 网络的能量函数

能量函数用来描述 Hopfield 网络的稳定性，离散 Hopfield 网络的能量函数可定义为

$$E = -\frac{1}{2} \sum_{i=1}^{n} \sum_{\substack{j=1 \\ j \neq i}}^{n} w_{ij} v_i v_j + \sum_{i=1}^{n} \theta_i v_i \tag{9.41}$$

式中：n 代表网络中的神经元个数；w_{ij} 代表神经元 i 和神经元 j 之间的连接权值，且 $w_{ij} = w_{ji}$；v_i 代表神经元 i 的输出；v_j 代表神经元 j 的输出；θ_i 代表神经元 i 的阈值。

可以证明，对 Hopfield 网络，无论其神经元的状态由 0 变为 1，还是由 1 变为 0，始终有其网络能量的变化，即 $\Delta E < 0$。为了证明网络能量变化的这一结论，可以从网络能量的构成形式进行分析。

如果假设某一时刻网络中仅有神经元 k 的输出发生了变化，其他神经元的输出没有变化，则可以将式(9.41)定义的能量函数分为五部分来讨论。第一部分是 $i=1,2,\cdots,k-1$、$j \neq k$，其能量与 k 的输出无关；第二部分是 $i=1,2,\cdots,k-1$、$j=k$，其能量与 k 的输出有关；第三部分是 $i=k$、$j \neq k$，其能量与 k 的输出有关；第四部分是 $i=k+1,k+2,\cdots,n$、$j \neq k$，其能量与 k 的输出无关；第五部分是 $i=k+1,k+2,\cdots,n$、$j=k$，其能量与 k 的输出无关。即网络能量函数可写成如下形式：

$$E = \left(-\frac{1}{2} \sum_{i=1}^{k-1} \sum_{\substack{j=1 \\ j \neq i \\ j \neq k}}^{n} w_{ij} v_i v_j + \sum_{i=1}^{k-1} \theta_i v_i \right) + \left(-\frac{1}{2} \sum_{i=1}^{k-1} w_{ik} v_i v_k \right) +$$

$$\left(-\frac{1}{2} \sum_{\substack{j=1 \\ j \neq k}}^{n} w_{kj} v_k v_j + \theta_k v_k \right) + \left(-\frac{1}{2} \sum_{i=k+1}^{n} \sum_{\substack{j=1 \\ j \neq i \\ j \neq k}}^{n} w_{ij} v_i v_j + \sum_{i=k+1}^{n} \theta_i v_i \right) +$$

$$\left(-\frac{1}{2} \sum_{i=k+1}^{n} w_{ik} v_i v_k \right) \tag{9.42}$$

在上式中，能够引起网络能量变化的仅有公式中的如下部分：

$$\left(-\frac{1}{2}\sum_{\substack{j=1\\j\neq k}}^{n}w_{kj}v_kv_j+\theta_kv_k\right)+\left(-\frac{1}{2}\sum_{i=1}^{k-1}w_{ik}v_iv_k\right)+\left(-\frac{1}{2}\sum_{i=k+1}^{n}w_{ik}v_iv_k\right) \tag{9.43}$$

又由于

$$\left(-\frac{1}{2}\sum_{i=1}^{k-1}w_{ik}v_iv_k\right)+\left(-\frac{1}{2}\sum_{i=k+1}^{n}w_{ik}v_iv_k\right)=-\frac{1}{2}\sum_{\substack{i=1\\i\neq k}}^{n}w_{ik}v_iv_k \tag{9.44}$$

再根据连接权值的对称性，即 $w_{ij}=w_{ji}$，有

$$-\frac{1}{2}\sum_{\substack{i=1\\i\neq k}}^{n}w_{ik}v_iv_k=-\frac{1}{2}\sum_{\substack{i=1\\i\neq k}}^{n}w_{ki}v_kv_i=-\frac{1}{2}\sum_{\substack{j=1\\j\neq k}}^{n}w_{kj}v_kv_j \tag{9.45}$$

即由式(9.43)，有

$$\left(-\frac{1}{2}\sum_{\substack{j=1\\j\neq k}}^{n}w_{kj}v_kv_j+\theta_kv_k\right)+\left(-\frac{1}{2}\sum_{i=1}^{k-1}w_{ik}v_iv_k\right)+\left(-\frac{1}{2}\sum_{i=k+1}^{n}w_{ik}v_iv_k\right)$$

$$=\left(-\frac{1}{2}\sum_{\substack{j=1\\j\neq k}}^{n}w_{kj}v_kv_j+\theta_kv_k\right)+\left(-\frac{1}{2}\sum_{\substack{j=1\\j\neq k}}^{n}w_{kj}v_kv_j\right)$$

$$=-\sum_{\substack{j=1\\j\neq k}}^{n}w_{kj}v_kv_j+\theta_kv_j \tag{9.46}$$

即可以引起网络能量变化的部分为

$$-\sum_{\substack{j=1\\j\neq k}}^{n}w_{kj}v_kv_j+\theta_kv_j \tag{9.47}$$

为了更清晰地描述网络能量的变化，可以引入时间概念。假设 t 表示当前时刻，$t+1$ 表示下一时刻，时刻 t 和 $t+1$ 的网络能量分别为 $E(t)$ 和 $E(t+1)$，神经元 i 和神经元 j 在时刻 t 和 $t+1$ 的输出分别为 $v_i(t)$、$v_j(t)$ 和 $v_i(t+1)$、$v_j(t+1)$。由时刻 t 到 $t+1$ 网络能量的变化为

$$\Delta E=E(t+1)-E(t) \tag{9.48}$$

假设当网络中仅有神经元 k 的输出发生变化，且变化前后分别为 t 和 $t+1$ 时刻，则：

$$\Delta E_k=E_k(t+1)-E_k(t)$$

$$=-\sum_{\substack{j=1\\j\neq k}}^{n}w_{kj}v_k(t+1)v_j+\theta_kv_k(t+1)+\sum_{\substack{j=1\\j\neq k}}^{n}w_{kj}v_k(t)v_j-\theta_kv_k(t) \tag{9.49}$$

为了说明神经元的状态无论是由 0 变为 1，还是由 1 变为 0，始终都有 $\Delta E<0$，下面分两种情况讨论。

首先看第一种情况，神经元 k 的输出 v_k 由 0 变 1 时，有

$$\Delta E_k=-\sum_{\substack{j=1\\j\neq k}}^{n}w_{kj}v_k(t+1)v_j+\theta_kv_k(t+1)+\sum_{\substack{j=1\\j\neq k}}^{n}w_{kj}v_k(t)v_j-\theta_kv_k(t)$$

$$=-\sum_{\substack{j=1\\j\neq k}}^{n}w_{kj}v_j+\theta_k+0=-\left(\sum_{\substack{j=1\\j\neq k}}^{n}w_{kj}v_j-\theta_k\right) \tag{9.50}$$

由于此时神经元 k 的输出为 1，即

$$\sum_{\substack{j=1 \\ j \neq k}}^{n} w_{kj} v_j - \theta_k > 0 \tag{9.51}$$

则

$$\Delta E_k < 0 \tag{9.52}$$

再看第二种情况，即当神经元 k 的输出 v_k 由 1 变为 0 时，有

$$\Delta E_k = -\sum_{\substack{j=1 \\ j \neq k}}^{n} w_{kj} v_k(t+1) v_j + \theta_k v_k(t+1) + \sum_{\substack{j=1 \\ j \neq k}}^{n} w_{kj} v_k(t) v_j - \theta_k v_k(t)$$

$$= 0 + \left(\sum_{\substack{j=1 \\ j \neq k}}^{n} w_{kj} v_j - \theta_k \right) = \sum_{\substack{j=1 \\ j \neq k}}^{n} w_{kj} v_j - \theta_k \tag{9.53}$$

由于此时神经元 k 的输出为 0，即

$$\sum_{\substack{j=1 \\ j \neq k}}^{n} w_{kj} v_j - \theta_k < 0 \tag{9.54}$$

故有

$$\Delta E_k < 0 \tag{9.55}$$

可见，无论神经元的状态由 0 变为 1，还是由 1 变为 0，都总有 $\Delta E < 0$。这说明离散 Hopfield 网络在运行中，其能量函数总是在不断降低，最终将趋于稳定状态。

2. Hopfield 网络学习算法

Hopfield 网络的学习过程是在系统向稳定性转化的过程中逐步完成的。其学习算法如下。

（1）设置连接权值：

$$w_{ij} = \begin{cases} \sum_{S=1}^{m} x_i^S x_j^S, & i \neq j \\ 0, & i = j, i \geqslant 1, j \leqslant n \end{cases} \tag{9.56}$$

式中：x_i^S 表示预先给定的 S 型样例（即记忆模式）的第 i 个分量，它可以为 1 或 0（或 −1）；m 为样例类别数；n 为节点数。

（2）对未知类别的样例初始化：

$$y_i(t) = x_i \quad (1 \leqslant i \leqslant n) \tag{9.57}$$

式中：$y_i(t)$ 表示节点 i 在 t 时刻的输出，当 $t=0$ 时，$y_i(0)$ 就是节点的初始值；x_i 表示输入样本的第 i 个分量。

（3）迭代运算：

$$y_i(t+1) = f \left(\sum_{i=1}^{n} w_{ij} y_i(t) \right) \quad (1 \leqslant j \leqslant n) \tag{9.58}$$

式中：f 表示阈值型函数。

重复本步骤，直到新的迭代不能再改变节点的输出，即收敛为止。这时，各节点的输出与输入样例达到最佳匹配。

（4）如第（3）步所得输出不收敛，则转第（2）步进行初始化并继续迭代运算，直到收敛

为止。这时，各节点的输入与输出样例达到最佳匹配。以上对三种神经网络学习算法的讨论都很肤浅。应该说，神经网络的学习还有很多内容需要深入讨论。

9.4 卷积神经网络及其应用

深层神经网络，也叫深度神经网络（Deep Neural Network，DNN），通常指隐含层神经元不少于 2 层的神经网络。目前，数十层、上百层甚至更多层的深层神经网络很普遍。DNN 是深度学习的网络基础，典型的深层神经网络有深度卷积神经网络、深度波尔茨曼机和深度信念网络等。本节主要讨论深度卷积神经网络。

9.4.1 深度卷积神经网络

深度卷积神经网络（Deep Convolution Neural Network，DCNN）也被称为卷积神经网络（Convolutional Neural Network，CNN），是一种由若干卷积层和子采样层交替叠加形成的一种深层网络结构。其出现受生物界"感受野"概念的启发，采用逐层抽象、逐次迭代的工作方式。目前，DCNN 已在图像分类、语音识别等领域取得了成功应用。

1. 生物视觉认知机理及感受野

1962 年，美国生物学家 Hubel 和 Wiesel 在对猫的视觉皮层进行研究时提出了"感受野"的概念。神经元的感受野是指视网膜上的一个区域，当视觉通路上的某个神经元被激活时，视网膜上所有与激活该神经元有关的感光细胞就构成了该神经元的感受野。

根据神经生理学的研究，人类眼球中的感光系统由视网膜上的感光细胞及其功能所构成，其作用是将投影到视网膜上的光信号转换成神经信号。视网膜的结构可分为三层，从后向前，依次是后部的感光细胞层、中间的双极细胞层和前端的节细胞层。其中，节细胞层和双极细胞层为透明状结构，光线可以正常穿过；感光细胞层在视网膜的背侧，离光源最远，它接收穿过节细胞层和双极细胞层的光信号，是视网膜的接收层。

感光细胞又可分为两种：椎体细胞和棒体细胞。椎体细胞为昼间环境视觉细胞，可分辨视觉影像中极其细微的特征信息及色觉信息，人类视网膜上的椎体细胞大约有 600 万个；棒体细胞为昏暗环境视觉细胞，仅对光比较敏感，但其特征分辨能力较差，且不提供色觉信息，人类视网膜上的棒体细胞大概有 1.2 亿个。双极细胞层是视网膜的连接层，用于实现感光层与节细胞层之间的联系，其中的每个双极细胞都用自己的两极将感光细胞与节细胞连接起来。节细胞层是视网膜的输出，其轴突沿视神经将视觉信息传出。

视觉认知机制由视网膜的感光机制、视神经的传导机制和大脑皮层的中枢机制三部分组成，其认知过程如图 9.10 所示。在视觉认知机制中，感光机制如上所述；传导机制指的是视神经将左右眼视觉信息在视交叉处进行交叉后，先传到丘脑的外侧膝状体，外侧膝状体对不同类型视觉信息进行初步加工后，再传递到大脑皮层的视区；中枢机制在大脑皮层中完成，传递到视区的视觉信息，经视区处理后，传到与视区相邻的视觉联合区并进一步加工，最后才得到对物体的完整认识。

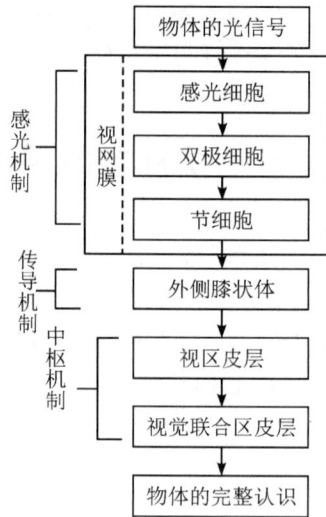

图 9.10 视觉认知机制

从以上分析可以看出，感光锥体细胞(约 600 万个)和棒体细胞(约 1.2 亿个)的数量远大于神经节细胞(约 100 万个)的数量，而每个锥体细胞、棒体细胞接收到的感光信息都需要传递到大脑皮层进行处理，这样当锥体细胞和棒体细胞通过双极细胞与节细胞连接时，就会出现许多感光细胞被聚合在一个或几个节细胞上的情况。同样，在视觉信息传递和加工过程中，还会出现有多个神经元被聚合到一个神经元的情况。

这种现象体现了生物视觉认知机制中的两个特性：一是视觉信息加工的逐层抽象、逐次迭代特性；二是感受野的大小随神经元层级变化的特性。神经元的层级越高，其感受野越大，反之越小。例如，节细胞的感受野高于锥体细胞和棒体细胞的感受野。

受感受野概念和视觉认知机理的启发，1980 年，日本学者 Fukushima 提出了基于感受野的神经认知机的概念。神经认知机可被看成卷积神经网络的雏形，它将一个视觉模式分解为多个子模式，然后进入由低到高的逐层交替处理方式，并且每一层的输入与前一层的感受野相连，高层神经元的感受野高于低层神经元的感受野。

2. 深度卷积神经网络的基本结构

深度卷积神经网络的基本结构通常由三部分组成：第一部分为输入层，第二部分由多个卷积层和池化层交替组合而构成，第三部分由一个全连接层和输出层构成，如图 9.11 所示。

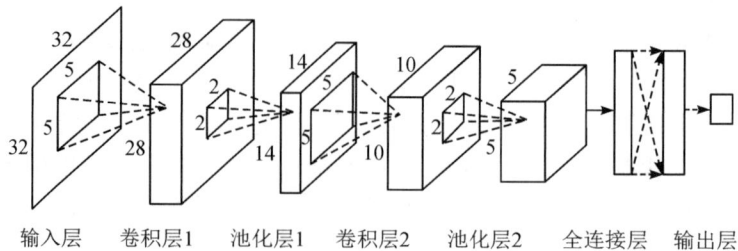

图 9.11 深度卷积神经网络的基本结构

1）卷积层

卷积层的作用是进行特征提取。其基本思想是：自然图像有其固有特征，从图像某一部分学到的特征同样能够用到另一部分上。或者说，从一个大图像中随机选取其中的一小块图像作为样本块，那么从该样本块学到的特征同样可以应用到这个大图像的任意位置。如图 9.11 中，输入层图像的大小为 32×32，选择的样本块大小为 5×5，假设已经从这个 5×5 的样本块中学到了一些特征，这些特征可以被应用到该 32×32 的图像中。从卷积神经网络的角度，要想得到整个图像的卷积特征，就需要对整个图像中的每个 5×5 的小图像块都进行卷积运算。

卷积运算过程可简单理解为，利用所选择样本块的特征，从图像的左上角移动到右下角，每移动一步，都将该样本块的特征与其所在位置的子图像做卷积运算，最终得到卷积后的图像。

2）池化层

池化层也称为下采样层，其作用是减小参数规模，降低计算复杂度。池化层的思想比较简单，就是要把卷积层中每个尺寸为 $k \times k$ 的池化空间的特征聚合到一起，形成池化层对应特征图中的一个像素点。常用的池化方法有最大池化法、平均池化法等。

3）全连接层和输出层

全连接层的作用是实现图像分类，即计算图像的类别，完成对图像的识别。输出层的作用是当图像识别完成后，输出识别结果。

9.4.2 深度卷积神经网络学习算法

深度卷积神经网络的学习过程就是对卷积神经网络的训练过程，由计算信号的正向传播过程和误差的反向传播过程组成。

1. 卷积神经网络的正向传播过程

卷积神经网络的正向传播过程是指从输入层到输出层的信息传播过程，该过程的基本操作包括：从输入层到卷积层或从池化层到卷积层的卷积操作，从卷积层到池化层的池化操作，以及全连接层的分类操作。

1）卷积层与卷积操作

卷积作为数学中的一种线性运算，其在卷积神经网络中的主要作用是实现卷积操作，形成网络的卷积层。卷积操作的基本过程是：针对图像的某一类特征，先构造其特征过滤器（Feature Filter，FF），然后利用该过滤器对图像进行特征提取，得到相应特征的特征图（Feature Map，FM）。针对图像的每类特征，重复如上操作，最后得到由所有特征图构成的卷积层。

特征过滤器也称为卷积核（Convolution Kernel，CK），实际上是由相关神经元连接权值形成的一个权值矩阵。该矩阵的大小由卷积核的大小确定。卷积核与特征图之间具有一一对应关系，一个卷积核唯一地确定了一个特征图，而一个特征图唯一地对应着一个卷积核。并且，卷积核具有平移不变性，即卷积核对图像特征的提取，仅与其自身的权值分布有关，与该特征在图像中的位置无关。

　　特征图是应用一个过滤器对图像进行过滤，或者说利用卷积核对图像做卷积运算所得到的结果。卷积核对输入图像的卷积过程为：将卷积核从图像的左上角开始移动到右下角，每次移动一步，都要将滤波器与其在原图像中所对应位置的子图像做卷积运算，最终得到卷积后的图像，即特征图。卷积操作的示意性说明如图 9.12 所示，该图也给出了输入图像、卷积核和特征图之间的关系。

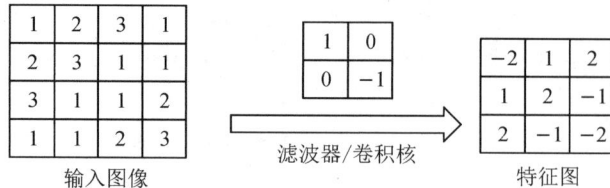

图 9.12　卷积操作的示意性说明

图 9.12 中特征图第 1 行第 1 列元素的值为

$$F_{1,1}=1\times1+2\times0+2\times0+3\times(-1)=-2$$

该计算过程各元素的对应关系如图 9.13 所示。

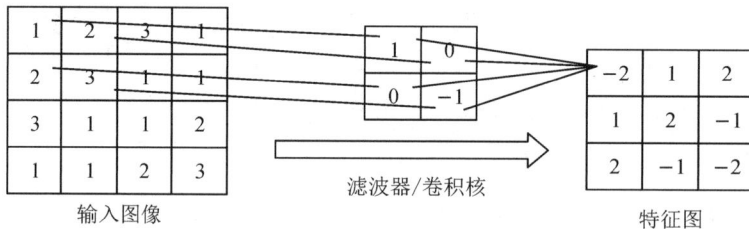

图 9.13　$F_{1,1}$ 的计算过程的示意性说明

　　2）池化层与池化操作

　　池化层也叫子采样层或降采样，其主要作用是利用子采样（或降采样）对输入图像的像素进行合并，得到池化层的特征图，实现对卷积层的特征图的降维，并降低过拟合。

　　（1）池化操作及基本过程。

　　池化（pooling）操作的一个重要概念是池化窗口或子采样窗口。池化窗口是指池化操作使用的一个矩形区域，池化操作利用该矩形区域实现对卷积层特征图像素的合并。例如，某 8×8 的输入图像，若采用大小为 2×2 的池化窗口对其进行池化操作，意味着原图像上的 4 个像素将被合并为 1 个像素，原卷积层中的特征图经池化操作后，将缩小为原图的 1/4。池化层中特征图的数目通常与其前面卷积层特征图的数目相同且一一对应。

　　池化操作的基本过程是：从特征图的左上角开始，按照池化窗口，先从左到右，然后从上向下，不重叠地依次扫过整个图像，同时利用子采样方法进行池化计算。常用的池化方法有最大池化法、平均池化法和概率矩阵池化法等。其中，最大池化法对背景的保留较好，平均池化法对纹理的提取较好，概率矩阵池化法介于最大池化法和平均池化法之间。这里主要讨论最大池化法和平均池化法。

　　（2）最大池化法。

　　最大池化法的基本思想是：取原图像中与池化窗口对应的所有像素中值最大的一个，

作为合并后的像素的值。其一般形式可表示为：

$$O_{i,j}^{l,m} = \max_{h,w}(O_{(i-1)\times h_s+h,\,(j-1)\times w_s+w}^{l-1,m}) \quad (h=1,2,\cdots,h_s;\ w=1,2,\cdots,w_s) \quad (9.59)$$

式中：h_s 表示池化窗口的高；w_s 表示池化窗口的宽。最大池化法的一个例子如图 9.14 所示。

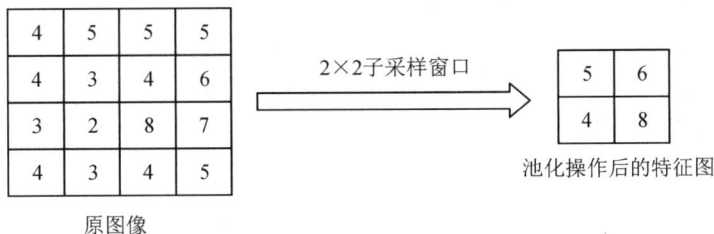

图 9.14 最大池化法的例子

式中：$O_{1,2}^{l,m}$ 的计算过程如下：

$$O_{1,2}^{l,m} = \max_{h,w}(O_{(1-1)\times h_s+h,\,(2-1)\times w_s+w}^{l-1,m}) = \max(5,5,4,6) = 6 \quad (9.60)$$

（3）平均池化法。

平均池化法的基本思想是：取原图像中与池化窗口对应的所有像素的平均值，作为合并后的像素的值。

$$O_{i,j}^{l,m} = \sum_{h=1}^{h_s}\sum_{w=1}^{w_s} \frac{(O_{(i-1)\times h_s+h,\,(j-1)\times w_s+w}^{l-1,m})}{(h_s \times w_s)} \quad (9.61)$$

式中 h_s、w_s 同上，例子如图 9.15 所示，$s_{12}=(5+5+4+6)/4=20/4=5$。

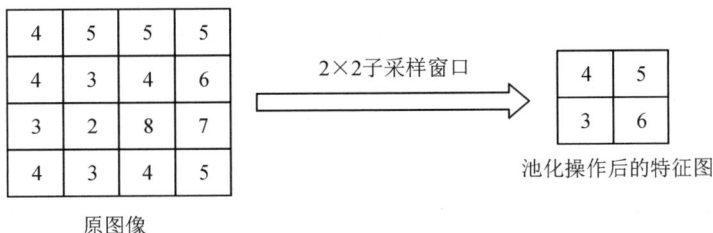

图 9.15 平均池化法的例子

2. 正向传播过程的主要特性

卷积神经网络正向传播的主要特点包括局域感知和权值共享。局域感知是指特征图中的每个神经元，仅与输入图像的局部区域连接。权值共享是指同一特征图中的所有神经元共享同一卷积核，即通过对同一卷积核表示的连接权值的共享来减少神经网络需要训练的参数个数。此外，由池化操作可知，池化操作过程实际上是一种像素的合并过程，该过程降低了特征图像的空间维度，从而降低了神经网络的复杂度。前面已经对池化窗口和池化操作有过较多讨论，故这里主要讨论卷积核的权值共享问题。

权值共享的关键是卷积核。卷积核是一个可调节的权值矩阵，其作用是提取输入图像的特征。由前面讨论可知，卷积核提取图像的一种特征，将其与输入图像做卷积运算，即可得到一个唯一的特征图。卷积核与特征图之间的一一对应关系说明，特征图中的所有神经元共享同一个卷积核，即同一个特征图中的所有神经元与输入图像之间的连接权值都由同一个卷积核确定，这大大减少了需要调整的神经元连接权值的个数。

例如，一个大小为 100×100 像素的图像，如果按照全连接方式，其对应的隐层神经元个数为 $100\times100=10\,000$，每个输入都与所有的神经元连接，则总的连接权值个数为 $100\times100\times10\,000=10^8$。如果按照卷积运算方式，并取卷积核的大小为 $10\times10=100$，则意味着每个隐层神经元都仅与其感受野中的一个 10×10 的图像块做局部连接。假设每个卷积层有 100 个特征图，即 100 种卷积核，则总的连接权值个数为：每种卷积核共享的 100 个权值参数 $\times100$ 种卷积核 $=100\times100=10\,000=10^4$。可见，卷积核的权值共享将需要调整的连接权值参数由 10^8 个减少到了 10^4 个。

3. 卷积神经网络的反向传播

卷积神经网络的反向传播涉及两个基本问题：误差的反向传播和参数的反向调整。其中，前者与当前网络层的类型有关，即卷积层、池化层、全连接层的误差反向传播方法不同；后者一般通过梯度计算来实现。由于全连接层的反向传播与 BP 网络类似，BP 网络的误差反向传播和参数调整前面已做过详细讨论，因此这里主要讨论由池化层到卷积层和由卷积层到池化层的误差反向传播问题。

1) 卷积层的误差及梯度

这里考虑的情况是：当前层 l 为卷积层，连接该卷积层的下一层 $l+1$ 为池化层，上一层 $l-1$ 也为池化层。由于池化层 $l+1$ 的误差矩阵的维度小于卷积层 l 的误差矩阵的维度，因此把池化层 $l+1$ 的误差传递给卷积层 l 时，需要先进行上采样，使得上采样后卷积层 l 误差矩阵的维度和该层特征图的维度相同，再将卷积层 l 的激活函数的偏导数与由池化层 $l+1$ 经上采样得到的误差矩阵进行点积操作，最后得到卷积层 l 第 m 个特征图的误差。若假设 $\delta^{l+1,j}$ 为池化层 $l+1$ 中与卷积层 l 第 m 个特征图对应的特征图 j 的误差，则当前卷积层 l 中的第 m 个特征图的误差 $\delta^{l,m}$ 可用公式(9.62)表示：

$$\delta^{l,m}=\frac{\partial E}{\partial u^{l,m}}=f'^{(u^{l,m})}\cdot \mathrm{upsample}(\delta^{l+1,j}) \tag{9.62}$$

式中：$f'^{(u^{l,m})}$ 表示卷积层 l 层中特征图 m 的神经元激活函数的导数；$u^{l,m}=\sum\omega^{l,m}\cdot x_i^{l-1,m}+b^{i,m}$；"·"表示矩阵的点积操作，即逐对元素相乘；$\mathrm{upsample}(\delta^{l+1,j})$ 表示上采样，即信息正向传播时采用的下采样过程的逆过程，它将池化层 $l+1$ 的特征图 j 的误差反向传播给卷积层 l。

上采样作为下采样的逆过程，与正向传播时所使用的下采样方法对应。当根据 $l+1$ 层的误差反向计算 l 层的误差时，需要先知道 l 层当前特征图中哪些区域与 $l+1$ 层中的哪个特征图中的神经元相连，再按照池化窗口大小将 $l+1$ 层特征图中的每个像素在对应位置的水平和垂直方向上复制，得到卷积层每个神经元的误差。下面看两个上采样的例子。

首先是平均池化法。假设卷积层特征图的大小为 4×4，子采样窗口大小为 2×2，以图 9.15 为例，若 $l+1$ 层误差矩阵为

0.8	1.6
3.2	2.4

则该误差在 l 层的误差分布为

0.8	0.8	1.6	1.6
0.8	0.8	1.6	1.6
3.2	3.2	2.4	2.4
3.2	3.2	2.4	2.4

由于反向传播时各层间的误差总和不变，故需要将该误差在 l 层特征图对应的位置进行平均，即除以子采样窗口的大小 $2 \times 2 = 4$，即得到池化层 $l+1$ 的误差在 l 层的分布为

0.2	0.2	0.4	0.4
0.2	0.2	0.4	0.4
0.8	0.8	0.6	0.6
0.8	0.8	0.6	0.6

再看最大池化。采用最大池化，除了需要考虑 $l+1$ 层神经元与 l 层区域块的对应关系，其前向传播的池化过程还需要记录其最大值所在的位置。见图 9.15，其子采样过程所取的最大值 5、6、4、8，分别位于卷积层 l 中所对应块的右上、右下、左下、左上位置，则误差反向传播过程所得到的 l 层误差分布为

0	0.2	0	0
0	0	0	0.4
0	0	0.6	0
0.8	0	0	0

通过以上操作，得到了卷积层每个特征图的误差，下面可以根据其总误差计算卷积层 l 中的参数，包括卷积核权值的梯度和偏置值的梯度。

先看偏置值的梯度。它被定义为总误差 E 关于偏置值 $b^{l,m}$ 的偏导，其值为卷积层 l 中第 j 个特征图所有节点的误差之和，即

$$\frac{\partial E}{\partial b^{l,m}} = \sum_{u,v} (\delta^{l,m})_{u,v} \tag{9.63}$$

式中：u,v 分别表示卷积层 l 中特征图 m 的总行数和总列数。

再看卷积核的梯度。它被定义为总误差 E 关于卷积核 $K^{l,m}$ 的偏导数，其值为卷积层 l 中第 m 个特征图所有节点的误差之和再乘以 $(a^{l,m})_{u,v}$。由于卷积层中的同一特征图共享同一个卷积核，因此需要求出所有与该卷积核有过链接的神经元的梯度，再对这些梯度进行求和，即

$$\frac{\partial E}{\partial K^{l,m}} = \sum_{u,v} (\delta^{l,m})_{u,v} (a^{l-1,i})_{u,v} \tag{9.64}$$

式中：$(a^{l-1,i})_{u,v}$ 代表计算第 l 层第 m 个特征图时，与卷积核 $K^{l,m}$ 相乘过的输入特征图中的所有元素，即 $l-1$ 层第 i 个特征图 $a^{l-1,i}$ 中的所有元素。

2）池化层的误差及梯度

这里考虑的情况是：当前层 l 为池化层，连接该池化层的下一层 $l+1$ 为卷积层，上一

层 $l-1$ 也为卷积层的情况。如果下一层是全连接层，则可按照 BP 网络的反向传播方法计算。

当下一层是卷积层时，由池化层 l 到卷积层 $l+1$ 的计算公式如式(9.65)所示：

$$O_{i,j}^{l,m} = f\Big(\sum_{m=1}^{M}\sum_{s=1}^{h_K}\sum_{t=1}^{w_K} O_{i+s-1,j+t-1}^{l-1,m} K_{s,t}^{l,m} + b^{l,m}\Big) \tag{9.65}$$

需要清楚的是池化层 l 中的哪个输入特征图的哪个区域与卷积层 $l+1$ 中的哪个输出特征图中的哪个神经元相连接。现在正好反过来，需要先确定池化层 l 中特征图 m 的误差矩阵中的哪个区域块对应于卷积层 $l+1$ 中特征图 i 的误差矩阵中的哪个位置，再将该误差反向加权传递给池化层 l 中的特征图 m。其中的权值就是卷积核参数，反向加权的权值就是旋转 180 度之后的卷积核。其反向传播方式如式(9.66)所示：

$$\delta^{l,m} = f'(u^{l,m})\,\mathrm{conv2}(\delta^{l+1,j}, \mathrm{rotll80}(K^{l+1,j}), '\mathrm{full}') \tag{9.66}$$

式中：$\mathrm{conv2}(X,Y,'\mathrm{full}')$ 为 MATLAB 中对矩阵进行宽卷积运算的函数。

所谓宽卷积运算是相对于窄卷积运算而言的。窄卷积运算是指前向传播时，由池化层 l 到卷积层 $l+1$ 的运算。由于该运算导致特征图变小，故称窄卷积运算。而宽卷积运算则是指反向传播时，因卷积层 $l+1$ 的特征图的大小小于池化层的特征图，需要将其扩充为与 l 层特征图的大小相同的大小，故称宽卷积运算。另外，对公式(9.66)说明以下两点：

第一，反向传播过程对卷积核做旋转 180 度的操作，正好可以实现卷积运算与误差反向传播加权计算的相互对应。

第二，从卷积层到池化层的宽卷积运算，通常需要采用补 0 方式来实现。MATLAB 中的 conv2()函数同时具有对卷积边界的补 0 功能。

有了池化层 l 的误差矩阵，就可以分别按式(9.67)和式(9.68)，求出池化层 l 的偏置值的梯度和权值的梯度：

$$\frac{\partial E}{\partial b^{l,m}} = \sum_{u,v} (\delta^{l,m})_{u,v} \tag{9.67}$$

$$\frac{\partial E}{\partial \beta^{l,m}} = \sum_{u,v} (\delta^{l,m} d^{l,m})_{u,v} \tag{9.68}$$

式中：$\beta^{l,m}$ 表示下采样权重；$\delta^{l,m}$ 为池化层算子；$d^{l,m}=\mathrm{downsample}(x^{l-1,i})$。

若假设 $\delta^{l,m}$ 为池化层 l 的特征图 m 的误差，则

$$\delta^{l,m} = \mathrm{upsample}(\delta^{l+1,j}) \cdot h'^{(a^{l,m})} \tag{9.69}$$

式中：$\mathrm{upsample}(\delta^{l+1,j})$ 表示上采样，即信息正向传播时所采用的下采样的逆过程；$h'^{(a^{l,m})}$ 代表第 l 层第 m 个特征图神经元的激发函数的导数；"·"为矩阵的点积操作。

3）训练参数的更新方法

有了上面的基础和 BP 网络误差反向传播的基础，深度卷积神经网络学习过程中各种参数的更新方法如下。卷积层参数可用式(9.70)和式(9.71)更新：

$$\Delta K^{l,m} = -\tau \frac{\partial E}{\partial K^{l,m}} \tag{9.70}$$

$$\Delta b^{l,m} = -\tau \frac{\partial E}{\partial b^{l,m}} \tag{9.71}$$

池化层参数可用式(9.72)和式(9.73)更新：

$$\Delta \beta^{l,m} = -\tau \frac{\partial E}{\partial \beta^{l,m}} \tag{9.72}$$

$$\Delta b^{l,m} = -\tau \frac{\partial E}{\partial b^{l,m}} \tag{9.73}$$

全连接层参数可用式(9.74)更新：

$$\Delta W^{l,m} = -\tau \frac{\partial E}{\partial W^{l,m}} \tag{9.74}$$

式中：τ 表示学习率，其值影响学习过程的收敛速度。若太小，学习过程收敛速度较慢；若太大，可能导致无法收敛。

9.4.3　卷积神经网络的应用

自 21 世纪，卷积神经网络开始被成功地大量用于检测、分割、物体识别以及图像的各个领域，这些应用都使用了大量的有标签数据，比如交通信号识别、生物信息分割、面部探测、文本和行人以及自然图形中的人的身体部分的探测。近年来，卷积神经网络的一个重大成功应用是人脸识别，目前已经被用于几乎全部的识别和探测任务中。

LeCun 设计了一种基于卷积神经网络的手写数字识别系统 LeNet-5。该算法具有很高的准确性，当年美国大多数银行用它识别支票上面的手写数字，达到了商用地步。

LeNet-5 共 7 层，有 2 个卷积层和 2 个全连接层。每个卷积层包括卷积、非线性激活函数和下采样。除了输入层，每层都包含可训练参数(连接权重)，如图 9.16 所示。LeNet-5 在两个卷积层上使用了不同数量的卷积核，第一层是 6 个，第二层是 16 个。

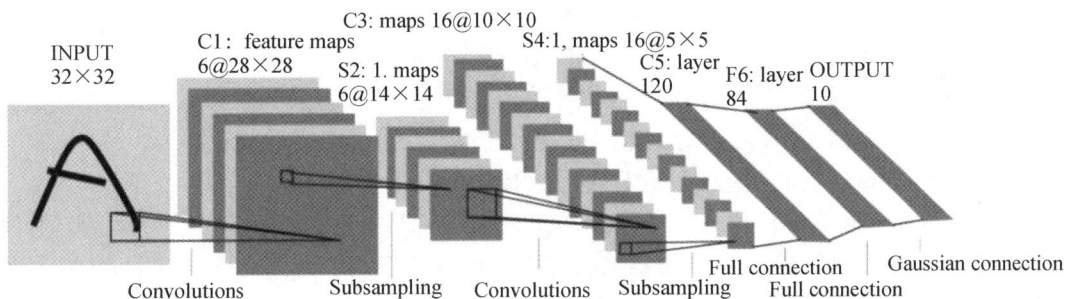

图 9.16　卷积神经网络

(原图来自于互联网 https://blog.csdn.net/happyorg/article/details/78274066)

输入图像为 32×32 大小，这样能够使一些重要特征如笔画、断点或角点能够出现在最高层特征监测子感受域的中心。

C1 层是一个卷积层，由 6 个特征图构成。在卷积操作过程中，有 6 个单通道滤波器，每个滤波器大小为 5×5×1=25，步长为 5，且都有一个可加偏置，6 种滤波器经过卷积运算后得到 C1 的 6 个特征图。通过卷积运算，可以增强原信号特征并且降低噪音。特征图中每个神经元与输入中 5×5 的邻域相连。特征图的大小为 28×28，这样能防止输入的连接掉到边界之外。C1 有 (5×5×1+1)×6=156 个可训练参数，156×(28×28)=122 304 个连接。

S2 层是一个下采样层，有 6 个 14×14 的特征图。特征图中的每个单元与 C1 中相对应特征图的 2×2 邻域相连接。C1 层每个单元的 4 个输入相加，乘以一个可训练参数，再加上一个可训练偏置可得到 S2 层。每个单元的 2×2 感受野并不重叠，因此 S2 中每个特征图的大小是 C1 中特征图大小的 1/4(行和列各 1/2)。S2 层有 6×(1+1)=12 个可训练参数和 14×14×6×(2×2+1)=5880 个连接。

C3 层也是一个卷积层，同样通过 5×5 的卷积核去卷积 S2 层，得到的特征图有 10×10 个神经元，但是它有 16 种不同的卷积核，所以就存在 16 个特征映射。

这里需要注意的是，C3 中的每个特征映射并不都连接到 S2 中的所有特征映射，将连接的数量保持在合理范围内，而且使不同的特征图有不同的输入，迫使它们抽取不同的特征。这里用组合模拟人的视觉系统，底层的结构构成上层更抽象的结构，如边缘构成形状或者目标的部分。

例如，C3 的前 6 个特征图以 S2 中 3 个相邻的特征图子集作为输入，接下来 6 个特征图以 S2 中 4 个相邻特征图子集作为输入。后续 3 个特征图以不相邻的 4 个特征图子图作为输入，最后 1 个特征图以 S2 中所有特征图作为输入。这样 C3 层有 1516 个可训练参数和 151 600 个连接。

S4 层是一个下采样层，由 16 个 5×5 大小的特征图构成。特征图中的每个单元与 C3 中相应特征图的 2×2 邻域相连接，同 C1 和 S2 之间的连接一样。S4 层有 16×(1+1)=32 个可训练参数(每个特征图 1 个因子和 1 个偏置)和 2000 个连接。

C5 层是一个卷积层，有 120 个特征图。每个单元与 S4 层的全部 16 个单元的 5×5 邻域相连。由于 S4 层特征图的大小为 5×5，同滤波器一样，故 C5 特征图的大小为 1×1，这构成了 S4 和 C5 之间的全连接。C5 层有 120×(16×5×5+1)=48 120 个可训练连接。

根据输出层的设计，F6 层有 84 个单元，与 C5 层全相连，有 10164×[84×121×(120+1)] 个可训练参数。如同经典神经网络，F6 层计算输入向量和权重向量之间的点积，再加上一个偏置，然后将其传递给 Sigmoid 函数产生单元 i 的一个状态。

输出层是由欧氏径向基函数 ERBF 单元组成，每类一个单元，每个单元有 84 个输入。径向基函数是一个取值仅仅依赖于离原点距离的实值函数，欧氏距离是其中一个实例，即每个输出 RBF 单元计算输入向量和参数向量之间的欧式距离，输入离参数向量越远，RBF 输出的越大。假设 $x,x_0 \in R^N$，以 x_0 为中心，x 到 x_0 的径向距离为半径所形成的 $\|x-x_0\|$ 构成的函数系满足 $K(x)=0$，$\|x-x_0\|$ 称为径向基函数。常用径向基函数有高斯分布函数等。

9.5　生成对抗网络及其应用

金庸武侠小说《射雕英雄传》里描写的"老顽童"周伯通，在被困桃花岛期间创造了"左右互搏"之术，即用自己的左手跟自己的右手打架，在左右手互搏过程中提高自己的功力，生成对抗网络基本原理类似于"左右互搏"之术。生成对抗网络中也有两个角色——生成器和判别器，生成器类似于左手扮演攻方，判别器类似于右手扮演守方。

9.5.1　生成对抗网络的基本原理

深度学习的模型可大致分为判别式模型和生成式模型。目前，深度学习取得的成果主要集中在判别式模型，即将一个高维的感官输入映射为一个类别标签。著名物理学家 Richard 指出，要想真正理解一样东西，就必须要能够把它创造出来。因此，要想令机器理解现实世界并基于此进行推理与创造，从而实现真正的人工智能，就必须使机器能够通过观测现实世界的样本学习其内在统计规律，并基于此生成类似样本。这种能够反映数据内在概率分布规律并生成全新数据的模型，称为生成式模型。

生成式模型是一个极具挑战的机器学习问题。首先，对真实世界进行建模需要大量的先验知识，建模的好坏直接影响生成式模型的性能；其次，真实世界的数据往往非常复杂，拟合模型所需计算量往往非常庞大甚至难以承受。针对上述两大困难，Goodfellow 等于 2014 年提出了一种新型生成式模型——生成对抗网络（Generative Adversarial Network，GAN），通过使用对抗训练机制对两个神经网络进行训练，经随机梯度下降实现优化，既避免了反复应用马尔可夫链学习机制所带来的配分函数计算，也无需变分下限或近似推断，从而大大提高了效率。

生成方法是机器学习方法中的一个重要分支，涉及对数据显式或隐式变量的分布假设和对分布参数的学习，基于学习得到的模型采样出新样本。生成式模型是通过上述生成方法学习得到的模型，概念图如图 9.17 所示，黑点分别表示采样于真实数据分布 $P_{data}(x)$ 的一张图像，深色区域表示以高概率包含真实图像的图像空间。参数化生成模型将一个高斯噪声矢量 z 映射为一个生成概率分 $P_g(x)$ 并通过优化目标函数调整参数 θ，使生成概率分布 $P_g(x)$ 尽可能逼近真实数据分布 $P_{data}(x)$，从而准确解释真实数据。对于目标函数，传统生成模型往往采用最大似然函数作为目标函数，而 GAN 则在生成模型之外引入一个判别模型，通过两者之间的对抗训练达到优化目的。

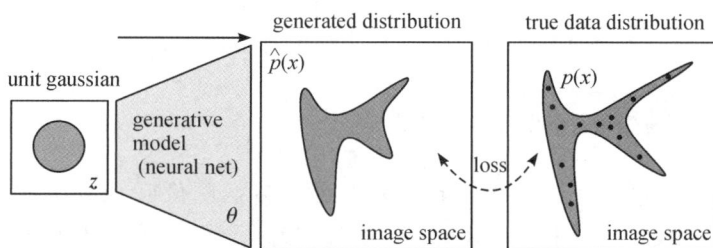

图 9.17　参数化生成模型概念图

（原图来自于互联网 https://openai.com/research/generative-models）

在二元零和博弈中，博弈双方的利益之和为零或一个常数，即一方有所得、另一方必有所失。基于这个思想，GAN 的框架中包含一对相互对抗的模型——判别器和生成器，判别器的目的是正确区分真实数据和生成数据，从而最大化判别准确率；生成器则是尽可能逼近真实数据的潜在分布。为了在博弈中胜出，二者需不断提高各自的判别能力和生成能力，优化的目标就是寻找二者间的纳什均衡。这类似于造假钞和验假钞的博弈，生成器类似于造假钞的人，希望制造出尽可能以假乱真的假钞；而判别器类似于警察，希望尽可能地鉴别出假钞。造假钞的人和警察双方在博弈中不断提升各自的能力。

9.5.2　生成对抗网络的结构

GAN 结构如图 9.18 所示，生成器(右下框内的多层感知机)的输入是一个来自常见概率分布的随机噪声矢量 z；输出是计算机生成的伪数据。判别器(左框和右上框内的多层感知机)的输入是图片 x，x 可能采样于真实数据，也可能采样于生成数据；判别器的输出是一个标量，用来代表 x 是真实图片的概率，即当判别器认为 x 是真实图片时输出 1，反之输出 0。判别器和生成器不断优化，当判别器无法正确区分数据来源时，可以认为生成器捕捉到了真实数据样本的分布。

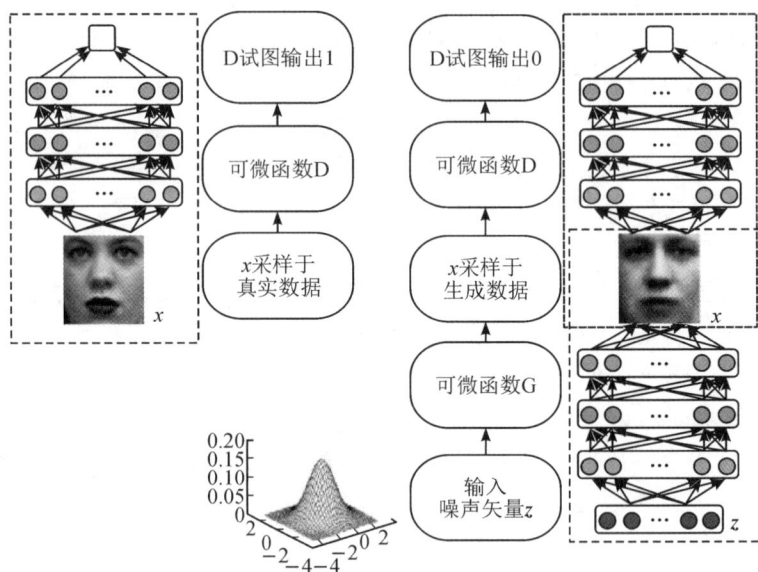

图 9.18　GAN 结构示意图

(原图来自于互联网 https://www.cnblogs.com/charles-wan/p/6238033.html)

9.5.3　生成对抗网络在图像处理中的应用

目前，GAN 应用最成功的领域是计算机视觉，包括图像和视频生成。如生成各种图像、数字、人脸，图像风格迁移、图像翻译、图像修复、图像上色、人脸图像编辑以及视频生成，构成各种逼真的室内外场景，从物体轮廓恢复物体图像等。GAN 能够以一种无监督的训练方式，将给定的一系列甚至是一张 2D 图像转换为该物体的 3D 形状和深度信息。

9.5.4　生成对抗网络在语言处理中的应用

相对于在计算机视觉领域的应用，GAN 在语言处理领域的应用较少。这是由于图像和视频数据的取值是连续的，可直接应用梯度下降对可微的生成器和判别器进行训练；而语言生成模型中的音节、字母和单词等都是离散值，这类离散输出的模型难以直接应用基于梯度的生成对抗网络。但是生成对抗网络也在文本生成和文本生成图像领域有了成功应用。

1. 文本生成

生成对抗网络不仅广泛用于撰写新闻报道，还能够进行诗歌写作等文学创作。例如，微软小冰："幸福的人生的逼迫，这就是人类生活的意义。"FAIR："The crow crooked on more beautiful and free, he journeyed off into the quarter sea."清华大学研究团队将机器人创作的诗歌与文艺青年创作的诗歌集中在一起由专家们辨别，结果机器人获得胜利。

2. 文本生成图像

从文本生成图像，即给计算机输入一段文字描述，计算机自动生成与文字描述相近的图片。相比于前述的从图像到图像的转换，从文本到图像的转换困难得多。一方面，以文本描述为条件的图像分布往往是高度多模态的，即符合同样文本描述的生成图像之间差别可能很大；另一方面，虽然从图像生成文字也面临着同样问题，但由于文本能按照一定语法规则分解，因此从图像生成文本是一个比从文本生成图像更容易定义的预测问题。通过GAN 的生成器和判别器分别进行文本到图像、图像到文本的转换，二者经过对抗训练后能够生成以假乱真的图像。

9.6　大模型与生成式人工智能

大模型通常指的是拥有大量参数的神经网络模型。参数的数量越多，模型通常具备更强大的学习和表示能力。大模型可以包含数十亿甚至数千亿的参数，这使得它们能够处理更复杂的任务，学习更复杂的模式，并在各种领域中展现卓越的性能。大模型广泛应用于自然语言处理、计算机视觉、语音处理等领域。GPT 系列、BERT 等是在自然语言处理任务中成功应用的一些例子。

生成式人工智能是一类人工智能系统，其主要特点是能够生成新的内容，而不仅仅是对已有数据的模仿或分类。这类系统通常能够从学到的模式中生成新的、原创性的数据，如生成文本、图像、音频等。生成式任务强调系统的创造性和表达性。生成式人工智能被广泛应用于自然语言生成、图像生成、音频合成、艺术创作等领域。GPT 系列模型、Sora、VAE-GAN 等都属于生成式人工智能。

在一些情况下，大模型与生成式人工智能是相关的，因为大型神经网络模型通常在生成式任务中表现得更为出色。例如，GPT 系列模型就是既属于大模型又属于生成式人工智能的典型代表，因为它们不仅在规模上很大，而且能够生成高质量的文本。

9.6.1　ChatGPT

ChatGPT 是一个基于 OpenAI 的 GPT 技术的聊天机器人，是一种用于生成自然语言文本的人工智能模型，可以生成逼真的文本以响应输入的文本，旨在模拟人类对话的能力，使得用户可以与它进行自然而流畅的对话。GPT 模型以无监督的方式进行预训练，通过阅读大量的文本数据来学习语言的规律和模式，并能够生成类似的文本。与传统的对话系统不同，ChatGPT 采用了深度学习技术，可以自动地从大量的语言数据中学习到语言的规律和特征，从而实现更加自然、流畅的对话生成。

GPT 模型结构是 ChatGPT 的基础，它采用了 Transformer 架构，其中包括了多头自注意力机制、残差连接、层归一化等技术。Transformer 架构的优点是能够处理任意长度的序列数据，从而适用于自然语言处理领域。其结构如图 9.19 所示。

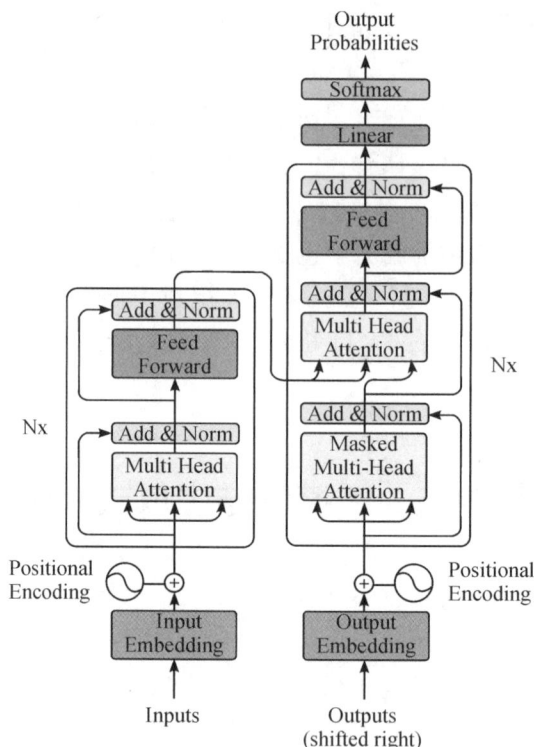

图 9.19　Transformer-model 架构

（原图来自于互联网 https://arxiv.org/abs/1706.03762）

ChatGPT 的原理基于 GPT 模型结构、无监督预训练技术、微调技术、奖励模型、人类反馈的强化学习模型等技术，其原理可以概括为以下几个步骤。

1. 预训练

ChatGPT 首先通过大规模的文本语料进行无监督的预训练。在预训练阶段，模型尝试学习语言的统计结构和语义含义。这通常使用自监督学习任务，如掩码语言模型（Masked Language Model，MLM）和下一句预测（Next Sentence Prediction，NSP）等。通过这些任务，模型学会了理解语言的上下文、语法和语义。

2. 微调

在预训练完成后，ChatGPT 需要通过有标签的对话数据进行微调，以适应特定的对话任务。微调的目的是调整模型的参数，使其在对话生成方面表现更好。微调过程通常包括调整模型的超参数、选择适当的损失函数以及使用合适的优化算法。

3. 对话生成

经过微调后，ChatGPT 可以用于生成对话。当用户输入文本时，模型会根据先前的对话历史和输入的文本来生成回复。这个过程涉及到模型的自回归性质，即模型一次生成一个词或一个子词，并根据先前生成的内容来生成下一个。

4. 上下文理解

ChatGPT 在生成回复时，会将先前的对话历史作为上下文，并尝试理解用户的意图和上下文信息。这通过模型内部的自注意力机制来实现，从而使得模型能够捕捉到输入序列中的长期依赖关系，并在生成过程中进行合适的内容填充。

5. 动态响应

ChatGPT 可以根据输入的内容动态地生成回复，响应用户的提问、陈述或请求。它可以处理各种类型的对话场景，包括闲聊、问答、建议等。

综上所述，ChatGPT 是一种基于预训练的大型语言模型，旨在模拟人类对话的能力。通过学习大量的文本数据，ChatGPT 能够生成自然流畅的对话回复。其原理是利用预训练的语言知识和上下文理解，结合微调和对输入文本的理解，生成与输入相关的连贯且自然的对话回复。ChatGPT 的出现对自然语言处理领域产生了重大影响，并在对话系统、智能助手等领域发挥着重要作用。

9.6.2　Sora

Sora 是由 OpenAI 研发的一项创新技术，标志着视觉技术领域的重大突破。该技术结合了大型语言模型(LLM)的逻辑推理和常识理解能力，与 diff 模型相融合，将视频生成领域推向了一个全新的境界。Sora 不仅能够生成流畅、稳定的视频内容，还具备令人惊叹的 3D 运镜功能，使其能够在空间中自如穿梭，仿若无人机的镜头。这种创新将视频生成提升至全新水平，为人工智能技术的发展开辟了新的方向。Sora 为创作者提供了更灵活、高效的视频生成工具，同时也将推动视频制作和电影行业迈入一个崭新的时代。Sora 的出现将重新定义人们对视觉技术和视频生成的认知，为未来的技术发展打开了广阔的前景。

传统的视频生成技术通常采用基于逐帧生成的方法，然而这种方法存在一些明显的问题，例如视频中物体可能出现不连贯的运动和外观。这些问题限制了视频生成技术的发展和应用。然而，Sora 以一种全新的方式出现，它的技术实现细节是对当前视觉技术的巨大突破。Sora 技术的核心在于结合了 LLM 的逻辑推理和常识理解能力与 diff 模型。这一结合创造了一种全新的视频生成方式，不再是简单的逐帧图像生成，而是确保视频中的物体遵循特定的物理规律，保持动作的连贯性。这意味着 Sora 能够更好地理解视频中的语境和情境，从而生成更加自然和真实的视频内容。

首先，LLM 模型在 Sora 技术中的应用至关重要。LLM 具有强大的语言理解和推理能力，它通过深度学习算法在大量语料库中学习语言的语法结构、词汇含义和上下文关系。在视频生成过程中，LLM 理解和分析各种语境、情境和物体之间的关系，为 Sora 生成逻辑连贯且合理的视频内容提供了基础。其次，常识理解能力在 Sora 技术中同样发挥着关键作用。Sora 利用常识理解能力解决视频生成中的现实世界问题，例如物体的运动轨迹、碰撞、重力影响等。这使得 Sora 能够基于现实世界的规律和逻辑生成更加真实和自然的视频内容。除此之外，Sora 还采用了扩散模型，将 LLM 的逻辑推理和常识理解能力与视频生成过程相结合。扩散模型在视频生成的每个阶段引入 LLM 和常识理解能力，确保生成的视频内容在运动、外观和行为上都保持连贯和真实。通过扩散模型的应用，Sora 能更智能地处理视频生成过程中的复杂情况，并生成高质量的视频内容。

综上所述，Sora 的问世标志着视觉技术领域迎来了新的时代。通过融合语言模型的逻辑推理和常识理解能力，Sora 在视频生成领域实现了重大突破，对于具身智能和人形机器人领域的发展将产生深远影响。期待在未来看到 Sora 技术在更多领域的应用，为人类社会带来更多的创新和进步。

总的来说，"大模型"强调的是神经网络规模的庞大，而"生成式人工智能"则侧重于系统的生成能力。在实践中，这两个概念可能相互交叉，因为大型神经网络在生成式任务中的应用越来越普遍。

【实践 9.1】　基于神经网络的优化计算

基于随机梯度下降算法(SGD)对 MNIST 手写数字数据集进行模型参数的优化。

```
1. import torch
2. import torch.nn as nn
3. import torch.optim as optim
4. from torch.utils.data import DataLoader
5. from torchvision.datasets import MNIST
6. from torchvision.transforms import ToTensor
7. import matplotlib.pyplot as plt
8. ♯ 加载数据集
9. train_dataset=MNIST(root='./data', train=True, transform=ToTensor(), download=True)
10. test_dataset=MNIST(root='./data', train=False, transform=ToTensor(), download=True)
11. train_loader=DataLoader(train_dataset, batch_size=64, shuffle=True)
12. test_loader=DataLoader(test_dataset, batch_size=64, shuffle=False)
13. ♯ 定义神经网络模型
14. class NeuralNetwork(nn.Module):
15.    def __init__(self):
16.        super(NeuralNetwork, self).__init__()
17.        self.flatten=nn.Flatten()
18.        self.linear_relu_stack=nn.Sequential(
19.            nn.Linear(28 * 28, 512),
20.            nn.ReLU(),
21.            nn.Linear(512, 512),
22.            nn.ReLU(),
23.            nn.Linear(512, 10)
```

```
24.        )
25.     def forward(self，x)：
26.         x=self. flatten(x)
27.         logits=self. linear_relu_stack(x)
28.         return logits
29.  # 初始化模型、损失函数和优化器
30.  model=NeuralNetwork()
31.  criterion=nn. CrossEntropyLoss()
32.  optimizer=optim. SGD(model. parameters()，lr=0. 01)
33.  # 训练模型
34.  def train_loop(dataloader，model，loss_fn，optimizer)：
35.     size=len(dataloader. dataset)
36.     for batch，(X，y) in enumerate(dataloader)：
37.         # 前向传播
38.         pred=model(X)
39.         loss=loss_fn(pred，y)
40.         # 反向传播
41.         optimizer. zero_grad()
42.         loss. backward()
43.         optimizer. step()
44.         if batch % 100==0：
45.             loss，current=loss. item()，batch * len(X)
46.             print(f"loss：{loss：>7f}  [{current：>5d}/{size：>5d}]")
47.  # 测试模型
48.  def test_loop(dataloader，model，loss_fn)：
49.     size=len(dataloader. dataset)
50.     test_loss，correct=0，0
51.
52.     with torch. no_grad()：
53.         for X，y in dataloader：
54.             pred=model(X)
55.             test_loss +=loss_fn(pred，y). item()
56.             correct +=(pred. argmax(1)==y). type(torch. float). sum(). item()
57.     test_loss /=size
58.     correct /=size
59.     print(f"Test Error：\n Accuracy：{(100 * correct)：>0. 1f}% , Avg loss：{test_loss：>8f} \n")
60.  epochs=5
61.  for t in range(epochs)：
62.     print(f"Epoch {t+1}\n-------------------------------")
63.     train_loop(train_loader，model，criterion，optimizer)
64.     test_loop(test_loader，model，criterion)
65.  print("Done!")
```

【实践 9.2】 卷积神经网络用于图像识别

基于 PyTorch 实现 CIFAR-10 数据集上的图像识别分类任务。

```
1. ----------------------------Net------------------------
2. import torch
3. from torch import nn
4. class Mymodel(nn.Module):
5.     def __init__(self):
6.         super().__init__()
7.         self.model=nn.Sequential(
8.             nn.Conv2d(3, 32, 5, 1, 2),
9.             nn.MaxPool2d(2, stride=2),
10.            nn.Conv2d(32, 32, 5, 1, 2),
11.            nn.MaxPool2d(2),
12.            nn.Conv2d(32, 64, 5, 1, 2),
13.            nn.MaxPool2d(2),
14.            nn.Flatten(),
15.            nn.Linear(64*4*4, 64),
16.            nn.Linear(64, 10),
17.            nn.Softmax(dim=1)
18.        )
19.    def forward(self, x):
20.        x=self.model(x)
21.        return x
22. if __name__=='__main__':
23.    mymodel=Mymodel()
24.    x=torch.rand(size=(1, 3, 32, 32))
25.    outputs=mymodel(x)
26. ----------------------------Train------------------------
27. import torchvision
28. from torch.utils.data import DataLoader
29. from net import *
30. transforms=torchvision.transforms.Compose([
31.    torchvision.transforms.RandomHorizontalFlip(),
32.    torchvision.transforms.RandomCrop(size=32, padding=4),
33.    torchvision.transforms.ToTensor(),
34.    torchvision.transforms.Normalize((0.5, 0.5, 0.5), (0.5, 0.5, 0.5))
35. ])
36. #1.获取数据集
```

```
37. train_datasets = torchvision. datasets. CIFAR10(root = '. . /dt', train = True, transform =
    transforms, download = True)
38. test_datasets = torchvision. datasets. CIFAR10(root = '. . /dt', train = False, transform =
    transforms, download = True)
39. #2.从数据集抽取批量数据
40. train_loader = DataLoader(train_datasets, batch_size = 64, shuffle = True)
41. test_loader = DataLoader(test_datasets, batch_size = 64, shuffle = True)
42. train_datasets_size = len(train_datasets)
43. test_datasets_size = len(test_datasets)
44. #3.构建神经网络
45. mymodel = Mymodel()
46. #是否用 gpu 训练
47. ues_gpu = torch. cuda. is_available()
48. if ues_gpu：
49.    print('gpu 可用')
50.       mymodel = mymodel. cuda()
51. #4.损失函数
52. loss = nn. CrossEntropyLoss()
53. #5.定义优化器
54. learning_rate = 0. 01
55. optimizer = torch. optim. SGD(mymodel. parameters(), lr = learning_rate)
56. #6.开始训练
57. epochs = 150
58. for epoch in range(epochs)：
59.    print('-------------------训练轮数{}/{}--------------------'. format(epoch+1, epochs))
60.    # 损失值
61.    total_train_loss = 0
62.    total_test_loss = 0
63.    # 准确值
64.    total_train_acc = 0
65.    total_test_acc = 0
66.    for data in train_loader：
67.       inputs, labels = data
68.       if ues_gpu：
69.          inputs = inputs. cuda()
70.           labels = labels. cuda()
71.       outputs = mymodel(inputs)
72.       optimizer. zero_grad()
73.       l = loss(outputs, labels)
74.       l. backward()
75.       optimizer. step()
76.       total_train_loss += l. item()
77.       train_acc = (outputs. argmax(1) == labels). sum()
```

```
78.        total_train_acc += train_acc
79.    # 7. 开始测试
80.    with torch.no_grad():
81.        for data in test_loader:
82.            inputs, labels = data
83.            if ues_gpu:
84.                inputs = inputs.cuda()
85.                labels = labels.cuda()
86.            outputs = mymodel(inputs)
87.            l = loss(outputs, labels)
88.            total_test_loss += l.item()
89.            test_acc = (outputs.argmax(1) == labels).sum()
90.            total_test_acc += test_acc
91.    print('训练损失为：{}，准确率为：{}'.format(total_train_loss, total_train_acc/train_
    datasets_size))
92.    print('测试损失为：{}，准确率为：{}'.format(total_test_loss, total_test_acc/test_data-
    sets_size))
93.    if (epoch+1) % 50 == 0:
94.        torch.save(mymodel, './model_{}.pth'.format(epoch+1))
95.    ------------------------------Test------------------------------
96. import os
97. import cv2
98. import torchvision
99. from net import *
100. classes = ['airplane', 'automobile', 'bird', 'cat', 'deer', 'dog', 'frog', 'horse', 'ship',
    'truck']
101. model = torch.load('model_150.pth', map_location='cpu')
102. # 每个文件地址
103. folder_path = '../testimages'
104. files = os.listdir(folder_path)
105. image_files = [os.path.join(folder_path, f) for f in files]
106.
107. transforms = torchvision.transforms.Compose([
108.    torchvision.transforms.ToTensor(),
109.    torchvision.transforms.Normalize((0.5, 0.5, 0.5), (0.5, 0.5, 0.5))
110.    ])
111. for img in image_files:
112.    image = cv2.imread(img)
113.    cv2.imshow('image', image)
114.    image = cv2.resize(image, (32, 32))
115.    image = cv2.cvtColor(image, cv2.COLOR_BGR2RGB)
116.    image = transforms(image)
```

```
117.      image=torch.reshape(image,(1,3,32,32))
118.      output=model(image)
119.      value,index=torch.max(output,1)
120.      pre_val=classes[index]
121.      print('预测概率：{}，预测下标：{}，预测结果：{}'.format(value.item(),index.item(),
pre_val))
122.      # 等待按键
123.      cv2.waitKey(0)
```

本 章 小 结

本章首先介绍了人工神经元和人工神经网络的基本概念，神经元是神经网络的基本构建单元，人工神经元是受生物神经元启发而设计的数学模型，而神经网络是由许多神经元组成的计算模型。人工神经网络是对生物神经网络的模拟，人工神经网络的基本工作单元是人工神经元。

其次介绍了 BP 神经网络和 Hopfield 神经网络。BP 神经网络是误差反向传播网络的简称，网络拓扑结构是多层前馈网络，其实现了 Minsky 的多层网络的设想，是神经网络模型中使用最广泛的一种。Hopfield 网络是由美国加州工学院物理学家 Hopfield 于 1982 年提出来的一种单层全互连的对称反馈网络模型，可分为离散 Hopfield 网络和连续 Hopfield 网络。

最后介绍了卷积神经网络，生成对抗网络以及大模型与生成式人工智能。卷积神经网络是一个多层的神经网络，使用局部连接、权值共享、多卷积核以及池化这几个关键技术来利用自然信号的属性。生成对抗网络是通过使用对抗训练机制对两个神经网络进行训练，经随机梯度下降实现优化，既避免了反复应用马尔可夫链学习机制所带来的配分函数计算，也无需变分下限或近似推断，从而大大提高了应用效率。而大模型通常指的是拥有大量参数的神经网络模型，参数的数量越多，模型通常具备更强大的学习和表示能力。生成式人工智能是一类人工智能系统，其主要特点是能够生成新的内容，而不仅仅是对已有数据的模仿或分类。

思考题或自测题

1. 什么是人工神经元？什么是人工神经网络？

2. 简述 BP 网络学习算法的基本思想。

3. 对"异或"问题，请采用 BP 网络学习算法，完成其学习过程（建议通过编写相应的 BP 网络学习程序来实现）。

4. 简述 Hopfield 网络学习算法的基本思想。

5. 图 9.20 是一个有 4 个节点的 Hopfield 网络，若给定的初始状态为 $V_0 = \{1, 0, 1, 0\}$，请计算该状态下的网络能量。

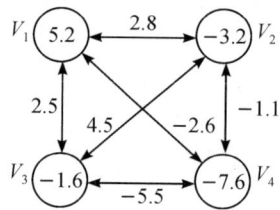

图 9.20　习题 5 的 Hopfield 网络

6. 什么是深度卷积神经网络？

7. 什么是感受野？为什么说深度学习是受感受野的启发？

8. 有哪几种主要的深层神经网络模型？

9. 什么是卷积核？什么是池化窗口？

10. 什么是权值共享？深度卷积神经网络学习是如何实现权值共享的？

11. 设有如图 9.21 所示的输入特征图和卷积核，请求出卷积操作后的输出特征图。

2	1	2	3
3	2	1	3
2	2	3	1
2	3	1	2

0	1
−1	0

图 9.21　习题 11 的特征图和卷积核

12. 设有如图 9.22 所示的输入特征图，给定池化窗口为 2×2，请分别用最大池化法和平均池化法求出池化后的输出特征图。

3	5	2	4
2	4	5	3
6	3	5	7
5	8	6	4

图 9.22　习题 12 的输入特征图

13. 卷积神经网络的训练是由哪两个基本过程构成？简述其正向传播的基本方法和反向传播的基本思想。

14. LeNet-5 的基本结构包括哪几层？它们之间存在什么关系？

15. 大模型与生成式人工智能分别是什么？

第 10 章

智能体与多智能体系统

智能体技术主要起源于人工智能、软件工程、分布式系统以及经济学等学科。自 20 世纪 90 年代以来，智能体技术越来越受到学术界和产业界的重视。人工智能领域希望通过实现一种简单结构的软硬件来达到复杂的智能能力；而软件工程领域希望有新的程序设计模式或程序设计语言来突破面向对象的程序设计范式；分布式系统或计算机网络领域希望将传统的集中式控制转为分布式控制，以实现每个通信节点或计算节点之间的自主通信；如果将以上思考推广到社会领域，那么可以直接将人当作一个理性的计算实体，对人类的各种智能行为加以分析。以上这些需求或者思考都促进了智能体技术的发展。随着计算机网络和信息技术的发展，智能体技术得到广泛应用。多智能体不仅具备自身的问题求解能力和行为目标，而且能够相互协作，来达到共同的整体目标，从而能够解决现实中广泛存在的复杂的大规模问题。

尽管各个领域对智能体的定义有很多相通之处，但在技术细节上却相差甚远。本章主要介绍人工智能领域中智能体的基本概念和相关技术。在介绍智能体与多智能体系统概念的基础上，介绍多智能体系统中的通信、协调、协作、协商等基本技术。

10.1 多智能体概述

智能体在人类生活中无处不在。

例如，电梯控制器就是一种智能体。当在一个写字楼里等候电梯时，如果是一个电梯群组，当按下电梯按钮时，电梯控制器将会响应请求，安排某一部电梯前往被呼叫的楼层。

再如，红绿灯控制器也是一种智能体。如果将交通路口的红绿灯设计成一个智能的红绿灯，它就可以根据路口各个方向的车流量智能地设定红绿灯的时间。

10.1.1 智能体

1. 智能体的概念

到目前为止，智能体(Agent)还没有一个统一的、形式化的定义。一种较普遍的观点认为：智能体是一种能在一定环境中自主运行和自主交互，以满足其设计目标的计算实体。此外，一个比较权威的定义是 Wooldridge 和 Jennings 1995 年给出的关于智能体的弱定义和强定义。智能体的弱定义认为，智能体是具有自主性、社会性、反应性和能动性的计算机软件系统或硬件系统。智能体的强定义认为，智能体是这样一个实体，它的状态可以看成由信念、能力、选择、承诺等心智构件组成。即智能体除具有弱定义下的特性，还应该具有人类的一些特性，如知识、信念、意图等，甚至包括情感。智能体在英文中是个多义词，其主要含义包括：主动者、代理人等。智能体的中文译法目前尚不统一，在国内使用较多的译法有：智体、智能体、智能主体、主体、代理、实体、艾真体等。对此，本书一般直接采用其英文原文，需要用到中文时采用"智能体"。

在人工智能领域中，智能体可以看作是一个程序或者一个实体，它嵌入在环境中，通过传感器（sensor）感知环境，通过效应器（effector）自治地作用于环境并满足设计要求。智能体与环境的交互作用如图 10.1 所示。

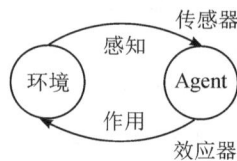

图 10.1　智能体与环境的交互作用

实际上，一个人可以看成是一个智能体，眼睛、耳朵等器官如同传感器，而手、脚和嘴如同效应器。一个机器人也可以看成是一个智能体，通过摄像头、红外传感器等传感设备感知外界环境，各种各样的马达作为效应器作用于外界环境。

一个软件智能体使用经过编码的二进制符号序列作为感知与动作的表示。传统的整体设计和集中控制的软件开发方法越来越显示出局限性。智能和分布式的软件系统已经成为软件系统设计的一个重要方向。综合集成分布于 Internet 的异构软件以支持社团组织完成多部门甚至多社团组织之间合作的具有空间、时间和功能分布性的复杂任务，正在成为建立新型计算环境的主要动力。

1977 年，Hewitt 提出了并发 Actor 模型。这个模型中包含具有自控行为、相互作用、并发执行的对象，并被称 Actors。它们不仅封装了内部状态，还通过消息传递机制进行通信和并发工作。Actors 被认为是最早的智能体。

20 世纪 80 年代主要研究智能体之间的交互通信，协调合作，强调智能体之间的紧密群体合作而非个体能力的自治和发挥。20 世纪 80 年代末，分布式计算环境的普及推动了多智能体技术的发展。

目前，智能体的能力不断加强，能越来越多地模拟人的思维和行为。近年来，在软硬件领域、并行计算和分布式处理技术的研究都取得了很大进展，使得早期研究者探索的一些智能体问题已经在许多新领域广泛开展，如分布式人工智能、机器人学、人工生命、分布式对象计算、人机交互、智能和适应性界面、智能搜索和筛选、信息检索、知识获取、终端用户程序设计等。

2. 智能体的特性

智能体作为独立的智能实体应该具备以下特性：

1）自主性

一个智能体应该具有独立的局部于自身的知识和知识处理方法，在自身的有限计算资源和行为控制机制下，能够在没有人类和其他智能体的直接干预和指导的情况下持续运行，以特定的方式响应环境的要求和变化，并能够根据其内部状态和感知到的环境信息自主决定和控制自身的状态和行为。自主性是智能体区别于过程、对象等其他抽象概念的一个重要特征。

2）反应性

智能体能够感知、影响环境。不只是简单被动地对环境的变化做出反应，而是可以表现出受目标驱动的自发行为。智能体的行为是为了实现自身内在的目标，在某些情况下，智能体能够采取主动的行为，改变周围的环境，以实现自身的目标。

3）社会性

如同现实世界中的生物群体一样，智能体往往不是独立存在的，经常有很多智能体同时存在，形成多智能体系统，模拟社会性的群体。因此，智能体不仅能够自主运行，同时应该具有和外部环境中其他智能体相互协作的能力，在遇到冲突时能够通过协商来解决问题。

4）进化性

智能体应该能够在交互过程中逐步适应环境，自主学习，自主进化；能够随着环境的变化不断扩充自身的知识和能力，提高整个系统的智能性和可靠性。

3. 智能体的分类

目前，对智能体进行分类的方法有多种。本书主要讨论按照智能体的工作环境的分类方法和按照智能体的属性的分类方法。

1）按工作环境分类

按照智能体的工作环境，智能体可以分为软件智能体、硬件智能体和人工生命智能体。

（1）软件智能体。

软件智能体是从软件设计的角度对智能体的解释。人们平常所说的智能体通常是指软件智能体。一种对软件智能体的定义为：智能体是一种在特定环境中连续、自主运行的软件实体，它通常与其他智能体一起，联合求解问题。

（2）硬件智能体。

硬件智能体是指在物理环境中驻留的智能体，即人们平常所说的机器人。在这种定义下，单个机器人只是单智能体机器人，而多个机器人聚集在一起则可形成多智能体机器人系统。在多智能体机器人系统的研究和应用中，最关键的两个问题是单个智能体机器人的自治问题和多个自治智能体机器人的协作问题。多智能体机器人技术最具有挑战性的任务是那些具有内在合作性的任务，如多机器人竞赛等。

（3）人工生命智能体。

人工生命通常是指具有自然生命现象和特征行为的人造生命系统。人工生命智能体是指生存在某种人造生命系统中的虚拟生命体，如人工蚂蚁、人工鱼等。人工生命智能体系统研究中的关键问题之一是群集智能（Swarm Intelligence），即智能体群体如何通过合作来表现出智能行为的特征。

2）按属性分类

按照智能体的属性，可将其分为反应智能体、认知智能体和混合智能体等。

（1）反应智能体。

反应智能体是一种不包含认知功能，仅对感知到的外界信息做出响应的智能体。反应智能体的工作行为采用的是“感知—动作”模型，其典型代表是行为主义学派的机器虫。反应智能体虽具有对环境变化的快速响应能力，但其智能程度和灵活性较差。

（2）认知智能体。

认知智能体是一种具有认知功能和推理能力的智能体。典型的认知智能体模型是“信念—愿望—意图”模型。认知智能体体现了符号主义的观点，是一种基于知识的结构，它具有较高的智能程度，但对环境变化的响应能力和执行效率较差。

（3）混合智能体。

混合智能体是一种组合智能体，其内部包含多种相对独立且可并行执行的智能体。典型的混合智能体同时包含反应智能体和认知智能体。这种混合智能体可以综合反应智能体和认知智能体的优点，使其既具有较快的响应性，也具有较高的智能性和灵活性。

10.1.2 多智能体概念

1. 概念

现实中复杂的大规模问题，只靠单个的智能体往往无法描述和解决。因此，一个应用系统中往往包含多个智能体，这些智能体不仅具备问题求解能力和自身的行为目标，而且能够相互协作，达到共同的整体目标，这样的系统称为多智能体系统(Multi-Agent System，MAS)。多智能体系统是由多个自主智能体组成的一种分布式系统。其主要任务是要创建一群自主的智能体，并协调它们的智能行为。多智能体系统与分布式问题求解的主要区别在于，不同智能体之间的目标可能相同，也可能完全不同，每个智能体必须具有与其他智能体进行自主协调、协作和协商的能力。多智能体系统的研究重点包括智能体结构、智能体通信和多智能体合作等。

2. 多智能体系统的特性与类型

1）多智能体系统的特性

多智能体系统至少应该具备以下主要特性：

（1）单个智能体都仅具有有限的信息资源和问题求解能力。

（2）多智能体系统本身不存在全局控制，即其控制是分布的。

（3）知识和数据均是分散的。

（4）计算是异步执行的。

2）多智能体系统的类型

目前，对多智能体系统分类的方法有多种，下面主要讨论基于智能体功能结构的分类方法和基于环境知识存储方式的分类方法。根据系统中智能体的功能结构，可将多智能体系统分为以下 2 种。

（1）同构型系统。

同构型系统是指由多个具有相同功能和结构的智能体构成的系统。这种系统的主要优点是可靠性较高，原因是当某个智能体出现故障时，其他智能体可代替它去承担相应的任务。

（2）异构型系统。

异构型系统是指由一些功能、结构和目标不同的智能体构成的系统，通过通信协议来保证智能体间的协调和合作。一般的多智能体系统均为异构型系统。

根据系统中智能体对环境知识存储方式，可将多智能体系统分为以下 3 种。

① 反应式多智能体系统。在这种系统中，智能体不包括任何关于环境的内部模型，其行为以对环境的感知为基础。

② 黑板模式多智能体系统。在这种系统中，所有智能体关于环境的某一方面的信息或全部信息都存储在一个或多个被称为黑板的共享区域中。

③ 分布式存储多智能体系统。在这种系统中，智能体通过数据封装拥有自己关于环境的私有信念和信息，并利用消息通信实现不同智能体之间的知识共享和协作问题求解。

10.1.3　多智能体结构

1. 智能体的机理

在现实世界中，人类是最完美的智能体实例。如果把一个人比作单个智能体，其模型如图 10.2 所示。

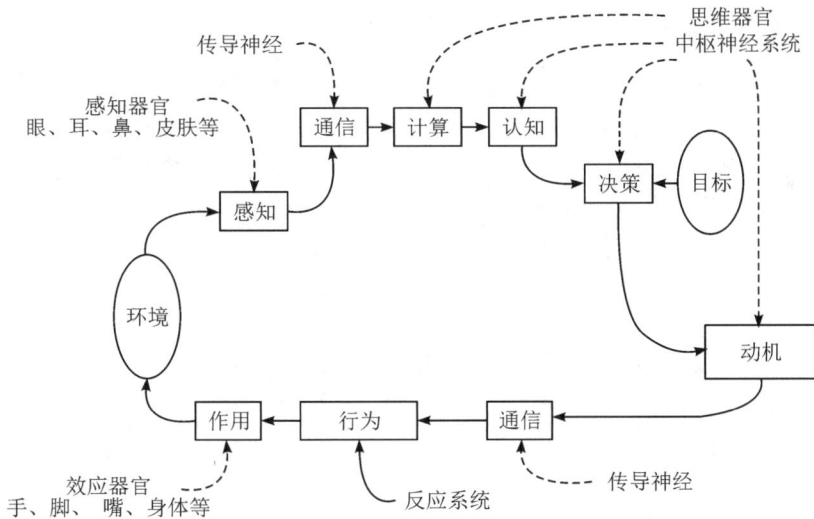

图 10.2　人类智能体模型

在该模型中，感知器官为视觉、听觉、触觉、味觉等，完成对环境信息的感知。效应器官为手、脚、嘴和身体的其他动作部分，根据反应系统的行为要求，实现所需的动作，完成对外界环境的作用。传导神经完成对感知信息和决策信息的传递。思维器官主要由中枢神经系统所构成。其中，计算实现对感知信息的预处理；认知实现由信息到知识的转换；决策根据目标、利用知识生成解决问题的方案；动机产生行为的内部动力。

基于上述人类智能体模型，可得到如图 10.3 所示的智能体的一般结构。智能体首先通过传感器感知外界环境；然后由信息融合模块对感知到的不同的外界信息进行融合计算，由知识创建模块对融合后的信息进行认知性加工，由策略生成模块形成规划或策略；最后通过效应器将行为策略作用于外界环境。其中,传感器对应于图 10.2 的感觉器官,计算、认知、决策机构对应于图 10.2 的思维器官,效应器对应于图 10.2 的效应器官。更具体地说,如果图 10.3 的智能体是机器人智能体,则其传感器为摄像机、红外测距器等,效应器为各种电机等。如果图 10.3 的智能体是软件智能体,则其感知信息和作用信息均由相应的字符串编码来实现。

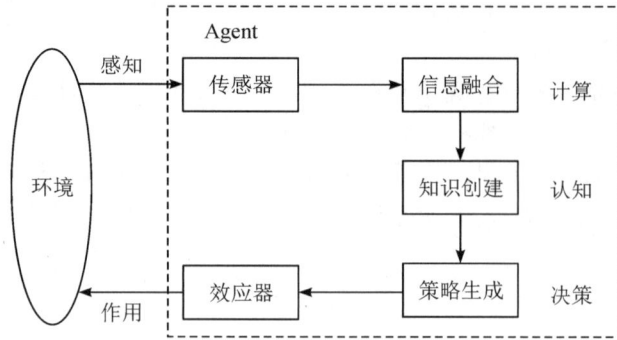

图 10.3　智能体的基本结构

注意,图 10.3 仅是智能体的一种基本结构。实际上,不同类型智能体的结构会存在一定差异。例如,反应智能体就不存在认知和决策过程。

2. 反应智能体的结构

反应智能体是一种不含任何内部状态,仅简单地对外界刺激产生响应的智能体。反应智能体的结构如图 10.4 所示,采用"感知—动作"工作模式,即当传感器感知到外界环境信息后,立即由信息融合模块形成当前世界状态,并由作用决策模块根据当前世界状态和"条件—作用"规则及时做出决策,随即由效应器执行。反应智能体与行为主义相联系。行为主义的代表人物·Brooks 教授所研制的机器虫采用的就是"感知—动作"模型。

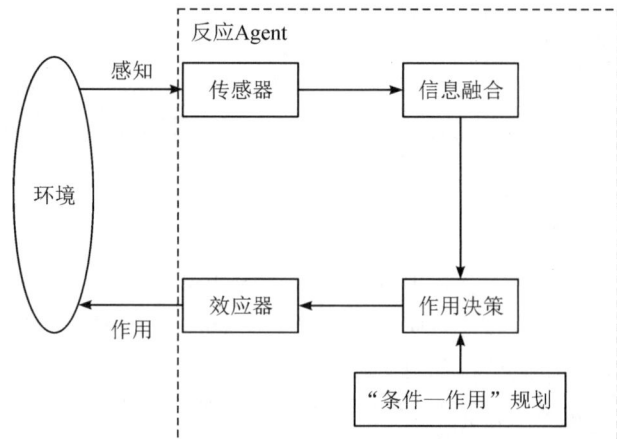

图 10.4　反应智能体的基本结构

3. 认知智能体的结构

认知智能体是一种具有自己的内部状态和知识库,能根据环境和目标进行推理、规划等操作的智能体。根据智能体的思维方式，认知智能体可以分为抽象思维智能体和形象思维智能体。其中，抽象思维智能体主要基于抽象概念和符号推理进行思维，与符号主义相联系。形象思维智能体主要基于形象材料进行整体直觉思维，与连接主义相联系。本书主要讨论基于抽象思维的认知智能体。

认知智能体的基本结构如图 10.5 所示。按照这种结构，智能体先通过传感器接收外界环境信息，并根据内部状态进行信息融合；然后，在知识库支持下制定规划，在目标引导下形成动作序列；最后，由效应器作用于外部环境。

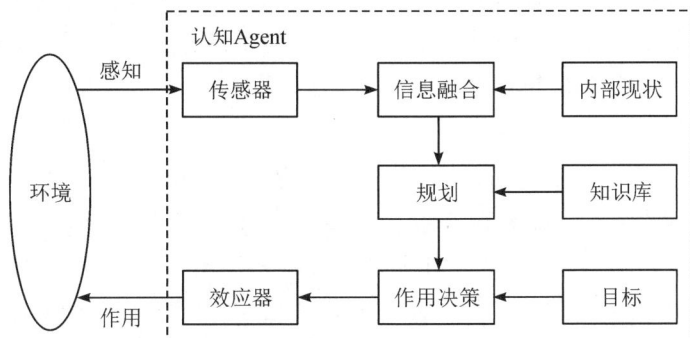

图 10.5　认知智能体的基本结构

4. 混合智能体的结构

混合智能体是一种组合智能体，其内部包含多种相对独立且可并行执行的智能体。这里主要针对由反应智能体和认知智能体组合而成的混合智能体，讨论其基本结构。由反应智能体和认知智能体组合形成的混合智能体的基本结构如图 10.6 所示。

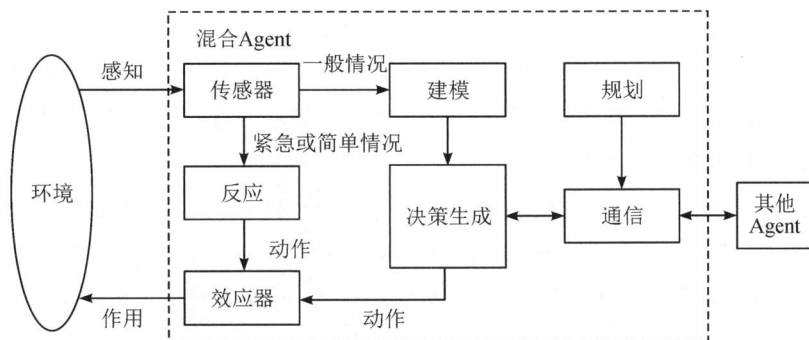

图 10.6　混合智能体的基本结构

在这种结构中，智能体包含了感知、动作、反应、建模、规划、通信、决策等模块。智能体通过感知模块获取外界环境信息，并对环境信息进行抽象，如果感知到的是简单或紧急情况，则直接传送给反应模块，由反应模块做出决定，交给行为模块立即执行。这是一种典型的反应智能体结构。如果感知到的是一般情况，则该信息被送到建模模块进行分析，建模模块根据自身的模型和感知到的信息做出短期情况预测，然后在决策模块的协调下由规划模块做出中短期行动计划，最后交给动作模块执行。

5. 多智能体系统的基本类型

针对不同的应用环境，从不同角度提出了多种类型的多智能体模型，包括 BDI 模型、协商模型、协作规划模型和自协调模型等。

1）BDI(Belief Desire Intention)模型

BDI 模型是一个概念和逻辑上的理论模型，是研究智能体理性和推理机制的基础。在把 BDI 模型扩展到 MAS 的研究时，提出了联合意图、社会承诺、合理行为等智能体行为的形式化定义。联合意图为智能体建立复杂动态环境下的协作框架，对共同目标和共同承诺进行描述。当所有智能体都同意这个目标时，就一起承诺去实现该目标。联合承诺可以用来描述合作推理和协商，社会承诺给出社会承诺机制。

2）协商模型

智能体的协作行为一般通过协商产生。虽然各个智能体的行动目标是使自身效用最大化，然而在完成全局目标时，需要各智能体在全局上建立一致的目标。对于资源缺乏的智能体动态环境，任务分解、任务分配、任务监督和任务评价就是一种必要的协商策略。合同网协议就是协商模型的典型代表，主要解决任务分配、资源冲突和知识冲突等问题。

3）协作规划模型

多智能体系统的规划模型主要用于制订协调一致的问题规划。每个智能体都具有自己的求解目标，考虑其他智能体的行动约束，并进行独立规划。网络结点上的部分规则可以用通信方式来协调所有结点，达成所有智能体都接受的全局规划。部分全局规划允许各智能体动态合作。智能体的相互作用以通信规划和目标的形式抽象表达，以通信原语描述规划目标，相互告知自己的期望行为，利用规划信息调节自身的局部规划，达到共同目标。

4）自协调模型

自协调模型是建立在开放和动态环境下的 MAS 模型，能够随环境变化自适应地调整行为。该模型的动态性表现在系统组织结构的分解重组和 MAS 内部的自主协调等方面。

6. 多智能体系统的体系结构

MAS 的体系结构影响系统的异步性、一致性、自主性和自适应性的程度，决定信息的存储方式、共享方式和通信方式。体系结构中必须有共同的通信协议或传递机制。对于不同复杂程度的应用，应选择不同能力的体系结构。下面介绍几种常见的 MAS 的体系结构。

1）网络结构

网络结构中的智能体之间都是直接通信的，通信和状态知识都是固定的。网络结构的智能体系统中的每个智能体必须知道消息应该在什么时候发送到什么地方，系统中有哪些智能体是可以合作的，都具备什么样的能力等。但是，将通信和控制功能都嵌入到每个智能体内部，就是要求系统中的每个智能体都拥有有关其他智能体的大量信息和知识，而在开放的分布式系统中这往往是做不到的。另外，当系统中智能体的数目越来越多时，这种一对一的直接交互将导致低效率。

2）联盟结构

联盟结构的工作方式是：若干相距较近的智能体通过一个叫作协助者的智能体进行交

互，而远程智能体之间的交互和消息发送则是由局部智能体群体的协助者智能体协作完成
的。这些协助者智能体可以实现各种各样的消息发送协议。当一个智能体需要某种服务时，
它就向所在的局部群体的协助者智能体发送一个请求，该协助者智能体将以广播方式发送
该请求，或者将该请求与其他智能体所声明的能力进行匹配，将此信息发送给对它感兴趣
的智能体。这种结构中的智能体不需要知道其他智能体的详细信息，因此有较大的灵活性。
协助智能体能够实现一些高层系统服务，如黄页、直接通信、问题分解和监控等。

　　3）黑板结构

　　黑板结构和联盟系统有相似之处，不同的地方在于黑板结构中的局部智能体把信息存
放在可存取的黑板上，实现局部数据共享。在一个局部智能体群体中，控制外壳智能体（类
似于联盟结构中的协助者）负责信息交互，而网络控制者智能体负责局部的智能体群体之
间的远程信息交互。黑板结构的不足之处在于：局部数据共享要求一定范围的智能体群体
中的智能体拥有统一的数据结构或知识表示，这就限制了系统中智能体设计和建造的灵活
性。因此，开放的分布式系统不宜采用黑板结构。

10.2　多智能体系统协作

　　在计算机科学领域，最具有挑战性的目标之一就是建立能够在一起工作的计算机系
统。随着计算机系统越来越复杂，将多智能体集成起来则更具挑战性。而智能体间的协作
是保证系统能在一起共同工作的关键，也是多智能体系统与其他相关研究领域（如分布式
计算、面向对象的系统和专家系统等）区别开来的关键性概念之一。以自主的多智能体为中
心，使多智能体的知识、愿望、意图、规划和行动协调，以至达到协作是多智能体的主要
目标。

　　协调是一组多智能体完成一些集体活动时相互作用的性质，协调也是对环境的适应，
在同样的环境中存在多个智能体并且都在执行某个动作。协调一般会改变智能体的意图，
原因是其他智能体的意图存在。协作是非对抗的智能体之间保持行为协调的一个特例。多
智能体是以人类社会为范例进行研究的。在人类社会中，人与人的交互无处不在。人类交
互一般在纯冲突和无冲突之间。同样，在开放、动态的多智能体环境下，具有不同目标的多
个智能体必须对其目标、资源的使用进行协调。例如，在出现资源冲突时，若没有很好的协
调，就有可能出现死锁。而在另一种情况下，即单个智能体无法独立完成目标，需要其他智
能体的帮助，这时就需要协作。

　　在多智能体系统中，协作不仅能提高单个智能体以及由多个智能体所形成的系统的整
体行为的性能，增强智能体及智能体系统解决问题的能力，还能使系统具有更好的灵活性。
通过协作使多智能体系统能解决更多的实际问题，拓宽应用范围。尽管对单个智能体来说，
它只关注自身的需求和目标，因而其设计和实现可以独立于其他智能体，但在多智能体系
统中，智能体不是孤立存在的。由遵循某些社会规则的智能体所构成的多智能体系统中，
智能体的行为必须满足某些预定的社会规范，而不能为所欲为。智能体间的这种相互依赖
关系使得智能体间的交互以及协作方式对智能体的设计和实现具有相当大的制约性，基于
不同的交互及协作机制，多智能体系统中的智能体的实现方式将各不相同。因此可以说，

研究智能体间的协作是研究和开发基于智能体的智能系统的必然要求。

多智能体系统主要涉及智能体通信和多智能体合作问题。下面分别简要说明。

10.2.1 通信

在多智能体系统中，要实现不同智能体之间的协作求解和行为协调，首先这些智能体之间必须能够交换信息，即能够进行通信，因此通信是智能体之间协作的基础。本节主要讨论智能体通信的概念、方式和语言。

1. 智能体通信的基本问题

智能体通信是多智能体系统中不同智能体之间的信息交换，需要解决的基本问题包括通信方式、通信语言、通信协议和对话管理 4 方面。

1）通信方式

智能体通信方式是指不同智能体之间的信息交换方式。例如，是直接把信息发给其他一个或若干智能体，还是间接地把信息放到一个共享的公共数据区，由需要这些信息的智能体来决定。常用的通信方式有消息传送和黑板系统等。

2）通信语言

智能体通信语言是指相互交换信息的智能体之间共同遵守的一组语法、语义和语用的定义。其中，语法描述通信符号如何组织，语义描述通信符号代表的含义，语用描述消息在环境状态和智能体心智状态下的解释。智能体通信语言是智能体之间进行信息交换的媒介，常用的智能体通信语言有知识查询与操纵语言 KQML 等。

由于异质系统中的智能体可能使用不同的计算机语言或知识表示语言，因此现有的智能体通信语言多采用分层结构的形式，即将通信行为和通信内容相分离。通信行为是指通信要执行的动作，通信内容是指通信行为所传送的领域事实等。通常，通信语言只描述通信行为，具体的通信内容则由更高层的相互作用框架来实现。

3）通信协议

智能体通信协议包括智能体通信时使用的低层的传输协议和高层的对话协议。其中，低层的传输协议是指智能体通信中实际使用的低层传输机制，如 TCP、HTTP、FTP、SMTP 等。高层的对话协议是指相互对话的智能体之间的协调协商协议。通信协议用来说明对话的基本过程和响应消息的各种可能。常用的描述通信协议的方法有有限状态自动机和 Petri 网等。

4）对话管理

智能体之间的单个信息交换是智能体通信语言需要解决的基本问题，但智能体之间可能不仅交换单个信息，往往需要交换一系列信息，即需要进行对话。对话是指智能体之间不断进行信息交换的模式，或者说是智能体之间交换一系列消息的过程。

对话管理是指对智能体之间的对话过程的管理。其管理目标与智能体之间的关系有关：当相互对话的智能体之间的目标相似或者相同时，对话管理的目标应该是维护全局的一致性，并且不与智能体的自治性冲突；当相互对话的智能体之间的目标有冲突时，对话管理的目标应该是使得每个智能体的利益最大。

在上述 4 个问题中，由于对话管理和通信协议都与具体的应用密切相关，因此下面主要讨论通信方式和通信语言。

2. 智能体通信的类型

通常智能体采用两种方式进行通信：一是分享一个共同内部表示语言的智能体，它们无需任何外部语言就能通信；二是无需做出内部语言假设的智能体，它们共享英语子集作为通信语言。

1）使用 Tell 和 Ask 通信

这种通信形式的智能体分享共同内部表示语言，并通过界面 Tell 和 Ask 直接访问共享的知识库。智能体 A 可以使用 Tell(KB$_B$，"P")通信把提议 P 传到智能体 B，就如 A 会使用 Tell(KB$_B$，"P")把 P 加到自己的知识库。类似地，智能体 A 可以使用 Ask(KB$_B$，"Q")查出 B 是否知道 Q。这样的通信方式称为灵感通信(Telepathic Communication)。如图 10.7 所示，两个共享内部语言的智能体使用 Tell 和 Ask 界面并借助于知识库相互直接通信，其中每个智能体除了具有感知和行为端口之外，还有一个到知识库的输入/输出端口。

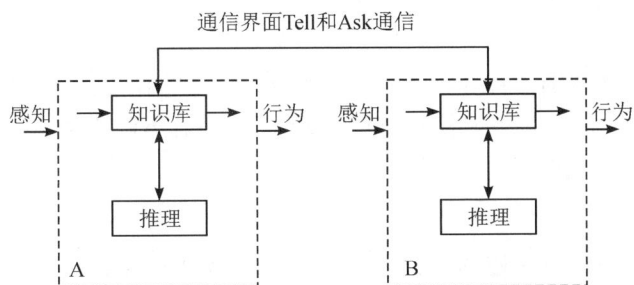

图 10.7　两个智能体通过 Tell 和 Ask 通信

2）使用形式语言通信

大多数智能体的通信是通过语言而不是通过直接访问知识库而实现的，两个智能体使用语言通信如图 10.8 所示。有的智能体可以执行表示语言的行为，而其他智能体可以感知这些语言。外部通信语言可以与内部表示语言不同，并且这些智能体中的每一个都可以有不同的内部语言。只要每个智能体能够可靠地从外部语言映射到自己的内部语言，它们就无需同意任何内部符号。

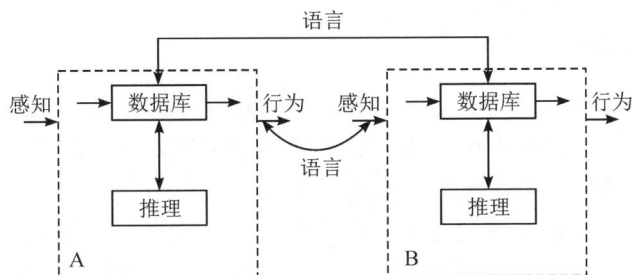

图 10.8　两个智能体使用语言通信

对于外部通信语言生成和分析的问题，主要由自然语言处理方法来设计这两个过程的算法。但是语言通信最难的部分是前面提到的问题：协调不同的智能体的知识库之间的差别。

3. 智能体通信方式

这里主要讨论消息传送和黑板模型这两种最常用的智能体通信方式。

1）消息传送

消息传送是智能体之间的一种直接通信方式。在这种通信方式中，一个智能体（称为发送者）可以直接将一个特定的消息传送给另一个智能体（称为接收者）。所谓消息，实际上是一个具有一定格式的信息结构，它由相应的通信语言来定义，不同通信语言所定义的消息格式可能不同。在消息通信方式中，消息是智能体之间进行信息交换的基本单位。消息传送通信原理如图 10.9 所示。

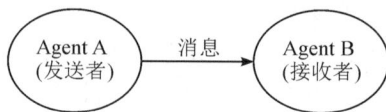

图 10.9　消息传送通信原理

消息传送的另一种特例被称为广播。广播是指一个智能体发出的消息可同时送给多个或一组智能体。消息传送是多智能体系统中实现灵活复杂协调策略的基础，当智能体之间需要交换一系列消息时，可通过对话管理来实现。

2）黑板模型

黑板模型也是一种广泛使用的通信方式，支持多智能体系统的分布式问题求解。在多智能体系统中，黑板提供了一个公共的工作区，智能体之间可以通过这个工作区来交换数据、信息和知识。黑板模型的基本工作方式是：首先由某个智能体在黑板上写入信息项，然后系统中需要该信息项的智能体可通过访问黑板来使用该信息项。系统中的每个智能体都可在任何时候访问黑板，查询是否有自己所需要的新的信息。在黑板通信方式中，智能体之间不进行直接通信，每个智能体都是通过黑板交换信息，并独立完成各自求解的子问题。

黑板模型多用在任务共享和结果共享的系统中。在这种情况下，如果系统中的智能体很多，那么黑板中的数据可能剧增。这样，当每个智能体访问黑板时，都需要从大量的信息中去搜索自己所感兴趣的信息。为提高智能体的访问效率，更合理的黑板模型应该是为不同类型的智能体提供不同的区域。

4. 智能体通信语言

智能体之间的交互和协调是通过智能体之间的通信来完成的。当前智能体在完成了对其他智能体的建模之后，如果要对其他智能体进行控制和协调，比如改变其他智能体的目标，知识或者是对环境的置信，就应该通过通信动作来完成。

多智能体系统的一个最显著的特征是各个智能体在满足自身利益的同时，通过相互之间的协商和合作，共同完成单一智能体无法完成的任务。智能体要进行协商和合作，相互之间的通信是必不可少的环节。智能体是具有一定智能性和自主性的软件实体，因此，智能体之间通信所传递的不仅仅是字符流或二进制数据流，而且还会在知识层上进行表达、理解和交流。

虽然在计算机界已经出现了一些互通的标准和方法，如 CORBA、OLE、ActiveX 等，但这些标准都是从动态、分布环境下运行应用程序困难的角度出发，主要解决数据结构交换和跨平台的远程调用问题。智能体之间的交互并不仅仅局限于数据和方法，因而这些标准都不能彻底解决智能体之间的通信问题。

由美国 KSE(Knowledge-Sharing Effort)机构研究开发的智能体通信语言(Agent Communication Language，ACL)是目前智能体通信研究中最引人注目的。KSE 主要研究开发支持不同系统之间知识共享的基础技术。该机构包括了三个不同的工作组，分别负责中间语言(Interlingua)、可共享重用知识(Shared Reusable Knowledge)和外部接口(External Interface)的研究工作。

目前国际上最流行的智能体通信语言有两种：一种称为知识交换格式语言 KIF；另一种称为知识查询操纵处理语言 KQML。

1)　知识交换格式语言 KIF

知识交换格式语言(Knowledge Interchange Format，KIF)主要基于谓词逻辑，可以作为专家系统、数据库、多智能体的知识表示工具。KIF 负责将一种语言翻译成另一种语言，或者为两种异构智能体的知识表达提供语义共享。可共享重用知识则是一个词汇表，它可以使可共享知识库的内容更容易被理解，同时也为特定的领域提供开发工具和方法。外部接口主要设计软件智能体运行时能够共享知识和信息的通信高层语言(Knowledge Query and Manipulation Language，KQML)，即知识查询操纵语言。KQML 是自主的异步智能体之间共享知识和实现协作问题求解的通信语言。它既是一种消息格式，也是支持实时智能体之间知识共享的消息处理协议，其目的在于实现基于知识的异构系统之间实现互操作和集成。上述的 KIF、词汇表和 KQML 三个部分正好构成了智能体通信语言(ACL)的主体。

在实际应用中，软件实体之间的互操作和知识共享是应用程序作为软件智能体的重要基础，甚至是必不可少的先决条件。图 10.10 展示了互操作软件智能体的抽象模型。

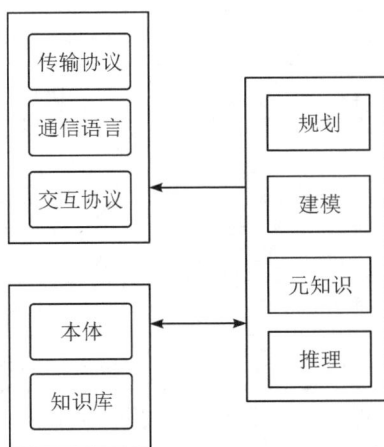

图 10.10　互操作软件智能体的抽象模型

2)　知识查询操纵语言

知识查询操纵语言(KQML)为多智能体通信定义了一套消息表达机制和消息传递格

式,从而为多智能体通信提供了一套建立连接识别和交换消息的协议,构建了一种标准通用框架。

KQML 是一种层次结构语言,可以分为 3 层:内容层、通信层和消息层。内容层使用应用程序本身的表达语言来传送消息的实际内容。KQML 可以携带用任何表示语言编写的表达式,包括那些 ASCII 字符串和基于二进制符号表达的内容。通信层主要负责对消息的某些特性进行编码,这些特性描述了底层通信参数,如发送者和接收者的标识符。消息层是整个 KQML 语言的核心。将一条消息从一个应用程序传送到另一个应用程序时,消息层完成对所传送信息的封装。消息层的一个最基本的功能是识别传输消息发送时所使用的协议,并且给消息发送者提供一个附加在内容上的述行语或原语(performative)。除此之外,由于通信内容对参与交互的智能体来说是不透明的,因此消息层还必须包含描述内容的语言、假设的本体和一些内容的类型描述等特征。这些特征使得 KQML 语言在内容不可知的情况下实现对消息的分析、路由和正确的传送。

KQML 语言的语法是基于平衡的插入语列表。列表的初始元素是述行语,其他元素都是述行语的参数,使用关键字/值对的形式进行表达。

尽管 KQML 语言中已经预先定义了一些常用的述行语,但它们既不是一个最小集,也不包含全部。智能体在完成一次通信中可能只用到了其中一两个述行语。述行语是可以扩充的,如果一组智能体对揭示和协议达成一致,就可以使用附加的述行语。然而智能体要使用预先定义好的述行语,则必须采用标准的方法。表 10.1 中列出了一些 KQML 保留的述行语,其中除了一些标准的通信述行语,如 ask,tell 和面向协议的述行语,如 subscribe 之外,还包括了一些语言符号使用方法中非协议部分有关的述行语,如 advertise——用以说明智能体处理的消息的种类,recruit——为特定的消息类型找到合适的智能体。

表 10.1　KQML 保留的述行语

述行语类型	述行语名称
Basic query(基本查询)	evaluate, ask-if, ask-about, ask-one, ask-all
Multi-response(多个响应)	stream-about, stream-all, eos
Response(响应)	reply, sorry
Generic information(一般信息)	tell, achieve, cancel, untell, unachieve
Generator(发生器)	standby, ready, next, rest, discard, generator
Capability-definition(定义能力)	advertise, subscribe, monitor, import, export
Networking(网络)	register, unregister, forward, broadcast, route

KQML 语言中有多种在进程之间进行信息交换的协议。最简单的情况,一个智能体充当客户端并向另一个充当服务器的智能体发出一个请求,然后等待服务器方的答复,如图 10.11 中智能体 A 和 B。服务器的应答可以是单一的,也可以包含一组回答。一般服务器方的应答并不是完整的回答,而是提供给客户端一个句柄,客户端可以一次请求一个答复元素,如图 10.11 中的智能体 A 和 C。一个简单的例子就是客户端向关系型数据库请求一系列的实例。图 10.11 中智能体 A 和 D 之间的情况稍微有点不同。当客户端在服务器上注册

了一个服务输出后，服务器就会不定期地向客户端发送异步应答，而客户端也不知道每一个应答的到达时间。这样做的好处在于，客户端可以处理其他任务而不必专门等待服务器的应答信息。

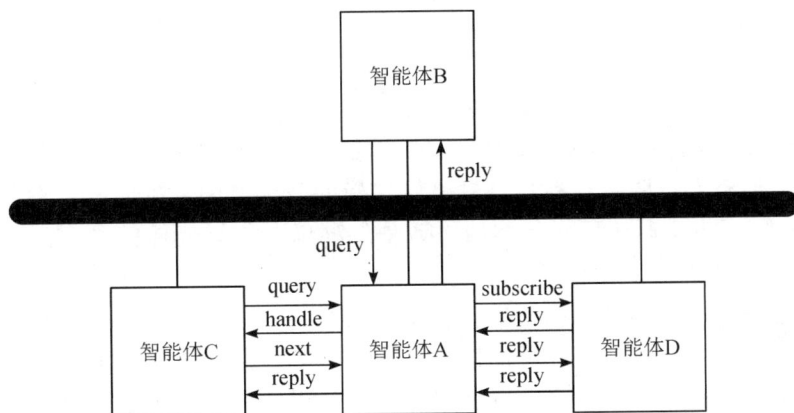

图 10.11　KQML 支持的几种通信协议

10.2.2　协调

多智能体系统可以看成由一群自主且自私的智能体所构成的一个社会。在这个社会中，每个智能体都有自己的利益和目标，并且它们的利益有可能存在冲突，目标也可能不一致。但是，正像人类社会中具有不同利益的人为了实现各自的目标需要进行合作一样，多智能体系统也是如此。

协调问题是多智能体合作中的一个主要问题。协调是指对智能体之间的相互作用和智能体动作之间的内部依赖关系的管理，描述的是一种动态行为，反映的是一种相互作用的性质。协调中有两个基本成分：一是"有限资源的分配"，二是"中间结果的通信"。例如，当多个智能体都需要使用某一共享资源时，涉及的是有限资源的分配问题；当一个智能体需要另一个智能体的输出作为其输入时，涉及的则是中间结果的通信问题。下面讨论几种智能体协调方法。

1. 基于部分全局规划的协调

部分全局规划（Partial Global Planning，PGP）是指将一个智能体组的动作和相互作用进行组合所形成的数据结构。该数据结构是通过智能体之间交换信息而合作生成的。基于部分全局规划的协调的基本原理是：在由多智能体构成的分布式系统中，为了达到关于某个问题求解过程的共同结论，合作的智能体之间需要交换各自的规划信息。所谓规划是部分的，是指系统不能产生整个问题的规划。所谓规划是全局的，是指智能体通过局部规划的交换与合作，可以得到一个关于问题求解的全局视图，进而形成全局规划。

基于部分全局规划的协调由以下 3 个迭代阶段构成：

（1）每个智能体决定自己的目标，并且为实现这一目标产生短期规划。

（2）智能体之间通过信息交换，实现规划和目标的交互。

（3）为协调动作和相互作用，智能体需要修改自己的局部规划。

为了实现上述迭代过程的连贯性，可以使用一个元级结构来指导系统内部的合作过程。该元级结构用来指明一个智能体应该与哪些智能体在什么条件下交换信息。基于部分全局规划协调主要适应于内在具有分布特征的协作问题的求解，其典型应用是分布式感知和检测问题。

2. 基于联合意图的协调

意图是智能体为达到愿望而计划采取的动作步骤，联合意图则指一组合作智能体对它们所从事的合作活动的整体目标的集体意图。例如，赛场上的一支球队，每个队员都有自己的个体意图，但整个球队必须有一个对整体目标的联合意图，并且这个联合意图是队员之间合作的基础。可见，基于联合意图的协调是一种以合作智能体的联合意图作为智能体之间协调基础的协调方法。

在基于联合意图的协调中，意图扮演着重要的角色，提供了社会交互必需的稳定性和预见性，以及应付环境变化必要的灵活性和反应性。支撑意图的两个重要概念是承诺和协议。承诺实际上是一种保证或许诺。协议则是监督承诺的方法，描述了智能体可以放弃承诺的条件，以及当智能体放弃其承诺时应该为自己和其他智能体所做的善后处理工作。

承诺的一个重要特性是其持续性，即智能体一旦做出承诺，就不能轻易放弃，除非由于某种原因使它变为多余时才行。承诺是否为多余的条件在相关协议中描述。这些条件主要包括：目标的动机已不存在，或者目标已经实现，或者目标已不可能实现等。基于联合意图协调的典型例子，是智能体机器人竞赛中同一队内智能体机器人之间的协调问题。这些智能体既有自己的个体意图，又有全队的联合意图。

3. 基于社会规范的协调

基于社会规范的协调是以每个智能体都必须遵循的社会规范为基础的协调方法，规范是一种建立的、期望的行为模式。社会规范可以对智能体社会中各智能体的行为加以限制，以过滤某些有冲突的意图和行为，保证其他智能体必须的行为方式，从而确保智能体自身行为的可能性，以实现整个智能体社会行为的协调。

在基于社会规范的协调方法中，一个重要的问题是社会规范如何产生，即在智能体社会中用什么样的方法来制定社会规范。实际上，常用的制定社会规范的方法有两种：离线设计和系统内产生。离线设计是指在智能体系统运行前所进行的规范设计，其最大优点是简单，缺点是动态性差。系统内生成是指规范不是事先建立的，而是在系统活动过程中由策略更新函数的过程来建立的。策略更新函数描述了智能体的决策过程。可见，如何建立一个更好的策略更新函数是系统内生成方法的关键。

4. 基于协商的协调

系统中没有作出规划的主控智能体，而通过协商来实现任务的分配。协商是智能体间交换信息、讨论和达成共识的方式。

10.2.3 协作

建立多智能体系统的目的在于解决由单一智能体难以处理的复杂问题，即任务在时间或空间上的复杂性超过了单个智能体的能力，仅仅依靠单个智能体行为来实现是不可能、不经济、不完整的，因此协作行为就成为多智能体系统必不可少的行为。在多智能体系统中，智能体之间的协调和合作是研究的核心问题之一，也是衡量系统智能水平的重要指标。

根据智能体之间目标的关系以及协作的程度，可将协作分为如下五种类型：

1）完全协作型

系统中的智能体都围绕一个共同的全局目标，各个智能体没有自己的局部目标，所有智能体全力以赴地协作。

2）协作型

系统中的智能体具有一个共同的全局目标，同时各个智能体还有与全局目标一致的局部目标。

3）自私型

系统中不存在共同的全局目标，各智能体都为自己的局部目标工作，而且目标之间可能存在冲突。

4）完全自私型

系统中不存在共同的目标，各智能体都为自己的局部目标工作，并且不考虑任何协作行为。

5）协作与自私共存型

系统中既存在一些共同的全局目标，某些智能体也可能还具有与全局目标无直接联系的局部目标。

多智能体系统的协作过程一般分为六个阶段：

（1）产生协作需求，即确定协作目标。

（2）协作规划，求解合理的协作结构。

（3）寻求协作伙伴。

（4）选择协作方案，即根据协作竞争者反推最佳的协作方案。

（5）按协作或交互协议进行协作以实现所确定的目标。

（6）结果评估，即判断协作的效果并为以后的协作提供可供参考的经验和教训。

下面介绍几种协作方法。

1．合同网

合同网（contract net）是智能体协作中最著名的一种协作方法，被广泛应用于各种多智能体系统的协作中。合同网的思想来源于人们在日常活动中的合同机制。

1）合同网系统的节点结构

在合同网协作系统中，智能体节点的结构如图 10.12 所示，主要由本地数据库、通信处理器、合同处理器和任务处理器组成。其中，本地数据库包括与节点有关的知识库、当前协作状态的信息和问题求解过程的信息，通信处理器、合同处理器和任务处理器利用它来执行各自的任务。通信处理器负责与其他节点进行通信，所有节点都仅通过通信服务器与网络连接。合同处理器负责处理与合同有关的任务，包括接受和处理任务通知书、投标、签订合同及发送求解结果等。任务处理器负责各种具体任务的处理，从合同处理器接受需要求解的任务，利用本地数据库进行求解，并将结果送给合同处理器。

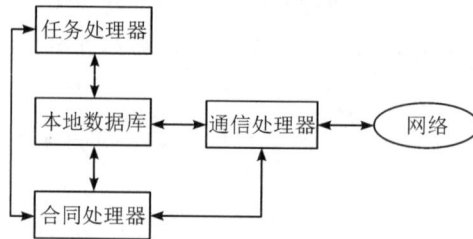

图 10.12 合同网系统中智能体节点的结构

2）合同网系统的基本过程

在合同网系统中，所有智能体被分为管理者（manager）和工作者（worker）两种不同的角色。其中，管理者智能体的主要职责包括：

a. 对每个需要求解的任务建立其任务通知书（task announcement），并将任务通知书发送给有关的工作者智能体。

b. 接受并评估来自工作者智能体的投标（bid）。

c. 从所有投标中选择最合适的工作者智能体，并与其签订合同（contract）。

d. 监督合同的执行，并综合结果。

工作者智能体的主要职责包括：

a. 接受相关的任务通知书。

b. 评估自己的资格。

c. 对感兴趣的子任务返回任务投标。

d. 如果投标被接受，按合同执行分配给自己的子任务。

e. 向管理者报告求解结果。

合同网系统的基本工作过程如图 10.13 所示。在该图中，左侧的字母是前面给出的管理者智能体职责中的相应职责的序号，右侧的字母是前面给出的工作者智能体职责中的相应职责的序号，其工作过程由上到下进行。

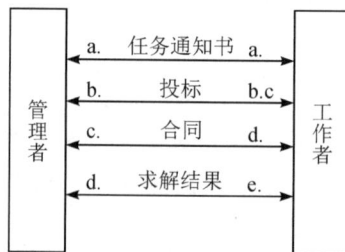

图 10.13 合同网系统的基本工作过程

需要指出的是，在合同网协作方法中不需要预先规定智能体的角色。任何智能体都可以通过发布任务通知书成为管理者，都可以通过应答任务通知书成为工作者。这一灵活性使任务能够很方便地被逐层分解并分配。当一个智能体觉得自己无法独立完成一个任务时，就可以将该任务进行分解，并履行管理者职责。即该智能体为分解后的每个子任务发送任务通知书，并从返回投标的智能体中选择"最合适"的工作者智能体，与它们签订合同，再把这些子任务交给它们去完成。

3）合同网系统的消息结构

在合同网系统中，智能体之间的通信是建立在消息格式的基础上的。与合同网基本工作过程对应的 3 种消息结构可描述如下。

〈a〉管理者智能体发布的任务通知书：

TO：	所有可能求解任务的智能体
FROM：	管理者智能体
TYPE：	任务投标通知书
ContractID：	合同号 xx-yy-zz
Task Announcement：	〈任务的描述〉
Eligibility Specification：	〈投标智能体应具备的基本条件〉
Bid Specification：	〈投标智能体需要提供的申请信息描述〉
Expiration Time：	〈接收投标书的截止时间〉

〈b〉工作者智能体发出的投标：

TO：	管理者智能体
FROM：	投标智能体 X
TYPE：	任务投标书
ContractID：	合同号 xx-yy-zz
Node Announcement：	〈投标智能体处理能力描述〉

〈c〉管理者智能体发布的合同：

TO：	投标智能体 X
FROM：	管理者智能体
TYPE：	合同
ContractID：	合同号 xx-yy-zz
Task Announcement：	〈需要完成的子任务描述〉

2. 黑板模型协作方法

黑板的概念最早是由 Newell 提出的。黑板模型的基本思想为：多个人类专家或智能体专家协同求解一个问题，黑板是一个共享的问题求解工作空间，多个专家都能"看到"黑板。当问题和初始数据记录到黑板上，求解开始。所有专家通过"看"黑板寻找利用其专家经验知识求解问题的机会。当一个专家发现黑板上的信息足以支持他进一步求解问题时，他就将求解结果记录在黑板上。新增加的信息有可能使其他专家继续求解。重复这一过程直到整个问题彻底求解，获得最终结果。

黑板模型由三个基本模块构成：

1）知识源

应用领域根据求解问题专门知识的不同划分成若干相互独立的专家，这些专家称为知识源（即智能体）。每一知识源独立完成一个特定领域的任务。

2）黑板

共享的问题求解工作空间。一般是以层次结构的方式组织，主要存放知识源所需要的信息和求解过程中的解状态数据，如初始数据、部分解、替换解、最终解等，有时也存放控制数据。在问题求解过程中，知识源不断地修改黑板。知识源之间的通信和交互智能通过黑板进行。

3）监控机制

根据黑板上的问题求解状态和各知识源的求解技能，依据某种控制策略，动态地选择和激活合适的知识源，使知识源能实时地响应黑板的变化。

3. 市场机制

合同网协作方法一般只适用于较小数量智能体间的协作求解，而随着 Internet 及其应用的迅速发展，分布异构环境下大数量智能体间的协作问题需要探索新的、更有效的协作技术。市场机制就是在这种背景下产生的。

市场机制协作方法的基本思想是：针对分布式资源分配的特定问题，建立相应的计算经济（即标价或代价），以使智能体间能通过最少的直接通信来协调它们的活动。在这种方法中，需要对智能体关心的所有事物（如技能、资源等）都给出其标价，以作为计算经济的基础。

在市场机制协作方法中，所有的智能体被分为两类：生产者智能体、消费者智能体。其中，生产者智能体用于提供服务，即将一种商品转换为另一种商品；消费者智能体用于进行商品交换，所有商品交换都按当前市场标价进行。智能体应该以各种价格对商品进行投标，以获得最大的利益和效用（即性能价格比）。

具体市场机制可以有多种，如各种拍卖协议、协商策略等。在一般情况下，采用市场机制解决问题需要说明以下 4 项：

（1）进行贸易的商品。

（2）进行贸易的消费者智能体。

（3）能够用自己的技能和资源将一种商品转换为另一种商品的生产者智能体。

（4）智能体的投标和贸易行为。

由于商品市场是互连的，所以一个商品的价格将影响到其他智能体的供应和需求。市场有可能达到竞争性的平衡，这种平衡应满足的条件如下：

（1）消费者智能体根据其预算约束投标的价格，以期获得最大的效用。

（2）生产者智能体受其技能的限制进行投标，以期获得最大的盈利。

（3）所有商品的网络需求为零。

在一般情况下，平衡可能不存在或不唯一。如果假定每个单个智能体在市场中的作用都很小，并可忽略不计，就可保证这种平衡唯一存在。市场机制假定智能体给予的偏好与其所获得的效用或盈利相一致，因此智能体的推理行为是要对智能体的偏好最大化。

市场机制的主要优点是使用简单，适合大量或未知数量的自私智能体之间的协作。其主要缺点是用户的偏好难以量化和比较。

10.2.4 协商

协商主要用来消解冲突、共享任务和实现协调。协商到目前为止还没有一个统一的概念。一般认为，协商是有着不同目标的多个智能体之间为达成共识、减少不一致性的交互过程。协商的关键技术包括协商协议、协商策略和协商处理。

1. 协商协议

协商协议是用结构化方法描述的多智能体自动协商过程的一个协商行为序列，需要详细说明初始化一个协商循环和响应消息的各种可能情况。最简单的协商协议是按照：

一条协商通信消息：(〈协商原语〉，〈消息内容〉)

的形式定义的一个可能的协商行为序列。其中，协商原语可分为初始化原语、响应原语和完成原语三种。整个协商过程从初始化原语开始，然后需要进行协商的智能体之间用相应原语进行交互，直到最后用完成原语来结束协商过程。

协商协议的形式化表示通常有三种方法：巴科斯范式表示、有限自动机表示和语义表示。巴科斯范式表示具有简洁明了的特点，是最常用的表示方法。采用纯语义表示的协商工作不多，研究者更多的是给出非形式化的语义解释。常用的协商协议有：根据协商对象的数量分为一对一、一对多、多对多的协议；根据协商的顺序分为轮流出价、同时出价协商协议；根据协商议题的数量分为单属性和多属性协商等。

2. 协商策略

协商策略是智能体选择协商协议和通信消息的策略。一般来说，协商策略分为提议评估策略和提议生成策略两部分。提议评估策略用来对收到的提议进行评估，判断是否接受对方给出的提议；提议生成策略用来生成反提议。策略对于协商的效率起着至关重要的作用，不同的应用领域可以选择不同的协商策略。协商策略可分为以下 5 种：

(1) 单方面让步。

(2) 竞争型：顽固坚持，并且采用强制策略。

(3) 协作型：寻找相互可接受的解决方案。

(4) 无为(默认)。

(5) 破裂。

单方面让步策略只在协商陷入僵局或协商不再有意义时才起作用，后两类策略显然不利于推进协商进程，所以，只有竞争型和协作型策略才是有意义的。

竞争型策略一般是指协商参与者坚持自己的立场，在协商过程中表现出竞争行为，使协商结果向有利于自身利益方向发展的协商对策。合同网协调模型、劳资协商、基于对策论的协商过程等都属于此类。协作型策略则是指协商各方都从整体利益出发，在协商过程中互相合作，寻找互相能接受的协商结果。

不论是竞争型策略，还是协作型策略，智能体应动态地、智能地选择适宜的协商策略，从而在系统运行的不同时刻表现出不同的竞争或协作行为。

策略选择的通用方法是：依据影响协商的多方面因素，给出适宜的策略选择函数。策略选择函数可能包括效用函数、比较或匹配函数、兴趣或爱好函数等几种。策略选择函数的设计除了要综合考虑影响协商的各种因素之外，还要考虑冲突综合消解以及与应用领域有关的属性等。

3. 协商处理

协商处理包括协商算法和系统分析两方面。协商算法用于描述智能体在协商过程中的行为，如通信、决策、规划和知识库操作等。系统分析用于分析和评价智能体协商的行为和性能，回答协商过程中的问题求解质量、算法效率和公平性等问题。

对上述协商协议、协商策略和协商处理这三种技术，协商协议主要处理协商过程中智能体之间的交互，协商策略主要修改智能体内的决策和控制过程，协商处理则侧重描述和分析单个智能体和多智能体协商的整体协作行为。前两者刻画的是智能体协商的微观层面，后者描述的是多智能体系统协商的宏观层面，在具体应用中应根据实际需要选择。

【实践 10.1】 多智能体协同控制问题

目前，多智能体系统的应用已非常广泛，如智能信息检索、工业智能控制、分布式网络管理、电子商务、协同工作和智能网络教学系统等。下面仅以智能网络教学系统为例，给出如图 10.14 所示的基于多智能体的智能网络教学系统的基本结构及其简单说明。

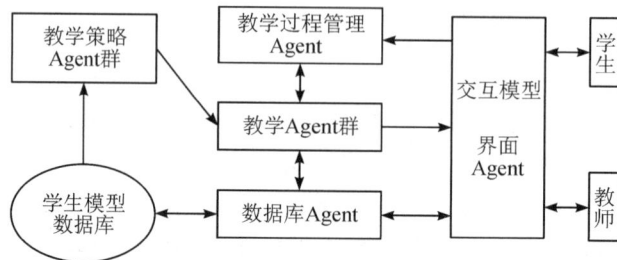

图 10.14 多智能体智能网络教学系统的基本结构

在该结构中，学生模型数据库是学生知识结构的反映，主要用来记录学生对知识的掌握程度，包括学生的学号、姓名、性别等基本信息和学生的知识水平、学习能力、学习兴趣、学习风格和学习历史等学习信息。数据库智能体负责学生模型数据库、教学智能体群和界面智能体之间交互的管理。

教学策略智能体群中的每个智能体相当于一个教育家，都能够根据学生模型数据库记录的学生学习情况，做出教学决策并传给教学智能体群，为教学智能体的教学活动提供依据。

教学过程管理智能体的主要功能是监视教学过程，并根据学生的学习反应和教学内容的性质向教学智能体提供教学参考意见如增减教学例子、提供练习、改变教学方式等。

教学智能体群是整个智能教学系统的核心，每个教学智能体相当于一个教师，都具有一定的专业知识和教学能力，都能利用自身的专业知识，根据学生模型数据库记录的学生的学习情况，结合教学策略智能体提供的教学策略和教学过程管理智能体提供的教学参考意见，去组织教学活动。教学智能体群体现的主要是教学推理机的功能。

界面智能体构成了系统的交互模型，主要负责与学生或教师的交互，并将与学生的交互记录写入学生模型数据库，将交互信息传递给教学过程管理智能体等。

【实践 10.2】 多智能体决策网络

多智能体决策网络（Multiagent Decision Network）是多智能体决策问题的一个因素表示形式。每个决策点被标记为智能体，并为节点选择一个值，这类似于决策网络。每个智能体有一个效用节点,它指定了这个智能体的效用。当智能体必须采取行动时,决策节点的父节点指定该智能体可用的信息。

　　图 10.15 给出了一个消防部门的多智能体决策网络的例子。在此方案中有两个智能体,智能体 1 和智能体 2。每个智能体都拥有辨别是否发生火灾的噪声传感器。然而如果它们都呼叫,它们的呼叫可能会互相干扰导致每个呼叫都不管用。智能体 1 可以选择决策变量呼叫 1 的值,并且只能观察到变量报警 1 的值。智能体 2 可以选择决策变量呼叫 2 的值,并且只能观察到变量报警 2 的值。该呼叫是否工作取决于呼叫 1 和呼叫 2 的值,而消防部门是否到来取决于呼叫是否工作。智能体 1 的效用取决于三个方面:是否有火灾、消防部门是否到来和它们是否呼叫。智能体 2 也是如此。

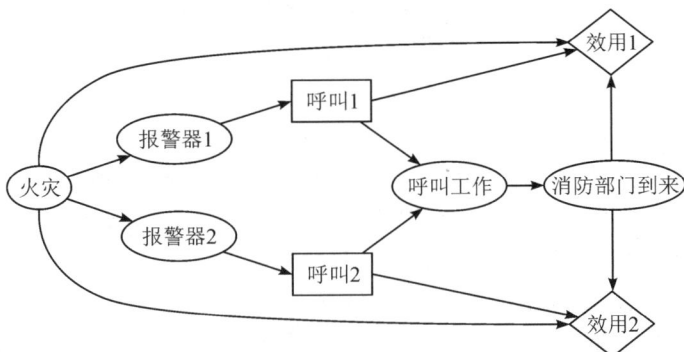

图 10.15　消防部门的多智能体决策网络的例子

本 章 小 结

　　智能体可以看作是一个程序或者一个实体,它嵌入在环境中,通过传感器感知环境,通过效应器自治地作用于环境并满足设计要求。单个智能体可以分为:反应智能体、认知智能体和混合智能体。针对不同的应用环境,从不同角度提出了多种类型的多智能体模型包括 BDI 模型、协商模型、协作规划模型和自协调模型等。

　　智能体通信的方式有黑板系统和消息传送。智能体通信语言:一是分享一个共同内部表示语言的智能体,它们无需任何外部语言就能通信;二是无需做出内部语言假设的智能体,它们共享英语子集作为通信语言。

　　多智能体的协调是指多个智能体为了一致和谐的方式工作而进行交互的过程。主要有 4 种协调方法:基于部分全局规划的协调、基于联合意图的协调、基于社会规范的协调、基于协商的协调。

　　多智能体的协作是指智能体之间互相配合一起工作,主要分为 5 种类型:完全协作型、协作型、自私型、完全自私型、协作与自私共存型。

　　合同网是应用最广泛的一种协作方法,类似于人们在商务过程中用于管理商品和服务的合同机制。合同网协作不需要预先规定智能体的角色,智能体在协作过程中的角色可以变化:任何智能体都可以通过发布任务通知书而成为管理者;同样,任何智能体也都可以通过应答任务通知书而成为工作者。

对于异构环境下大量智能体之间的协作，采用市场机制协作则是较好的解决方案。市场机制的基本思想是针对分布式资源分配的特定问题，建立相应的计算经济，以使智能体间通过最少的直接通信来协调多个智能体之间的活动。系统中只存在两种类型的智能体：生产者和消费者。生产者能够提供服务，即将某一商品转换为另一商品；消费者能够进行商品交换。智能体以各种价格对商品进行投标，但所有的商品交换都以当前市场价格进行，每一智能体通过投标以便获得最大的利益和效用。

思考题或自测题

1. 智能体有哪些类型的结构？各有什么特点？
2. 多智能体系统有哪些类型的结构？各有什么特点？
3. 多智能体系统中为什么需要通信？目前有哪几种通信方式？
4. 什么是多智能体系统的协调？列举几种协调方法。
5. 什么是多智能体系统的协作？列举几种协作方法。
6. 什么是多智能体系统的协商？列举几种协商方法。
7. 选择一个你熟悉的领域，编写程序描述智能体与环境的作用，并对环境初始状态、智能体的结构、类型、工作目标加以说明。

第 11 章
自然语言处理及其应用

语言是人类表达思想和交流信息的关键工具，是人类社会和文化的核心组成部分。通过语言，人们能够分享想法、传递知识、建立关系，并实现协作和合作。然而，语言的复杂性和多样性使得其理解和处理对人类而言是一项自然而又复杂的任务。

自然语言处理（Natural Language Processing，NLP）是人工智能的一个重要研究领域，也是新一代计算机的必备能力之一。自然语言处理旨在使计算机系统能够理解和处理人类语言，涉及对语言结构、语义含义、语境和推理能力的深入理解。通过自然语言理解技术，计算机能够识别和理解文本中的实体、情感、意图以及逻辑关系，从而进行语言交互、信息检索、文本分析等各种应用。自然语言处理中的机器翻译和语音识别技术主要研究如何让计算机理解人类语言，实现人机之间的自然语言交互。

本章主要从多个方面来讨论自然语言处理，首先介绍自然语言理解的概念、发展简史；接着，逐一讲述自然语言的词法分析、句法分析、语义分析和语料库；最后在讨论语言的机器翻译和语音识别的基础上进行实践应用。

11.1 自然语言理解的概念与发展

自 1954 年第一个机器翻译系统问世以来，经过半个多世纪的艰苦努力，计算机科学家、语言学家、心理学家已在受限语言理解和面向领域的语言理解的研究中取得了不少重要的研究成果，并获得越来越广泛的应用，尤其是近 20 年，取得了丰硕的成果和长足进展。但是，要实现机器真正理解人类语言这一目标，仍然任重道远。

在讨论自然语言理解方法之前，本节介绍与自然语言理解有关的基本概念，包括什么是自然语言理解，自然语言理解的发展历程和自然语言理解的发展趋势等。

11.1.1 自然语言理解的基本概念

1. 自然语言的含义

语言是用于传递信息的表示方法、约定和规则的集合，如人类语言、机器语言等。自然语言则是指人类日常使用的语言，包括口语、书面语等。每个国家或民族都有自己的语言，如汉语、英语、法语、德语等，它们都是不同国家和民族的人民使用的自然语言。自然语言不仅是人类交流思想、传递信息必不可少的工具，也是人类生存及社会进步的基本需要。

2．自然语言的组成

自然语言是音义结合的词汇和语法体系。词汇是语言的基本单位，在语法的支配下可构成有意义和可理解的句子，句子再按一定的形式构成篇章等。从结构上看，词汇可分为词和熟语。熟语是指一些词的固定组合，如汉语中的成语。词又由词素构成，如"学生"是由"学"和"生"这两个词素构成的。词素是构成词的最小有意义的单位。例如，"学"这个词素有获取知识和技能的含义，"生"这个词素有人的含义。

语法是语言的组织规律。语法规则制约着如何把词素构成词，把词构成词组和句子。语言正是在这种严格的制约关系中构成的。用词素构成词的规则称为构词法，如"教"＋"师"构成"教师"，teach＋er→teacher。一个词又有不同的词形、单数、复数、阴性、阳性等，这种构造词形的规则称为构形法，如"学生"＋"们"构成"学生们"，student＋s→students。这里，只是在原来的词的后面加上了一个具有复数意义的词素，所构成的并不是一个新词，而是同一个词的复数形式。构形法和构词法称为词法。

语法的另一部分是句法。句法可分为词组构造法和造句法两部分。词组构造法是把词搭配成词组的规则，如"新"＋"朋友"构成"新朋友"。这里，"新"是一个修饰"朋友"的形容词，它们的组合构成了一个新的名词。造句法则是用词和词组构造句子的规则，如"我们是计算机系的学生"就是按照汉语造句法构造的句子。上述关于语言的组成结构可用图 11.1 来表示。

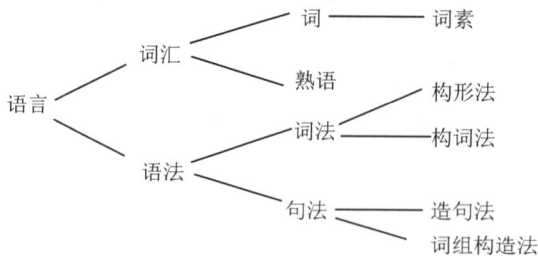

图 11.1　语言的组成

另一方面，语言是音义的结合，每个词汇都有其语音形式。一个词的发音由一个或多个音节组成，音节又由音素构成，音素分为元音音素和辅音音素。音素是指一个发音动作所构成的最小的语音单位。一种自然语言中的音素并不太多，一般只有几十个。

3．自然语言的理解

到目前为止，对自然语言理解还没有一个统一的权威定义。按照考虑问题的角度不同，对它有着不同的理解。从微观上讲，自然语言理解是从自然语言到计算机系统内部形式的一种映射。从宏观上讲，自然语言理解是指计算机能够执行人类所期望的某些语言功能，如回答有关提问、提取材料摘要、不同词语叙述、不同语言翻译等。人类的自然语言多种多样，并且每种自然语言都有自己的特点和表现形式，因此对它的研究需要分别做一些不同的工作。但是，由于它们都是人类语言，必然存在许多共同点，尤其是在人类"理解"的机理方面。目前，英语是世界上最流行的一种自然语言，也是在自然语言理解方面研究得比较多的一种语言，因此后面的讨论多以英语为对象。这些研究方法及有关技术其他语言也可借鉴。

4. 自然语言理解的研究任务

自然语言理解实际上是一种由语言学、逻辑学、生理学、心理学、计算机科学和数学等相关学科发展、结合而形成的一门交叉学科。例如，语言学家致力于制定语言的规则；逻辑学家着重研究语言中的逻辑和推理方法；人工智能工作者则主要研究如何让计算机识别、理解人类的自然语言。在人工智能领域，关于自然语言的理解可分为理论和实践两方面。在实践方面，它的一个目标是使人们能够直接用自然语言来使用计算机，改变目前用程序设计语言使用计算机的局面；另一个研究目标是实现机器翻译，即让计算机能够把一种语言翻译成另一种语言。在理论方面，主要开展对人类理解语言机理的研究，是对"理解"的最本质的研究。只有解决了这个问题，上述实践方面的两个目标才能从根本上得到实现。

根据自然语言的不同表现形式，自然语言理解可分为口语理解与文字理解两方面。口语理解就是让计算机能够"听懂"人们所说的话；文字理解就是让计算机能够"看懂"输入到计算机中的文字资料，并能用文字做出响应。

11.1.2　自然语言理解的发展历程

自然语言理解的发展历程涉及了从基础的语言处理技术到现代的深度学习模型和预训练模型的兴起，为计算机理解和处理自然语言提供了更多可能性。尽管挑战仍然存在，但自然语言理解的不断发展将进一步推动人机交互、智能搜索、自动化文本处理等领域的发展，为人类与技术之间的交流和合作带来新的可能性。

从某种意义上来说，自然语言处理（NLP）的历史几乎跟计算机和人工智能（AI）一样长，计算机出现后就有了人工智能的研究。人工智能的早期研究已经涉及机器翻译以及自然语言理解，基本分为三个阶段。

第一阶段（20 世纪 60 至 80 年代）：基于规则来建立词汇、句法语义分析、问答、聊天和机器翻译系统。好处是规则可以利用人类的内省知识，不依赖数据，可以快速起步；问题是覆盖面不足，像个玩具系统，规则管理和可扩展问题一直没有解决。

第二阶段（20 世纪 90 年代至 2008 年）：基于统计的机器学习（ML）开始流行，很多 NLP 任务开始用基于统计的方法来完成。主要思路是利用带标注的数据，基于人工定义的特征建立机器学习系统，并利用数据经过学习确定机器学习系统的参数。运行时利用这些学习得到的参数，对输入数据进行解码，得到输出。机器翻译、搜索引擎都利用统计方法获得了成功。

第三阶段（2008 年之后）：深度学习开始在语音和图像领域发挥作用。随后，NLP 研究者开始把目光转向深度学习。先是把深度学习用于特征计算或者建立一个新的特征，然后在原有的统计学习框架下体验效果。比如，搜索引擎加入了深度学习的检索词和文档的相似度计算，以提升搜索的相关度。自 2014 年以来，人们尝试直接通过深度学习建模，进行端对端的训练。目前已在机器翻译、问答、阅读理解等领域取得了进展，出现了深度学习的热潮。

11.1.3　自然语言理解的发展趋势

综合上述对自然语言处理发展历程的讨论，我们可以归纳出以下自然语言处理研究的发展趋势：

1. 统一方法论的趋势

传统的基于句法-语义规则的理性主义方法和以模型和统计为基础的经验主义方法已不再相互对立，而是相互结合、共同发展。研究者开始将浅层处理与深层处理相结合，同时也将统计与规则方法相结合，形成混合的系统，寻找融合的解决方案，以建立新的集成理论方法。

2. 语料库语言学的兴起

语料库语言学能够从大规模真实语料中获取语言知识，使得对自然语言规律的认识更为客观和准确。这推动了基于统计模型的自然语言处理系统的开发，并使大规模真实文本的处理成为自然语言处理的主要战略目标。

3. 经验主义的发展

经验主义强调建立特定的数学模型来学习复杂和广泛的语言结构，然后应用统计学、机器学习和模式识别等方法来训练模型参数，以扩大语言的使用规模。因此，统计方法在自然语言处理中日益受到重视，机器自动学习的方法也被广泛应用于获取语言知识。

4. 词汇主义的倾向

自然语言处理中越来越重视词汇的作用，出现了强烈的"词汇主义"倾向。除了语料库，词汇知识库的建造成为一个新的受到普遍关注的研究问题。

总的来说，自然语言处理研究的发展趋势包括方法论的统一、语料库语言学的兴起、经验主义的发展，以及词汇主义的倾向。这些趋势反映了自然语言处理领域的不断发展和创新，为未来的研究和应用提供了重要的方向和指导。

11.1.4　自然语言理解的层次

语言虽然表现为一连串的文字符号或声音流，但其组织形式却是一种层次化的结构。这种层次结构可以从前面所讨论过的语言的组成中清楚地看出。一个用文字表达的句子是由"词素→词或词形→词组和句子"构成的，而用声音表达的句子则是"音素→音节→音句"构成的。其中，每个层次都是受到语法规则制约的。因此，自然语言的分析和理解过程也是一个层次化的过程。许多现代语言学家把这一过程分为 5 个层次：语音分析、词法分析、句法分析、语义分析和语用分析。虽然这些层次之间并非是完全隔离的，但这种层次的划分的确有助于更好地体现语言本身的构成。

1. 语音分析

在有声语言中，最小可独立的声音单位是音素。语音分析就是要根据音位规则，从语音流中区分出一个个独立的音素，再根据音位形态规则找出一个个音节及其对应的词素或词。

2. 词法分析

词法分析是句法分析的前提，其主要任务是要从句子中切分出一个个单词，找出词汇的各个词素，从中获得语言学信息，并确定单词的词义。

3. 句法分析

句法分析是对句子和短语的结构进行分析。分析的方法有多种，如短语结构语法、格文法、转移网络、功能语法等。句法分析的最大单位是一个句子。分析的目的是找出词、短语等的相互关系，以及它们在句子中的作用等，并用一种层次结构加以表达。这种层次结构可以是句子的成分关系，也可以是语法功能关系。

4．语义分析

语义分析是通过对句子的分析得出它表达的实际含义。尽管自然语言中的句子是由词组成的，句子的意义也是与词直接相关的，但是句子的意义不是词义的简单相加。例如，"我问他"和"他问我"，词是完全相同的，但表达的意义是完全相反的。因此，语义分析不仅要考虑词义，还需要考虑词的结构意义及其结合意义。

5．语用分析

语用分析就是研究语言所在的外界环境对语言使用所产生的影响，描述语言的环境知识、语言与语言使用者在某个给定语言环境中的关系。

在上述自然语言理解的五个层次中，语音分析属于感知范畴，语用分析涉及上下文，故不对它们进行讨论，本章讨论的重点是词法分析、句法分析和语义分析。

11.2　词法分析

词法分析（lexical analysis）是编译程序的一部分，它构造和分析源程序中的词，如常数、标识符、运算符和保留字等，并把源程序中的词变换为内部表示形式，然后按内部表示形式传递给编译程序的其余部分。词法分析是理解单词的基础，其主要目的是从句子中切分出单词，找出词汇的各个词素，从中获得单词的语言学信息并确定单词的词义。

在英语等语言中，找出句子中的一个个词汇是一件容易的事情，因为词与词之间是用空格分隔的。但要找出各词素就复杂得多，如 importable 可以是 im-port-able，也可以是 import-able。这是因为 im、port、import 都是词素。而在汉语中要找出一个个词素则是一件容易的事，因为汉语中的每个字都是一个词素。但在汉语中要切分出各词比较困难。例如，"我们研究所有计算机"可以是"我们—研究—所有—计算机"，也可以是"我们—研究所—有—计算机"。

通过词法分析可以从词素中获得许多语言学信息。例如，英语中词尾的词素"s"通常表示名词复数或动词第三人称单数；"ed"通常是动词的过去时与过去分词；"ly"是副词的后缀等。另一方面，一个词又可以变化出许多别的词，如 work 可以变化出 works、worked、working、worker 等。这些信息对于词法分析都是十分重要的。

以英语为例，其词法分析的基本算法如下：

```
repeat
    look for match in dictionary
    if not found
    then modify the match
until match is found or no further modification possible
```

其中，match 是一个变量，其初始值就是当前的单词。

【**例 11.1**】　用上述算法分析单词 watches、ladies。

　解　其分析过程如下：

　　　watches ladies 词典中查不到

　　　watche ladie 修改 1：去掉 s

　　　watch ladi 修改 2：去掉 e

　　　　　　lady 修改 3：把 i 变成 y

可以看出，在修改 2 时就找到了 watch，在修改 3 时就可以找到 lady。当然，这只是一个很简单的例子，完整的词法分析还应该包括复合词的切分等。此外，英语词法分析的难度在于词义判断，原因是一个单词往往有多种解释，仅靠字典是无法解决的，还需要结合其他相关单词和词组的分析等。譬如，对于单词"diamond"有 3 种解释：菱形、棒球场、钻石。请看下面的句子：

John saw Tom's diamond shimmering from across the room.

其中的 diamond 词义必定是钻石，因为只有钻石才能闪光，而菱形和棒球场是不会闪光的。

11.3　句　法　分　析

前面讨论了语言的组成，从图 11.1 可以看出，语言由词汇和语法组成。事实上，任何一种自然语言都有自己的一套语法规则，用来指出词汇之间的正确搭配关系及句子的合理结构。一个句子，只有当它符合语法规则时，才是一个合法的句子。要让计算机理解自然语言，首先必须使它能够掌握该语言的语法规则，这就需要把自然语言的语法规则用适合计算机处理的形式表示出来。

总的来说，句法分析主要有两个作用，一是对句子或短语结构进行分析，以确定构成句子的各个词、短语之间的关系以及各自在句子中的作用等，并将这些关系用层次结构加以表达；二是对句法结构规范化。本节首先讨论短语结构语法、乔姆斯基形式语法、句法规则的表示方法，再利用这些方法讨论分析句法问题的句法分析树。

11.3.1　短语结构语法

短语结构语法和乔姆斯基语法是描述自然语言和程序设计语言强有力的形式化工具，可用于在计算机上对被分析的句子形式化描述和分析。

短语结构语法 G 的形式化定义如下：

$$G = (T, N, S, P) \tag{11.1}$$

其中，T 是终结符的集合，终结符是指被定义的那个语言的词（或符号）；N 是非终结符号的集合，这些符号不能出现在最终生成的句子中，是专门用来描述语法的。显然，T 和 N 不相交，T 和 N 共同组成符号集 V，因此有 $V = T \cup N$，$T \cap N = \varnothing$。S 是起始符，它是集合 N 中的一个成员。显然，N 中的元素对应单词的词性，且 NP 代表名词短语，VP 代表动词短语，ART 代表冠词，Prep 代表介词。

P 是产生式规则集。每条产生式规则具有如下的形式：$a \rightarrow b$，这里 $a \in V^+$，$b \in V^*$，$a \neq b$，V^* 表示由 V 中的符号所构成的全部符号串（包括空符号串 $\varnothing$）的集合，V^+ 表示 V^*

中除空符号串∅之外的一切符号串的集合。

　　在一部短语结构语法中，基本运算就是把一个符号串重写为另一个符号串。如果 $a \rightarrow b$ 是一条产生式规则，就可以通过用 b 来置换 a，重写任何一个包含子串 a 的符号串，这个过程记作"⇒"。所以，如果 u，$v \in V^*$，有 $uav \Rightarrow ubv$，就说 uav 直接产生 ubv，或 ubv 由 uav 直接推导得出。以不同的顺序使用产生式规则，就可以从同一符号产生许多不同的串。由一部短语结构语法定义的语言 $L(G)$ 就是可以从起始符 S 推导出的符号串 W 的集合。即一个符号串要属于 $L(G)$ 必须满足以下两个条件：

　　(1) 该符号串只包含终结符。

　　(2) 该符号串能根据语法 G 从起始符 S 推导出来。

　　由上面的定义可以看出，采用短语结构语法所定义的某种语言是由一系列产生式组成的。下面给出一个简单的短语结构语法。

　　【例 11.2】　$G = (T, N, S, P)$

　　　　$T = \{\text{the, man, killed, a, deer, likes}\}$

　　　　$N = \{S, NP, VP, N, ART, V, Prep, P\}$

　　　　$S = S$

　　　　P：1) $S \rightarrow NP + VP$

　　　　　　2) $NP \rightarrow N$

　　　　　　3) $NP \rightarrow ART + N$

　　　　　　4) $VP \rightarrow V$

　　　　　　5) $VP \rightarrow V + NP$

　　　　　　6) $ART \rightarrow \text{the} \mid \text{a}$

　　　　　　7) $N \rightarrow \text{man} \mid \text{deer}$

　　　　　　8) $V \rightarrow \text{killed} \mid \text{likes}$

11.3.2　乔姆斯基形式语法

　　根据形式语法中所使用的规则集，乔姆斯基定义了 4 种类型的语法：

　　(1) 无约束短语结构语法，又称 0 型语法。

　　(2) 上下文有关语法，又称 1 型语法。

　　(3) 上下文无关语法，又称 2 型语法。

　　(4) 正则语法，又称 3 型语法。

　　型号越高所受约束越多，生成能力就越弱，能生成的语言集就越小，也就是说，它的描述能力就越弱。下面简要讨论这几类语法。

1. 无约束短语结构语法

　　如果没有对于短语结构语法的产生式规则的两边作更多的限制，仅要求 x 中至少含有一个非终结符，即成为乔姆斯基体系中生成能力最强的一种形式语法，即无约束短语结构语法：

$$x \rightarrow y, x \in V^+, y \in V^* \tag{11.2}$$

0 型语法是非递归的语法，即无法在读入一个符号串后最终判断出这个字符串是否为由这种语法所定义的语言中的一个句子。因此，0 型语法很少用于自然语言处理。

2. 上下文有关语法

上下文有关语法是一种满足以下约束的短语结构语法：对于每一条形式为

$$x \rightarrow y \tag{11.3}$$

的产生式，y 的长度（即符号串 y 中的符号个数）总是大于或等于 x 的长度，而且 $x, y \in V^*$。
例如：

$$AB \rightarrow CDE \tag{11.4}$$

是上下文有关语法中一条合法的产生式，但

$$ABC \rightarrow DE \tag{11.5}$$

不是。

这一约束可以保证上下文有关语法是递归的，即如果编写一个程序，在读入一个符号串后能最终判断出这个字符串是否为由这种语法所定义的语言中的一个句子。

自然语言是上下文有关的语言，上下文有关语言需要用 1 型语法描述。语法规则允许其左部有多个符号（至少包括一个非终结符），以指示上下文相关性，即上下文有关指对非终结符进行替换时，需要考虑该符号所处的上下文环境。同时要求规则的右部符号的个数不少于左部，以确保语言的递归性。对于产生式：

$$aAb \rightarrow ayb, A \in N, y \neq \varnothing, a \text{ 和 } b \text{ 不能同时为 } \varnothing \tag{11.6}$$

当用 y 替换时，只能在上下文为 a 和 b 时才可进行。

不过在实际中，由于上下文无关语言的句法分析远比上下文有关语言有效，人们希望在增强上下文无关语言的句法分析的基础上，实现自然语言的自动理解。

3. 上下文无关语法

在上下文无关语法中，每一条规则都采用如下形式：

$$A \rightarrow x \tag{11.7}$$

其中 $A \in N$，$x \in V^*$，即每条产生式规则的左侧必须是一个单独的非终结符。在这种体系中，规则被应用时不依赖于符号 A 所处的上下文，因此称为上下文无关语法。

4. 正则语法

正则语法又称为有限状态语法，只能生成非常简单的句子。正则语法有两种形式：左线性语法和右线性语法。在一部左线性语法中，所有规则必须采用如下形式：

$$A \rightarrow Bt \text{ 或 } A \rightarrow t \tag{11.8}$$

其中 $A, B \in N$，$t \in T$，即 A 和 B 都是单独的非终结符，t 是单独的终结符。而在一部右线性语法中，所有规则必须如下书写：

$$A \rightarrow tB \quad \text{或} \quad A \rightarrow t \tag{11.9}$$

11.3.3 句法分析树

在对一个句子进行分析的过程中，如果把分析句子各成分间关系的推导过程用树形图表示出来，那么这种图称为句法分析树。句法分析过程就是构造句法树的过程，将每个输入的合法语句转换为一棵句法分析树。

1. 句法规则的表示方法

在自然语言处理中，长期占主导地位的形式语法规则有 Chomsky 提出的上下文无关文法和变换文法、Woods 提出的扩充转移网络等。本小节主要讨论基于乔姆斯基文法的句法分析树。

1）句子结构的表示

一个句子是由作用不同的各部分组成的，这些部分称为句子成分。句子成分可以是单词，也可以是词组或从句。在句子中起主要作用的句子成分有主语、谓语，起次要作用的有宾语、宾语补语、定语、状语、表语等。在自然语言理解中，一个句子及其句子成分可用一棵树来表示。例如，句子"She ate an apple"可用如图 11.2 所示的树形结构来表示。

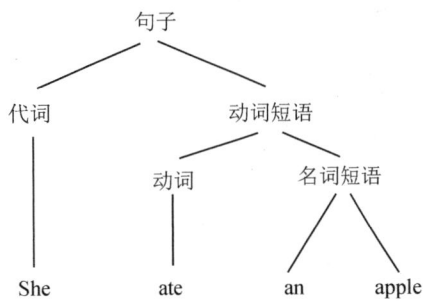

从另一个角度看，句子又是由若干词类构成的，如名词、动词、代词、形容词等。在上例中，She 是人称代词，ate 是动词，an 是冠词，apple 是名词。这些词在句子中分别担任了不同的句子成分，构成了一个完整的句子。若从句子的词类来考虑，一个句子也可用一棵树来表示，这种树称为句子的分析树。分析树是一种常用的句子结构表示方法。上例的分析树如图 11.3 所示。

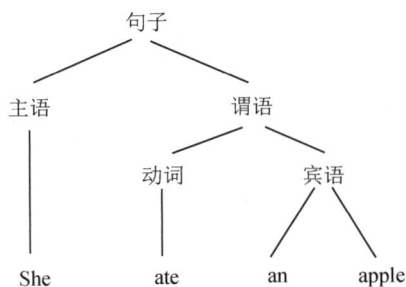

图 11.2　句子的树形结构　　　　　图 11.3　句子的分析树

2）上下文无关文法

上下文无关文法（context free grammar）是乔姆斯基提出的一种能对自然语言语法知识进行形式化描述的方法。在这种文法中，语法知识是用重写规则表示的。下面给出英语的一个很小的子集，这个英语的子集的上下文无关文法如图 11.4 所示。

语句→句子　　　　　　　　终标符
句子→名词短语　　　　　　动词短语
动词短语→动词　　　　　　名词短语
名词短语→冠词　　　　　　名词
名词短语→专用名词
冠词→the
名词→coach
动词→trains
名词→book
动词→trains
专用名词→Tom
终标符→.

图 11.4　一个英语子集的上下文无关文法

在图 11.4 中，作为终结符的有英语单词 the、coach、trains、Tom 及终标符"."，其余均为非终结符，并且在所有非终结符中，"语句"是一个特殊的非终结符，称为起始符。上述文法之所以称为上下文无关，其原因是这些重写规则的左边均为孤立的非终结符，它们可以被右边的符号串替换，而不管左边出现的上下文。

每个上下文无关文法都定义了一种语言，这种语言中的所有语句均可以从该文法的起始符开始，经过有限次使用重写规则而得到。

【例 11.3】 利用图 11.4 所示的上下文无关文法，给出如下语句的文法分析树。

The coach trains Tom.

解 这是一个符合该文法所定义语言的语句，其文法分析树如图 11.5 所示。

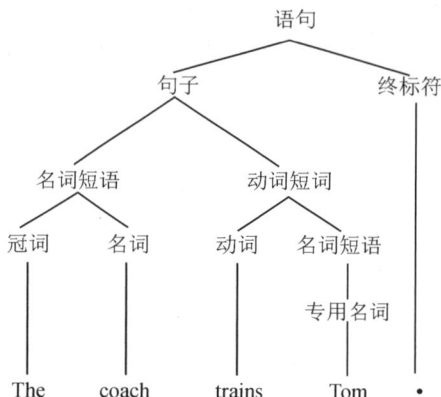

图 11.5 "The coach trains Tom."的分析树

上下文无关文法反映了自然语言结构的层次特性，用它对自然语言的语法进行形式化描述既严谨，又便于计算机实现，因此已成为一种较方便的自然语言语法规则的表示方法。

3）变换文法

用上下文无关文法描述自然语言比较方便，但也存在一定的局限性。例如，对谓语动词和主语的一致性，以及对主动语句和被动语句不同结构形式的转换等，上下文无关文法都面临着许多困难。其主要原因是，上下文无关文法反映的仅是一个句子本身的层次结构和生成过程，不可能与其他句子发生关系。而自然语言是上下文有关的，句子之间的关系也是客观存在的。为了解决这一类问题，Chomsky 提出了变换文法（transformational grammar）。变换文法认为，英语句子的结构有深层和表层两个层次。例如，句子 She reads me a story 和 She reads a story to me 的表层结构不一样，但指的是同一回事，即这两个句子的深层结构是一样的。再如，主动句和被动句也只是表层结构不同，其深层结构是相同的。

在变换文法中，句子深层结构和表层结构之间的变换是通过变换规则实现的，变换规则把句子从一种结构变换为另一种结构。图 11.6 给出了一条把主动句变换为被动句的变换规则。

变换文法的工作过程是先用上下文无关文法建立相应句子的深层结构，再应用变换规则将深层结构变换为符合人们习惯的表层结构。

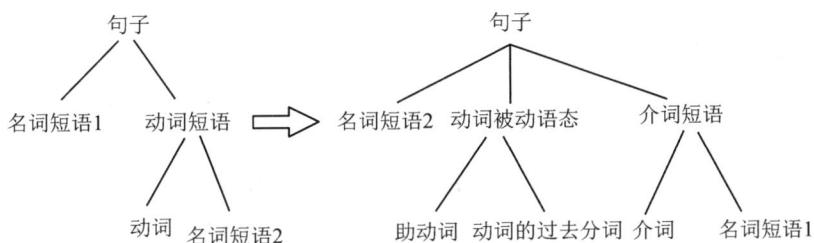

图 11.6　由主动句变为被动句的变换规则

【例 11.4】　利用变换文法，将图 11.4 所示的主动句变为被动句。

解　其变换过程是：先从非终结符"句子"开始产生一个主动句：

The coach trains Tom.

然后应用如图 11.6 所示的变换规则，把它变为被动句：

Tom is trained by the coach.

其变换过程如图 11.7 所示。

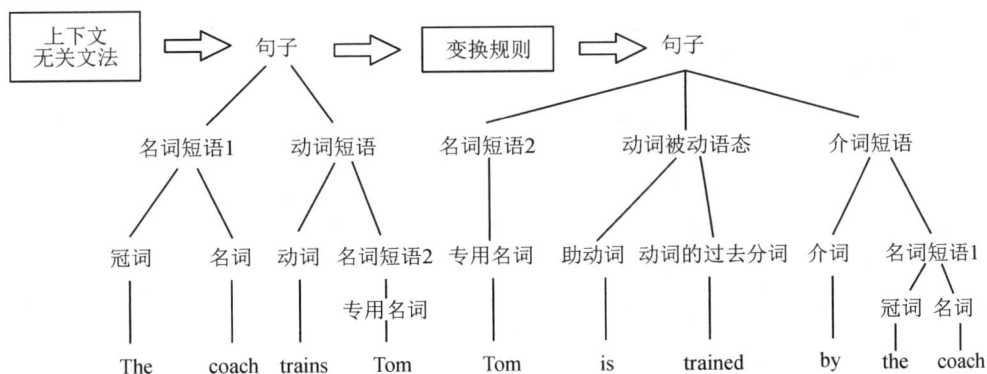

图 11.7　用变换文法将一个主动句变换为被动句的例子

2. 自顶向下与自底向上分析

使用给定文法对语句进行分析的过程可以看成根据输入语句中的单词找出该语句对应的文法分析树的过程。实现这一分析过程的方法主要有自顶向下和自底向上两种方法。

1）自顶向下分析法

自顶向下分析是指从起始符开始应用文法规则，一层一层地向下产生分析树的各个分支，直至生成与输入语句相匹配的完整的句子结构为止。例如，如图 11.4 所示的上下文无关文法采用自顶向下分析方法对语句

The coach trains Tom.

进行分析的过程如下。

首先，从起始符"语句"开始，正向运用规则：

语句→句子　　终标符

把分析树的根节点"语句"替换为它的两个子节点"句子"和"终标符"。然后再对新生成的节点"句子"使用规则：

句子→名词短语　　动词短语

将其替换为两个子节点"名词短语"与"动词短语"。对于"名词短语",文法规则中有两条规则可用,若按规则的排列顺序来使用规则,则选用:

名词短语→冠词　　名词

这样,"名词短语"可被替换为"冠词"和"名词",生成两个新节点。对"冠词"使用规则:

冠词→The

对名词使用规则:

名词→coach

这就在分析树上生成了两个可与输入语句匹配的终结符
"The"和"coach"。再对"动词短语"运用规则:

动词短语→动词　　名词短语

就可得到如图 11.8 所示的分析树。

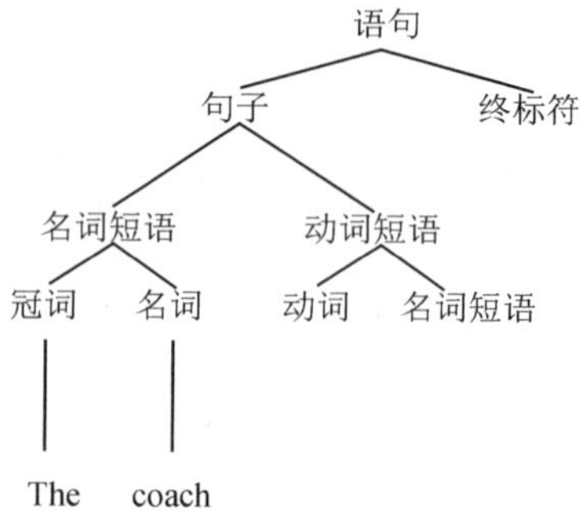

继续向下分析,节点"动词"也有两条规则可供使用,若按规则的排列顺序,应选用规则:

动词→wrote

但这会在分析树中生成与输入语句不匹配的终结符
"wrote",致使分析过程失败。此时,可通过回溯再回到
"动词"节点,选用下一条适用的规则:

图 11.8　自顶向下分析的例子

动词→trains

从而生成与输入语句匹配的终结符"trains"。当对"名词短语"进行分析时,又遇到了与"动词"相同的问题,也需要通过回溯来得到可与输入语句匹配的终结符。经过一系列的分析工作,最后可得到如图 11.5 所示的分析树。

由以上分析过程可以看出,自顶向下产生分析树的过程是一个正向使用重写规则的搜索过程。搜索时需要考虑以下两点:

(1)当对一个节点使用重写规则时,往往会有许多规则可用,究竟选用哪一条规则,这是一个搜索策略问题,本书讨论的搜索策略均可使用。上例是按照规则在文法中的排列顺序选用规则的。

(2)在分析过程中经常会发生需要回溯的情况,何时进行回溯,也是一个策略问题。上例是优先选择最新生成的节点,一旦发现有不匹配的终结符,及时进行回溯。

2)自底向上分析法

所谓自底向上分析,是以输入语句的单词为基础,首先按重写规则的箭头指向,反方向使用那些最具体的重写规则,把单词归并成较大的结构成分,如短语等,然后对这些成分继续逆向使用规则,直到分析树的根节点为止。仍以语句

The coach trains Tom.

为例,逆向使用图 11.4 中的那些具体规则后,可得到如图 11.9 所示的部分分析树。继续逆向使用规则,一步步归并,直到根节点"语句"为止,最后可生成如图 11.5 所示的完整的分析树。

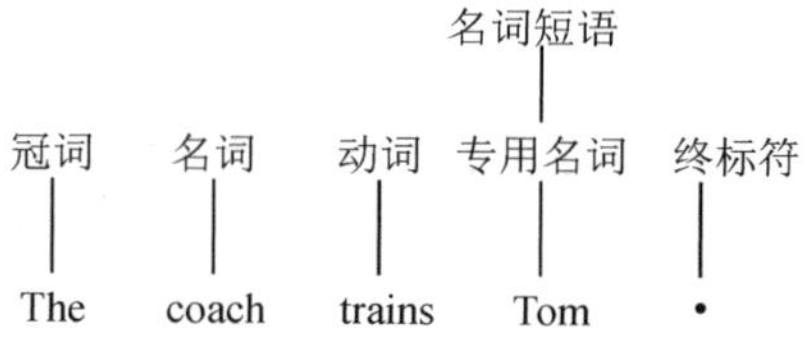

自顶向下分析方法与自底向上分析方法虽然思

图 11.9　自底向上分析的部分分析树

路清晰，但分析效率不高。为了提高分析效率，实际使用中可采用自顶向下与自底向上相结合的分析方法。

11.3.4　转移网络

转移网络在自动机理论中用来表示语法。句法分析中的转移网络由节点和带有标记的弧组成，节点表示状态，弧对应于符号，基于该符号，可以实现从一个给定的状态转移到另一个状态。重写规则和相应的转移网络可表示为图 11.10。

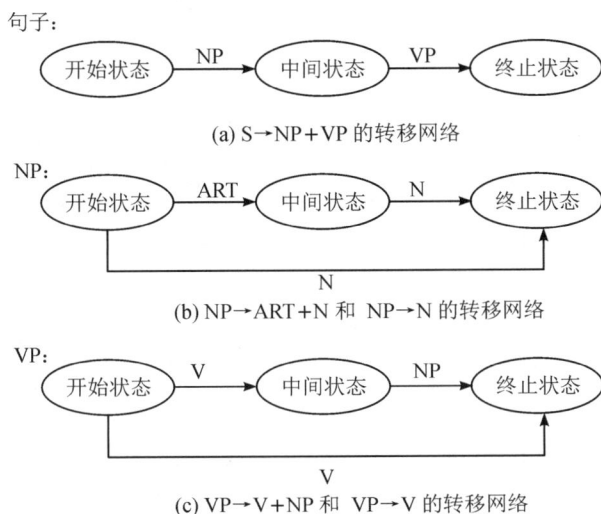

图 11.10　转移网络

为了用转移网络分析一个句子，首先从句子 S 开始启动转移网络，如果句子的表示形式和转移网络的部分结构（NP）匹配，则控制会转移到和 NP 相关的网络部分。这样，转移网络进入中间状态，然后接着检查 VP 短语。在 VP 的转移网络中，假设整个 VP 匹配成功，则控制会转移到终止状态，并结束。例如，对于句子"the woman cried"的状态转移网络如图 11.11 所示。

图 11.11 所示的转移网络含有 10 个线段，表示了网络中状态的控制流。首先，当控制在句子的 S_0 发现 NP，则它会通过虚线 1 移动到 NP 转移网络。如果在 NP 转移网络的 S_0 又发现了 ART，则通过虚线 2 进入 ART 网络，从 ART 网络选择"the"，然后通过虚线 3 返回 NP 转移网络的 S_1。现在，在 NP 转移网络的 S_1，找到 N，则通过----4 移动到转移网络 N 的初始节点 S_0。该过程一直这样进行下去，直到通过----10 抵达句子的转移网络的 S_2。对转移网络的遍历并不总是像图 11.11 那样顺利，当控制使匹配进入错误的状态，句子和转移网络无法匹配时，就会引起回溯。

为了说明转移网络中的回溯，表示句了"dogs bark"的转移网络如图 11.12 所示，由于句子中没有冠词，所以需要将控制从 ART 的 S_0 回溯到 NP 的 S_0。

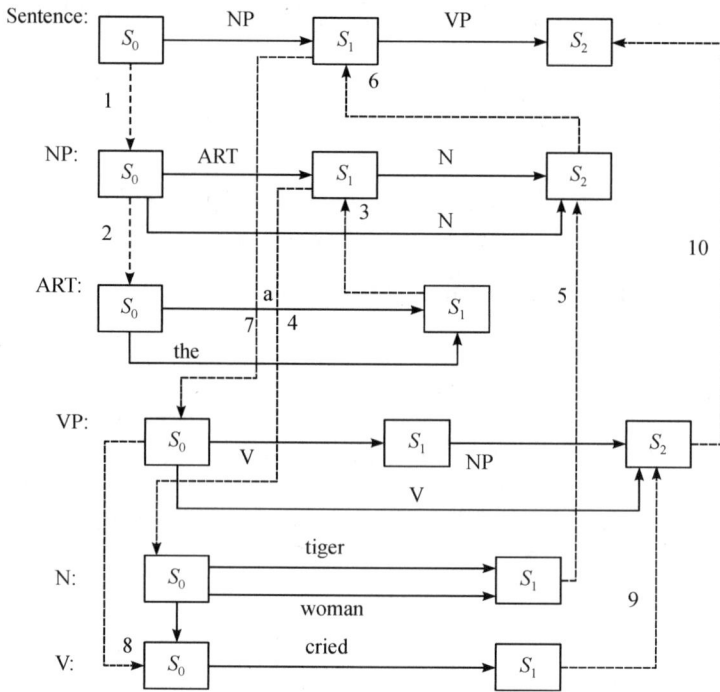

图 11.11 "the woman cried"的转移网络

注：虚线上的数字表示转移的顺序。

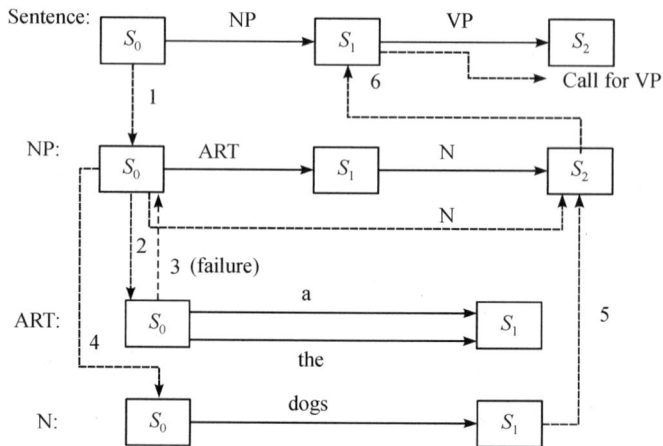

图 11.12 "dogs bark"的转移网络

11.4 语 义 分 析

句法分析通过后并不等于已经理解了所分析的句子，至少还需要进行语义分析，把分析得到的句法成分与应用领域中的目标表示相关联，才能产生唯一正确的理解。因为句法分析仅是在句法范围内根据词性信息来分析自然语言中句子的文法结构的。由于它没有考

虑句子本身的含义，也就不能排除像

The toy received the baby.

这种在语法结构上正确，但实际语义上错误的句子。为了保证句子含义的正确性，还需要对句子进行语义上的分析。

  语义分析就是识别一句话表达的实际意义。即弄清楚"干什么了""谁干的""这个行为的原因和结果是什么"，以及"这个行为发生的时间、地点及其所用的工具或方法"等。简单的做法就是依次使用独立的句法分析程序和语义解释程序。这样做的问题是，在很多情况下，句法分析和语义分析相分离，常常无法决定句法的结构。为有效地实现语义分析，并能与句法分析紧密结合，研究者给出了多种用于语义分析的技术，本节仅讨论其中最基本的两种，即语义文法和格文法。

11.4.1 语义文法

  语义文法(Semantic Grammar)是在上下文无关文法的基础上，将"名词短语""动词短语""名词"等不含有语义信息的纯语法类别，用所讨论领域的专门信息，像"山""水""动物"等具有很强语义约束的语义类别来代替。利用语义文法进行语义分析，就可以排除像"论文收到教授"这类无意义的句子。

  为了说明语义文法在语义分析方面的作用，下面给出一个关于舰船信息的具体例子：

S→PRESENT the ATTRIBUTE of SHIP
PRESENT→what is ｜ can you tell me
ATTRIBUTE→length ｜ class
SHIP→theSHIPNAME ｜ CLASSNAME class ship
SHIPNAME→Huanghe ｜ Changjiang
CLASSNAME→carrier ｜ submarine

上述重写规则在形式上与上下文无关文法相同。其中，用大写英文字母的单词表示非终结符，小写英文字母表示终结符，竖线表示"或"的意思。

  语义文法的分析过程与上下文无关文法类似，利用上面给出的语义文法，可以从语义上识别以下输入：

What is the length of the Yellow River?
Can you tell me the class of the Yangtze River?

作为练习，请读者自己完成这两个句子的语义分析过程。

  语义文法不仅可以排除无意义的句子，还具有较高的分析效率。但是它只能适应于严格限制的领域，当把一个应用领域的文法移植到另一领域时，修改文法的工作量相当大，有的甚至需要完全重写。

11.4.2 格文法

  格文法(Case Grammar)是以句子的中心动词为主导，并用格来表示其他成分与此中心动词之间的语义关系的一种描述方法。格文法及其分析比较复杂，这里仅讨论格的简单概念、格框架的简化表示，以及格文法分析的大致过程。

1. 格和格框架

"格"这个词来源于传统语法，但与传统语法中的格有着本质不同。在传统语法中，格仅表示一个词或短语在句子中的功能，如主格、宾格等，反映的也只是词尾的变化规则，故称为表层格。在格文法中，格表示的是语义方面的关系，反映的是句子中包含的思想、观念等，故称为深层格。"格"是一个一般的概念，相对于中心动词的不同语义关系，可以分为许多种。例如，英语句子：

Jerry gave the pen to Tom.

中，相对于中心动词 gave，Jerry 是这个行为的发出者，称为动作格；the pen 是行为作用的对象，称为受动格；Tom 是行为作用对象所到达的目标，称为目标格。

至于一套正确的深层格究竟应包括多少个格，以及这些格的明确含义是什么，目前尚无定论。下面给出一个描述行为的句子所涉及的深层格类型。

(1) Agent(施事)：动作主格，指行为的施动者。

(2) Object(受事)：受动者格，指行为作用的对象。

(3) Co-Agent(共施事)：帮助者格，指行为施动者实施该行为时的合作者。

(4) Instrument(工具)：工具格，指施事者或共施事者实现行为中所使用的对象。

(5) Time(时间)：时间格，指行为发生的时间。

(6) Source(来源)：来源格，指行为作用对象移出的位置。

(7) Goal(目标)：目标格，指行为作用对象到达的位置。

(8) Trajectory(轨迹)：轨迹格，指从来源到目标所经过的路径。

在格文法中，每个句子都联系着一个框架。其中，框架名可以是相应句子的中心动词，框架的槽可分别对应相应句子的各深层格，每个槽的槽值为该深层格在相应句子中所代表的语义成分。通常，把这种用来描述句子深层格的框架称为格框架。以上述句子为例，其格框架可简化描述如图 11.13 所示。其中，中心动词 GAVE 是这个格框架的主要概念，并作为此格框架的名字；各种格用大写字母开头的词表示，且作为相应槽的槽名；句子中具有一定语义的词或短语是格的填充物，也作为相应槽的槽值。

```
[GAVE
    Agent:          Jerry
    Object:         thepen
    Co-Agent:
    Instrument:
    Time:
    Source:         Jerry
    Goal:           Tom
    Trajectory:
]
```

图 11.13　格框架的简化表示

2. 格文法分析

应用格文法分析一个句子的过程，包括对该句子格框架空槽的填充过程，即对格框架中的每个深层格都要在输入句子中查找有无相应的格填充物。当框架中的每个深层格都被处理完后，如果输入句子能被全部识别，则分析过程正常结束，其结果将得到一个代表输入句子所含语义的实际格框架。相反，如果输入句子中还有未被识别的部分，则发生错误。错误原因有以下两种可能：一种是输入句子不合语法，另一种是所使用的格文法不完备。作为一个正常结束的例子，前述句子分析结束时所得到的实际格框架如图 11.14 所示。

```
[GAVE
    Agent:        Jerry
    Object:       thepen
    Source:       Jerry
    Goal:         Tom
]
```

图 11.14　实际格框架

在对格框架的分析填充过程中，虽然需要用到语法知识，但更多用到的是语义知识。

上面对格文法分析过程的说明是非常粗略的，若要更详细的描述，还必须为分析过程建立一部辞典，为格框架增加相应的注释信息，并且需要为深层格进行某种形式的分类，甚至当格框架递归定义时，还需要对其分析算法进行递归描述，等等。这些无疑会增加格框架及其分析算法的复杂性。对于这些问题，有兴趣的读者可参考有关文献。

格文法的主要优点有：可以递归地处理关系从句和其他的语言结构；能够综合运用语法和语义知识，从而减少了语法和语义的歧义；允许以动词为中心构造分析结果；格表示易于用语义网络表示法描述，从而多个句子的格表示相互关联形成大的语义网络，以便开发句子间的关系，理解多句构成的上下文，并用于回答问题等。因此，格文法是一种有用的自然语言分析和理解技术。

11.5　语　料　库

语料库是存放语言材料的数据库，而语料库语言学就是基于语料库进行语言学研究的学科。语料库语言学的研究基础是大规模真实语料。

11.5.1　语料库语言学

传统的句法-语义分析技术，所采取的主要研究方法是基于规则的方法，也就是说，将理解自然语言所需的各种知识用规则的形式加以表达，然后再进行分析推理达到理解的程度。这主要是因为语言学家是从规则着手，而不是从统计角度来认识和处理语言的。由于自然语言理解的复杂性，各种知识的"数量"浩瀚无际，而且具有高度的不确定性和模糊性，利用规则不可能完全准确地表达理解自然语言所需的各种知识，而且，规则实际上面向语言的使用者，将它面向机器则分析结果始终不尽如人意。由于机器翻译强调理解，单纯依靠规则方法也曾经使机器翻译一度陷入低谷。

1990 年 8 月，在赫尔辛基召开的第 13 届国际计算机语言学大会上，大会组织者提出了处理大规模真实文本将是今后一个相当长时期内的战略目标。为实现战略目标的转移，需要在理论、方法和工具等方面实行重大的革新。这种建立在大规模真实文本处理基础上的研究方法将自然语言处理的研究推向一个崭新的阶段。理解自然语言所需的各种知识恰恰蕴涵在大量的真实文本中，通过对大量真实文本进行分析处理，可以从中获取理解自然语言所需的各种知识，建立相应知识库，从而实现以知识为基础的智能型自然语言理解系统。研究语言知识所用的真实文本称为语料，大量的真实文本构成语料库。要想从语料库中获取理解语言所需的各种知识，就必须对语料库进行适当的处理与加工，使之由生语料变为有价值的熟语料。这样，就形成了一门新的学科——语料库语言学（Corpus Linguistics），它可用于对自然语言理解进行研究。如何建造语料库，并且语料库中都包括什么样的语义信息？这里以 WordNet 为例来说明。WordNet 是 1990 年由 Princeton 大学的米勒（Miller G A）等设计和构造的。一部 WordNet 词典将近有 95600 个词形（51500 单词和 44100 搭配词）和 70100 个词义，分为五类：名词、动词、形容词、副词和虚词，按语义而不是按词性来组织词汇信息。在 WordNet 词典中，名词有 57 000 个，含有 48 800 个同义词集，分成 25 类文件，平均深度 12 层。最高层为根概念，不含有固有名词。

知网（HowNet）是董振东研制的以汉语和英语的词语所代表的概念为描述对象，以揭示概念与概念之间以及概念所具有的属性之间的关系为基本内容的常识知识库。公布的中文信息结构库包含：

（1）信息结构模式：271 个。

（2）句法分布式：49 个。

（3）句法结构式：58 个。

（4）实例：11000 词语。

（5）总字数：中文 60000 字。

传统的词典通常是把各类不同的信息放入一个词汇单元中加以解释，包括拼音、读音、词形变化及派生词、词根、短语、时态变换的定义及说明、同义词、反义词、特殊用法注释，偶尔还有图示或插图，包含着相当可观的信息。但是，它还有一些不足，特别是用在自然语言理解时更显得不够。

例如，对于名词"树"，传统的词典一般解释为：一种大型的、木质的、多年生长的、具有明显树干的植物。基本上是上位词加上辨别特征。但是这还不够，还缺少一些信息，例如：

（1）它没有谈到树有根，有植物纤维壁组成的细胞，甚至也没有提及它们是生命的组织形式。但是在 WordNet 中，只要查一下它的上位词"植物"，就可以找到这些信息。

（2）树的定义没有包括对等词的信息，不能推测其他种类的植物存在的可能性。

（3）对各种树都感兴趣的读者，除了查遍词典，没有其他办法。

（4）每个人对树都有自己的认识，而词典的编撰者又没有将其写在树的定义中。如树包括树皮、树枝；树由种子生长而成等。

可以看出，普通词典中遗漏的信息中大部分是构造性信息而不是事实性的信息。

WordNet 是按一定结构组织起来的语义类词典，主要特征表现在：

（1）整个名词组成一个继承关系。WordNet 有着严格的层次关系，一个单词可以把它所有的前辈的一般性上位词的信息都继承下来，可以提供全局性的语义关系，具有IS-A（父子继承）关系。

（2）动词是一个语义网。动词大概是最难以研究的词汇，在动词词典中，很少有真正的同义动词。表达动词的意义对任何词汇语言学来说都是困难的。WordNet 不作成分分析，而是进行关系分析，这一点是计算语言学界所热衷的课题。与以往的语义分析方法不同，这种关系讨论的是动词间的纵向关系，即词汇蕴涵关系。

WordNet 基于名词和动词以及其他词性的关系进行词类间的纵向分析，在国际计算语言学界有很大的影响。但是，它也有不足之处，如没有考虑横向关系。

从上面可以看出，传统的词典和语料库是不一样的。为了对自然语言理解进行研究，需要优先考虑的问题主要是大规模真实语料库的建设和大规模、信息丰富的机读词典的编制方法的研究。

大规模真实文本处理的数学方法主要是统计方法，大规模的经过不同深度加工的真实文本语料库的建设是基于统计性质的基础，如果没有这样的语料库，统计方法只能是无源之水，从真实语料中获取自然语言的有关知识只能是一种理想。所以如何设计语料库、如何对生语料进行不同深度的加工以及如何选择加工语料的方法等，正是语料库语言学要深入进行研究的方向。对于规模为几万、十几万甚至几十万的词，含有丰富的信息（如包含词的搭配信息、语法信息）的计算机可用词典对自然语言处理的重要性是很明显的。采用什么样的词典结构，包含词的哪些信息，如何对词进行选择，如何以大规模语料为资料建立词典，即如何从大规模语料中获取词等都需要进行深入的研究。

11.5.2　语料库语言学的特点

基于大规模真实文本处理的语料库语言学，与传统的基于句法-语义分析的方法比较如下：

（1）试验规模的不同。以往的自然语言处理系统多数都是利用细心选择过的少数例子来进行试验，而现在要处理从多种出版物上收录的数以百万计的真实文本。这种处理在深度方面虽然可能不深，但针对特定的任务还是有实用价值的。

（2）语法分析的范围要求不同。由于真实文本的复杂性（其中甚至有不合语法的句子），同时具体文章的数量极大，还有处理速度方面的要求，对所有的句子都要求完全的语法分析几乎是不可能的。因此，目前的多数系统往往不要求完全的分析，而只要求对必要的部分进行分析。

（3）处理方法的不同。以往的系统主要依赖语言学的理论和方法，即基于规则的方法，而新的基于大规模真实文本处理而开发的系统，同时还依赖于对大量文本的统计性质分析。统计学的方法在新研制的系统中起了很大的作用。

（4）所处理的文本涉及的领域不同。以往的系统往往只针对某一较窄的领域，而现在的系统则适合较宽的领域，甚至是与领域无关的，即系统工作时并不需要用到与特定领域有关的领域知识。

（5）对系统评价方式的不同。不再是只用少量的人为设计的例子对系统进行评价，而是根据系统的应用要求对其性能进行评价，即用真实文本进行较大规模的、客观的和定量的评价，不仅要评价系统的质量，同时也要评价系统的处理速度。

（6）系统所面向的应用不同。以前的某些系统可能适合对"故事"性的文本进行处理，而基于大规模真实语料的自然语言理解系统要走向实用化，需要对大量的、真实的新闻语料进行处理。

（7）文本格式的不同。以往处理的文本只是一些纯文本，而现在要面向真实的文本。真实文本大多都是经过文字处理软件处理以后含有排版信息的文本。因而如何处理含有排版信息的文本应该受到重视。

（8）理论基础不同。以往使用的方法是基于句法-语义分析方法，属于理性主义方法范畴；而本方法是基于大规模真实文本处理的方法，属于经验主义方法范畴。

11.5.3　统计方法的应用

通过对大量真实文本的分析处理，能够从中获取理解自然语言所需要的各种知识，建立相应的知识库，实现以知识为基础的智能自然语言理解系统。通过对语料库的加工处理，使语料从生语料变为有价值的熟语料。随着统计方法在自然语言处理中的广泛应用，近年来语料库语言学已成为一个引人注目的研究方向，甚至发展为语言研究的主流，对语言研究的许多领域产生日益重要的影响。

语料库语言学具有广泛的研究内容，归纳起来大致涉及 3 方面的内容，即语料库的建设与编纂，语料库的加工与管理、语料库的应用等。

20 世纪 90 年代，自然语言理解的研究在基于规则的技术中引入语料库的方法，其中包括统计方法、基于实例的方法和通过语料加工手段使语料库转化为语言知识库的方法等。使用统计的方法，使机器翻译的正确率达到 60%，汉语切分的正确率达到 70%，汉语语音输入的正确率达到 80%，这是对传统语言学的严峻挑战。许多研究人员相信，基于语料库的统计模型（如 n-gram 模型、Markov 模型和向量空间模型）不仅能胜任词类的自动标注任务，而且也能够应用到句法和语义等更高层次的分析上。这种方法有希望在工程上、在宽广的语言覆盖面上解决大规模真实文本处理这一极其艰巨的课题，至少也能为基于规则的自然语言处理系统提供一种强有力的补充机制。

当前语言学处理的一个总的趋势是部分分析代替全分析，部分理解代替全理解，部分翻译代替全翻译。从大规模真实语料库中获取语言信息知识的方法一般采用数学上的统计方法，并基于此构造了大量的语料库。统计方法就是这样一种"部分分析代替全分析"趋势的产物。统计方法初期，其主要成果集中在词层的处理上，比如汉语分词、词性标注等。但是句法层次的语言分析方面目前还正在研究。另外，统计方法在理解自然语言时主要是和分析方法相结合而使用的。

随着语料库语言学的快速发展，随机语言模型的建模工作正在由基本的线性词汇统计转向结构化的句法领域，尝试以此为基础解决句法结构的歧义性问题。结构化语言模型的基本思想是，根据语料统计信息建立一定的优先评价机制，对输入句子的分析结果进行概率计算，从而得到概率意义上的最优分析结构。

最初出现的结构化语言模型是 20 世纪 60 年代末在语音识别研究中提出的概率上下文无关文法（Probabilistic Context Free Grammar，PCFG），但是直到 1979 年 Backer 提出了 Inside-Outside 算法解决了 PCFG 文法的参数自动获取问题以后，才得到进一步的研究，并取得了一些有用的成果，如更为有效的 PCFG 分析技术、改进的 IO 算法、针对大型文法分析的概率剪枝技术等。

PCFG 模型的不足在于其词汇化程度很差，模型参数仅能得到微弱的上下文信息，整个系统具有很大的熵。随着大规模带标语料库，尤其是具有结构化标注信息的树库的建立，研究者开始使用各种有监督的学习机制，构造更为复杂的语言模型，如基于决策树的方法、基于词汇关联信息的语言模型等。除了随机结构化语言模型以外，加大语言处理基本单元的粒度也是重要的发展趋势。在这种研究中，多义的单词加大到单义的语段（Chunk）这个层次，并给子中心词标注，目的是简化处理的句型，化解机器翻译的歧义问题。

由于从大规模语料获取知识的统计模型并不十分完善，从语料库中采集、整理、表示和应用知识仍然比较困难，因此，尽管基于大规模语料库的方法为自然语言处理领域带来了成果，但从理论方法的角度考虑，这些方法都是统计学中的方法和一些其他的"简单"方法或技巧。而这些方法目前在自然语言处理中的应用，经过许多研究人员的努力，似乎已将它们的潜能发挥到了极致。因此，自然语言处理所面临的一个问题就是，要取得新的、更大的、实质性的进展，是有待于在理论上实现重大突破呢？还是在已有方法的基础上进行改良、优化或者综合呢？目前的看法尚不一致，更多的语言学家倾向于前一种意见，而更多的工程师则倾向于后一种意见，而另外的一些学者则认为，将基于语言知识和逻辑推理的规则性方法与基于大规模真实语料库的统计性方法相结合，才能使自然语言的处理取得更大的成功。

尽管语料库语言学的诞生为自然语言处理研究带来了新的生机，但如何对语料库进行更有效的加工和处理、如何从中抽取语言知识、如何在自然语言理解的方法上实现突破等问题，还需不断深入地进行研究。

11.5.4　语料库的类型

按照划分标准的不同，可以把语料库分为多种类型。例如，单语种语料库和多语种语料库（按语种分）、单媒体语料库和多媒体语料库（按记载媒体分）、国家语料库和国际语料库（按地域区别分）、通用语料库和专用语料库（按使用领域分）、平衡语料库和平行语料库（按分布性分）、共时语料库和历时语料库（按语料时间段分）以及生语料库和标注（熟）语料库（按语料加工与否分）等。

比较有影响的典型语料库包括美国的宾夕法尼亚树库（Penn Tree Bank，PTB）和 LDC中文树库（Chinese Tree Bank，CTB）、欧盟的面向口语翻译技术的词典和语料库（Lexica and Bilingual Corpora for Speech-to-Speech Translation，LC-STAR）、捷克的布拉格依存树库（Prague Dependency Treebank，PDT）以及我国的北京大学语料库和中国台湾中央研究院语料库等。

11.6　机器翻译基本原理

机器翻译是用计算机实现不同语言间的翻译。被翻译的语言称为源语言，翻译成的结果语言称为目标语言。因此，机器翻译就是实现从源语言到目标语言转换的过程。

电子计算机出现之后不久，人们就想使用它来进行机器翻译。只有在理解的基础上才能进行正确的翻译，否则，将遇到一些难以解决的困难：

（1）词的多义性：源语言可能一词多义，而目的语言要表达这些不同的含义需要使用不同的词汇。为选择正确的词，必须了解所表达的含义是什么。

（2）文法多义性：对源语言中合乎文法规则但具有多义的句子，其每一可能的意思均可在目标语言中使用不同的文法结构来表达。

（3）头语重复使用：源语言中的一个代词可指多个事物，但在目标语言中要有不同的代词，正确地选用代词需要了解其确切的指代对象。

（4）成语：必须识别源语言中的成语，它们不能直接按字面意思翻译成目标语言。

如果不能较好地克服这些困难，就不能实现真正的翻译。机器翻译，就是让机器模拟人的翻译过程。人在进行翻译之前，必须掌握两种语言的词汇和语法。机器也是这样，它在进行翻译之前，在它的存储器中已存储了语言学工作者编好的并由效学工作者加工过的机器词典和机器语法。人进行翻译时所经历的过程，机器也同样遵照执行：先查词典得到词的意义和一些基本的语法特征（如词类等），如果查到的词不止一个意义，那么就要根据上下文选取所需要的意义。在弄清词汇意义和基本语法特征之后，就要进一步明确各个词之间的关系。然后，根据译语的要求组成译文（包括改变词序、翻译原文词的一些形态特征及修辞）。

机器翻译的过程一般包括 4 个阶段：原文输入、原文分析（查词典和语法分析）、译文综合（调整词序、修辞和从译文词典中取词）和译文输出。下面以英汉机器翻译为例，简要地说明机器翻译的整个过程。

1. 原文输入

由于计算机只能接受二进制数字，所以字母和符号必须按照一定的编码法转换成二进制数字。例如 What are computers 这 3 个词就要变为下面这样 3 大串二进制代码：

What 110110 100111 100000 110011

are 100000 110001 110100

computers 100010 101110 101100 101111 110100
　　　　　　 110011 100100 110001 110010

2. 原文分析

原文分析包括两个阶段：查词典和语法分析。

1）查词典

通过查词典，给出词或词组的译文代码和语法信息，为以后的语法分析及译文的输出提供条件。机器翻译中的词典按其任务不同而分成以下几种：

（1）综合词典：它是机器所能翻译的文献的词汇大全，一般包括原文词及其语法特征（如词类）、语义特征和译文代码，以及对其中某些词进一步加工的指示信息（如同形词特征、多义词特征等）。

（2）成语词典：为了提高翻译速度和质量，可以把成语词典放到综合词典前面。例如，at the same time，不必经过综合词典得到每个词的信息后再到成语词典去找，可直接得到"副词状语"特征和"同时"的译文。

（3）同形词典：专门用来区分英语中有语法同形现象的词。例如 close 一词，经过综合词典加工未得到任何具体的词类，而只得到该词是形/动同形词的指示信息。该词转到这里后，按照同形词典所提供的检验方法，来确定它在句中到底是用作形容词还是动词。同形词典是根据语言中各类词的形态特征和分布规律构成的。例如，动词、形容词同形的图示中，就有这样的规则：close 后有 er，est 为形容词，处于"冠词＋close＋名词"和"形容词＋close＋名词"等环境时也为形容词……

（4）（分离）结构词典：某些词在语言中与其他词可构成一种可嵌套的固定格式，我们给这类词定为分离结构词。根据这种固定搭配关系，可以简便而又切实地给出一些词的词义和语法特征（尤其是介词），从而减轻了语法分析部分的负担。例如：effect of. . . on。

（5）多义词典：语言中一词多义现象很普遍，为了解决多义词问题，必须把源语的各个词划分为一定的类属组。例如，名词就要细分为专有名词、物体类名词、不可数物质名词、抽象名词、方式方法类名词、时间类名词、地点类名词等。利用这样的语义类别来区分多义现象，是一种比较普遍的方法。例如 effect 一词，当它前面是专有名词（例如人名）时，要选择"效应"为其词义，如 Barret effect"巴勒特效应"；当它处在表示"过程"意义的动名词之后时就要译为"作用"，如 Deoxidizing effect"脱氧作用"。这种利用语义搭配的办法，并非万能，但能解决相当一部分问题。

通过查词典，原文句中的词在语法类别上便可成为单功能的词，在词义上成为单义词（某些介词和连词除外）。这样就给下一步语法分析创造了有利条件。

2）语法分析

在词典加工之后，输入句就进入语法分析阶段。语法分析的任务是：进一步明确某些词的形态特征；切分句子；找出词与词之间句法上的联系，同时得出英汉语的中介成分。总而言之，就是为下一步译文综合做好充分准备。

根据英汉语对比研究发现，翻译英语句子除了翻译各个词的意义之外，还要调整词序和翻译一些形态成分。为了调整词序，首先必须弄清需要调整什么，即找出调整的对象。根据分析，英语句子一般可以分为这样一些词组：动词词组、名词词组、介词词组、形容词词组、分词词组、不定式词组、副词词组。正是这些词组承担着各种句法功能：谓语、主语、宾语、定语、状语……其中除谓语外，都可以作为调整的对象。

如何把这些词组正确地分析出来，是语法分析部分的一个主要任务。上述几种词组中需要专门处理的，实际上只有动词词组和名词词组。不定式词组和分词词组可以说是动词词组的一部分，可以与动词同时加工：动词前有 to，且又不属于动词词组，一般为不定式词组；-ed 词如不属于动词词组，又不是用作形容词，便是分词词组；-ing 词比较复杂，如不属于动词词组，还可能是某种动名词，如既不属动词词组，又不为动名词，则是分词词组。形容词词组确定起来很方便，因为可以构成形容词词组的形容词在词典中已得到"后置形容词"特征。只要这类形容词出现在"名词＋后置形容词＋介词＋名词"这样的结构中，形容词词组便可确定。介词词组更为简单，只要同其后的名词词组连接起来就构成了。比较麻烦的是名词词组的构成，因为要解决由连词 and 和逗号引起的一系列问题。

3. 译文综合

译文综合比较简单，事实上它的一部分工作（如该调整哪些成分和调整到什么地方）在上一阶段已经完成。这一阶段的任务主要是把应该移位的成分调动一下。

如何调动，即采取什么加工方法，是一个不平常的问题。根据层次结构原则，下述方法被认为是一种合理的加工方法：首先加工间接成分，从后向前依次取词加工，也就是从句子的最外层向内层加工。其次加工直接成分，依成分取词加工。如果是复句，还要分情况进行加工：对一般复句，在调整各分句内部各种成分之后，各分句都作为一个相对独立的语段处理，采用从句末（即从句点）向前依次选取语段的方法加工；对包孕式复句，采用先加工插入句，再加工主句的方法，因为如不提前加工插入句，主句中跟它有联系的那个成分一旦移位，它就失去了自己的联系词，整个句子关系就会变得混乱。

译文综合的第二个任务是修辞加工，即根据修辞的要求增补或删掉一些词，譬如可以根据英语不定冠词、数词与某类名词搭配增补汉语量词"个""种""本""条""根"等；再如若有 even（甚至）这样的词出现，谓语前可加上"也"字；又如若主语中有 every（每个）、each（每个）、all（所有）、everybody（每个人）等词，谓语前可加上"都"字，等等。

译文综合的第三个任务是查汉文词典，根据译文代码（实际是汉文词典中汉文词的顺序号）找出汉字的代码。

4. 译文输出

这一阶段通过汉字输出装置将汉字代码转换成文字，打印出译文来。

目前世界上已有十多个面向应用的机器翻译规则系统。其中一些是机助翻译系统，有的甚至只是让机器帮助查词典，但是据说也能把翻译效率提高 50%。这些系统都还存在一些问题，有的系统，人在其中参与太多，所谓"译前加工""译后加工""译间加工"等工作都由人来完成，离真正的实际应用还有一段距离。

11.7　语音识别的应用

语音识别是指将语音自动转换为文字的过程。在实际应用中，语音识别通常与自然语言理解、自然语言生成及语音合成等技术相结合，以提供基于语音的自然流畅的人机交互系统，其最终目的是实现人与机器进行自然语言通信。

1. 语音识别系统的分类及构成

语音识别系统的分类方式及依据如下：

（1）根据对说话人说话方式的要求，可以分为孤立字语音识别系统、连接字语音识别系统和连续语音识别系统。

（2）根据对说话人的依赖程度可以分为特定人和非特定人语音识别系统。

（3）根据词汇量大小，可以分为小词汇量、中等词汇量、大词汇量以及无限词汇量语言识别系统。不同的语音识别系统，虽然具体实现细节有所不同，但所采用的基本技术相似。

一个典型语音识别系统主要由预处理、特征提取、训练和模式匹配等模块构成，下面就简单介绍这几个模块。

（1）预处理：包括语音信号采样，反混叠带通滤波，去除个体发音差异和设备、环境引起的噪声影响等，并涉及语音识别基元的选取和端点检测问题。

（2）特征提取：用于提取语音中反映本质特征的声学参数，如平均能量、平均跨零率、共振峰等。

（3）训练：在识别之前通过让讲话者多次重复语音，从原始语音样本中去除冗余信息，保留关键数据，再按照一定规则对数据加以聚类，形成模式库。

（4）模式匹配：这是整个语音识别系统的核心，根据一定规则（如某种距离测度）以及专家知识（如构词规则、语法规则、语义规则等），计算输入特征与库存模式之间的相似度（如匹配距离、似然概率），判断出输入语音的语义信息。

2. 语音识别的难点

目前，语音识别的研究工作进展缓慢，主要表现在理论方面一直没有突破性成果。虽然各种新的修正方法不断涌现，但还缺乏普遍适用性。语音识别的难点主要表现在以下几个方面。

（1）语音识别系统的适应性差，主要体现在对环境依赖性强，即在某种环境下采集到的语音训练系统只能在这种环境下应用，否则系统性能将急剧下降；对用户的错误输入不能正确响应，使用不方便。

（2）高噪声环境下的语音识别进展困难，因为在高噪声环境中人的发音变化很大，像声音变高、语速变慢、音调及共振峰变化等，这就是所谓的 Lombard 效应，必须寻找新的信号分析处理方法。

（3）语言学、生理学、心理学方面的研究成果已有不少，但如何把这些知识量化、建模并用于语音识别，还需进一步的研究。而语言模型、语法及词法模型在中、大词汇量连续语音识别中又是非常重要的。

（4）目前对人类的听觉理解、知识积累和学习机制以及大脑神经系统的控制机理等方面的认识还很不清楚，而且要把这些方面的现有成果用于语音识别还需要经过一个艰难的过程。

（5）语音识别系统从实验室演示系统到商品的转化过程中还有许多具体问题需要解决，如识别速度、拒识问题以及关键词（句）检测技术（即从连续语音中去除“啊”“唉”等语音，获得真正待识别的语音部分）等技术细节。为了解决这些问题，研究人员提出了各种各样的方法，如自适应训练、基于最大互信息准则（MMI）和最小区别信息准则（MDI）的区别训练和“矫正”训练；应用人耳对语音信号的处理特点，分析提取特征参数，应用人工神经元网络等。所有这些努力都取得了一定成绩，不过，如果要使语音识别系统性能有大的提高，就要综合应用语言学、心理学、生理学以及信号处理等各门学科的有关知识，只用其中一种是不行的。

3. 关键技术

语音识别技术主要包括特征参数提取技术、模式匹配准则及模型训练技术 3 个方面，此外还涉及语音识别单元的选取。下面对其进行介绍。

1）语音识别单元的选取

选择识别单元是语音识别研究的第一步。语音识别单元有单词（句）、音节和音素 3 种，具体选择哪一种，由具体的研究任务决定。单词（句）单元广泛应用于中、小词汇量语音识别系统，但不适合大词汇量语音识别系统，原因在于模型库太庞大，训练模型任务繁重，模型匹配算法复杂，难以满足实时性要求。音节单元多用于汉语语音识别，主要因为汉语是单音节结构的语言，而英语是多音节，并且汉语虽然有大约 130 个音节，但若不考虑声调，约有 408 个无调音节，数量相对较少。因此，对于中、大词汇量汉语语音识别系统来说，以音节为识别单元基本是可行的。音素单元以前多用于英语语音识别的研究中，但目前中、大词汇量汉语语音识别系统也在越来越多地采用音素单元作为识别单元。原因在于汉语音节仅由声母（包括零声母有 22 个）和韵母（共有 28 个）构成，且声母和韵母声学特性相差很大。实际应用中常把声母依后续韵母的不同而构成细化声母，这样虽然增加了模型数目，但提高了区分易混淆音节的能力。由于协同发音的影响，音素单元不稳定，所以如何获得稳定的音素单元，还有待研究。

2）特征参数提取技术

语音信号中含有丰富的信息，但如何从中提取出对语音识别有用的信息呢？特征参数提取完成的就是这项工作，它对语音信号进行分析处理，去除对语音识别无关紧要的冗余信息，获得影响语音识别的重要信息。对于非特定人语音识别来讲，希望特征参数反映尽可能多的语义信息，尽量减少说话人的个人信息（特定人语音识别则相反）。从信息论角度来看，这是信息压缩的过程。线性预测（LP）分析技术是目前应用广泛的特征参数提取技术，许多成功的应用系统都采用基于 LP 技术提取的倒谱参数。但线性预测模型是纯数学模型，没有考虑人类听觉系统对语音的处理特点。Mel 参数和基于感知线性预测（PLP）分析提取的感知线性预测倒谱，在一定程度上模拟了人耳对语音的处理特点，应用了人耳听觉感知方面的一些研究成果。实验证明，采用这种技术，语音识别系统的性能有一定提高。

3）模式匹配及模型训练技术

模型训练是指按照一定的准则，从大量已知模式中获取表征该模式本质特征的模型参数。模式匹配则是根据一定准则，使未知模式与模型库中的某一个模型获得最佳匹配。语音识别所应用的模式匹配及模型训练技术主要有动态时间归正技术（DTW）、隐马尔可夫模型（HMM）和人工神经元网络（ANN）。DTW 是较早的一种模式匹配和模型训练技术，它应用动态规划方法成功解决了语音信号特征参数序列比较时时长不等的难题，在孤立词语音识别中获得了良好性能。但因其不适合连续语音大词汇量语音识别系统，目前已被 HMM 模型和 ANN 替代。HMM 模型是语音信号时变特征的有参表示法。它由相互关联的两个随机过程共同描述信号的统计特性，其中一个是隐蔽的（不可观测的）具有有限状态的马尔可夫链，另一个是与马尔可夫链的每一状态相关联的观察矢量的随机过程（可观测的）。隐马尔可夫链的特性要靠可观测到的信号特征揭示。这样，语音等时变信号某一段的特征就由对应状态观察符号的随机过程描述，而信号随时间的变化由隐马尔可夫链的转移概率描述。模型参数包括 HMM 拓扑结构、状态转移概率及描述观察符号统计特性的一组随机函数。按照随机函数的特点，HMM 模型可分为离散隐马尔可夫模型（采用离散概率密度函数，简称 DHMM）和连续隐马尔可夫模型（采用连续概率密度函数，简称 CHMM）以及半连续隐马尔可夫模型（简称 SCHMM，兼有 DHMM 和 CHMM 的特点）。一般来讲，在训练数据足够时，CHMM 优于 DHMM 和 SCHMM。HMM 模型的训练和识别都已研究出有效的算法，并不断被完善，以增强 HMM 模型的鲁棒性。

　　人工神经元网络在语音识别中的应用是研究热点之一。ANN 本质上是一个自适应非线性动力学系统，模拟了人类神经元活动的原理，具有自学、联想、对比、推理和概括能力。这些能力是 HMM 模型不具备的，但 ANN 又不具有 HMM 模型的动态时间归正性能。因此，已有研究把二者的优点有机结合起来，从而提高整个模型的鲁棒性。

【实践 11.1】　语音识别的实现

　　在当前自然语言处理方面的研究中，研究者主要是采用基于深度学习的方法来实现语音识别。为了解决神经网络模型的性能受限于高斯混合模型–隐马尔科夫模型的精度和训练过程过于繁复这两个问题，研究人员提出了端到端的语音识别方法，一类是基于联结时序分类的端到端声学建模方法；另一类是基于注意力机制的端到端语音识别方法。前者只是实现声学建模的端到端，而后者实现了真正意义上的端到端语音识别。

　　基于注意力机制的端到端语音识别方法与传统的语音识别方法不同，传统的语音识别系统中声学模型和语言模型是独立训练的，但是该方法将声学模型、发音词典和语言模型联合为一个模型进行训练。端到端的模型是基于循环神经网络的编码–解码结构，其结构如图 11.15 所示。

图 11.15　基于注意力机制的端到端语音识别系统结构图

　　图 11.15 中，编码器用于将不定长的输入序列映射成定长的特征序列，注意力机制用于提取编码器的编码特征序列中的有用信息，而解码器则将该定长序列扩展成输出单元序列。尽管这种模型取得了不错的性能，但其性能远不如混合声学模型。近期，谷歌发布了其最新研究成果，提出了一种新的多头注意力机制的端到端模型。当训练数据达到数十万小时时，其性能可接近混合声学模型的性能。

　　以下是实现该语音识别系统的 python 示例代码：

```
1.  import torch
2.  import torch. nn as nn
3.  import torch. optim as optim
4.  import torchaudio
5.  from torch. utils. data import DataLoader
6.
7.  # 定义注意力机制的模型
8.  class Attention(nn. Module):
9.    def __init__(self, enc_dim, dec_dim):
10.      super(Attention, self). __init__()
11.      self. linear1 = nn. Linear(enc_dim + dec_dim, 1)
12.      self. softmax = nn. Softmax(dim=1)
13.
14.    def forward(self, encoder_outputs, decoder_hidden):
15.      energy = torch. tanh(self. linear1(torch. cat((encoder_outputs, decoder_hidden),
dim=1)))
16.      attention_weights = self. softmax(energy)
17.      context_vector = torch. sum(attention_weights * encoder_outputs, dim=1)
18.  return context_vector, attention_weights
19.
20.  # 定义端到端语音识别系统模型
21.  class EndToEndASR(nn. Module):
22.    def __init__(self, enc_dim, dec_dim, output_dim):
23.      super(EndToEndASR, self). __init__()
24.      self. encoder = nn. GRU(input_size=80, hidden_size=enc_dim, num_layers=2,
batch_first=True, bidirectional=True)
25.      self. decoder = nn. GRU(input_size=enc_dim * 2, hidden_size=dec_dim, num_lay-
ers=1, batch_first=True)
26.      self. attention = Attention(enc_dim * 2, dec_dim)
27.      self. fc = nn. Linear(dec_dim, output_dim)
28.
29.    def forward(self, spectrogram, targets=None):
30.      encoder_outputs, _ = self. encoder(spectrogram)
31.      batch_size, seq_len, _ = encoder_outputs. size()
32.      decoder_hidden = torch. zeros(batch_size, 1, self. decoder. hidden_size). to(spectro-
gram. device)
33.
34.      outputs = torch. zeros(batch_size, seq_len, self. fc. out_features). to(spectrogram. device)
35.
36.      for t in range(seq_len):
37.        context_vector, _ = self. attention(encoder_outputs, decoder_hidden. squeeze(1))
38.        decoder_input = torch. cat((context_vector. unsqueeze(1), spectrogram[:, t: t+
1, :]), dim=2)
```

```
39.        decoder_output, decoder_hidden = self.decoder(decoder_input, decoder_hidden)
40.        outputs[:, t, :] = self.fc(decoder_output.squeeze(1))
41.
42.     if targets is not None:
43.        return outputs, targets
44.     else:
45.        return outputs
46.
47. # 定义训练函数
48. def train(model, train_loader, criterion, optimizer, device):
49.     model.train()
50.     total_loss = 0.0
51.     for data, target in train_loader:
52.         data, target = data.to(device), target.to(device)
53.         optimizer.zero_grad()
54.         output = model(data, target)
55.         loss = criterion(output.view(-1, output.shape[-1]), target.view(-1))
56.         loss.backward()
57.         optimizer.step()
58.         total_loss += loss.item()
59.     return total_loss / len(train_loader)
60.
61. # 准备数据集
62. train_dataset = YourDataset() # 自定义数据集类
63. train_loader = DataLoader(train_dataset, batch_size=64, shuffle=True)
64.
65. # 定义模型和优化器
66. model = EndToEndASR(enc_dim=128, dec_dim=128, output_dim=num_classes)
67. device = torch.device("cuda" if torch.cuda.is_available() else "cpu")
68. model.to(device)
69. criterion = nn.CrossEntropyLoss()
70. optimizer = optim.Adam(model.parameters(), lr=0.001)
71.
72. # 训练模型
73. num_epochs = 10
74. for epoch in range(num_epochs):
75.     train_loss = train(model, train_loader, criterion, optimizer, device)
76.     print(f"Epoch [{epoch+1}/{num_epochs}], Train Loss: {train_loss:.4f}")
```

请注意，这只是一个简单的示例代码，实际的端到端语音识别系统可能需要更复杂的模型结构和更多的工程处理，如音频特征提取、数据预处理等。此外，需要自定义数据集类 YourDataset 来加载语音数据集。

【实践 11.2】 机器翻译

机器翻译的一般过程包括原文输入、识别与分析、生成与综合和目标语言输出。当原文通过键盘或扫描器或话筒输入计算机后，计算机首先对一个单词逐一识别，再按照标点符号和一些特征词（往往是虚词）识别句法和语义。然后查找机器内存储的词典和句法表、语义表，把这些加工后的语文信息传输到规则系统中。从原文输入的字符系列的表层结构分析到深层结构，在机器内部就得到一种类似乔姆斯基语法分析的"树形图"。在完成对原文进行识别和分析之后，机器翻译系统要根据存储在计算机内部的双语词典和目的语的句法规则，逐步生成目标语言的深层次结构，最后综合成通顺的语句，也就是从深层又回到表层。然后将翻译的结果以文字形式输送到显示屏或打印机，或经过语音合成后用喇叭以声音形式输出目标语言。图 11.16 给出了基于规则的转换式机器翻译流程图。

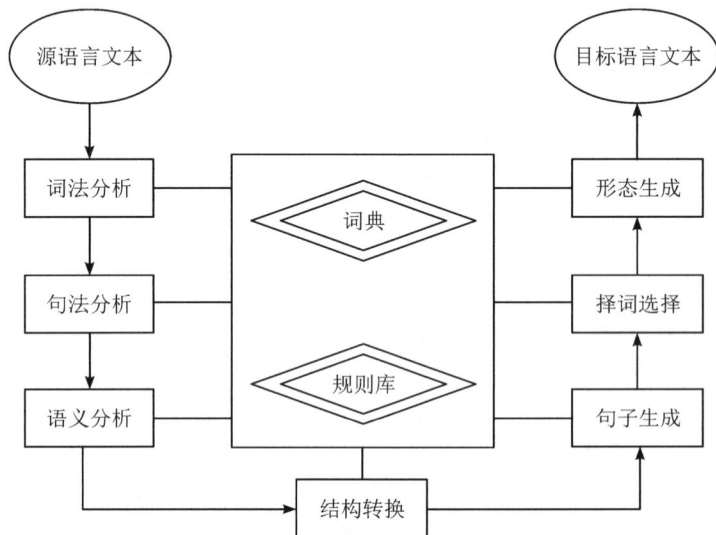

图 11.16 基于规则的转换式机器翻译流程图

以下是一个简单的基于规则的转换式机器翻译的示例代码，使用 Python 编写：

```
1.  # 定义规则翻译字典
2.  translation_dict={
3.    "hello":"你好",
4.    "world":"世界",
5.    "good":"好",
6.    "morning":"早上",
7.    "evening":"晚上"
8.  }
9.  # 翻译函数
10. def translate(sentence):
11.    words=sentence.split()
```

12.　　translated_sentence =＇＇.join([translation_dict[word] if word in translation_dict else word for word in words])

13.　　return translated_sentence

14.　# 测试翻译函数

15.　if __name__ == ″__main__″:

16.　　input_sentence =″hello world, good morning and good evening″

17.　　translated_sentence＝translate(input_sentence)

18.　　print(″Input Sentence：″, input_sentence)

19.　print(″Translated Sentence：″, translated_sentence)

本 章 小 结

本章主要介绍了自然语言处理(NLP)中自然语言理解的概念与发展、词法分析、句法分析、语义分析、语料库、机器翻译和语音识别。

总的来说，本章对自然语言处理领域的基本理论、技术方法和应用实践进行了全面介绍，为读者深入理解和应用 NLP 技术打下了坚实的基础。随着人工智能和大数据技术的不断发展，NLP 领域的研究和应用将会越来越受到重视，为人类社会带来更多的创新和发展机遇。

思考题或自测题

1. 什么是自然语言和自然语言理解？自然语言理解过程有哪些层次？各层次的功能是什么？

2. 自然语言理解有哪些研究领域？

3. 试述自然语言理解的基本方法以及自然语言理解有哪些发展趋势。

4. 什么是词法分析？试举例说明。

5. 什么是句法分析？有哪些句法分析方法？

6. 阐述乔姆斯基的语言体系，说明各种语言对文法规则表示形式的限制。

7. 对下列每个语句给出文法分析树：

　（1）John wanted to go the movie with Sally.

　（2）John wanted to go to the movie with Robert Redford.

　（3）I heard the story listening to the radio.

　（4）I heard the kids listening to the radio.

8. 什么是语义文法？什么是格文法？各有什么特点？

9. 用格结构表达下列语句：

　（1）The plane flew above the clouds.

　（2）John flew to New York.

（3）The co-pilot flew the plane.

10. 转移网络的工作原理是什么？

11. 用转移网络分析：The woman reacted sharply.

12. 写出下列上下文无关语法所对应的转移网络：

S→NP VP

NP→Adjective Noun

P→Determiner Noun PP

NP→Determiner Noun

VP→Verb Adverb NP

VP→Verb

VP→Verb Adverb

VP→Verb NP

PP→Proposition NP

13. 什么是语料库？语料库语言学有哪些特点？

14. 什么是机器翻译？机器翻译的过程分为哪几个步骤？试述每个步骤的主要功能是什么？

15. 什么是语音识别？一个典型的语音识别系统主要由哪几个模块构成？

参 考 文 献

[1]　王万森. 人工智能原理及其应用[M]. 4 版. 北京：电子工业出版社，2018.

[2]　周志华. 机器学习[M]. 北京：清华大学出版社，2016.

[3]　蔡自兴，刘丽珏，蔡竞峰，陈白帆. 人工智能及其应用[M]. 5 版. 北京：清华大学出版社，2016.

[4]　王万良. 人工智能及其应用[M]. 3 版. 北京：高等教育出版社，2016.

[5]　丁世飞. 人工智能[M]. 2 版. 北京：清华大学出版社，2015.

[6]　李德毅，杜鹢. 不确定性人工智能[M]. 2 版. 北京：国防工业出版社，2014.

[7]　李德毅. 人工智能导论[M]. 北京：中国科学技术出版社，2018.

[8]　吴岸城. 神经网络与深度学习[M]. 北京：电子工业出版社，2016.

[9]　史忠植. 神经网络[M]. 北京：高等教育出版社，2009.

[10]　SIMON H. 神经网络原理[M]. 叶世伟，史忠植译. 北京：机械工业出版社，2004.

[11]　彭博. 深度卷积网络：原理与实践[M]. 北京：机械工业出版社，2018.

[12]　李玉鑑. 深度学习[M]. 北京：机械工业出版社，2018.

[13]　钟珞，饶文碧，邹承明. 人工神经网络及其融合应用技术[M]. 北京：科学出版社，2007.

[14]　史忠植. 人工智能[M]. 北京：机械工业出版社，2016.

[15]　贾可荣. 张彦铎. 人工智能[M]. 3 版. 北京：清华大学出版社，2018.

[16]　王永庆. 人工智能原理与方法[M]. 西安：西安交通大学出版社，1998.

[17]　涂序彦. 人工智能及其应用[M]. 北京：电子工业出版社，1988.

[18]　李鸣华. 人工智能及其应用[M]. 北京：科学出版社，2008.

[19]　周彦，王冬丽. 人工智能与科学之美[M]. 北京：科学出版社，2022.

[20]　王立春，燕婕，周彦. 人工智能引论[M]. 北京：机械工业出版社，2025.

[21]　蔡自兴. 徐光佑. 人工智能及其应用[M]. 3 版. 北京：清华大学出版社，2003.

[22]　涂序彦. 韩力群. 人工智能：回顾与展望[M]. 北京：科学出版社，2006.

[23]　刘峡壁. 人工智能导论：方法与系统[M]. 北京：国防工业出版社，2008.

[24]　李征宇，付杨，吕双十. 人工智能导论[M]. 哈尔滨：哈尔滨工程大学出版社，2016.

[25]　ENDRES F, HESS J, STURM J, et al. 3-D mapping with an RGB-D camera[J]. IEEE transactions on robotics, 2014.

[26]　MARR D. Vision：A computational investigation into the human representation and processing of visual information[M]. MIT press，2010.

[27]　KRIZHEVSKY A, Sutskever I, Hinton G E. ImageNet classification with deep convolutional neural networks[J]. Advances in neural information processing systems，2012.

［28］ 张辉，王耀南，周博文，等. 医药大输液可见异物自动视觉检测方法及系统研究［J］. 电子测量与仪器学报，2010.

［29］ STEGER C，ULRICH M，WIEDEMANN C. 机器视觉算法与应用［M］. 2 版. 杨少荣，段德山，张勇，等译. 北京：清华大学出版社，2019.

［30］ 宋春华，张弓，刘晓红. 机器视觉原理与经典案例详解［M］. 北京：化学工业出版社，2022.